KB044481

선형대수학

LINEAR ALGEBRA

조경희 지음

PREPACE

머리말

이 책은 고등학교에서 행렬을 전혀 학습하지 않고 대학에 입학한 1학년 학생들을 대상으로 하는 한 학기용 선형대수학 교재이다. 본 교재는 8개의 장으로 구성되어 있으며, 각 장의 내용은 다음과 같다.

제1장에서는 행렬의 정의를 소개하고 행렬에서 정의되는 여러 연산들의 기본적인 성질을 학습한다.

제2장에서는 행렬과 연립1차방정식의 관계를 소개하고 이와 관련된 중요한 개념인 역행렬, 기본행연산, 가우스-조르단 소거법, LDU분해 등을 학습한다.

제3장에서는 행렬의 중요한 여러 성질을 판별하는 기준 중의 하나인 행렬식의 정의 및 성질을 학습하고, 행렬식을 이용하여 연립1차방정식의 해를 구하는 유명한 해법인 크레머 공식 등을 학습한다.

제4장에서는 행렬이 가장 많이 응용되는 분야 중의 하나인 그래프 이론(graph theory)을 소개한다. 1,2,3장에서 배운 행렬 대수의 기본적인 정의 및 성질들이 어떻게 그래프 이론에 쉽고 유용하게 적용되는지 살펴본다.

제5장에서는 우리가 익숙한 유클리드 공간에서의 벡터의 내적과 외적을 학습한다. 특히 2차원 평면 $\mathbb{R}^2$와 3차원 공간 $\mathbb{R}^3$에서의 벡터의 기본 개념들을 이해하고, 나아가 n차원 유클리드 공간 $\mathbb{R}^n$에서의 벡터 개념으로 확장한다.

제6장에서는 벡터공간을 추상적으로 정의하고, 일차독립과 일차종속, 생성공간, 기저, 차원 등의 개념을 학습한다. *표시가 되어 있는 5절, 6절, 7절의 내용은 선형대수학에서 매우 중요한 개념이나, 행렬 대수를 처음 접하는 학생들을 대상으로 하는 1학기

용 강의에서 부득이 내용을 줄여야 하는 경우 이 세 소단원을 빼는 것이 가장 적절할 것으로 보인다.

제7장에서는 선형변환을 학습한다. 선형변환은 두 벡터공간 사이에서 정의되는 함수로서 벡터공간의 선형성을 보존하는 특별한 함수이다. 특히, 사영변환, 반사변환, 확대(축소)변환, 회전변환, 층밀림변환 등 쉬운 선형변환의 여러 예를 구체적으로 살펴본다.

제8장에서는 행렬마다 정의되는 고유치와 고유벡터의 개념을 학습한다. 특히 대각화가 가능한 행렬을 알아보고 계산해 본다.

이 책 4장에서도 소개하였듯이 행렬은 우리 사회의 곳곳에서 사용되고 있다. 최근에는 4차 산업혁명으로 인한 급격한 사회의 변화 속에서 행렬의 사용은 더욱 다양한 분야로 확대되고 있으며, 특히 인공지능 학습, 빅데이터 분석 등 최첨단 산업에서는 이미 필수적인 기본 개념이다. 그런 의미에서 선형대수학은 현대인의 기초소양이라 하지 않을 수 없다. 이 교재가 그러한 소양을 쌓는 좋은 길잡이가 될 수 있기를 희망한다.

2021년 8월

조 경 희

CONTENT

차 례

CHAPTER

1

행렬

1.1 행렬의 정의와 연산
1.2 특수한 행렬
1.3 행렬 연산의 성질

1.1 행렬의 정의와 연산

이 단원에서는 선형대수학에서 다루는 주요 대상인 행렬의 정의와 이들 사이에 정의되는 연산에 대하여 알아본다.

(1) 행렬의 정의

mn개의 수 a_{ij}를 아래와 같이 직사각형의 형태로 배열하고 괄호[1]로 묶어 놓은 것을 $m\times n$ **행렬**(matrix)이라고 하고, 대문자 $A, B, C, \cdots$ 등으로 표시한다.

$$A=\begin{pmatrix} a_{11} & a_{12} & a_{13} & \cdots & a_{1n} \\ a_{21} & a_{22} & a_{23} & \cdots & a_{2n} \\ a_{31} & a_{32} & a_{33} & \cdots & a_{3n} \\ \vdots & \vdots & \vdots & & \vdots \\ a_{m1} & a_{m2} & a_{m3} & \cdots & a_{mn} \end{pmatrix}$$

위의 행렬 A의 i행 j열에 있는 수 a_{ij}를 A의 (i,j)**성분**이라 한다. 행렬의 동일 수평선 위의 성분 전체, 즉, 가로 줄의 성분 전체를 **행**, 동일 수직선 위의 성분 전체, 즉, 세로 줄의 성분 전체를 **열**이라 한다. 행렬의 행은 위에서 아래로 제1행, 제2행, $\cdots$, 제m행이라 하고, 열은 왼쪽에서 오른쪽으로 제1열, 제2열, $\cdots$제n열이라 한다. A의 제i행으로 만들어진 **행벡터**와 제j열로 만들어진 **열벡터**는 각각 다음과 같다.

$$(a_{i1} \;\; a_{i2} \;\; a_{i3} \;\; \cdots \;\; a_{in}), \qquad \begin{pmatrix} a_{1j} \\ a_{2j} \\ a_{3j} \\ \vdots \\ a_{mj} \end{pmatrix}$$

특히, 행의 개수와 열의 개수가 같은 $n\times n$행렬을 n차 **정방행렬**, 또는 n차 **정사각행렬**이라고 부른다. 예를 들면,

$$A=\begin{pmatrix} 1 & 2 \\ 3 & 4 \end{pmatrix},\; B=\begin{pmatrix} 1 & 2 & 3 \\ 4 & 5 & 6 \end{pmatrix},\; C=\begin{pmatrix} 1 & -1 & 1 \\ 0 & 0 & -3 \\ 1 & 1 & 2 \end{pmatrix},\; D=(1 \;\; 0 \;\; 2)$$

---

1. 행렬을 나타낼 때 소괄호(( ))와 대괄호([ ])가 모두 사용된다. 이 책에서는 소괄호를 사용하기로 한다.

에서 행렬 A, B, C, D는 각각 2×2행렬, 2×3행렬, 3×3행렬, 1×3행렬이고, 이 중 A와 C는 각각 2차 정방행렬, 3차 정방행렬이다. 행렬 C의 제2행 행벡터는 $(0\ \ 0\ -3)$이다.

참고 1×1행렬의 경우에는 괄호를 생략하여 나타내기도 한다. 즉, 실수를 행렬의 특수한 경우로 볼 수 있다. 예를 들어, 실수 5는 1×1행렬 (5)로 생각할 수 있다.

예제 1.1.1 다음 각 행렬의 모양을 말하여라. 또 정방행렬인 경우, 몇 차 정방행렬인지 말하여라.

(1) $\begin{pmatrix} 2 & 3 & 0 \end{pmatrix}$ (2) $\begin{pmatrix} 1 & 2 & 3 \\ 4 & 5 & 6 \\ 7 & 8 & 9 \end{pmatrix}$ (3) $\begin{pmatrix} 1 & -1 \\ 2 & 0 \\ 3 & 0 \end{pmatrix}$

풀이 (1) 1×3행렬 (2) 3×3행렬, 3차 정방행렬 (3) 3×2행렬 ■

행렬은 다루는 정보를 간단히 표현하고 체계적으로 계산하는 데 매우 유용하다. 예를 들어 TV, 노트북, 휴대폰을 생산하는 L 전자회사에서 2020년에는 각각 100대, 150대, 300대를, 2021년에는 150대, 300대, 500대를 만들었다고 하면 다음과 같이 [표 1.1]로 나타낼 수 있다.

표 1.1

	TV	노트북	휴대폰
2020년	100	150	300
2021년	150	300	500

이 표의 숫자만을 뽑아 같은 배열로 괄호 안에 나열하면 다음과 같이 간단히 나타낼 수 있다.

$$\begin{pmatrix} 100 & 150 & 300 \\ 150 & 300 & 500 \end{pmatrix}$$

위 행렬의 두 행벡터

$$(100\ \ 150\ \ 300),\ (150\ \ 300\ \ 500)$$

은 각각 L 전자회사의 2020년도와 2021년도의 생산량을 나타내고, 위 행렬의 세 열벡터

$$\begin{pmatrix} 100 \\ 150 \end{pmatrix}, \begin{pmatrix} 150 \\ 300 \end{pmatrix}, \begin{pmatrix} 300 \\ 500 \end{pmatrix}$$

는 L 전자회사의 TV 생산량, 노트북 생산량, 휴대폰 생산량을 차례로 나타낸다.

(2) 행렬의 상등

두 행렬 $A=(a_{ij})$, $B=(b_{ij})$의 행의 개수와 열의 개수가 같을 때, A와 B는 **같은 꼴**이라고 한다. 같은 꼴의 두 행렬 A와 B에 대하여 대응하는 성분이 각각 모두 같을 때, 이 두 행렬 A와 B는 서로 **같다**고 하며, 기호로 $A=B$로 나타낸다.

정의 1.1 행렬의 상등

두 $m\times n$행렬 $A=(a_{ij})$와 $B=(b_{ij})$가 모든 $1\le i\le m$, $1\le j\le n$에 대하여 $a_{ij}=b_{ij}$일 때, 두 행렬 A와 B가 서로 **같다**고 하고, $A=B$로 나타낸다.

예제 1.1.2 행렬방정식 $\begin{pmatrix} 2x+1 & 0 \\ 2 & y-1 \end{pmatrix}=\begin{pmatrix} 3 & 0 \\ 2 & 4 \end{pmatrix}$를 만족하는 x, y를 구하여라.

풀이 두 행렬의 대응하는 성분이 모두 같아야 하므로 $2x+1=3, y-1=4$이다. 그러므로 $x=1, y=5$이다. ■

예제 1.1.3 다음 두 행렬 A, B에 대하여 $A=B$인지 아닌지 설명하시오.

$$A=\begin{pmatrix} 1 & 2 & 3 \\ 4 & 5 & 6 \end{pmatrix},\qquad B=\begin{pmatrix} 1 & 4 \\ 2 & 5 \\ 3 & 6 \end{pmatrix}$$

풀이 A는 2×3행렬이고 B는 3×2행렬이므로 같은 꼴이 아니다. 그러므로 $A\ne B$이다. (참고로, 다음 단원에서 나오겠지만 두 행렬은 서로 전치행렬의 관계이다.) ■

(3) 행렬의 합

같은 꼴의 두 행렬에 대해서는 다음과 같이 덧셈이 잘 정의된다.

정의 1.2 행렬의 합

같은 꼴의 두 행렬 $A=(a_{ij})$와 $B=(b_{ij})$에 대하여, 두 행렬의 **합** $A+B$의 (i,j)성분은 $a_{ij}+b_{ij}$이다. 즉, 서로 대응되는 성분을 더해서 얻어지는 행렬이다.

예를 들어 A와 B가 2×2행렬인 경우, 즉

$$A=\begin{pmatrix} a_{11} & a_{12} \\ a_{21} & a_{22} \end{pmatrix}, \qquad B=\begin{pmatrix} b_{11} & b_{12} \\ b_{21} & b_{22} \end{pmatrix}$$

일 때

$$A+B=\begin{pmatrix} a_{11}+b_{11} & a_{12}+b_{12} \\ a_{21}+b_{21} & a_{22}+b_{22} \end{pmatrix}$$

이다. 그러나 같은 꼴이 아닌 두 행렬은 더할 수 없다.

예제 1.1.4 $A=\begin{pmatrix} 5 & -3 & 0 \\ 1 & -1 & 4 \end{pmatrix}$, $B=\begin{pmatrix} 1 & 2 & 1 \\ 5 & -3 & 0 \end{pmatrix}$, $C=\begin{pmatrix} 1 & 2 \\ 3 & 4 \end{pmatrix}$에 대하여 다음을 구하여라.

(1) $A+B$ (2) $A+C$ (3) $B+C$

풀이 (1) $A+B=\begin{pmatrix} 5+1 & -3+2 & 0+1 \\ 1+5 & -1-3 & 4+0 \end{pmatrix}=\begin{pmatrix} 6 & -1 & 1 \\ 6 & -4 & 4 \end{pmatrix}$

(2) $A+C$는 정의되지 않는다.

(3) $B+C$는 정의되지 않는다. ■

(4) 행렬의 스칼라 곱

정의 1.3 행렬의 스칼라 곱

$m\times n$행렬 $A=(a_{ij})$와 스칼라[2] k에 대하여, 행렬 A의 **스칼라 곱** kA는 다음과 같다.

$$kA=(ka_{ij})=\begin{pmatrix} ka_{11} & ka_{12} & \cdots & ka_{1n} \\ ka_{21} & ka_{22} & \cdots & ka_{2n} \\ \vdots & \vdots & & \vdots \\ ka_{m1} & ka_{m2} & \cdots & ka_{mn} \end{pmatrix}$$

B가 임의의 행렬일 때, $-B$는 스칼라 곱 $(-1)B$를 나타낸다. 만약 A와 B가 같은 꼴의 행렬이라면, $A-B=A+(-1)B$로 정의된다.

---

2. 이 책에서 우리가 다루는 스칼라는 실수이다. 스칼라를 실수뿐만 아니라 복소수까지 확장하여 생각할 수 있지만, 이 책에서는 실수만 생각하기로 한다.

예제 1.1.5 $A=\begin{pmatrix} 1 & 2 \\ -3 & 4 \end{pmatrix}$, $B=\begin{pmatrix} 0 & -2 \\ 3 & 1 \end{pmatrix}$에 대하여 다음을 구하여라.

(1) $5A$ (2) $-B$ (3) $5A-B$

풀이 (1) $5A=5\begin{pmatrix} 1 & 2 \\ -3 & 4 \end{pmatrix}=\begin{pmatrix} 5\times 1 & 5\times 2 \\ 5\times(-3) & 5\times 4 \end{pmatrix}=\begin{pmatrix} 5 & 10 \\ -15 & 20 \end{pmatrix}$

(2) $-B=(-1)\begin{pmatrix} 0 & -2 \\ 3 & 1 \end{pmatrix}=\begin{pmatrix} (-1)\times 0 & (-1)\times 2 \\ (-1)\times 3 & (-1)\times 1 \end{pmatrix}=\begin{pmatrix} 0 & 2 \\ -3 & -1 \end{pmatrix}$

(3) $5A-B=\begin{pmatrix} 5 & 10 \\ -15 & 20 \end{pmatrix}+\begin{pmatrix} 0 & 2 \\ -3 & -1 \end{pmatrix}=\begin{pmatrix} 5 & 12 \\ -18 & 19 \end{pmatrix}$ ■

(5) 행렬의 곱

행렬의 곱셈을 이해하기 위하여 다음을 먼저 생각해 보자. [표 1.2]는 P, Q, R 문구점에서 파는 연필과 노트의 1개당 가격을 나타내는 것이고, [표 1.3]은 철수와 영희가 구입하려는 연필과 노트의 개수를 나타낸 것이다.

표 1.2 (단위: 원)

	연필	노트
P문구점	250	300
Q문구점	270	250
R문구점	220	320

표 1.3 (단위: 원)

	철수	영희
연필	4	3
노트	5	6

철수와 영희가 P 또는 Q문구점에서 연필과 노트를 샀다고 할 때, 각 문구점에 지불해야 할 금액은 [표 1.4]와 같이 나타낼 수 있다.

표 1.4 (단위: 원)

	철수	영희
P문구점에 지불할 금액	$250\times 4+300\times 5=2500$	$250\times 3+300\times 6=2550$
Q문구점에 지불할 금액	$270\times 4+250\times 5=2330$	$270\times 3+250\times 6=2310$
R문구점에 지불할 금액	$220\times 4+320\times 5=2480$	$220\times 3+320\times 6=2580$

위의 [표 1.2], [표 1.3], [표 1.4]를 각각 행렬 A, B, C로 나타내면 다음과 같다.

$$A=\begin{pmatrix}250 & 300\\ 270 & 250\\ 220 & 320\end{pmatrix},\quad B=\begin{pmatrix}4 & 3\\ 5 & 6\end{pmatrix}$$

$$C=\begin{pmatrix}250\times 4+300\times 5 & 250\times 3+300\times 6\\ 270\times 4+250\times 5 & 270\times 3+250\times 6\\ 220\times 4+320\times 5 & 220\times 3+320\times 6\end{pmatrix}=\begin{pmatrix}2500 & 2550\\ 2330 & 2310\\ 2480 & 2580\end{pmatrix}$$

여기서 행렬 C의 (i,j)성분은 행렬 A의 i행과 행렬 B의 j열의 성분을 차례로 곱하여 더한 것임을 알 수 있다. 이때 행렬 C를 두 행렬 A와 B의 곱이라 하고 $AB=C$로 나타낸다. 즉

$$AB=\begin{pmatrix}250 & 300\\ 270 & 250\\ 220 & 320\end{pmatrix}\begin{pmatrix}4 & 3\\ 5 & 6\end{pmatrix}=\begin{pmatrix}250\times 4+300\times 5 & 250\times 3+300\times 6\\ 270\times 4+250\times 5 & 270\times 3+250\times 6\\ 220\times 4+320\times 5 & 220\times 3+320\times 6\end{pmatrix}=\begin{pmatrix}2500 & 2550\\ 2330 & 2310\\ 2480 & 2580\end{pmatrix}=C$$

일반적으로 두 행렬 A와 B의 곱 AB는 다음과 같이 정의된다.

$$AB=\begin{pmatrix}a_{11} & a_{12} & \cdots & a_{1p}\\ \vdots & \vdots & & \vdots\\ \boxed{a_{i1} \quad a_{i2} \quad \cdots \quad a_{ip}}\\ \vdots & \vdots & & \vdots\\ a_{m1} & a_{m2} & \cdots & a_{mp}\end{pmatrix}\begin{pmatrix}b_{11} & \cdots & b_{1j} & & b_{1n}\\ b_{21} & \cdots & b_{2j} & \vdots & b_{2n}\\ \vdots & & \vdots & & \vdots\\ b_{p1} & \cdots & b_{pj} & \cdots & b_{pn}\end{pmatrix}=\begin{pmatrix}c_{11} & c_{12} & \cdots & c_{1j} & \cdots & c_{1n}\\ \vdots & \vdots & & \vdots & \vdots & \vdots\\ c_{i1} & c_{i2} & \cdots & \boxed{c_{ij}=\sum_{i=1}^{p}a_{ik}b_{kj}} & \cdots & c_{in}\\ \vdots & \vdots & & \vdots & & \vdots\\ c_{m1} & c_{m2} & \cdots & c_{mj} & \cdots & c_{mn}\end{pmatrix}=C$$

A의 열의 개수와 B의 행의 개수가 같을 때만 AB가 정의됨을 알 수 있다.

$$\underset{m\times p}{A}\quad \underset{p\times n}{B} \quad = \quad \underset{m\times n}{C}$$

일치

$AB: m\times n$

예를 들어 $m\times p$행렬 A와 $p\times n$행렬 B의 곱 AB는 $m\times n$행렬이 되며, 이 때 행렬 AB의 (i,j)성분은 A의 i행과 B의 j열의 성분을 차례로 곱하여 더한 것이다. 즉,

$$c_{ij}=a_{i1}b_{1j}+a_{i2}b_{2j}+\cdots+a_{ip}b_{pj}=\sum_{i=1}^{p}a_{ik}b_{kj}$$

이다. 이상을 요약하면, 행렬의 곱은 다음과 같이 정의된다.

정의 1.4 행렬의 곱

$m\times p$ 행렬 $A=(a_{ij})$와 $p\times n$ 행렬 $B=(b_{ij})$의 **곱** $C=AB$의 (i,j) 성분 c_{ij}는 다음과 같다.

$$c_{ij}=a_{i1}b_{1j}+a_{i2}b_{2j}+\cdots+a_{ip}b_{pj}=\sum_{i=1}^{p}a_{ik}b_{kj}$$

특히, $1\times p$ 행렬 $A=(a_1,a_2,\cdots,a_p)$와 $p\times 1$ 행렬 $B=\begin{pmatrix}b_1\\b_2\\\vdots\\b_p\end{pmatrix}$의 곱 AB는 1×1 행렬로 다음과 같음을 주목하자.

$$AB=(a_1,a_2,\cdots,a_p)\begin{pmatrix}b_1\\b_2\\\vdots\\b_p\end{pmatrix}=(a_1b_1+a_2b_2+\cdots+a_pb_p)=(\sum_{i=1}^{p}a_ib_i)=\sum_{i=1}^{p}a_ib_i$$

예제 1.1.6 다음을 계산하여라.

(1) $(2\ \ -5)\begin{pmatrix}4\\1\end{pmatrix}$ (2) $\begin{pmatrix}5\\0\end{pmatrix}(1\ \ -2)$ (3) $(1\ \ 2)\begin{pmatrix}3&4\\5&6\end{pmatrix}$

(4) $\begin{pmatrix}1&2\\3&4\end{pmatrix}\begin{pmatrix}5\\6\end{pmatrix}$ (5) $\begin{pmatrix}1&2\\3&4\end{pmatrix}\begin{pmatrix}1&0\\-1&1\end{pmatrix}$ (6) $\begin{pmatrix}1&3&2\\4&0&1\end{pmatrix}\begin{pmatrix}3&1\\1&0\\0&4\end{pmatrix}$

풀이 (1) $(2\ \ -5)\begin{pmatrix}4\\1\end{pmatrix}=(2\times 4+(-5)\times 1)=(3)=3$

(2) $\begin{pmatrix}5\\0\end{pmatrix}(1\ \ -2)=\begin{pmatrix}5\times 1&5\times(-2)\\0\times 1&0\times(-2)\end{pmatrix}=\begin{pmatrix}5&-10\\0&0\end{pmatrix}$

(3) $(1\ \ 2)\begin{pmatrix}3&4\\5&6\end{pmatrix}=(1\times 3+2\times 5\quad 1\times 4+2\times 6)=(13\quad 16)$

(4) $\begin{pmatrix}1&2\\3&4\end{pmatrix}\begin{pmatrix}5\\6\end{pmatrix}=\begin{pmatrix}1\times 5+2\times 6\\3\times 5+4\times 6\end{pmatrix}=\begin{pmatrix}17\\39\end{pmatrix}$

(5) $\begin{pmatrix}1&2\\3&4\end{pmatrix}\begin{pmatrix}1&0\\-1&1\end{pmatrix}=\begin{pmatrix}1\times 1+2\times(-1)&1\times 0+2\times 1\\3\times 1+4\times(-1)&3\times 0+4\times 1\end{pmatrix}=\begin{pmatrix}-1&2\\-1&4\end{pmatrix}$

(6) $\begin{pmatrix}1&3&2\\4&0&1\end{pmatrix}\begin{pmatrix}3&1\\1&0\\0&4\end{pmatrix}=\begin{pmatrix}1\times 3+3\times 1+2\times 0&1\times 1+3\times 0+2\times 4\\4\times 3+0\times 1+1\times 0&4\times 1+0\times 0+1\times 4\end{pmatrix}=\begin{pmatrix}6&9\\12&8\end{pmatrix}$ ■

예제 1.1.7 $A=\begin{pmatrix}1&1\\1&1\end{pmatrix}$, $B=\begin{pmatrix}1&-1\\1&-3\\1&0\end{pmatrix}$ 일 때 다음을 구하여라.

(1) AB (2) BA

풀이 (1) 곱이 정의되지 않는다. 왜냐하면 앞의 행렬의 열의 개수가 2이고 뒤에 곱해지는 행렬의 행의 개수가 3으로 서로 같지 않기 때문이다.

(2) $BA=\begin{pmatrix}1&-1\\1&-3\\1&0\end{pmatrix}\begin{pmatrix}1&1\\1&1\end{pmatrix}=\begin{pmatrix}1-1&1-1\\1-3&1-3\\1-0&1-0\end{pmatrix}=\begin{pmatrix}0&0\\-2&-2\\1&1\end{pmatrix}$ ■

예제 1.1.8 L 전자회사는 TV, 노트북, 휴대폰을 생산한다. 2020년에는 TV를 150개, 노트북을 30개, 휴대폰을 50개 생산하였고, 2021년에는 각각 200개, 40개, 50개를 생산하였다. TV, 노트북, 휴대폰을 각각 1개당 50만원, 100만원, 70만원에 팔았다고 했을 때 L전자회사의 2020년과 2021년의 총매출액을 각각 행렬의 곱으로 나타내어라.

풀이 연도에 따른 TV, 노트북, 휴대폰의 생산량을 행렬 A, 제품에 대한 각 판매가격을 행렬 B라 하면 다음과 같이 표현된다.

$$A=\begin{pmatrix}150&30&50\\200&40&50\end{pmatrix},\quad B=\begin{pmatrix}50\text{만}\\100\text{만}\\70\text{만}\end{pmatrix}$$

A의 1행과 2행은 각각 2020년도와 2021년도의 TV, 노트북, 휴대폰의 생산량을 나타내고, 행렬 B의 열은 순서대로 이들 제품의 1개 가격이다. 즉

$$AB=\begin{pmatrix}150&30&50\\200&40&50\end{pmatrix}\begin{pmatrix}50\text{만}\\100\text{만}\\70\text{만}\end{pmatrix}=\begin{pmatrix}150\times50\text{만}+30\times100\text{만}+50\times70\text{만}\\200\times50\text{만}+40\times100\text{만}+50\times70\text{만}\end{pmatrix}$$
$$=\begin{pmatrix}1400\text{만}\\17500\text{만}\end{pmatrix}$$

이다. 이는 $\begin{pmatrix}2020\text{년 총 매출액}\\2021\text{년 총 매출액}\end{pmatrix}=\begin{pmatrix}1400\text{만원}\\17500\text{만원}\end{pmatrix}$을 의미한다.

■

연습문제 1.1

01. 다음 각 명제가 참인지 거짓인지 답하시오.

(1) 같은 꼴의 두 행렬은 항상 덧셈이 가능하다.

(2) 같은 꼴의 두 행렬은 항상 곱셈이 가능하다.

(3) 1×3 행렬과 3×2 행렬의 곱은 1×2 행렬이다.

(4) 1×3 행렬과 3×2 행렬의 곱은 존재하지 않는다.

(5) A가 1×3 행렬일 때, $3A$는 3×9 행렬이다.

02. 행렬 $A=\begin{pmatrix}1&0\\3&2\end{pmatrix}$, $B=\begin{pmatrix}2&-1\\1&0\end{pmatrix}$에 대하여 다음을 구하여라.

(1) $3A$　　(2) $-5B$　　(3) $A+B$　　(4) $3A-5B$

03. 다음 행렬의 곱을 계산하여라.

(1) $(2,1)\begin{pmatrix}1\\-1\end{pmatrix}$　(2) $\begin{pmatrix}1&0\\3&2\end{pmatrix}\begin{pmatrix}2\\1\end{pmatrix}$　(3) $(3,5)\begin{pmatrix}2\\-1\end{pmatrix}$　(4) $\begin{pmatrix}1&0\\3&2\end{pmatrix}\begin{pmatrix}2&1\\0&-1\end{pmatrix}$

(5) $(1\ 2\ 1)\begin{pmatrix}1\\-1\\2\end{pmatrix}$　(6) $(1\ 3)\begin{pmatrix}1&1&1\\-1&0&1\end{pmatrix}$　(7) $\begin{pmatrix}2&3\\4&5\end{pmatrix}\begin{pmatrix}1&0\\0&1\end{pmatrix}$　(8) $\begin{pmatrix}1&0\\0&1\end{pmatrix}\begin{pmatrix}2&3\\4&5\end{pmatrix}$

04. 행렬 $A=\begin{pmatrix}2&3&-1\\2&-1&4\end{pmatrix}$, $B=\begin{pmatrix}3\\2\\1\end{pmatrix}$, $C=(-1\ 1)$에 대하여 다음을 각각 구하시오.

(1) AB　　(2) BC　　(3) CA　　(4) $(AB)C$

(5) $A(BC)$　　(6) $C(AB)$　　(7) $(CA)B$

05. 행렬 $A=\begin{pmatrix}1&1&0\\2&0&-1\\3&1&1\end{pmatrix}$, $B=\begin{pmatrix}2&1&1\\0&3&4\\1&3&0\end{pmatrix}$에 대해서 AB와 BA를 구하여라.

06. 다음 행렬의 곱을 구하여라.

(1) $\begin{pmatrix}1&0&0&0\\0&0&-1&0\\0&1&0&0\\0&0&0&-1\end{pmatrix}\begin{pmatrix}1\\2\\1\\1\end{pmatrix}$　(2) $\begin{pmatrix}0&0&1&0\\-1&0&0&0\\0&1&0&0\\0&0&0&1\end{pmatrix}\begin{pmatrix}2\\3\\3\\1\end{pmatrix}$　(3) $\begin{pmatrix}1&0&2\\2&-1&3\end{pmatrix}\begin{pmatrix}1&2\\2&-3\\4&1\end{pmatrix}$

07. $A=\begin{pmatrix}2&x\\3&y\end{pmatrix}$, $B=\begin{pmatrix}2&-1\\-2&1\end{pmatrix}$에 대하여 $AB=\begin{pmatrix}0&0\\0&0\end{pmatrix}$이 성립할 때, x, y를 구하여라.

1.2 특수한 행렬

행렬이론에서 유용하게 쓰이는 여러 가지 특별한 형태의 행렬에 대한 정의와 이들의 성질을 알아보자.

(1) 단위행렬과 영행렬

정의 1.5 영행렬

모든 성분이 0인 행렬은 **영행렬**이라고 하고 0으로 표시한다. 즉, 각 $m \times n$행렬마다 하나의 영행렬을 가진다.

보통 $m \times n$행렬 $A=(a_{ij})$의 (i, i)성분, 즉 행과 열의 번호가 같은 성분을 행렬 A의 **주대각성분**이라 한다. 이 성분 이외의 모든 성분이 0인 행렬은 행렬 연산에서 매우 중요한 역할을 한다.

정의 1.6 단위행렬

주대각성분이 모두 1이고 다른 성분은 모두 0인 정방행렬은 **단위행렬**(unit matrix) 또는 **항등행렬**(identity matrix)이라고 한다. 특히, n차 단위행렬은 다음과 같다.

$$I_n = \begin{pmatrix} 1 & 0 & \cdots & 0 \\ 0 & 1 & \cdots & 0 \\ \vdots & \vdots & & \vdots \\ 0 & 0 & \cdots & 1 \end{pmatrix}$$

임의의 단위행렬을 모두 I로 표시하기도 한다. 즉, I가 n차 정방행렬이면 n차 단위행렬 I_n을 의미한다.

단위행렬은 $\delta_{ij} = \begin{cases} 1, & i = j \\ 0, & i \neq j \end{cases}$와 같이 정의되는 **크로네커**(Kronecker)의 δ를 이용하여 $I = (\delta_{ij})$로 표현되기도 한다.

(2) 전치행렬, 대칭행렬, 교대행렬

정의 1.7 전치행렬

행렬 A의 모든 행을 열로 뒤바꾼 행렬을 A의 **전치행렬**(transpose of A)이라 하고 A^T로 나타낸다. 즉, $A=(a_{ij})$가 $m\times n$행렬이면 A^T는 $n\times m$행렬로서 A^T의 (i,j)성분은 A의 (j,i)성분이다. 따라서, A^T의 j행은 A의 j열의 성분과 같고, A^T의 i열은 A의 i행의 성분과 같다.

예제 1.2.1 다음 행렬의 전치행렬을 구하여라.

(1) $A=(1\ 2\ 3)$　(2) $B=\begin{pmatrix}1&2\\3&4\end{pmatrix}$　(3) $C=\begin{pmatrix}1\\2\\-1\end{pmatrix}$

(4) $D=\begin{pmatrix}1&2&3\\4&5&6\end{pmatrix}$　(5) $E=\begin{pmatrix}1&1\\0&3\\1&2\end{pmatrix}$　(6) $F=\begin{pmatrix}1&0&2\\1&2&-1\\1&1&0\end{pmatrix}$

풀이 (1) $A^T=(1\ 2\ 3)^T=\begin{pmatrix}1\\2\\3\end{pmatrix}$　(2) $B^T=\begin{pmatrix}1&2\\3&4\end{pmatrix}^T=\begin{pmatrix}1&3\\2&4\end{pmatrix}$

(3) $C^T=\begin{pmatrix}1\\2\\-1\end{pmatrix}^T=(1\ 2\ -1)$　(4) $D^T=\begin{pmatrix}1&2&3\\4&5&6\end{pmatrix}^T=\begin{pmatrix}1&4\\2&5\\3&6\end{pmatrix}$

(5) $E^T=\begin{pmatrix}1&1\\0&3\\1&2\end{pmatrix}^T=\begin{pmatrix}1&0&1\\1&3&2\end{pmatrix}$　(6) $F^T=\begin{pmatrix}1&0&2\\1&2&-1\\1&1&0\end{pmatrix}^T=\begin{pmatrix}1&1&1\\0&2&1\\2&-1&0\end{pmatrix}$ ■

정리 1.1 전치행렬의 성질

두 행렬 A, B의 곱이 가능할 때, 임의의 실수 α에 대하여 다음이 성립한다.

(1) $(A^T)^T=A$

(2) $(A+B)^T=A^T+B^T$

(3) $(\alpha A)^T=\alpha A^T$

(4) $(AB)^T=B^TA^T$

증명 (1) $(A^T)^T$의 (i,j)성분 $=$ A^T의 (j,i)성분 $=$ A의 (i,j)성분

(2) $(A+B)^T$의 (i,j)성분 $=$ $A+B$의 (j,i)성분
$=$ A의 (j,i)성분 $+$ B의 (j,i)성분
$=$ A^T의 (i,j)성분 $+$ B의 (i,j)성분
$=$ A^T+B^T의 (i,j)성분

(3) $(\alpha A)^T$의 (i,j)성분 $=$ αA의 (j,i)성분 $=$ αa_{ji} $=$ $\alpha\times$ (A의 (j,i)성분)
$=$ $\alpha\times$ (A^T의 (i,j)성분) $=\alpha A^T$ 의 (i,j)성분

이므로 $(\alpha A)^T=\alpha A^T$이다.

(4) 행렬 $(AB)^T$의 (i,j)성분과 행렬 B^TA^T의 (i,j)성분은 각각 다음과 같다.

(i) 행렬 $(AB)^T$의 (i,j)성분 $=$ AB의 (j,i)성분 $=$ $\displaystyle\sum_{i=1}^{n} a_{jk}b_{ki}$

(ii) 행렬 B^TA^T의 (i,j)성분 $=$ $\displaystyle\sum_{k=1}^{n}$ B^T의 (i,k)성분 $\times$ A^T의 (k,j)성분
$=$ $\displaystyle\sum_{k=1}^{n}$ B의 (k,i)성분 $\times$ A의 (j,k)성분
$=\displaystyle\sum_{i=1}^{n} b_{ki}a_{jk} = \sum_{i=1}^{n} a_{jk}b_{ki}$

(i), (ii)로부터 행렬 $(AB)^T$와 행렬 B^TA^T의 각 (i,j)성분이 같으므로 $(AB)^T=B^TA^T$이다.

예제 1.2.2 행렬 $A=\begin{pmatrix}1&2&0\\3&0&-1\end{pmatrix}$, $B=\begin{pmatrix}2&3\\1&0\\1&-1\end{pmatrix}$에 대하여 다음을 구하여라.

(1) $(AB)^T$ (2) A^TB^T (3) B^TA^T

(4) $(AB)^T=B^TA^T$이 성립하는지 설명하시오.

풀이 (1) $AB=\begin{pmatrix}1&2&0\\3&0&-1\end{pmatrix}\begin{pmatrix}2&3\\1&0\\1&-1\end{pmatrix}=\begin{pmatrix}4&3\\5&10\end{pmatrix}$이므로, $(AB)^T=\begin{pmatrix}4&5\\3&10\end{pmatrix}$

(2) $A^TB^T=\begin{pmatrix}1&2&0\\3&0&-1\end{pmatrix}^T\begin{pmatrix}2&3\\1&0\\1&-1\end{pmatrix}^T=\begin{pmatrix}1&3\\2&0\\0&-1\end{pmatrix}\begin{pmatrix}2&1&1\\3&0&-1\end{pmatrix}=\begin{pmatrix}11&1&-2\\4&2&2\\-3&0&1\end{pmatrix}$

(3) $B^TA^T=\begin{pmatrix}2&3\\1&0\\1&-1\end{pmatrix}^T\begin{pmatrix}1&2&0\\3&0&-1\end{pmatrix}^T=\begin{pmatrix}2&1&1\\3&0&-1\end{pmatrix}\begin{pmatrix}1&3\\2&0\\0&-1\end{pmatrix}=\begin{pmatrix}4&5\\3&10\end{pmatrix}$

(4) 위의 (1)과 (3)에 의해 $(AB)^T=B^TA^T$이 성립한다. ■

정의 1.8 **대칭행렬과 교대행렬**

n차 정방행렬 A에 대하여,

(1) $A^T = A$을 만족하면 A는 **대칭행렬**(symmetric matrix)이라고 한다.

(2) $A^T = -A$을 만족하면 A는 **교대행렬**(skew-symmetric matrix)이라고 한다.

예제 1.2.3 다음 행렬 A, B, C, D, E에 대하여 물음에 답하여라.

$$A = \begin{pmatrix} 3 & 2 \\ 2 & 5 \end{pmatrix},\quad B = \begin{pmatrix} 0 & -2 \\ 2 & 0 \end{pmatrix},\quad C = \begin{pmatrix} 0 & 2 & 0 \\ -2 & 0 & 3 \\ 0 & -3 & 0 \end{pmatrix},\quad D = \begin{pmatrix} 1 & 2 & 0 \\ 2 & 4 & 3 \\ 0 & 3 & 5 \end{pmatrix},\quad E = \begin{pmatrix} 0 & 0 \\ 0 & 0 \end{pmatrix}$$

(1) 대칭행렬을 모두 고르시오.

(2) 교대행렬을 모두 고르시오.

(3) 대칭행렬이면서 동시에 교대행렬인 것을 모두 고르시오.

풀이 $A^T = A,\ B^T = -B,\ C^T = -C,\ D^T = D,\ E^T = E = -E$이므로,

(1) A, B, C, D, E 중 대칭행렬은 A, D, E이다.

(2) A, B, C, D, E 중 교대행렬은 B, C, E이다.

(3) A, B, C, D, E 중 대칭행렬이면서 동시에 교대행렬인 것은 E이다. ■

(3) 대각행렬과 삼각행렬

정의 1.9 **대각행렬**

주대각성분을 제외한 다른 성분은 모두 0인 정방행렬은 **대각행렬**(diagonal matrix)이라고 한다. 특히, n차 대각행렬은 다음과 같다.

$$D = \begin{pmatrix} a_{11} & 0 & \cdots & 0 \\ 0 & a_{22} & \cdots & 0 \\ \vdots & \vdots & & \vdots \\ 0 & 0 & \cdots & a_{nn} \end{pmatrix}$$

대각행렬의 특수한 경우로서 앞에서 정의한 단위행렬과 영행렬이 있다.

예제 1.2.4 다음 행렬 중에서 대각행렬을 모두 고르시오.

$$A=\begin{pmatrix}2&0\\0&5\end{pmatrix},\quad B=\begin{pmatrix}3&0\\0&1\\0&0\end{pmatrix},\quad C=\begin{pmatrix}2&0&0\\0&1&0\end{pmatrix},\quad D=\begin{pmatrix}2&0&0\\0&-1&0\\0&0&1\end{pmatrix}$$

풀이 A, B, C, D 중 대각행렬은 A와 D이다. ■

정의 1.10 대각합

정방행렬 A의 모든 주대각성분의 합을 대각합(trace)이라고 하며 $tr(A)$로 나타낸다. 즉, n차 정방행렬 $A=(a_{ij})$에 대해서 $tr(A)$는 다음과 같다.

$$tr(A)=a_{11}+a_{22}+\cdots+a_{nn}=\sum_{i=1}^{n}a_{ii}$$

예제 1.2.5 행렬 $A=\begin{pmatrix}1&2\\3&4\end{pmatrix}$와 $B=\begin{pmatrix}1&0\\-1&2\end{pmatrix}$에 대하여 다음을 구하여라.

(1) $tr(A)$ (2) $tr(B)$ (3) $tr(AB)$ (4) $tr(BA)$

(5) $tr(AB)=tr(BA)$가 성립하는지 설명하시오.

풀이 (1) $tr(A)=1+4=5$

(2) $tr(B)=1+2=3$

(3) $AB=\begin{pmatrix}1&2\\3&4\end{pmatrix}\begin{pmatrix}1&0\\-1&2\end{pmatrix}=\begin{pmatrix}-1&4\\-1&8\end{pmatrix}$이므로 $tr(AB)=tr\begin{pmatrix}-1&4\\-1&8\end{pmatrix}=-1+8=7$이다.

(4) $BA=\begin{pmatrix}1&0\\-1&2\end{pmatrix}\begin{pmatrix}1&2\\3&4\end{pmatrix}=\begin{pmatrix}1&2\\5&6\end{pmatrix}$이므로 $tr(BA)=tr\begin{pmatrix}1&2\\5&6\end{pmatrix}=1+6=7$이다.

(5) (3)과 (4)로부터 $tr(AB)=tr(BA)$가 성립한다. ■

예제 1.2.6 $A=\begin{pmatrix}1&3&0\\2&-1&4\end{pmatrix}$, $B=\begin{pmatrix}-2&5\\0&-1\\-1&2\end{pmatrix}$일 때 다음을 구하여라.

(1) AB (2) BA (3) $tr(AB)$ (4) $tr(BA)$

풀이 (1) $AB=\begin{pmatrix}1&3&0\\2&-1&4\end{pmatrix}\begin{pmatrix}-2&5\\0&-1\\-1&2\end{pmatrix}=\begin{pmatrix}-2&2\\-8&19\end{pmatrix}$

(2) $BA = \begin{pmatrix} -2 & 5 \\ 0 & -1 \\ -1 & 2 \end{pmatrix} \begin{pmatrix} 1 & 3 & 0 \\ 2 & -1 & 4 \end{pmatrix} = \begin{pmatrix} 8 & -11 & 20 \\ -2 & 1 & -4 \\ 3 & -5 & 8 \end{pmatrix}$

(3) $tr(AB) = -2 + 19 = 17$

(4) $tr(BA) = 8 + 1 + 8 = 17$ ■

위 두 예제의 경우, $AB \neq BA$임을 알 수 있다. 그렇지만 $tr(AB) = tr(BA)$이다. 사실 곱셈 AB와 BA가 둘 다 잘 정의되면 항상 $tr(AB) = tr(BA)$이 성립한다.

정의 1.11 삼각행렬

n차 정방행렬 $A = (a_{ij})$에 대하여

(1) 주대각선 아래의 모든 성분들이 0이면 행렬 A를 **상삼각행렬**(upper triangular matrix)이라 한다. 즉, $i > j$이면 $a_{ij} = 0$이다.

(2) 주대각선 위의 모든 성분들이 0이면 행렬 A를 **하삼각행렬**(lower triangular matrix)이라 한다. 즉, $i < j$이면 $a_{ij} = 0$이다.

(3) A가 상삼각행렬이거나 하삼각행렬이면 **삼각행렬**(triangular matrix)이라 한다.

예를 들어, 다음 행렬

$$A = \begin{pmatrix} 2 & 5 \\ 0 & -4 \end{pmatrix}, \quad B = \begin{pmatrix} 1 & 2 & 3 \\ 0 & 4 & 5 \\ 0 & 0 & 1 \end{pmatrix}, \quad C = \begin{pmatrix} -1 & 0 & 0 \\ 3 & 1 & 0 \\ -2 & 2 & 1 \end{pmatrix}$$

에서, A, B, C는 모두 삼각행렬이다. 특히, A, B는 상삼각행렬이고 C는 하삼각행렬이다.

연습문제 1.2

01. 다음 각 명제가 참인지 거짓인지 설명하시오.

(1) $(A^T)^T = A$ (2) $(AB)^T = A^T B^T$ (3) $I^T = I$ (4) $(I^T)^T = I$

02. 행렬 A, B, C, D, E가 다음과 같을 때 물음에 답하여라.

$$A = \begin{pmatrix} 5 & 2 \\ -2 & 2 \end{pmatrix},\quad B = \begin{pmatrix} 0 & 0 \\ 0 & 0 \end{pmatrix},\quad C = \begin{pmatrix} 1 & 2 & 0 \\ -2 & 1 & 3 \\ 0 & -3 & 1 \end{pmatrix},\quad D = \begin{pmatrix} 0 & 2 & 0 \\ 2 & 0 & 3 \\ 0 & 3 & 0 \end{pmatrix},\quad E = \begin{pmatrix} 0 & -5 \\ 5 & 0 \end{pmatrix}$$

(1) 대칭행렬을 모두 고르시오.
(2) 교대행렬을 모두 고르시오.
(3) 대칭행렬이면서 동시에 교대행렬인 것을 모두 고르시오.

03. 행렬 $A = \begin{pmatrix} 1 & 2 \\ -1 & 0 \\ 0 & 1 \end{pmatrix}$, $B = \begin{pmatrix} 1 & 0 \\ 2 & 3 \end{pmatrix}$에 대하여 다음을 구하여라.

(1) A^T (2) B^T (3) AB (4) BA (5) $(BA)^T$ (6) $tr(AB)$

04. 행렬 $A = \begin{pmatrix} 1 & 2 & 4 \\ 0 & 4 & 0 \\ 0 & 0 & 7 \end{pmatrix}$에 대하여 다음 중 맞는 명제를 모두 고르시오.

(1) A는 대칭행렬이다.
(2) A는 교대행렬이다.
(3) A는 삼각행렬이다.
(4) A는 상삼각행렬이다.
(5) A는 하삼각행렬이다.
(6) A의 전치행렬은 A이다.

05. 다음 행렬 A, B, C, D의 전치행렬을 구하여라.

$$A = (2\ -2\ 5),\quad B = \begin{pmatrix} 2 \\ 3 \\ 4 \end{pmatrix},\quad C = \begin{pmatrix} 1 & 5 \\ 7 & 6 \end{pmatrix},\quad D = \begin{pmatrix} 1 & 4 \\ 2 & 5 \\ 3 & 6 \end{pmatrix}$$

06. 행렬 $A = \begin{pmatrix} 3 & a & -7 \\ 1 & 1 & 0 \\ b & 0 & 2 \end{pmatrix}$가 대칭행렬일 때 a, b를 구하여라.

07. 행렬 $A = \begin{pmatrix} 0 & a & -7 \\ 1 & b & 3 \\ c & 0 & 0 \end{pmatrix}$가 교대행렬일 때 a, b, c를 구하여라.

1.3 행렬 연산의 성질

행렬 연산은 실수 연산과 유사한 점이 많다. 그렇지만 행렬의 곱셈은 실수의 곱셈과는 매우 다른 성질을 가지고 있다. 먼저 2차 정방행렬의 예를 통하여 이러한 성질을 살펴보자.

예제 1.3.1 행렬 $A=\begin{pmatrix}1&2\\3&6\end{pmatrix}$와 $B=\begin{pmatrix}1&1\\-1&2\end{pmatrix}$에 대하여 다음을 구하여라.

(1) AB (2) BA

풀이 (1) $AB=\begin{pmatrix}1&2\\3&6\end{pmatrix}\begin{pmatrix}1&1\\-1&2\end{pmatrix}=\begin{pmatrix}-1&5\\-3&15\end{pmatrix}$

(2) $BA=\begin{pmatrix}1&1\\-1&2\end{pmatrix}\begin{pmatrix}1&2\\3&6\end{pmatrix}=\begin{pmatrix}4&8\\5&10\end{pmatrix}$ ■

[예제 1.3.1]은 AB와 BA가 다른 두 2차 정방행렬 A와 B를 보여준다. 우리는 A와 B가 정방행렬이 아니면서 AB, BA가 잘 정의되는 경우에도 $AB\neq BA$인 예를 이미 보았음을 기억해 보자. [예제 1.2.6]에서 다음을 보았다.

$$\begin{pmatrix}1&3&0\\2&-1&4\end{pmatrix}\begin{pmatrix}-2&5\\0&-1\\-1&2\end{pmatrix}=\begin{pmatrix}-2&2\\-8&19\end{pmatrix},\qquad \begin{pmatrix}-2&5\\0&-1\\-1&2\end{pmatrix}\begin{pmatrix}1&3&0\\2&-1&4\end{pmatrix}=\begin{pmatrix}8&-11&20\\-2&1&-4\\3&-5&8\end{pmatrix}$$

참고 [예제 1.3.1]과 [예제 1.2.6]에서 보듯이, 일반적으로 행렬의 곱셈에 대해서는 교환법칙이 성립하지 않는다. 또한 $\begin{pmatrix}1&2\\3&6\end{pmatrix}\begin{pmatrix}-2&2\\-1&-1\end{pmatrix}=\begin{pmatrix}0&0\\0&0\end{pmatrix}=0$에서 보듯이, 영행렬이 아닌 두 행렬의 곱이 영행렬이 될 수 있다.

예제 1.3.2 집합 $V=\left\{\begin{pmatrix}x&y\\-y&x\end{pmatrix}\mid x,y\in\mathbb{R}\right\}$에 대하여 다음 물음에 답하시오.

(1) 집합 V는 행렬의 덧셈에 대하여 닫혀 있는가? 즉, 임의의 행렬 $A,B\in V$에 대하여 $A+B\in V$인가?

(2) 집합 V는 행렬의 곱셈에 대하여 교환법칙이 성립하는가? 즉, 임의의 행렬 $A,B\in V$에 대하여 $AB=BA$인가?

풀이 행렬 $A,B\in V$를 $A=\begin{pmatrix}a&b\\-b&a\end{pmatrix}$, $B=\begin{pmatrix}c&d\\-d&c\end{pmatrix}$라 두자.

(1) $A+B=\begin{pmatrix} a & b \\ -b & a \end{pmatrix}+\begin{pmatrix} c & d \\ -d & c \end{pmatrix}=\begin{pmatrix} a+c & b+d \\ -(b+d) & a+c \end{pmatrix}\in V$이므로, 임의의 행렬 $A, B \in V$에 대하여 $A+B\in V$이다.

(2) AB와 BA는 다음과 같이 계산된다.

$$AB=\begin{pmatrix} a & b \\ -b & a \end{pmatrix}\begin{pmatrix} c & d \\ -d & c \end{pmatrix}=\begin{pmatrix} ac-bd & ad+bc \\ -(ad+bc) & ac-bd \end{pmatrix}$$

$$BA=\begin{pmatrix} c & d \\ -d & c \end{pmatrix}\begin{pmatrix} a & b \\ -b & a \end{pmatrix}=\begin{pmatrix} ac-bd & ad+bc \\ -(ad+bc) & ac-bd \end{pmatrix}$$

그러므로, 임의의 행렬 $A, B\in V$에 대하여 $AB=BA$이다. ■

행렬의 곱셈에 대한 결합법칙에 대하여 3차 정방행렬의 예를 살펴보자.

예제 1.3.3 $A=\begin{pmatrix} 1 & 0 & 2 \\ 0 & -1 & 1 \\ 3 & 1 & 6 \end{pmatrix}$, $B=\begin{pmatrix} 2 & -1 & 0 \\ 1 & 0 & 2 \\ 0 & 1 & 1 \end{pmatrix}$, $C=\begin{pmatrix} -1 & 0 & 0 \\ 2 & 1 & -1 \\ 1 & 0 & 1 \end{pmatrix}$에 대하여 BC, $A(BC)$, AB, $(AB)C$를 구하고, $A(BC)=(AB)C$가 성립하는지 확인하여라.

풀이 BC, $A(BC)$, AB, $(AB)C$를 차례로 계산해 보면 다음과 같다.

$$BC=\begin{pmatrix} 2 & -1 & 0 \\ 1 & 0 & 2 \\ 0 & 1 & 1 \end{pmatrix}\begin{pmatrix} -1 & 0 & 0 \\ 2 & 1 & -1 \\ 1 & 0 & 1 \end{pmatrix}=\begin{pmatrix} -4 & -1 & 1 \\ 1 & 0 & 2 \\ 3 & 1 & 0 \end{pmatrix}$$

$$A(BC)=\begin{pmatrix} 2 & -1 & 0 \\ 1 & 0 & 2 \\ 0 & 1 & 1 \end{pmatrix}\begin{pmatrix} -4 & -1 & 1 \\ 1 & 0 & 2 \\ 3 & 1 & 0 \end{pmatrix}=\begin{pmatrix} 2 & 1 & 1 \\ 2 & 1 & -2 \\ 7 & 3 & 5 \end{pmatrix}$$

$$AB=\begin{pmatrix} 1 & 0 & 2 \\ 0 & -1 & 1 \\ 3 & 1 & 6 \end{pmatrix}\begin{pmatrix} 2 & -1 & 0 \\ 1 & 0 & 2 \\ 0 & 1 & 1 \end{pmatrix}=\begin{pmatrix} 2 & 1 & 2 \\ -1 & 1 & -1 \\ 7 & 3 & 8 \end{pmatrix}$$

$$(AB)C=\begin{pmatrix} 2 & 1 & 2 \\ -1 & 1 & -1 \\ 7 & 3 & 8 \end{pmatrix}\begin{pmatrix} -1 & 0 & 0 \\ 2 & 1 & -1 \\ 1 & 0 & 1 \end{pmatrix}=\begin{pmatrix} 2 & 1 & 1 \\ 2 & 1 & -2 \\ 7 & 3 & 5 \end{pmatrix}$$

그러므로 $A(BC)=(AB)C$가 성립한다. ■

사실, 일반적으로 행렬 연산에서 결합법칙은 항상 성립한다. 이제 행렬 연산에서 성립하는 여러 성질들을 정리해 보자.

(1) 행렬의 덧셈과 스칼라 곱의 성질

실수에서와 마찬가지로 행렬에서도 덧셈에 대한 교환법칙과 결합법칙이 성립하고 스칼라 곱과 덧셈에 대해서 배분법칙이 성립함을 쉽게 알 수 있다. 또한 영행렬이 덧셈에 대한 항등원이고, 모든 행렬에 대하여 역원이 존재한다.

정리 1.2

행렬 A, B, C와 임의의 스칼라 $\alpha,\ \beta$에 대하여 다음이 성립한다.

(1) $(A+B)+C=A+(B+C)$ (결합법칙)
(2) $A+B=B+A$ (교환법칙)
(3) $A+0=0+A=A$ (덧셈에 대한 항등원)
(4) $A+(-A)=(-A)+A=0$ (덧셈에 대한 역원)
(5) $\alpha(A+B)=\alpha A+\alpha B$ (배분법칙)
(6) $(\alpha+\beta)C=\alpha C+\beta C$ (배분법칙)
(7) $(\alpha\beta)C=\alpha(\beta C)=\beta(\alpha C)$
(8) $1A=A$
(9) $0A=0$

예제 1.3.4 $A=\begin{pmatrix}1 & 5\\ -2 & -1\end{pmatrix},\ B=\begin{pmatrix}-1 & 1\\ 2 & 1\end{pmatrix}$에 대하여 다음 행렬방정식을 만족하는 행렬 X를 구하여라.

(1) $3X=A+3B$ (2) $6X-A=4X+2A-B$

풀이 (1) $3X=A+3B$의 양변에 스칼라 $\dfrac{1}{3}$을 곱하면

$$X=\frac{1}{3}(A+3B)=\frac{1}{3}A+B$$

이므로

$$X=\frac{1}{3}\begin{pmatrix}1 & 5\\ -2 & -1\end{pmatrix}+\begin{pmatrix}-1 & 1\\ 2 & 1\end{pmatrix}=\begin{pmatrix}\frac{1}{3} & \frac{5}{3}\\ -\frac{2}{3} & -\frac{1}{3}\end{pmatrix}+\begin{pmatrix}-1 & 1\\ 2 & 1\end{pmatrix}=\begin{pmatrix}-\frac{2}{3} & \frac{8}{3}\\ \frac{4}{3} & \frac{2}{3}\end{pmatrix}$$

이다.

(2) $6X-A=4X+2A-B$의 양변에 $-4X$를 더해주면

$$2X=3A-B$$

이므로 X는 다음과 같다.

$$X=\frac{1}{2}(3A-B)=\frac{1}{2}(3\begin{pmatrix}1 & 5\\-2 & -1\end{pmatrix}-\begin{pmatrix}-1 & 1\\2 & 1\end{pmatrix})=\frac{1}{2}(\begin{pmatrix}3 & 15\\-6 & -3\end{pmatrix}-\begin{pmatrix}-1 & 1\\2 & 1\end{pmatrix})$$

$$=\frac{1}{2}\begin{pmatrix}4 & 14\\-8 & -4\end{pmatrix}=\begin{pmatrix}2 & 7\\-4 & -2\end{pmatrix}$$ ■

(2) 행렬의 곱셈에 대한 성질

앞에서 우리는 행렬의 곱셈은 교환법칙이 성립하지 않음을 보았다. 그러나 실수에서와 마찬가지로 행렬의 곱셈에 대한 결합법칙과 배분법칙은 여전히 성립하고 단위행렬이 행렬의 곱셈에 대한 항등원임을 보일 수 있다.

정리 1.3

$m\times n$행렬 A, $n\times p$행렬 B, $p\times r$행렬 C와 임의의 스칼라 α에 대하여 다음이 성립한다.

(1) $(AB)C=A(BC)$ (곱셈에 대한 결합법칙)

(2) $A(B+C)=AB+AC$, $(A+B)C=AC+BC$ (곱셈에 대한 배분법칙)

(3) $\alpha(AB)=(\alpha A)B=A(\alpha B)$

(4) $A0=0$, $0A=0$

(5) $AI_n=A$, $I_mA=A$ (곱셈에 대한 항등원)

행렬의 곱셈에서 결합법칙이 성립하므로, 임의의 정방행렬 A에 대하여 거듭제곱이 잘 정의된다. 예를 들어

$$(AA)A=A(AA)$$

이므로 $A^3=AAA$이 잘 정의된다.

정의 1.12 행렬의 거듭제곱

정방행렬 A 대하여

$$A^2 = AA,\ A^3 = AAA,\ \cdots$$

으로 A의 **거듭제곱**을 정의한다.

정의로부터 단위행렬 I의 임의의 거듭제곱은 모두 단위행렬 I임을 알 수 있다.

$$I = I^2 = I^3 = I^4 = \cdots = I^k = \cdots$$

예제 1.3.5 $A = \begin{pmatrix} 1 & -1 \\ 1 & -1 \end{pmatrix}$, $B = \begin{pmatrix} 2 & 1 \\ -3 & -1 \end{pmatrix}$에 대하여 A^2과 B^3을 구하여라.

풀이 $A^2 = AA = \begin{pmatrix} 1 & -1 \\ 1 & -1 \end{pmatrix}\begin{pmatrix} 1 & -1 \\ 1 & -1 \end{pmatrix} = \begin{pmatrix} 0 & 0 \\ 0 & 0 \end{pmatrix}$이므로, A^2은 영행렬이다.

$B^2 = BB = \begin{pmatrix} 2 & 1 \\ -3 & -1 \end{pmatrix}\begin{pmatrix} 2 & 1 \\ -3 & -1 \end{pmatrix} = \begin{pmatrix} 1 & 1 \\ -3 & -2 \end{pmatrix}$이므로, B^3은 다음과 같다.

$$B^3 = BB^2 = \begin{pmatrix} 2 & 1 \\ -3 & -1 \end{pmatrix}\begin{pmatrix} 1 & 1 \\ -3 & -2 \end{pmatrix} = \begin{pmatrix} -1 & 0 \\ 0 & -1 \end{pmatrix}$$

(BB^2도 $\begin{pmatrix} -1 & 0 \\ 0 & -1 \end{pmatrix}$임을 확인할 수 있다.) ■

예제 1.3.6 $A = \begin{pmatrix} 0 & 1 \\ -1 & 1 \end{pmatrix}$에 대하여 A^{12}과 A^{22}을 구하여라.

풀이 A^2을 먼저 계산해 보면

$$A^2 = AA = \begin{pmatrix} 0 & 1 \\ -1 & 1 \end{pmatrix}\begin{pmatrix} 0 & 1 \\ -1 & 1 \end{pmatrix} = \begin{pmatrix} -1 & 1 \\ -1 & 0 \end{pmatrix}$$

이므로,

$$A^3 = AA^2 = \begin{pmatrix} 0 & 1 \\ -1 & 1 \end{pmatrix}\begin{pmatrix} -1 & 1 \\ -1 & 0 \end{pmatrix} = \begin{pmatrix} -1 & 0 \\ 0 & -1 \end{pmatrix} = -I$$

이다. 이를 이용하면 A^{12}과 A^{22}은 각각 다음과 같다.

$$A^{12} = (A^3)^4 = (-I)^4 = I$$

$$A^{22} = (A^3)^7 A = (-I)^7 A = -IA = -A$$ ■

대각행렬은 거듭제곱을 할 때 특별한 성질이 있다. 다음의 예를 보자.

예제 1.3.7 대각행렬 $D=\begin{pmatrix} 3 & 0 \\ 0 & 2 \end{pmatrix}$에 대하여 D^9를 구하시오.

풀이 $D^2, D^3, \cdots$ 을 구해보면 다음과 같다.

$$D^2=\begin{pmatrix} 3 & 0 \\ 0 & 2 \end{pmatrix}\begin{pmatrix} 3 & 0 \\ 0 & 2 \end{pmatrix}=\begin{pmatrix} 3^2 & 0 \\ 0 & 2^2 \end{pmatrix}$$

$$D^3=D^2D=\begin{pmatrix} 3^2 & 0 \\ 0 & 2^2 \end{pmatrix}\begin{pmatrix} 3 & 0 \\ 0 & 2 \end{pmatrix}\begin{pmatrix} 3 & 0 \\ 0 & 2 \end{pmatrix}=\begin{pmatrix} 3^3 & 0 \\ 0 & 2^3 \end{pmatrix}$$

$$\cdots$$

이런 식으로 계속 곱하면 $D^9=\begin{pmatrix} 3^9 & 0 \\ 0 & 2^9 \end{pmatrix}$임을 알 수 있다.[3] ■

3. 실제로 $D^n=\begin{pmatrix} 3^n & 0 \\ 0 & 2^n \end{pmatrix}$임을 귀납법으로 보일 수 있다.

연습문제 1.3

01. $A=\begin{pmatrix}1&0\\3&2\end{pmatrix}$, $B=\begin{pmatrix}2&1\\-3&4\end{pmatrix}$에 대하여 AB, BA, $(A+B)^2$을 구하고

$$(A+B)^2=A^2+AB+BA+B^2$$

이 성립함을 보여라. 그리고 왜 $(A+B)^2\neq A^2+2AB+B^2$인지 설명하여라.

02. $A=\begin{pmatrix}1&2\\-3&0\end{pmatrix}$, $B=\begin{pmatrix}-2&0\\1&-1\end{pmatrix}$에 대하여 $(AB)^2$와 A^2B^2을 각각 구하고, 그 결과가 같은지 다른지 설명하여라.

03. $A=\begin{pmatrix}1&1\\0&1\end{pmatrix}$에 대하여 A^{10}과 A^{20}을 구하여라.

04. $A=\begin{pmatrix}0&1&0\\0&0&1\\0&0&0\end{pmatrix}$에 대하여 A^2과 A^3을 구하여라.

05. 행렬 $A=\begin{pmatrix}\frac{1}{6}&-\frac{1}{6}&\frac{2}{6}\\-\frac{1}{6}&\frac{1}{6}&-\frac{2}{6}\\\frac{2}{6}&-\frac{2}{6}&\frac{4}{6}\end{pmatrix}$에 대하여 $A^2=A$임을 보여라.

06. $A=\begin{pmatrix}2&1\\-3&-1\end{pmatrix}$일 때 A^{12}와 A^{25}를 구하여라.

07. 대각행렬 $D=\begin{pmatrix}1&0\\0&2\end{pmatrix}$에 대해서 D^{30}을 구하여라.

08. 행렬 A, B에서 연산 AB와 BA가 모두 정의될 때 다음 중 항상 옳은 것은?

(1) $AB=BA$ (2) $(AB)^T=A^TB^T$ (3) $tr(AB)=tr(BA)$

(4) $AB=0$이면 $A=0$ 또는 $B=0$이다.

CHAPTER

2

행렬과 연립일차방정식

2.1 연립일차방정식과 기본행연산

연립1차방정식(system of linear equations)은 행렬을 이용하여 간단하게 표현되며, 또한 행렬 표현에 의하여 쉽게 그 해를 구할 수 있다.

우선 연립1차방정식이 무엇인지 알아보자. $a, b \in \mathbb{R}$에 대하여 1차방정식을

$$ax + by = c$$

로 나타내면 변수 x, y는 방정식의 **미지수**(unknown), a, b는 **계수**(coefficient)**계수**(coefficient), c는 **상수항**(constant term)이라고 한다. 특히 $c = 0$일 때의 방정식을 **동차방정식**(homogeneous system)이라 하고, 동차방정식이 아닌 경우를 **비동차방정식**(non-homogeneous system)이라 한다. 연립1차방정식은 이러한 1차방정식이 2개 이상 동시에 주어진 경우를 의미한다.
예를 들어,

$$x - 3y = -1,\ 2x + y + z = 2$$

는 연립1차방정식이고,

$$2x - 5y = xy,\ \ \sqrt{x} = y - 7$$

는 연립1차방정식이 아니다. 왜냐하면 첫 번째 식 $2x - 5y = xy$는 두 일차식 미지수가 곱해져서 2차인 xy를 항으로 가지고 있으므로 1차방정식이 아니고, 두 번째 식 $\sqrt{x} = y - 7$은 무리식 $\sqrt{x}$을 가지고 있기 때문에 1차방정식이 아니다.

이제 이러한 연립1차방정식의 문제를 행렬을 이용하여 해결하여 보자.

(1) 연립1차방정식의 행렬 표현

연립1차방정식

$$\begin{cases} a_{11}x + a_{12}y = b_1 \\ a_{21}x + a_{22}y = b_2 \end{cases}$$

은 다음과 같이 행렬방정식으로 나타낼 수 있다.

$$\begin{pmatrix} a_{11} & a_{12} \\ a_{21} & a_{22} \end{pmatrix}\begin{pmatrix} x \\ y \end{pmatrix} = \begin{pmatrix} b_1 \\ b_2 \end{pmatrix}$$

예를 들어, 연립1차방정식

$$\begin{cases} 3x+5y=1 \\ x-2y=4 \end{cases} \tag{2.1}$$

는

$$\begin{pmatrix} 3 & 5 \\ 1 & -2 \end{pmatrix}\begin{pmatrix} x \\ y \end{pmatrix} = \begin{pmatrix} 1 \\ 4 \end{pmatrix}$$

로 표현된다.

이와 같은 개념을 확장해서 생각하면, m개의 1차방정식과 n개의 미지수를 갖는 연립1차방정식

$$\begin{cases} a_{11}x_1 + a_{12}x_2 + \cdots + a_{1n}x_n = b_1 \\ a_{21}x_1 + a_{22}x_2 + \cdots + a_{2n}x_n = b_2 \\ \qquad\qquad \cdots \\ a_{m1}x_1 + a_{m2}x_2 + \cdots + a_{mn}x_n = b_m \end{cases} \tag{2.2}$$

은 행렬

$$A = \begin{pmatrix} a_{11} & a_{12} & a_{13} & \cdots & a_{1n} \\ a_{21} & a_{22} & a_{23} & \cdots & a_{2n} \\ a_{31} & a_{32} & a_{33} & \cdots & a_{3n} \\ \vdots & \vdots & \vdots & & \vdots \\ a_{m1} & a_{m2} & a_{m3} & \cdots & a_{mn} \end{pmatrix}, \quad X = \begin{pmatrix} x_1 \\ x_2 \\ x_3 \\ \vdots \\ x_n \end{pmatrix}, \quad B = \begin{pmatrix} b_1 \\ b_2 \\ b_3 \\ \vdots \\ b_n \end{pmatrix}$$

을 이용하여 다음과 같이 나타낼 수 있다.

$$AX = B$$

여기서 A를 **계수행렬**(coefficient matrix), B를 **상수행렬**(constant matrix)이라 한다. 그리고 행렬 A와 B로 구성된 행렬

$$(A \ \vdots \ B) = \begin{pmatrix} a_{11} & a_{12} & a_{13} & \cdots & a_{1n} & \vdots & b_1 \\ a_{21} & a_{22} & a_{23} & \cdots & a_{2n} & \vdots & b_2 \\ a_{31} & a_{32} & a_{33} & \cdots & a_{3n} & \vdots & b_3 \\ \vdots & \vdots & \vdots & & & \vdots & \\ a_{m1} & a_{m2} & a_{m3} & \cdots & a_{mn} & \vdots & b_m \end{pmatrix}$$

을 연립1차방정식 (2.2)의 **확대계수행렬**(augmented matrix)이라 한다. 앞으로 이러한 확대계수행렬의 형태 $(A \ \vdots \ B)$는 연립방정식의 해를 구하는 데 있어서 중요한 역할을 한다.

앞에서 살펴본 간단한 연립1차방정식 (2.1)

$$\begin{cases} 3x+5y=1 \\ x-2y=4 \end{cases}$$

의 계수행렬은 $\begin{pmatrix} 3 & 5 \\ 1 & -2 \end{pmatrix}$, 상수행렬은 $\begin{pmatrix} 1 \\ 4 \end{pmatrix}$, 확대계수행렬은 $\begin{pmatrix} 3 & 5 & \vdots & 1 \\ 1 & -2 & \vdots & 4 \end{pmatrix}$이다.

(2) 기본행연산

연립1차방정식 (2.1)을 보통의 소거법을 이용하여 푸는 과정을 살펴보자. 먼저 두 번째 방정식에 -3을 곱하여 다음을 얻는다.

$$\begin{cases} 3x+5y=1 \\ -3x+6y=-12 \end{cases}$$

두 번째 방정식에 첫 번째 방정식을 더하면

$$\begin{cases} 3x+\ \ 5y=1 \\ \qquad 11y=-11 \end{cases} \tag{2.3}$$

가 된다. 두 번째 방정식에 $\dfrac{1}{11}$을 곱해주면

$$\begin{cases} 3x+5y=1 \\ \qquad\ y=-1 \end{cases} \tag{2.4}$$

이므로 연립1차방정식 (2.1)의 해는 다음과 같다.

$$x=2,\ y=-1$$

(2.3)과 (2.4)는 연립1차방정식 (2.1)과 동일한 해를 주는 연립1차방정식으로서 이들의 확대계수행렬의 변화 과정을 살펴보면 다음과 같다.

$$\begin{pmatrix} 3 & 5 & \vdots & 1 \\ 1 & -2 & \vdots & 4 \end{pmatrix} \quad \to \quad \begin{pmatrix} 3 & 5 & \vdots & 1 \\ 0 & 11 & \vdots & -11 \end{pmatrix} \quad \to \quad \begin{pmatrix} 3 & 5 & \vdots & 1 \\ 0 & 1 & \vdots & -1 \end{pmatrix}$$

이 변화 과정은 **기본행연산**(elementary row operation)이라고 불리는 다음과 같은 행렬에 작용하는 행연산으로 표현될 수 있다.

정의 2.1 기본행연산

$m \times n$행렬 A에 대하여 다음 세 가지 연산을 **기본행연산**(elementary row operation)이라 한다.

(1) A의 두 행을 서로 교환한다.

(2) A의 한 행에 0이 아닌 스칼라를 곱한다.

(3) A의 한행에 스칼라를 곱하여 다른 행에 더한다.

참고 표현의 편의를 위하여, 기본행연산에 다음과 같은 기호를 사용하기로 하자.

(1) A의 두 행 i행과 j행을 서로 교환한다: $R_i \leftrightarrow R_j$

(2) A의 i행에 0이 아닌 스칼라 α를 곱한다: αR_i

(3) A의 i행에 스칼라 α를 곱하여 j행에 더한다: $\alpha R_i + R_j$

확대계수행렬에 기본행연산을 행하여 나온 행렬을 확대계수행렬로 하는 연립1차방정식의 해는 처음에 주어진 연립1차방정식과 동일한 해를 가진다는 것을 알 수 있다.

예제 2.1.1 다음 연립방정식의 해를 기본행연산을 이용하여 구하시오.

$$\begin{cases} 2x + 3y = -1 \\ x - y = 2 \end{cases}$$

풀이 확대계수행렬 $\begin{pmatrix} 2 & 3 & : & -1 \\ 1 & -1 & : & 2 \end{pmatrix}$을 기본행연산으로 변형하여 보자.

$$\begin{pmatrix} 2 & 3 & : & -1 \\ 1 & -1 & : & 2 \end{pmatrix} \xrightarrow{R_1 \leftrightarrow R_2} \begin{pmatrix} 1 & -1 & : & 2 \\ 2 & 3 & : & -1 \end{pmatrix}$$ 1행과 2행을 교환한다.

$$\xrightarrow{(-2)R_1 + R_2} \begin{pmatrix} 1 & -1 & : & 2 \\ 0 & 5 & : & -5 \end{pmatrix}$$ 1행×(-2)를 2행에 더한다.

$$\xrightarrow{\frac{1}{5}R_2} \begin{pmatrix} 1 & -1 & : & 2 \\ 0 & 1 & : & -1 \end{pmatrix}$$ 2행에 $\frac{1}{5}$을 곱한다.

$$\xrightarrow{R_2 + R_1} \begin{pmatrix} 1 & 0 & : & 1 \\ 0 & 1 & : & -1 \end{pmatrix}$$ 2행을 1행에 더한다.

(위 2번째와 4번째의 기본행연산에서 어느 행이 변하는지 주의해야 한다. 우리의 약속에 의하면 $\alpha R_i + R_j$는 R_i의 α배를 R_j에 더하는 것이다. 즉, i행에 α를 곱해서 j행에 더하는 것을 의미한다. 결과적으로 j행이 바뀌게 된다.)

기본행연산에 의해서 확대계수행렬 $\begin{pmatrix} 2 & 3 & : & -1 \\ 1 & -1 & : & 2 \end{pmatrix}$이 $\begin{pmatrix} 1 & 0 & : & 1 \\ 0 & 1 & : & -1 \end{pmatrix}$로 변형되었으므로, 주어진 연립방정식은 다음 연립방정식과 같은 해를 갖는다.

$$\begin{pmatrix} 1 & 0 \\ 0 & 1 \end{pmatrix}\begin{pmatrix} x \\ y \end{pmatrix} = \begin{pmatrix} 1 \\ -1 \end{pmatrix} \Leftrightarrow \begin{cases} x = 1 \\ y = -1 \end{cases}$$

그러므로 주어진 연립방정식의 해는 $x = 1, y = -1$이다. ■

위 예제에서 마지막 행렬 $\begin{pmatrix} 1 & 0 : & 1 \\ 0 & 1 : & -1 \end{pmatrix}$은 확대계수행렬에 기본행연산을 유한 번 시행하여 얻어진 결과이다. 이러한 모양의 행렬을 사다리꼴 행렬이라 부르며 행렬의 어느 행 성분이 모두 0은 아닌 경우, 즉 어느 행벡터가 영벡터가 아닌 경우, 그 행에서 제일 왼쪽에 있는 0이 아닌 성분을 행의 **주성분**(leading entry)이라 한다.

정의 2.2 **(기약)사다리꼴 행렬**

행렬 A가 다음 조건 (1), (2), (3), (4)를 만족하면, **기약사다리꼴 행렬** 또는 **기약행사다리꼴 행렬**(reduced row echelon form matrix)이라 한다.

(1) 모든 성분이 0으로 된 행은 행렬의 제일 아래쪽에 위치한다.
(2) 각 행에서 0이 아닌 행의 주성분은 항상 1이다.
(3) 두 개의 연속된 행이 모두가 0이 아닐 때, 아래 쪽 행의 주성분 1은 위쪽 행의 주성분 1보다 오른쪽에 위치한다.
(4) 각 행의 주성분 1에 대하여 그 1이 속한 열의 나머지 성분은 모두 0이다.
여기서 특히 (1), (2), (3)만을 만족할 때 **사다리꼴 행렬** 또는 **행사다리꼴 행렬**(row echelon form matrix)이라고 한다

예제 2.1.2 다음 행렬들 중에서 사다리꼴 행렬과 기약사다리꼴 행렬을 모두 고르시오.

$$A=\begin{pmatrix} 1 & 0 & 3 & 2 \\ 0 & 0 & 1 & 0 \end{pmatrix},\quad B=\begin{pmatrix} 1 & 0 & 0 & 2 \\ 0 & 0 & 1 & 0 \end{pmatrix},\quad C=\begin{pmatrix} 1 & 0 & 0 \\ 0 & 1 & 0 \\ 0 & 0 & 0 \end{pmatrix},\quad D=\begin{pmatrix} 1 & 0 & 0 \\ 0 & 1 & 0 \\ 2 & 0 & 0 \end{pmatrix},\quad E=\begin{pmatrix} 1 & 0 & 2 \\ 0 & 1 & 0 \\ 0 & 0 & 0 \end{pmatrix}$$

$$F=\begin{pmatrix} 1 & 0 & 0 & 3 \\ 0 & 1 & 0 & 0 \\ 0 & 0 & 1 & 1 \end{pmatrix},\quad G=\begin{pmatrix} 1 & 0 & 3 & 3 \\ 0 & 1 & 0 & 0 \\ 0 & 0 & 1 & 1 \end{pmatrix},\quad H=\begin{pmatrix} 1 & 0 & 0 & 3 \\ 0 & 1 & 1 & 0 \\ 0 & 0 & 1 & 1 \end{pmatrix},\quad K=\begin{pmatrix} 0 & 0 & 1 & 0 \\ 0 & 1 & 0 & 0 \\ 0 & 0 & 0 & 1 \end{pmatrix}$$

풀이 [정의 2.2]에 의하여, 사다리꼴 행렬은 A, B, C, E, F, G, H, 기약사다리꼴 행렬은 B, C, E, F이다. ■

기본행연산을 시행하여 얻은 기약사다리꼴은 가장 간소화된 사다리꼴을 나타낸다. 예를 들어, 다음의 행렬 A에 기본행연산을 시행하면 행렬 B와 행렬 C를 얻을 수 있다.

$$A=\begin{pmatrix} 1 & 2 & 0 & 0 & 1 \\ 3 & 6 & -1 & 1 & 1 \\ 4 & 8 & 5 & -1 & 14 \end{pmatrix} \rightarrow B=\begin{pmatrix} 1 & 2 & 0 & 0 & 1 \\ 0 & 0 & 1 & -1 & 2 \\ 0 & 0 & 0 & 1 & 0 \end{pmatrix} \rightarrow C=\begin{pmatrix} 1 & 2 & 0 & 0 & 1 \\ 0 & 0 & 1 & 0 & 2 \\ 0 & 0 & 0 & 1 & 0 \end{pmatrix}$$

여기서 행렬 B는 사다리꼴 행렬이고 행렬 C는 기약사다리꼴 행렬이다. 그런데 행렬 C에 기본행연산을 더 시행하더라도 C보다 더 간소화된 모양은 만들 수 없음을 확인할 수 있다.

예제 2.1.3 행렬 $A=\begin{pmatrix} 1 & 1 & 0 & 0 \\ 2 & 2 & 1 & 0 \\ -1 & -1 & 2 & 1 \end{pmatrix}$의 기약사다리꼴 행렬을 구하여라.

풀이 $A=\begin{pmatrix} 1 & 1 & 0 & 0 \\ 2 & 2 & 1 & 0 \\ -1 & -1 & 2 & 1 \end{pmatrix} \xrightarrow{(-2)R_1+R_2} \begin{pmatrix} 1 & 1 & 0 & 0 \\ 0 & 0 & 1 & 0 \\ -1 & -1 & 2 & 1 \end{pmatrix}$

$$\xrightarrow{R_1+R_3} \begin{pmatrix} 1 & 1 & 0 & 0 \\ 0 & 0 & 1 & 0 \\ 0 & 0 & 2 & 1 \end{pmatrix}$$

$$\xrightarrow{(-2)R_2+R_3} \begin{pmatrix} 1 & 1 & 0 & 0 \\ 0 & 0 & 1 & 0 \\ 0 & 0 & 0 & 1 \end{pmatrix}$$

마지막 행렬 $\begin{pmatrix} 1 & 1 & 0 & 0 \\ 0 & 0 & 1 & 0 \\ 0 & 0 & 0 & 1 \end{pmatrix}$은 기약사다리꼴 행렬의 조건 (1), (2), (3), (4)를 모두 만족한다. ■

(3) 가우스-조르단 소거법(Gauss-Jordan Elimination)

우리는 앞에서 연립1차방정식의 확대계수행렬에 기본행연산을 시행하여 얻은 행렬을 확대계수행렬로 하는 연립1차방정식은 원래의 연립방정식과 동일한 해를 가짐을 보았다. 그러므로 주어진 연립1차방정식의 확대계수행렬에 기본행연산을 시행하여 (기약)사다리꼴로 변형한 후 해를 구하는 것은 매우 유용한 방법으로 널리 사용된다. 이렇게 확대계수행렬에 기본행연산을 유한 번 시행하여 사다리꼴 행렬로 변형하여 연립방정식의 해를 구하는 방법을 **가우스 소거법**(Gauss elimination)이라 하고, 기약사다리꼴 행렬로 변형하여 연립방정식의 해를 구하는 방법을 **가우스-조르단 소거법**(Gauss-Jordan elimination)이라 한다.

예제 2.1.4 다음 연립1차방정식의 해를 가우스-조르단 소거법으로 구하여라.

$$\begin{cases} x+y-2z=-3 \\ -2x+3y+z=7 \\ 4x-5y+6z=12 \end{cases}$$

풀이 확대계수행렬 $\begin{pmatrix} 1 & 1 & -2 & : & -3 \\ -2 & 3 & 1 & : & 7 \\ 4 & -5 & 6 & : & 12 \end{pmatrix}$을 기본행연산으로 변형하여 기약사다리꼴 행렬로 만들어 보자.

$$\begin{pmatrix} 1 & 1 & -2 & : & -3 \\ -2 & 3 & 1 & : & 7 \\ 4 & -5 & 6 & : & 12 \end{pmatrix} \xrightarrow{2R_1+R_2} \begin{pmatrix} 1 & 1 & -2 & : & -3 \\ 0 & 5 & -3 & : & 1 \\ 4 & -5 & 6 & : & 12 \end{pmatrix} \xrightarrow{(-4)R_1+R_3} \begin{pmatrix} 1 & 1 & -2 & : & -3 \\ 0 & 5 & -3 & : & 1 \\ 0 & -9 & 14 & : & 24 \end{pmatrix}$$

$$\xrightarrow{\frac{1}{5}R_2} \begin{pmatrix} 1 & 1 & -2 & : & -3 \\ 0 & 1 & -\frac{3}{5} & : & \frac{1}{5} \\ 0 & -9 & 14 & : & 24 \end{pmatrix} \xrightarrow{9R_2+R_3} \begin{pmatrix} 1 & 1 & -2 & : & -3 \\ 0 & 1 & -\frac{3}{5} & : & \frac{1}{5} \\ 0 & 0 & \frac{43}{5} & : & \frac{129}{5} \end{pmatrix}$$

$$\xrightarrow{\frac{5}{43}R_3} \begin{pmatrix} 1 & 1 & -2 & : & -3 \\ 0 & 1 & -\frac{3}{5} & : & \frac{1}{5} \\ 0 & 0 & 1 & : & 3 \end{pmatrix} \xrightarrow{\frac{3}{5}R_3+R_2} \begin{pmatrix} 1 & 1 & -2 & : & -3 \\ 0 & 1 & 0 & : & 2 \\ 0 & 0 & 1 & : & 3 \end{pmatrix}$$

$$\xrightarrow{2R_3+R_1} \begin{pmatrix} 1 & 1 & 0 & : & 3 \\ 0 & 1 & 0 & : & 2 \\ 0 & 0 & 1 & : & 3 \end{pmatrix} \xrightarrow{(-1)R_2+R_1} \begin{pmatrix} 1 & 0 & 0 & : & 1 \\ 0 & 1 & 0 & : & 2 \\ 0 & 0 & 1 & : & 3 \end{pmatrix}$$

그러므로 주어진 연립1차방정식의 해는 $x=1,\ y=2,\ z=3$이다. ■

예제 2.1.5 다음 연립1차방정식의 해를 가우스-조르단 소거법으로 구하여라.

$$\begin{cases} x+2y+\ \ z=1 \\ 2x+3y+\ \ z=1 \\ 3x+5y+2z=2 \end{cases}$$

풀이 확대계수행렬 $\begin{pmatrix} 1 & 2 & 1 & : & 1 \\ 2 & 3 & 1 & : & 1 \\ 3 & 5 & 2 & : & 2 \end{pmatrix}$을 기본행연산으로 변형하여 기약사다리꼴 행렬로 만들어 보자.

$$\begin{pmatrix} 1 & 2 & 1 & : & 1 \\ 2 & 3 & 1 & : & 1 \\ 3 & 5 & 2 & : & 2 \end{pmatrix} \xrightarrow[(-3)R_1+R_3]{(-2)R_1+R_2} \begin{pmatrix} 1 & 2 & 1 & : & 1 \\ 0 & -1 & -1 & : & -1 \\ 0 & -1 & -1 & : & -1 \end{pmatrix} \xrightarrow{(-1)R_2+R_3} \begin{pmatrix} 1 & 2 & 1 & : & 1 \\ 0 & -1 & -1 & : & -1 \\ 0 & 0 & 0 & : & 0 \end{pmatrix}$$

$$\xrightarrow{(-1)R_2} \begin{pmatrix} 1 & 2 & 1 & : & 1 \\ 0 & 1 & 1 & : & 1 \\ 0 & 0 & 0 & : & 0 \end{pmatrix} \xrightarrow{(-2)R_2+R_1} \begin{pmatrix} 1 & 0 & -1 & : & -1 \\ 0 & 1 & 1 & : & 1 \\ 0 & 0 & 0 & : & 0 \end{pmatrix}$$

마지막 행렬 $\begin{pmatrix} 1 & 0 & -1 & : & -1 \\ 0 & 1 & 1 & : & 1 \\ 0 & 0 & 0 & : & 0 \end{pmatrix}$은 기약사다리꼴이며, 대응되는 연립1차방정식은

$$\begin{cases} x - z = -1 \\ y + z = 1 \end{cases}$$

이다. 따라서 주어진 연립1차방정식의 해집합은 다음과 같이 무수히 많은 해를 가진다.

$$\begin{pmatrix} x \\ y \\ z \end{pmatrix} = \begin{pmatrix} t-1 \\ -t+1 \\ t \end{pmatrix} = t\begin{pmatrix} 1 \\ -1 \\ 1 \end{pmatrix} + \begin{pmatrix} -1 \\ 1 \\ 0 \end{pmatrix}, \ t \in \mathbb{R}$$

■

예제 2.1.6 다음 연립1차방정식의 해를 가우스-조르단 소거법으로 구하여라.

$$\begin{cases} x - 2y - 7z = -4 \\ 2x + \ \ y + \ \ z = 7 \\ 4x + 3y + 5z = 22 \end{cases}$$

풀이 확대계수행렬 $\begin{pmatrix} 1 & -2 & -7 & : & -4 \\ 2 & 1 & 1 & : & 7 \\ 4 & 3 & 5 & : & 22 \end{pmatrix}$을 기본행연산으로 변형하여 기약사다리꼴 행렬로 만들어 보자.

$$\begin{pmatrix} 1 & -2 & -7 & : & -4 \\ 2 & 1 & 1 & : & 7 \\ 4 & 3 & 5 & : & 22 \end{pmatrix} \xrightarrow[(-4)R_1+R_3]{(-2)R_1+R_2} \begin{pmatrix} 1 & -2 & -7 & : & -4 \\ 0 & 5 & 15 & : & 15 \\ 0 & 11 & 33 & : & 38 \end{pmatrix}$$

$$\xrightarrow{(-\frac{1}{5})R_2} \begin{pmatrix} 1 & -2 & -7 & : & -4 \\ 0 & 1 & 3 & : & 3 \\ 0 & 11 & 33 & : & 38 \end{pmatrix} \xrightarrow{(-11)R_2+R_3} \begin{pmatrix} 1 & -2 & -7 & : & -4 \\ 0 & 1 & 3 & : & 3 \\ 0 & 0 & 0 & : & 5 \end{pmatrix}$$

마지막 행렬 $\begin{pmatrix} 1 & -2 & -7 & : & -4 \\ 0 & 1 & 3 & : & 3 \\ 0 & 0 & 0 & : & 5 \end{pmatrix}$은 기약사다리꼴이며, 대응되는 연립1차방정식은

$$\begin{cases} x - 2y - 7z = -4 \\ \qquad y + 3z = 3 \\ \qquad\quad 0 = 5 \end{cases}$$

이므로 해를 가지지 않는다. 그러므로 주어진 연립1차방정식의 해는 없다. ■

예제 2.1.7 다음 연립1차방정식의 해를 가우스-조르단 소거법으로 구하여라.

$$\begin{cases} x_1 + 2x_2 \qquad\qquad + \quad x_5 = 2 \\ 3x_1 + 6x_2 - \ x_3 + x_4 + \quad x_5 = 9 \\ 4x_1 + 8x_2 + 5x_3 - x_4 + 14x_5 = -3 \end{cases}$$

<u>풀이</u> 확대계수행렬 $\begin{pmatrix} 1 & 2 & 0 & 0 & 1 & : & 2 \\ 3 & 6 & -1 & 1 & 1 & : & 9 \\ 4 & 8 & 5 & -1 & 14 & : & -3 \end{pmatrix}$을 기본행연산으로 변형하여 기약사다리꼴 행렬로 만들어 보자.

$$\begin{pmatrix} 1 & 2 & 0 & 0 & 1 & : & 2 \\ 3 & 6 & -1 & 1 & 1 & : & 9 \\ 4 & 8 & 5 & -1 & 14 & : & -3 \end{pmatrix} \xrightarrow[(-4)R_1 + R_3]{(-3)R_1 + R_2} \begin{pmatrix} 1 & 2 & 0 & 0 & 1 & : & 2 \\ 0 & 0 & -1 & 1 & -2 & : & 3 \\ 0 & 0 & 5 & -1 & 10 & : & -11 \end{pmatrix}$$

$$\xrightarrow{(-1)R_2} \begin{pmatrix} 1 & 2 & 0 & 0 & 1 & : & 2 \\ 0 & 0 & 1 & -1 & 2 & : & -3 \\ 0 & 0 & 5 & -1 & 10 & : & -11 \end{pmatrix} \xrightarrow{(-5)R_2 + R_3} \begin{pmatrix} 1 & 2 & 0 & 0 & 1 & : & 2 \\ 0 & 0 & 1 & -1 & 2 & : & -3 \\ 0 & 0 & 0 & 4 & 0 & : & 4 \end{pmatrix}$$

$$\xrightarrow{\frac{1}{4}R_3} \begin{pmatrix} 1 & 2 & 0 & 0 & 1 & : & 2 \\ 0 & 0 & 1 & -1 & 2 & : & -3 \\ 0 & 0 & 0 & 1 & 0 & : & 1 \end{pmatrix} \qquad \xrightarrow{R_3 + R_2} \begin{pmatrix} 1 & 2 & 0 & 0 & 1 & : & 2 \\ 0 & 0 & 1 & 0 & 2 & : & -2 \\ 0 & 0 & 0 & 1 & 0 & : & 1 \end{pmatrix}$$

마지막 행렬 $\begin{pmatrix} 1 & 2 & 0 & 0 & 1 & : & 2 \\ 0 & 0 & 1 & 0 & 2 & : & -2 \\ 0 & 0 & 0 & 1 & 0 & : & 1 \end{pmatrix}$은 기약사다리꼴이며, 대응되는 연립1차방정식은

$$\begin{cases} x_1 + 2x_2 \qquad + \ x_5 = 2 \\ \qquad\qquad x_3 \quad + 2x_5 = -2 \\ \qquad\qquad\quad x_4 \qquad = 1 \end{cases}$$

이다. 따라서 주어진 연립1차방정식은 다음과 같이 무수히 많은 해를 가진다.

$$\begin{pmatrix} x_1 \\ x_2 \\ x_3 \\ x_4 \\ x_5 \end{pmatrix} = \begin{pmatrix} -2s - t + 2 \\ s \\ -3t - 2 \\ 1 \\ t \end{pmatrix} = s\begin{pmatrix} -2 \\ 1 \\ 0 \\ 0 \\ 0 \end{pmatrix} + t\begin{pmatrix} -1 \\ 0 \\ -2 \\ 0 \\ 1 \end{pmatrix} + \begin{pmatrix} 2 \\ 0 \\ -2 \\ 1 \\ 0 \end{pmatrix}, \quad t, s \in \mathbb{R}$$ ■

예제 2.1.7에서 구한 답이 맞는지 검산하기 위하여, $s = 0, t = 0$인 경우에 얻어지는 특수해 $\begin{pmatrix} x_1 \\ x_2 \\ x_3 \\ x_4 \\ x_5 \end{pmatrix} = \begin{pmatrix} 2 \\ 0 \\ -2 \\ 1 \\ 0 \end{pmatrix}$에 대해서만 확인해 보자. 이를 방정식에 대입하여 보면

$$\begin{cases} 2+0+\ \ 0+0 \qquad =2 \\ 6+0+\ \ 2+1+0=9 \\ 8+0-10-1+0=-3 \end{cases}$$

이므로 주어진 연립1차방정식의 해가 됨을 확인할 수 있다.

예제 2.1.8 $\mathbb{R}^3$ 상의 세 평면 H_1, H_2, H_3을 나타내는 방정식이 다음과 같을 때, 이 세 평면이 교점을 가지는지 알아보고, 만약 있다면 그 점을 구하시오.

$$H_1 : x-z-2=0,\ H_2 : 2x-y+z-1=0,\ H_3 : 3x-2y+z=0$$

풀이 세 평면 H_1, H_2, H_3의 교점은 다음 연립1차방정식의 해이다.

$$\begin{cases} x \qquad\ \ -z=2 \\ 2x-\ \ y+z=1 \\ 3x-2y+z=0 \end{cases}$$

확대계수행렬 $\begin{pmatrix} 1 & 0 & -1 & : & 2 \\ 2 & -1 & 1 & : & 1 \\ 3 & -2 & 1 & : & 0 \end{pmatrix}$을 기본행연산으로 변형하여 기약사다리꼴 행렬로 만들면 다음과 같다.

$$\begin{pmatrix} 1 & 0 & -1 & : & 2 \\ 2 & -1 & 1 & : & 1 \\ 3 & -2 & 1 & : & 0 \end{pmatrix} \xrightarrow[(-3)R_1+R_3]{(-2)R_1+R_2} \begin{pmatrix} 1 & 0 & -1 & : & 2 \\ 0 & -1 & 3 & : & -3 \\ 0 & -2 & 4 & : & -6 \end{pmatrix} \xrightarrow{(-1)R_2} \begin{pmatrix} 1 & 0 & -1 & : & 2 \\ 0 & 1 & -3 & : & 3 \\ 0 & -2 & 4 & : & -6 \end{pmatrix}$$

$$\xrightarrow{2R_2+R_3} \begin{pmatrix} 1 & 0 & -1 & : & 2 \\ 0 & 1 & -3 & : & 3 \\ 0 & 0 & -2 & : & 0 \end{pmatrix} \xrightarrow{(-\frac{1}{2})R_3} \begin{pmatrix} 1 & 0 & -1 & : & 2 \\ 0 & 1 & -3 & : & 3 \\ 0 & 0 & 1 & : & 0 \end{pmatrix}$$

$$\xrightarrow[R_3+R_1]{3R_3+R_2} \begin{pmatrix} 1 & 0 & 0 & : & 2 \\ 0 & 1 & 0 & : & 3 \\ 0 & 0 & 1 & : & 0 \end{pmatrix}$$

따라서 주어진 연립1차방정식의 해는

$$x=2,\ y=3,\ z=0$$

이므로, $\mathbb{R}^3$의 세 평면 H_1, H_2, H_3은 모두 $(2,3,0)$을 포함한다. ■

(4) 동차연립방정식의 해

변수 x, y의 함수 $f(x,y)$와 임의의 실수 k에 대하여

$$f(kx, ky) = k^n f(x,y)$$

를 만족할 때, 함수 $f(x,y)$를 n차 **동차함수**(homogeneous function)라 한다. 예를 들어, 다음 두 함수

$$f(x,y) = 3x + 5y, \ \ g(x,y) = 2x^2 + 5xy + 3y^2$$

는 동차함수이다. $f(x,y)$는 1차 동차함수이고, $g(x,y)$는 2차 동차함수이다. 왜냐하면,

$$f(kx,ky) = 3(kx) + 5(ky) = k(3x + 5y) = kf(x,y)$$

이고,

$$g(kx,ky) = 2(kx)^2 + 5(kx)(ky) + 3(ky)^2 = k^2(2x^2 + 5xy + 3y^2) = k^2 g(x,y)$$

이기 때문이다. 여기서 주목할 것은 함수에 상수항이 있으면 동차함수가 될 수 없다.

함수 $h(x,y) = 3x + 5y + 2$에 대해서는

$$h(kx,ky) = 3(kx) + 5(ky) + 2 \neq kh(x,y) = k(3x + 5y + 2)$$

이므로 $h(x,y)$는 동차함수가 아니다. 이와 같은 맥락에서 연립1차방정식에서 특별히 상수항이 모두 0인 경우를 **동차연립1차방정식**(homogeneous system of linear equations)이라 한다. 즉, 식 (2.2)에서 모든 i에 대하여 $b_i = 0$인 연립1차방정식

$$\begin{cases} a_{11}x_1 + a_{12}x_2 + \cdots + a_{1n}x_n = 0 \\ a_{21}x_1 + a_{22}x_2 + \cdots + a_{2n}x_n = 0 \\ \qquad \cdots \\ a_{m1}x_1 + a_{m2}x_2 + \cdots + a_{mn}x_n = 0 \end{cases}$$

을 동차연립1차방정식이라 한다. 이 방정식은 $x_1 = 0, x_2 = 0, \cdots, x_n = 0$가 항상 해가 되는데 이것을 **자명해**(trivial solution)라 하고, 이외의 다른 해를 **비자명해**(nontrivial solution)라 한다. 일반적으로 동차연립방정식은 유일한 자명해를 가지거나, 자명해를 포함한 무수히 많은 해를 가진다. 다음 예제는 자명한 해만을 갖는 동차연립1차방정식의 경우이다.

예제 2.1.9 다음 동차연립1차방정식의 해를 가우스-조르단 소거법을 이용하여 구하시오.

$$\begin{cases} x + 2y + z = 0 \\ 2x + 3y + z = 0 \\ 3x + 7y + 2z = 0 \end{cases}$$

풀이 확대계수행렬 $\begin{pmatrix} 1 & 2 & 1 & : & 0 \\ 2 & 3 & 1 & : & 0 \\ 3 & 7 & 2 & : & 0 \end{pmatrix}$을 기본행연산으로 변형하여 기약사다리꼴 행렬로 만들어 보자.

$$\begin{pmatrix} 1 & 2 & 1 & : & 0 \\ 2 & 3 & 1 & : & 0 \\ 3 & 7 & 2 & : & 0 \end{pmatrix} \xrightarrow[(-3)R_1+R_3]{(-2)R_1+R_2} \begin{pmatrix} 1 & 2 & 1 & : & 0 \\ 0 & -1 & -1 & : & 0 \\ 0 & 1 & -1 & : & 0 \end{pmatrix} \xrightarrow{(-1)R_2} \begin{pmatrix} 1 & 2 & 1 & : & 0 \\ 0 & 1 & 1 & : & 0 \\ 0 & 0 & 0 & : & 0 \end{pmatrix}$$

$$\xrightarrow{(-1)R_2+R_3} \begin{pmatrix} 1 & 2 & 1 & : & 0 \\ 0 & 1 & 1 & : & 0 \\ 0 & 0 & -2 & : & 0 \end{pmatrix} \xrightarrow{(-\frac{1}{2})R_3} \begin{pmatrix} 1 & 2 & 1 & : & 0 \\ 0 & 1 & 1 & : & 0 \\ 0 & 0 & 1 & : & 0 \end{pmatrix}$$

$$\xrightarrow[(-1)R_3+R_1]{(-1)R_3+R_2} \begin{pmatrix} 1 & 2 & 0 & : & 0 \\ 0 & 1 & 0 & : & 0 \\ 0 & 0 & 1 & : & 0 \end{pmatrix} \xrightarrow{(-2)R_2+R_1} \begin{pmatrix} 1 & 0 & 0 & : & 0 \\ 0 & 1 & 0 & : & 0 \\ 0 & 0 & 1 & : & 0 \end{pmatrix}$$

마지막 행렬 $\begin{pmatrix} 1 & 0 & 0 & : & 0 \\ 0 & 1 & 0 & : & 0 \\ 0 & 0 & 1 & : & 0 \end{pmatrix}$은 기약사다리꼴이며, 대응되는 연립1차방정식은

$$\begin{cases} x = 0 \\ y = 0 \\ z = 0 \end{cases}$$

이다. 따라서 주어진 동차연립방정식은 자명한 해만을 가진다. ■

위 예제에서 보듯이, 동차연립방정식의 경우에는 확대계수행렬 대신 계수행렬만을 기본행연산으로 변형하여도 된다. 왜냐하면 기본행연산을 하는 동안 마지막 열의 성분은 항상 0으로 변함이 없기 때문이다. 다음 예제를 그런 방법으로 풀어 보자.

예제 2.1.10 다음 동차연립1차방정식의 해를 가우스-조르단 소거법을 이용하여 구하시오.

$$\begin{cases} x + 2y + z = 0 \\ 2x + 3y + 4z = 0 \end{cases}$$

풀이 계수행렬 $\begin{pmatrix} 1 & 2 & 1 \\ 2 & 3 & 4 \end{pmatrix}$을 기본행연산으로 변형하여 기약사다리꼴 행렬로 만들어 보자.

$$\begin{pmatrix} 1 & 2 & 1 \\ 2 & 3 & 4 \end{pmatrix} \xrightarrow{(-2)R_1+R_2} \begin{pmatrix} 1 & 2 & 1 \\ 0 & -1 & 2 \end{pmatrix} \xrightarrow{(-1)R_2} \begin{pmatrix} 1 & 2 & 1 \\ 0 & 1 & -2 \end{pmatrix} \xrightarrow{(-2)R_2+R_1} \begin{pmatrix} 1 & 0 & 5 \\ 0 & 1 & -2 \end{pmatrix}$$

마지막 행렬 $\begin{pmatrix} 1 & 0 & 5 \\ 0 & 1 & -2 \end{pmatrix}$은 기약사다리꼴이며, 대응되는 연립1차방정식은

$$\begin{cases} x+5z=0 \\ y-2z=0 \end{cases}$$

이다. 따라서 주어진 동차연립방정식은 다음과 같이 무수히 많은 해를 가진다.

$$\begin{pmatrix} x \\ y \\ z \end{pmatrix} = \begin{pmatrix} -5t \\ 2t \\ t \end{pmatrix} = t\begin{pmatrix} -5 \\ 2 \\ 1 \end{pmatrix}$$

이 중에서 특히 $t=0$인 경우가 자명해이다. ■

지금까지 동차연립1차방정식은 유일한 해를 가지거나, [예제 2.1.5]와 같이 무수히 많은 해를 갖는다. 그러나 비동차연립1차방정식의 경우에는 [예제 2.1.6]과 같이 해를 가지지 않는 경우도 있다.

연습문제 2.1

01. 다음 행렬에서 기약사다리꼴 행렬을 모두 고르시오.

(1) $\begin{pmatrix} 1 & 0 & 0 \\ 0 & 1 & 1 \end{pmatrix}$ (2) $\begin{pmatrix} 1 & 0 & 0 \\ 0 & 2 & 1 \end{pmatrix}$ (3) $\begin{pmatrix} 1 & 0 & 0 \\ 0 & 1 & 2 \end{pmatrix}$

(4) $\begin{pmatrix} 1 & 0 & 0 & 2 \\ 0 & 1 & 0 & 0 \\ 0 & 0 & 1 & 1 \end{pmatrix}$ (5) $\begin{pmatrix} 1 & 0 & 0 \\ 0 & 0 & 1 \\ 1 & 0 & 1 \end{pmatrix}$ (6) $\begin{pmatrix} 1 & 0 & 0 \\ 0 & 0 & 0 \\ 0 & 1 & 1 \end{pmatrix}$

02. 다음 행렬들의 기약사다리꼴 행렬을 각각 구하시오.

(1) $\begin{pmatrix} 1 & 2 & 1 & 0 \\ 2 & 3 & 2 & 1 \\ 1 & 5 & 2 & 0 \end{pmatrix}$ (2) $\begin{pmatrix} 1 & 1 & 0 & 0 \\ 2 & 2 & 1 & 0 \\ -1 & -1 & 2 & 1 \end{pmatrix}$ (3) $\begin{pmatrix} 1 & 2 & 0 & 0 & 1 \\ 3 & 6 & -1 & 1 & 1 \\ 4 & 8 & 5 & 1 & -14 \end{pmatrix}$

03. 다음 연립1차방정식의 해를 가우스-조르단 소거법으로 구하여라.

(1) $\begin{cases} x+2y=5 \\ 2x+y=4 \end{cases}$ (2) $\begin{cases} x+2y+z=1 \\ 2x+3y+2z=3 \\ 3x+5y+2z=2 \end{cases}$

(3) $\begin{cases} x+y+2z=0 \\ 3x+2y+z=0 \end{cases}$ (4) $\begin{cases} x+y+2z=0 \\ 2x+3y+8z=0 \\ 5x+y-6z=0 \end{cases}$

04. 다음 동차연립1차방정식의 해를 기본행연산을 이용하여 구하여라.

$$\begin{cases} x+2y+z=0 \\ 3x+5y+4z=0 \end{cases}$$

05. 다음 연립1차방정식의 해를 기본행연산을 이용하여 각각 구하여라.

(1) $\begin{cases} x-2y-7z=-4 \\ 2x+y+z=7 \\ 4x+3y+5z=17 \end{cases}$ (2) $\begin{cases} x_1+2x_2+x_5=2 \\ 3x_1+6x_2-x_3+x_4+x_5=9 \\ 4x_1+8x_2+5x_3-x_4+15x_5=-3 \end{cases}$

2.2 역행렬

임의의 두 n차 정방행렬에 대해서 행렬의 덧셈과 곱셈이 잘 정의된다. $n=1$인 경우는 실수에 해당하는 것으로, 모든 0이 아닌 실수 a에 대해서 곱셈에 대한 역원 $\frac{1}{a}$가 존재한다. 하지만, $n>1$인 경우에는 영행렬이 아니면서도 역원이 존재하지 않는 행렬이 존재한다. 즉, 어떤 정방행렬 A에 대해서는

$$AX = XA = I$$

를 만족하는 행렬 X가 존재하지 않을 수도 있다. 이러한 X가 존재할 때, X를 A의 역행렬이라 하고 $X = A^{-1}$로 나타낸다.

(1) 역행렬의 정의

정의 2.3 역행렬

n차 정방행렬 A에 대하여

$$AX = XA = I$$

를 만족하는 행렬 X가 존재할 때, X를 A의 **역행렬**이라고 하고 A^{-1}로 나타낸다. 즉,

$$AA^{-1} = A^{-1}A = I$$

n차 정방행렬 A의 역행렬이 존재하면 A를 **가역**(invertible) 또는 **정상**(nonsingular)이라고 하고, 존재하지 않으면 **비가역**(non-invertible) 또는 **특이**(singular)라고 한다. 어떤 행렬의 역행렬이 존재하면 꼭 하나만 가진다. 왜냐하면 B와 C가 A의 역행렬이라고 가정하면

$$AB = BA = I, \quad AC = CA = I$$

이므로, 다음과 같이 $B = C$임이 증명된다.

$$B = BI = B(AC) = (BA)C = IC = C$$

이는 역행렬의 유일성을 의미하므로 우리는 A의 역행렬을 A^{-1}로 표기할 수 있는 것이다.

예제 2.2.1 두 행렬 $A=\begin{pmatrix}2 & 1\\5 & 3\end{pmatrix}$, $B=\begin{pmatrix}3 & -1\\-5 & 2\end{pmatrix}$일 때, $B=A^{-1}$임을 확인하여라.

풀이 다음과 같이 $AB=BA=I$이 성립하므로 $B=A^{-1}$이다.

$$AB=\begin{pmatrix}2 & 1\\5 & 3\end{pmatrix}\begin{pmatrix}3 & -1\\-5 & 2\end{pmatrix}=\begin{pmatrix}6-5 & -2+2\\15-15 & -5+6\end{pmatrix}=\begin{pmatrix}1 & 0\\0 & 1\end{pmatrix}=I$$

$$BA=\begin{pmatrix}3 & -1\\-5 & 2\end{pmatrix}\begin{pmatrix}2 & 1\\5 & 3\end{pmatrix}=\begin{pmatrix}6-5 & 3-3\\-10+10 & -5+6\end{pmatrix}=\begin{pmatrix}1 & 0\\0 & 1\end{pmatrix}=I$$ ■

정리 2.1 역행렬의 성질

가역인 정방행렬 A, B에 대하여 다음이 성립한다.

(1) $(A^{-1})^{-1}=A$

(2) $(AB)^{-1}=B^{-1}A^{-1}$

(3) $(\alpha A)^{-1}=\frac{1}{\alpha}A^{-1}$

(4) $(A^{T})^{-1}=(A^{-1})^{T}$

증명 (1) $AA^{-1}=A^{-1}A=I$이므로 정의에 의하여 A는 A^{-1}의 역행렬이다. 즉, $A=(A^{-1})^{-1}$이다.

(2) A, B는 역행렬이 존재하므로 $AA^{-1}=A^{-1}A=I$이고 $BB^{-1}=B^{-1}B=I$이다. 이를 이용하면

$$(AB)(B^{-1}A^{-1})=A(BB^{-1})A^{-1}=AIA^{-1}=AA^{-1}=I$$

이고

$$(B^{-1}A^{-1})(AB)=B^{-1}(A^{-1}A)B=B^{-1}IB=B^{-1}B=I$$

이므로, $(AB)^{-1}=B^{-1}A^{-1}$이다.

(3) 다음 두 식으로부터 $\frac{1}{\alpha}A^{-1}$는 $(\alpha A)^{-1}$의 역행렬임을 확인할 수 있다.

$$(\alpha A)(\frac{1}{\alpha}A^{-1})=(\alpha\times\frac{1}{\alpha})(AA^{-1})=AA^{-1}=I$$

$$(\frac{1}{\alpha}A^{-1})(\alpha A)=(\frac{1}{\alpha}\times\alpha)(A^{-1}A)=A^{-1}A=I$$

즉, $(\alpha A)^{-1}=\frac{1}{\alpha}A^{-1}$이다.

(4) 다음 두 식으로부터 A^T의 역행렬은 $(A^{-1})^T$임이 증명된다.

$$(A^{-1})^T A^T = (AA^{-1})^T = I^T = I$$

$$A^T(A^{-1})^T = (A^{-1}A)^T = I^T = I$$

우리는 앞에서 행렬의 곱셈에서는 다음이 항상 성립하지는 않음을 보았다.

$$AB = 0 \text{ 이면 } A = 0 \text{ 이거나 } B = 0 \text{이다.} \tag{2.5}$$

즉, 행렬에서는 $AB=0$이라도 $A \neq 0$이고 $B \neq 0$일 수 있다.[4] 그런데 A가 가역행렬인 경우에는 (2.5)가 참이다. 왜냐하면, $AB=0$의 양변의 왼쪽에 A^{-1}를 곱하면

$$A^{-1}(AB) = A^{-1}0$$

이고, 이로부터

$$B = (A^{-1}A)B = A^{-1}(AB) = A^{-1}0 = 0$$

를 얻기 때문이다.

(2) 2차 정방행렬의 역행렬 구하기

2차 정방행렬에 대하여 역행렬이 존재하는 조건을 알아보고 역행렬을 구해보자. $B = \begin{pmatrix} x & y \\ z & w \end{pmatrix}$가 행렬 $A = \begin{pmatrix} a & b \\ c & d \end{pmatrix}$의 역행렬이라면, 정의에 의해

$$AB = \begin{pmatrix} a & b \\ c & d \end{pmatrix}\begin{pmatrix} x & y \\ z & w \end{pmatrix} = \begin{pmatrix} ax+bz & ay+bw \\ cx+dz & cy+dw \end{pmatrix} = \begin{pmatrix} 1 & 0 \\ 0 & 1 \end{pmatrix} = I$$

이므로, x, y는 $\begin{cases} ax+bz=1 \\ cx+dz=0 \end{cases}$과 $\begin{cases} ay+bw=0 \\ cy+dw=1 \end{cases}$를 동시에 만족시켜야 한다. 이 두 연립방정식에서 각각 한 변수씩을 소거하면 다음을 얻는다.

$$\begin{cases} (ad-bc)x = d \\ (ad-bc)z = -c \end{cases}, \quad \begin{cases} (ad-bc)y = -b \\ (ad-bc)w = a \end{cases}$$

만약 $ad-bc=0$이라면, 위 두 연립방정식은

---

4. $\begin{pmatrix} 1 & 2 \\ 3 & 6 \end{pmatrix}\begin{pmatrix} 2 & 2 \\ -1 & -1 \end{pmatrix} = \begin{pmatrix} 0 & 0 \\ 0 & 0 \end{pmatrix} = 0$이 한 예이다.

$$\begin{cases} 0 = d \\ 0 = -c \end{cases}, \quad \begin{cases} 0 = -b \\ 0 = a \end{cases}$$

과 같으므로 $a = b = c = d = 0$이다. 즉, $A = \begin{pmatrix} 0 & 0 \\ 0 & 0 \end{pmatrix}$이다. 그런데 이 경우에는

$$AB = \begin{pmatrix} 0 & 0 \\ 0 & 0 \end{pmatrix}\begin{pmatrix} x & y \\ z & w \end{pmatrix} = \begin{pmatrix} 0 & 0 \\ 0 & 0 \end{pmatrix} \neq I$$

이 되어 모순이므로, A가 역행렬을 갖는다면 $ad - bc \neq 0$이어야 한다. 그리고

$$x = \frac{d}{ad-bc},\ y = \frac{-b}{ad-bc},\ z = \frac{-c}{ad-bc},\ w = \frac{a}{ad-bc}$$

임을 알 수 있다. 즉, $A = \begin{pmatrix} a & b \\ c & d \end{pmatrix}$의 역행렬은 다음과 같다.

$$A^{-1} = \frac{1}{ad-bc}\begin{pmatrix} d & -b \\ -c & a \end{pmatrix}$$

정리 2.2 2차 행렬의 역행렬

행렬 $A = \begin{pmatrix} a & b \\ c & d \end{pmatrix}$에 대하여 $|A| = ad - bc$라 하면[5],

(1) $|A| \neq 0$일 때, A^{-1}가 존재하고 $A^{-1} = \frac{1}{|A|}\begin{pmatrix} d & -b \\ -c & a \end{pmatrix}$이다.

(2) $|A| = 0$일 때, A^{-1}는 존재하지 않는다.

예제 2.2.2 다음 행렬의 역행렬이 존재하는지 판정하고, 존재하는 경우 그 역행렬을 구하여라.

(1) $A = \begin{pmatrix} 2 & 1 \\ 4 & 3 \end{pmatrix}$ (2) $B = \begin{pmatrix} -4 & 2 \\ 2 & -1 \end{pmatrix}$ (3) $C = \begin{pmatrix} 1 & 0 \\ 0 & 1 \end{pmatrix}$ (4) $D = \begin{pmatrix} 1 & 1 \\ 0 & 1 \end{pmatrix}$

풀이 (1) $|A| = 2 \times 3 - 1 \times 4 = 2 \neq 0$이므로 행렬 A의 역행렬이 존재하며 다음과 같다.

$$A^{-1} = \frac{1}{2}\begin{pmatrix} 3 & -1 \\ -4 & 2 \end{pmatrix} = \begin{pmatrix} \frac{3}{2} & -\frac{1}{2} \\ -2 & 1 \end{pmatrix}$$

---

5. 3장에서 $|A|$는 A의 행렬식이라고 불리는 값과 동일함을 보게 될 것이다.

(2) $|B| = (-4)\times(-1) - 2\times 2 = 0$이므로 행렬 B의 역행렬은 존재하지 않는다.

(3) $|C| = 1\times 1 - 0\times 0 = 1 \neq 0$이므로 행렬 C의 역행렬이 존재하며 다음과 같다.

$$C^{-1} = \frac{1}{1}\begin{pmatrix}1 & 0\\ 0 & 1\end{pmatrix} = C$$

(4) $|D| = 1\times 1 - 0\times 1 = 1 \neq 0$이므로 행렬 D의 역행렬이 존재하며 다음과 같다.

$$D^{-1} = \frac{1}{1}\begin{pmatrix}1 & -1\\ 0 & 1\end{pmatrix} = \begin{pmatrix}1 & -1\\ 0 & 1\end{pmatrix}$$

■

예제 2.2.3 행렬 $A = \begin{pmatrix}\cos\theta & -\sin\theta\\ \sin\theta & \cos\theta\end{pmatrix}$는 임의의 실수 θ에 대해서 항상 역행렬이 존재함을 보이고 그 역행렬을 구하시오.

풀이 $|A| = \cos^2\theta - (-\sin^2\theta) = \cos^2\theta + \sin^2\theta = 1 \neq 0$이므로 행렬 A의 역행렬이 존재하며 다음과 같다.

$$A^{-1} = \frac{1}{|A|}\begin{pmatrix}\cos\theta & \sin\theta\\ -\sin\theta & \cos\theta\end{pmatrix} = \begin{pmatrix}\cos\theta & \sin\theta\\ -\sin\theta & \cos\theta\end{pmatrix}$$ ■

예제 2.2.4 행렬 $A = \begin{pmatrix}x & 2\\ 3 & x+1\end{pmatrix}$의 역행렬이 존재하기 위한 조건을 구하여라.

풀이 주어진 2차 행렬의 역행렬이 존재하기 위해서는

$$|A| = x(x+1) - 6 \neq 0$$

이어야 하고,

$$x(x+1) - 6 = (x+3)(x-2)$$

이므로, x가 2나 -3이 아닐 때에만 행렬 A의 역행렬이 존재한다. ■

예제 2.2.5 행렬 $A = \frac{1}{7}\begin{pmatrix}2 & 3\\ 1 & 5\end{pmatrix}$의 역행렬을 구하여라.

풀이 행렬 $A = \begin{pmatrix}2 & 3\\ 1 & 5\end{pmatrix}$를 B라 두면 $A = \frac{1}{7}B$이므로, [정리 2.1 (3)]과 [정리 2.2]에 의하여 A^{-1}는 다음과 같다.

$$A^{-1} = 7B^{-1} = 7\times\frac{1}{|B|}\begin{pmatrix}5 & -3\\ -1 & 2\end{pmatrix} = 7\times\frac{1}{10-3}\begin{pmatrix}5 & -3\\ -1 & 2\end{pmatrix} = \begin{pmatrix}5 & -3\\ -1 & 2\end{pmatrix}$$ ■

예제 2.2.6 $A=\begin{pmatrix}1&2\\2&5\end{pmatrix}$, $B=\begin{pmatrix}2&0\\1&3\end{pmatrix}$에 대하여, $AX=B$를 만족하는 행렬 X를 구하여라.

풀이 식 $AX=B$ 양변의 왼쪽에 각각 A^{-1}를 곱하면 $A^{-1}AX=A^{-1}B$이므로 $X=A^{-1}B$이다. 그리고 $|A|=5-4=1$이므로,

$$A^{-1}=\frac{1}{|A|}\begin{pmatrix}5&-2\\-2&1\end{pmatrix}=\begin{pmatrix}5&-2\\-2&1\end{pmatrix}$$

이다. 따라서

$$X=A^{-1}B=\begin{pmatrix}5&-2\\-2&1\end{pmatrix}\begin{pmatrix}2&0\\1&3\end{pmatrix}=\begin{pmatrix}8&-6\\-3&3\end{pmatrix}$$

이다. ■

(3) 기본행연산을 이용하여 역행렬 구하기

이 절에서는 앞에서 학습한 기본행연산을 이용하여 역행렬을 구하는 방법을 알아본다. 2차 정방행렬 $A=\begin{pmatrix}1&2\\2&5\end{pmatrix}$에 대해서 먼저 살펴보자. A의 역행렬이 $A^{-1}=\begin{pmatrix}x&y\\z&w\end{pmatrix}$라고 하면, $AA^{-1}=I$이므로

$$\begin{pmatrix}1&2\\2&5\end{pmatrix}\begin{pmatrix}x&y\\z&w\end{pmatrix}=\begin{pmatrix}1&0\\0&1\end{pmatrix}$$

이 성립해야 한다. 이 식으로부터 x,y가 다음 연립방정식을 만족해야 함을 알 수 있다.

$$\begin{cases}x+2z=1\\2x+5z=0\end{cases},\quad\begin{cases}y+2w=0\\2y+5w=1\end{cases}$$

이 두 연립방정식의 해를 가우스-조르단 소거법에 의해서 구해 보자. 연립방정식 $\begin{cases}x+2z=1\\2x+5z=0\end{cases}$의 확대계수행렬을 기본행연산으로 변형하여 기약사다리꼴로 나타내면

$$\begin{pmatrix}1&2&:&1\\2&5&:&0\end{pmatrix}\rightarrow\begin{pmatrix}1&2&:&1\\0&1&:&-2\end{pmatrix}\rightarrow\begin{pmatrix}1&0&:&5\\0&1&:&-2\end{pmatrix}\tag{2.6}$$

이므로 $x=5,z=-2$를 얻고, 연립방정식 $\begin{cases}y+2w=0\\2y+5w=1\end{cases}$의 확대계수행렬을 기본행연산으로 변형하여 기약사다리꼴로 나타내면

$$\begin{pmatrix}1&2&:&0\\2&5&:&1\end{pmatrix}\rightarrow\begin{pmatrix}1&2&:&0\\0&1&:&1\end{pmatrix}\rightarrow\begin{pmatrix}1&0&:&-2\\0&1&:&1\end{pmatrix}\tag{2.7}$$

이므로 $y=-2,w=1$을 얻는다. 따라서 A의 역행렬은 다음과 같다.

$$A^{-1}=\begin{pmatrix} 5 & -2 \\ -2 & 1 \end{pmatrix}$$

(2.6)과 (2.7)의 과정을 한꺼번에 다음과 같이 나타낼 수 있다.

$$(A:I)=\begin{pmatrix} 1 & 2 & : & 1 & 0 \\ 2 & 5 & : & 0 & 1 \end{pmatrix} \quad \rightarrow \quad \begin{pmatrix} 1 & 2 & : & 1 & 0 \\ 0 & 1 & : & -2 & 1 \end{pmatrix} \quad \rightarrow \quad \begin{pmatrix} 1 & 0 & : & 5 & -2 \\ 0 & 1 & : & -2 & 1 \end{pmatrix}=(I:A^{-1})$$

즉, 정방행렬 A의 역행렬이 존재하는 경우 확대행렬 $(A:I)$를 기본행연산으로 변형시켜 $(I:A^{-1})$를 얻을 수 있다. 이 방법을 그대로 확장하여 3차 이상의 정방행렬의 역행렬도 마찬가지로 구할 수 있다.

예제 2.2.7 $A=\begin{pmatrix} 1 & 2 \\ 3 & 5 \end{pmatrix}$의 역행렬을 기본행연산을 이용하여 구하여라.

풀이 $(A:I)=\begin{pmatrix} 1 & 2 & : & 1 & 0 \\ 3 & 5 & : & 0 & 1 \end{pmatrix} \xrightarrow{(-3)R_1+R_2} \begin{pmatrix} 1 & 2 & : & 1 & 0 \\ 0 & -1 & : & -3 & 1 \end{pmatrix} \xrightarrow{(-1)R_2} \begin{pmatrix} 1 & 2 & : & 1 & 0 \\ 0 & 1 & : & 3 & -1 \end{pmatrix}$

$$\xrightarrow{(-2)R_2+R_1} \begin{pmatrix} 1 & 0 & : & -5 & 2 \\ 0 & 1 & : & 3 & -1 \end{pmatrix}=(I:A^{-1})$$

이므로 $A^{-1}=\begin{pmatrix} -5 & 2 \\ 3 & -1 \end{pmatrix}$이다. ■

예제 2.2.8 $A=\begin{pmatrix} 1 & 1 & 1 \\ 2 & 1 & 1 \\ 1 & 0 & 2 \end{pmatrix}$의 역행렬을 기본행연산을 이용하여 구하여라.

풀이 $(A:I)=\begin{pmatrix} 1 & 1 & 1 & : & 1 & 0 & 0 \\ 2 & 1 & 1 & : & 0 & 1 & 0 \\ 1 & 0 & 2 & : & 0 & 0 & 1 \end{pmatrix} \xrightarrow[(-1)R_1+R_3]{(-2)R_1+R_2} \begin{pmatrix} 1 & 1 & 1 & : & 1 & 0 & 0 \\ 0 & -1 & -1 & : & -2 & 1 & 0 \\ 0 & -1 & 1 & : & 0 & 0 & 1 \end{pmatrix}$

$$\xrightarrow{(-1)R_2} \begin{pmatrix} 1 & 1 & 1 & : & 1 & 0 & 0 \\ 0 & 1 & 1 & : & 2 & -1 & 0 \\ 0 & -1 & 1 & : & 0 & 0 & 1 \end{pmatrix} \xrightarrow{(1)R_2+R_3} \begin{pmatrix} 1 & 1 & 1 & : & 1 & 0 & 0 \\ 0 & 1 & 1 & : & 2 & -1 & 0 \\ 0 & 0 & 2 & : & 1 & -1 & 1 \end{pmatrix}$$

$$\xrightarrow{(\frac{1}{2})R_3} \begin{pmatrix} 1 & 1 & 1 & : & 1 & 0 & 0 \\ 0 & 1 & 1 & : & 2 & -1 & 0 \\ 0 & 0 & 1 & : & \frac{1}{2} & -\frac{1}{2} & \frac{1}{2} \end{pmatrix} \xrightarrow[(-1)R_3+R_1]{(-1)R_3+R_2} \begin{pmatrix} 1 & 1 & 0 & : & \frac{1}{2} & \frac{1}{2} & -\frac{1}{2} \\ 0 & 1 & 0 & : & \frac{3}{2} & -\frac{1}{2} & -\frac{1}{2} \\ 0 & 0 & 1 & : & \frac{1}{2} & -\frac{1}{2} & \frac{1}{2} \end{pmatrix}$$

$$\xrightarrow{(-1)R_2+R_1}\begin{pmatrix}1&0&0&:&-1&1&0\\0&1&0&:&\frac{3}{2}&-\frac{1}{2}&-\frac{1}{2}\\0&0&1&:&\frac{1}{2}&-\frac{1}{2}&\frac{1}{2}\end{pmatrix}=(I:A^{-1})$$

이므로 $A^{-1}=\begin{pmatrix}-1&1&0\\\frac{3}{2}&-\frac{1}{2}&-\frac{1}{2}\\\frac{1}{2}&-\frac{1}{2}&\frac{1}{2}\end{pmatrix}$이다. ■

예제 2.2.9 $A=\begin{pmatrix}1&3&1\\2&5&2\\1&1&3\end{pmatrix}$의 역행렬을 기본행연산을 이용하여 구하여라.

<u>풀이</u> $(A:I)=\begin{pmatrix}1&3&1&:&1&0&0\\2&5&2&:&0&1&0\\1&1&3&:&0&0&1\end{pmatrix}\xrightarrow[(-1)R_1+R_3]{(-2)R_1+R_2}\begin{pmatrix}1&3&1&:&1&0&0\\0&-1&0&:&-2&1&0\\0&-2&2&:&-1&0&1\end{pmatrix}$

$$\xrightarrow{(-1)R_2}\begin{pmatrix}1&3&1&:&1&0&0\\0&1&0&:&2&-1&0\\0&-2&2&:&-1&0&1\end{pmatrix}\xrightarrow{(2)R_2+R_3}\begin{pmatrix}1&3&1&:&1&0&0\\0&1&0&:&2&-1&0\\0&0&2&:&3&-2&1\end{pmatrix}$$

$$\xrightarrow{\frac{1}{2}R_3}\begin{pmatrix}1&3&1&:&1&0&0\\0&1&0&:&2&-1&0\\0&0&1&:&\frac{3}{2}&-1&\frac{1}{2}\end{pmatrix}\xrightarrow{(-1)R_3+R_1}\begin{pmatrix}1&3&0&:&-\frac{1}{2}&1&-\frac{1}{2}\\0&1&0&:&2&-1&0\\0&0&1&:&\frac{3}{2}&-1&\frac{1}{2}\end{pmatrix}$$

$$\xrightarrow{(-3)R_2+R_1}\begin{pmatrix}1&0&0&:&-\frac{13}{2}&4&-\frac{1}{2}\\0&1&0&:&2&-1&0\\0&0&1&:&\frac{3}{2}&-1&\frac{1}{2}\end{pmatrix}=(I:A^{-1})$$

이므로 $A^{-1}=\begin{pmatrix}-\frac{13}{2}&4&-\frac{1}{2}\\2&-1&0\\\frac{3}{2}&-1&\frac{1}{2}\end{pmatrix}$이다. ■

예제 2.2.10 다음 연립방정식을 행렬의 곱으로 나타내고, 역행렬을 이용하여 해를 구하여라.

$$\begin{cases}x+2y=0\\3x+5y=1\end{cases}$$

풀이 주어진 연립방정식은

$$\begin{pmatrix}1 & 2\\3 & 5\end{pmatrix}\begin{pmatrix}x\\y\end{pmatrix}=\begin{pmatrix}0\\1\end{pmatrix} \tag{2.8}$$

로 나타낼 수 있다. 그런데 계수행렬 $A=\begin{pmatrix}1 & 2\\3 & 5\end{pmatrix}$는 $|A|=5-6=-1\neq 0$이므로 역행렬 $A^{-1}=\begin{pmatrix}-5 & 2\\3 & -1\end{pmatrix}$를 갖는다. 그러므로 (2.8)의 양변에 A^{-1}를 곱하여 연립방정식의 해를 구하면 다음과 같다.

$$\begin{pmatrix}x\\y\end{pmatrix}=\begin{pmatrix}-5 & 2\\3 & -1\end{pmatrix}\begin{pmatrix}1 & 2\\3 & 5\end{pmatrix}\begin{pmatrix}x\\y\end{pmatrix}=\begin{pmatrix}-5 & 2\\3 & -1\end{pmatrix}\begin{pmatrix}0\\1\end{pmatrix}=\begin{pmatrix}2\\-1\end{pmatrix}$$

■

예제 2.2.11 다음 연립방정식을 행렬의 곱으로 나타내고, [예제 2.2.8]의 결과를 이용하여 해를 구하여라

$$\begin{cases}x+y+z=2\\2x+y+z=4\\x\qquad+2z=0\end{cases}$$

풀이 $A=\begin{pmatrix}1 & 1 & 1\\2 & 1 & 1\\1 & 0 & 2\end{pmatrix}$라 두면, [예제 2.2.8]에 의해 $A^{-1}=\begin{pmatrix}-1 & 1 & 0\\\frac{3}{2} & -\frac{1}{2} & -\frac{1}{2}\\\frac{1}{2} & -\frac{1}{2} & \frac{1}{2}\end{pmatrix}$이고, 주어진 연립방정식을 행렬로 표현하면 다음과 같다.

$$A\begin{pmatrix}x\\y\\z\end{pmatrix}=\begin{pmatrix}2\\4\\0\end{pmatrix}$$

그러므로 주어진 연립방정식의 해는 다음과 같이 계산된다.

$$\begin{pmatrix}x\\y\\z\end{pmatrix}=A^{-1}\begin{pmatrix}2\\4\\0\end{pmatrix}=\begin{pmatrix}-1 & 1 & 0\\\frac{3}{2} & -\frac{1}{2} & -\frac{1}{2}\\\frac{1}{2} & -\frac{1}{2} & \frac{1}{2}\end{pmatrix}\begin{pmatrix}2\\4\\0\end{pmatrix}=\begin{pmatrix}2\\1\\-1\end{pmatrix}$$

■

연습문제 2.2

01. 다음 각 명제가 참인지 거짓인지 답하시오.

(1) 임의의 정방행렬은 역행렬이 존재한다.
(2) 영행렬이 아닌 임의의 정방행렬은 역행렬이 존재한다.
(3) $(AB)^{-1}=A^{-1}B^{-1}$
(4) $(5A)^{-1}=5A^{-1}$

02. 다음 행렬의 역행렬이 존재하는지 판정하고, 존재하는 경우 그 역행렬을 구하여라.

(1) $A=\begin{pmatrix}3 & -2\\ 6 & -5\end{pmatrix}$ (2) $B=\begin{pmatrix}1 & 2\\ 3 & 6\end{pmatrix}$ (3) $C=\begin{pmatrix}3 & 0\\ 0 & 2\end{pmatrix}$ (4) $D=\begin{pmatrix}x & y\\ z & w\end{pmatrix}$, $x,y,z,w\in\mathbb{R}$

03. 행렬 $\begin{pmatrix}x & 2\\ 1 & x-1\end{pmatrix}$이 가역행렬이기 위한 조건을 구하여라.

04. $A=\begin{pmatrix}5 & 2\\ 2 & 1\end{pmatrix}$, $B=\begin{pmatrix}2 & 0\\ 1 & 1\end{pmatrix}$에 대하여 $AX=B$를 만족하는 행렬 X를 구하여라.

05. 기본행연산을 이용하여 다음 행렬의 역행렬을 각각 구하여라.

(1) $A=\begin{pmatrix}2 & 1\\ 4 & 3\end{pmatrix}$ (2) $B=\begin{pmatrix}1 & 2 & 1\\ 2 & 3 & 1\\ 1 & 0 & 2\end{pmatrix}$

06. $A^{-1}=\begin{pmatrix}1 & 3\\ 2 & 8\end{pmatrix}$일 때 A를 구하여라.

07. $A=\begin{pmatrix}x & y\\ -y & x\end{pmatrix}$일 때, $x^2+y^2=1$이면 행렬 A가 가역임을 설명하고, A^{-1}를 구하여라.

08. 다음 행렬의 역행렬을 구하여라.

(1) $A=\begin{pmatrix}2 & 0 & 0\\ 0 & 2 & 0\\ 0 & 0 & 2\end{pmatrix}$ (2) $B=\begin{pmatrix}1 & 0 & 0\\ 0 & -1 & 1\\ 0 & 0 & 1\end{pmatrix}$

09. 가역인 n차 정방행렬 A, B, C, D 에 대하여 다음이 항상 성립함을 증명하여라.

$$(ABC)^{-1} = C^{-1}B^{-1}A^{-1}$$

10. 다음 연립방정식을 행렬의 곱으로 나타내고, 또 역행렬을 이용하여 해를 구하여라.

$$\begin{cases} 2x + y = 0 \\ 4x + 3y = -2 \end{cases}$$

11. 다음 연립방정식을 행렬의 곱으로 나타내고, 또 역행렬을 이용하여 해를 구하여라.

$$\begin{cases} x + 2y + z = 1 \\ 2x + 3y + z = 1 \\ x + 2z = 3 \end{cases}$$

12. 다음 행렬로 표현된 연립방정식의 해를 구하여라.

$$\begin{pmatrix} 1 & 2 & 3 \\ 1 & -1 & 1 \\ -2 & 1 & -3 \end{pmatrix}\begin{pmatrix} x \\ y \\ z \end{pmatrix} = \begin{pmatrix} 1 \\ -5 \\ 9 \end{pmatrix}$$

13. n차 정방행렬 A, B에 대하여

$$A^2 + A = I,\ AB = 2I$$

가 성립할 때, B^2을 A와 I로 나타내어라.

2.3 기본행렬

앞 단원에서 역행렬이 존재하는 정방행렬 A에 기본행연산을 하여 역행렬 A^{-1}를 다음과 같이 구하였다:

$$(A : I) \rightarrow \text{ 기본행연산 } \rightarrow (I : A^{-1})$$

이제 기본행렬을 소개하고 기본행렬을 이용하여 이 과정을 살펴보자.

정의 2.4 기본행렬

n차 단위행렬 I_n에 기본행연산을 한 번 시행하여 얻어지는 행렬을 **기본행렬**(elementary matrix)이라고 한다. 세 가지의 기본행연산이 있으므로 이에 대응되는 세 가지 형태의 기본행렬이 있다.

(I) 단위행렬의 두 행을 자리바꿈하여 얻은 행렬

(II) 단위행렬의 어느 한 행에 0이 아닌 상수를 곱해서 얻은 행렬

(III) 단위행렬의 어느 한 행의 상수배를 다른 한 행에 더해서 얻은 행렬

예제 2.3.1 다음 행렬 E_1, E_2, E_3은 기본행렬임을 보여라.

$$E_1 = \begin{pmatrix} 0 & 0 & 1 \\ 0 & 1 & 0 \\ 1 & 0 & 0 \end{pmatrix}, \quad E_2 = \begin{pmatrix} 1 & 0 & 0 \\ 0 & 3 & 0 \\ 0 & 0 & 1 \end{pmatrix}, \quad E_3 = \begin{pmatrix} 1 & 0 & 0 \\ 0 & 1 & 0 \\ 0 & -3 & 1 \end{pmatrix}$$

풀이 다음과 같이 3차 단위행렬 $I_3 = \begin{pmatrix} 1 & 0 & 0 \\ 0 & 1 & 0 \\ 0 & 0 & 1 \end{pmatrix}$에 기본행연산을 각각 한 번씩 시행하여 E_1, E_2, E_3가 얻어지므로 E_1, E_2, E_3는 기본행렬이다.

$$I_3 = \begin{pmatrix} 1 & 0 & 0 \\ 0 & 1 & 0 \\ 0 & 0 & 1 \end{pmatrix} \xrightarrow{R_1 \leftrightarrow R_3} \begin{pmatrix} 0 & 0 & 1 \\ 0 & 1 & 0 \\ 1 & 0 & 0 \end{pmatrix} = E_1$$

$$I_3 = \begin{pmatrix} 1 & 0 & 0 \\ 0 & 1 & 0 \\ 0 & 0 & 1 \end{pmatrix} \xrightarrow{3R_2} \begin{pmatrix} 1 & 0 & 0 \\ 0 & 3 & 0 \\ 0 & 0 & 1 \end{pmatrix} = E_2$$

$$I_3 = \begin{pmatrix} 1 & 0 & 0 \\ 0 & 1 & 0 \\ 0 & 0 & 1 \end{pmatrix} \xrightarrow{(-3)R_2 + R_3} \begin{pmatrix} 1 & 0 & 0 \\ 0 & 1 & 0 \\ 0 & -3 & 1 \end{pmatrix} = E_3$$

■

기본행렬과 기본행연산의 관계를 알아보기 위하여 기본행렬을 다른 행렬의 왼쪽에 곱하면 어떤 현상이 일어나는지 알아보자. 또 주어진 기본행렬은 역행렬을 가지는지, 그리고 역행렬을 가진다면 그것은 어떤 형태인지 알아보자.

사실, 기본행렬 E를 행렬 A의 왼쪽에 곱한 것은 단위행렬로부터 그 기본행렬이 만들어지게 하는 기본행연산을 A에 시행한 것과 같다. 앞으로 그 기본행연산을 기본행렬 E에 **대응하는 기본행연산**이라 부르자. 먼저 다음 예제에서 확인해 보자.

예제 2.3.2 $A=\begin{pmatrix}1&3&2\\0&1&2\\1&1&1\end{pmatrix}$에 기본행연산을 다음과 같이 한 번 시행하여 얻어진 행렬을 A_1, A_2, A_3라 하자.

$$A \xrightarrow{R_2 \leftrightarrow R_3} A_1, \quad A \xrightarrow{2R_3} A_2, \quad A \xrightarrow{3R_3+R_2} A_3$$

동일한 기본행연산을 각각 단위행렬에 시행하여 얻어진 행렬을 E_1, E_2, E_3이라 하면 $E_1A=A_1,\ E_2A=A_2,\ E_3A=A_3$임을 보여라.

풀이 먼저 A_1, A_2, A_3과 E_1, E_2, E_3를 구해보면 다음과 같다.

$$A=\begin{pmatrix}1&3&2\\0&1&2\\1&1&1\end{pmatrix} \xrightarrow{R_2 \leftrightarrow R_3} \begin{pmatrix}1&3&2\\1&1&1\\0&1&2\end{pmatrix}=A_1, \quad I_3=\begin{pmatrix}1&0&0\\0&1&0\\0&0&1\end{pmatrix} \xrightarrow{R_2 \leftrightarrow R_3} \begin{pmatrix}1&0&0\\0&0&1\\0&1&0\end{pmatrix}=E_1$$

$$A=\begin{pmatrix}1&3&2\\0&1&2\\1&1&1\end{pmatrix} \xrightarrow{2R_3} \begin{pmatrix}1&3&2\\0&1&2\\2&2&2\end{pmatrix}=A_2 \quad I_3=\begin{pmatrix}1&0&0\\0&1&0\\0&0&1\end{pmatrix} \xrightarrow{2R_3} \begin{pmatrix}1&0&0\\0&1&0\\0&0&2\end{pmatrix}=E_2$$

$$A=\begin{pmatrix}1&3&2\\0&1&2\\1&1&1\end{pmatrix} \xrightarrow{3R_3+R_2} \begin{pmatrix}1&3&2\\3&4&5\\1&1&1\end{pmatrix}=A_3, \quad I_3=\begin{pmatrix}1&0&0\\0&1&0\\0&0&1\end{pmatrix} \xrightarrow{3R_3+R_2} \begin{pmatrix}1&0&0\\0&1&3\\0&0&1\end{pmatrix}=E_3$$

위 결과로부터

$$E_1A=\begin{pmatrix}1&0&0\\0&0&1\\0&1&0\end{pmatrix}\begin{pmatrix}1&3&2\\0&1&2\\1&1&1\end{pmatrix}=\begin{pmatrix}1&3&2\\1&1&1\\0&1&2\end{pmatrix}=A_1$$

$$E_2A=\begin{pmatrix}1&0&0\\0&1&0\\0&0&2\end{pmatrix}\begin{pmatrix}1&3&2\\0&1&2\\1&1&1\end{pmatrix}=\begin{pmatrix}1&3&2\\0&1&2\\2&2&2\end{pmatrix}=A_2$$

$$E_3A=\begin{pmatrix}1&0&0\\0&1&3\\0&0&1\end{pmatrix}\begin{pmatrix}1&3&2\\0&1&2\\1&1&1\end{pmatrix}=\begin{pmatrix}1&3&2\\3&4&5\\1&1&1\end{pmatrix}=A_3$$

이므로, $E_1A=A_1,\ E_2A=A_2,\ E_3A=A_3$이 성립한다. ■

기본행렬과 기본행연산의 관계를 $A=(a_{ij})$가 임의의 3×4행렬인 경우에 대하여 정확하게 알아보자. (행렬 A의 왼쪽에 곱할 수 있는 기본행렬은 3차 기본행렬들이다.)

먼저 제 I 형의 기본행렬을 살펴보자. 예를 들어, 3차 단위행렬의 1행과 2행을 자리바꿈하면 다음의 기본행렬을 얻게 된다.

$$E_1=\begin{pmatrix}0&1&0\\1&0&0\\0&0&1\end{pmatrix}$$

이 기본행렬을 A의 왼쪽에 곱해주면

$$E_1A=\begin{pmatrix}0&1&0\\1&0&0\\0&0&1\end{pmatrix}\begin{pmatrix}a_{11}&a_{12}&a_{13}&a_{14}\\a_{21}&a_{22}&a_{23}&a_{24}\\a_{31}&a_{32}&a_{33}&a_{34}\end{pmatrix}=\begin{pmatrix}a_{21}&a_{22}&a_{23}&a_{24}\\a_{11}&a_{12}&a_{13}&a_{14}\\a_{31}&a_{32}&a_{33}&a_{34}\end{pmatrix}$$

가 된다. 즉, 제 I 형의 기본행렬을 A의 왼쪽에 곱한 것은 그 기본행렬에 대응하는 기본행연산을 A에 시행한 것과 같다. 한편 $E_1^2=I$이므로 $E_1^{-1}=E_1$임을 알 수 있다.

다음으로 제 II 형의 기본행렬을 생각해 보자. 예를 들어, 3차 단위행렬의 3행에 0이 아닌 상수 α를 곱해주면 다음의 기본행렬을 얻는다

$$E_2=\begin{pmatrix}1&0&0\\0&1&0\\0&0&\alpha\end{pmatrix},\ \alpha\neq 0$$

이것을 A의 왼쪽에 곱해주면

$$E_2A=\begin{pmatrix}1&0&0\\0&1&0\\0&0&\alpha\end{pmatrix}\begin{pmatrix}a_{11}&a_{12}&a_{13}&a_{14}\\a_{21}&a_{22}&a_{23}&a_{24}\\a_{31}&a_{32}&a_{33}&a_{34}\end{pmatrix}=\begin{pmatrix}a_{11}&a_{12}&a_{13}&a_{14}\\a_{21}&a_{22}&a_{23}&a_{24}\\\alpha a_{31}&\alpha a_{32}&\alpha a_{33}&\alpha a_{34}\end{pmatrix}$$

이다. 즉, 제 II 형의 기본행렬을 A의 왼쪽에 곱한 것은 그 기본행렬에 대응하는 기본행연산을 A에 시행한 것과 같다. 또

$$E'=\begin{pmatrix}1&0&0\\0&1&0\\0&0&\frac{1}{\alpha}\end{pmatrix}$$

에 대하여 $E_2E'=E'E_2=I$이므로 $E_2^{-1}=E'$이고 E_2^{-1}도 제 II 형의 기본행렬이다.

마지막으로 제 III 형의 기본행렬을 관찰해 보자. 예를 들어, 3차 단위행렬에서 3행의 β배를 1행에 더해주면 다음의 기본행렬을 얻는다.

$$E_3 = \begin{pmatrix} 1 & 0 & \beta \\ 0 & 1 & 0 \\ 0 & 0 & 1 \end{pmatrix}$$

이것을 A의 왼쪽에 곱해주면

$$E_3A = \begin{pmatrix} 1 & 0 & \beta \\ 0 & 1 & 0 \\ 0 & 0 & 1 \end{pmatrix}\begin{pmatrix} a_{11} & a_{12} & a_{13} & a_{14} \\ a_{21} & a_{22} & a_{23} & a_{24} \\ a_{31} & a_{32} & a_{33} & a_{34} \end{pmatrix} = \begin{pmatrix} a_{11}+\beta a_{31} & a_{12}+\beta a_{32} & a_{13}+\beta a_{33} & a_{14}+\beta a_{34} \\ a_{21} & a_{22} & a_{23} & a_{24} \\ a_{31} & a_{32} & a_{33} & a_{34} \end{pmatrix}$$

가 된다. 즉, 제Ⅲ형의 기본행렬을 A의 왼쪽에 곱한 것은 그 기본행렬에 대응하는 기본행연산을 A에 시행한 것과 같다. 또

$$E'' = \begin{pmatrix} 1 & 0 & -\beta \\ 0 & 1 & 0 \\ 0 & 0 & 1 \end{pmatrix}$$

라고 하면 $E_3E'' = E''E_3 = I$이므로 $E_3^{-1} = E''$이고 E_3^{-1}도 제Ⅲ형의 기본행렬이다.

이상에서 알 수 있는 바와 같이, 일반적으로 n차 기본행렬 E를 $n \times r$행렬 A의 왼쪽에 곱함으로써 그 기본행렬에 대응하는 기본행연산을 A에 시행한 효과를 얻을 수 있다. 또한 임의의 기본행렬 E는 역행렬을 가지며 그 역행렬 역시 동일한 유형의 기본행렬임을 관찰할 수 있다. 이상을 정리하면 다음과 같다.

정리 2.3

임의의 기본행렬 E는 역행렬을 가지며 그 역행렬 역시 E와 동일한 유형의 기본행렬이다.

예제 2.3.3 다음 기본행렬의 역행렬을 구하여라.

$$E_1 = \begin{pmatrix} 1 & 0 & 0 \\ 0 & 0 & 1 \\ 0 & 1 & 0 \end{pmatrix},\quad E_2 = \begin{pmatrix} 2 & 0 & 0 \\ 0 & 1 & 0 \\ 0 & 0 & 1 \end{pmatrix},\quad E_3 = \begin{pmatrix} 1 & 0 & 3 \\ 0 & 1 & 0 \\ 0 & 0 & 1 \end{pmatrix}$$

풀이 E_1은 3차 단위행렬 I_3에 기본행연산 $R_2 \leftrightarrow R_3$를 시행한 것이므로 $E_1^2 = I$이다. 그러므로 $E_1^{-1} = E_1$이다. E_2는 I_3에 기본행연산 $2R_1$을 시행한 것이므로 I_3에 기본행연산 $\frac{1}{2}R_1$을 시행한 기본행렬 $\begin{pmatrix} \frac{1}{2} & 0 & 0 \\ 0 & 1 & 0 \\ 0 & 0 & 1 \end{pmatrix}$이 E_2의 역행렬이다. 그리고 E_3는 I_3에 기본행연산 $3R_3 + R_1$를 시행한 것이므로, I_3에 기본행연산 $(-3)R_3 + R_1$를

시행한 기본행렬 $\begin{pmatrix}1&0&-3\\0&1&0\\0&0&1\end{pmatrix}$이 E_3의 역행렬이다.

즉,

$$E_1^{-1}=\begin{pmatrix}1&0&0\\0&0&1\\0&1&0\end{pmatrix},\ E_2^{-1}=\begin{pmatrix}\frac{1}{2}&0&0\\0&1&0\\0&0&1\end{pmatrix},\ E_3^{-1}=\begin{pmatrix}1&0&-3\\0&1&0\\0&0&1\end{pmatrix}$$

이다. ■

예제 2.3.4 [예제 2.2.3]의 세 기본행렬의 곱 $E_1E_2E_3$의 역행렬을 구하여라.

풀이 [예제 2.3.3]의 결과를 사용하면, [정리 2.2 (2)]에 의해 $E_1E_2E_3$의 역행렬은 다음과 같이 계산된다.

$$(E_1E_2E_3)^{-1}=E_3^{-1}E_2^{-1}E_1^{-1}=\begin{pmatrix}1&0&-3\\0&1&0\\0&0&1\end{pmatrix}\begin{pmatrix}\frac{1}{2}&0&0\\0&1&0\\0&0&1\end{pmatrix}\begin{pmatrix}1&0&0\\0&0&1\\0&1&0\end{pmatrix}=\begin{pmatrix}\frac{1}{2}&-3&0\\0&0&1\\0&1&0\end{pmatrix}$$

■

지금까지 2차 정방행렬과 3차 정방행렬에 대해서 살펴본 성질들은 사실 n차 정방행렬의 경우에도 마찬가지로 성립한다. A가 가역인 n차 정방행렬이라면 기본행연산을 유한 번 시행하여 단위행렬 I_n으로 변형할 수 있다. 즉, $E_k\cdots E_2E_1A=I_n$인 기본행렬 $E_1, E_2, \cdots E_k$가 존재한다. 따라서

$$A^{-1}=E_k\cdots E_2E_1=E_k\cdots E_2E_1I_n$$

이다. 이것은 행렬 A에 기본행연산을 여러 번 적용하여 A의 기약사다리꼴 행렬인 I_n를 얻게 될 때, 이와 완전히 동일한 기본행연산을 I_n에 같은 순서로 적용함으로써 A^{-1}를 구할 수 있음을 말한다. 즉, 행렬 A에 항등행렬 I_n을 첨가한 행렬 $(A : I_n)$의 기약사다리꼴 행렬이 $(I_n : A^{-1})$이고, 이 기약사다리꼴 행렬을 얻는 과정은

$$(A : I_n)\to(E_1A : E_1I_n)\to(E_2E_1A_2 : E_2E_1I_n)\to\cdots$$
$$\to(E_kE_{k-1}\cdots E_1A_2 : E_kE_{k-1}\cdots E_1I_n)=(I_n : A^{-1})$$

와 같게 된다. 이것은 가역행렬의 역행렬을 구하는 대단히 효과적인 방법으로 앞 절에서 이미 학습하였다. 정리하면, I_n을 첨가하여 확대행렬 $(A : I_n)$을 만들고, 이 확대행렬에 가우스

-조르단 소거법을 적용하여 기약사다리꼴 $(C\colon D)$로 변형할 경우 다음이 성립한다.

· $C = I_n$ 이면 A는 가역이고 $A^{-1} = D$ 이다.
· $C \neq I_n$ 이면 A는 비가역이다.

예제 2.3.5 행렬 $A = \begin{pmatrix} 1 & 4 & 3 \\ -1 & -2 & 0 \\ 2 & 2 & 3 \end{pmatrix}$의 역행렬을 구하여라.

<u>풀이</u> 확대행렬 $(A : I_n)$에 기본행연산을 시행하여 기약사다리꼴 행렬을 구하면 아래와 같다.

$$(A : I_n) \to \begin{pmatrix} 1 & 0 & 0 & : & -\frac{1}{2} & -\frac{1}{2} & \frac{1}{2} \\ 0 & 1 & 0 & : & \frac{1}{4} & -\frac{1}{4} & -\frac{1}{4} \\ 0 & 0 & 1 & : & \frac{1}{6} & \frac{1}{2} & \frac{1}{6} \end{pmatrix}$$

따라서 A^{-1}는 다음과 같다.

$$A^{-1} = \begin{pmatrix} -\frac{1}{2} & -\frac{1}{2} & \frac{1}{2} \\ \frac{1}{4} & -\frac{1}{4} & -\frac{1}{4} \\ \frac{1}{6} & \frac{1}{2} & \frac{1}{6} \end{pmatrix}$$

■

예제 2.3.6 다음 각 행렬의 역행렬을 구하여라.

(1) $A = \begin{pmatrix} 1 & 2 & 3 \\ 2 & 3 & 5 \\ 1 & 0 & 2 \end{pmatrix}$ (2) $B = \begin{pmatrix} 1 & -3 & 4 \\ 2 & -5 & 7 \\ 0 & -1 & 1 \end{pmatrix}$

<u>풀이</u> (1) 확대행렬 $(A : I_3)$에 기본행연산을 시행하여 기약사다리꼴 행렬을 구하면 아래와 같다.

$$(A : I_3) = \begin{pmatrix} 1 & 2 & 3 & : & 1 & 0 & 0 \\ 2 & 3 & 5 & : & 0 & 1 & 0 \\ 1 & 0 & 2 & : & 0 & 0 & 1 \end{pmatrix} \to \begin{pmatrix} 1 & 0 & 0 & : & -6 & 4 & -1 \\ 0 & 1 & 0 & : & -1 & 1 & -1 \\ 0 & 0 & 1 & : & 3 & -2 & 1 \end{pmatrix}$$

따라서 $A^{-1} = \begin{pmatrix} -6 & 4 & -1 \\ -1 & 1 & -1 \\ 3 & -2 & 1 \end{pmatrix}$이다.

(2) 확대행렬 $(B{:}\ I_3)$에 기본행연산을 시행하여 기약사다리꼴 행렬을 구하면 아래와 같다.

$$(B{:}\ I_3)=\begin{pmatrix}1 & -3 & 4 & : & 1 & 0 & 1\\ 2 & -5 & 7 & : & 0 & 1 & 0\\ 0 & -1 & 1 & : & 0 & 0 & 1\end{pmatrix}\xrightarrow{(-2)R_1+R_2}\begin{pmatrix}1 & -3 & 4 & : & 1 & 0 & 1\\ 0 & 1 & -1 & : & -2 & 1 & 0\\ 0 & -1 & 1 & : & 0 & 0 & 1\end{pmatrix}$$

$$\xrightarrow[R_2+R_3]{3R_1+R_2}\begin{pmatrix}1 & 0 & -1 & : & -5 & 3 & 0\\ 0 & 1 & -1 & : & -2 & 1 & 0\\ 0 & 0 & 0 & : & -2 & 1 & 1\end{pmatrix}=(C{:}\ D)$$

그런데 구한 A의 기약사다리꼴 행렬이 단위행렬이 아니므로, 즉 $C\neq I_3$이므로, A^{-1}는 존재하지 않는다. ■

이제 연립1차방정식과의 관계를 살펴보자.

정의 2.5

같은 꼴의 두 행렬 A, B에 대하여 유한개의 기본행렬 $E_1, E_2, \cdots, E_k$가 존재하여

$$B=E_kE_{k-1}\cdots E_1A$$

를 만족할 때, B는 A와 **행동치**(row equivalent)라고 한다. 다시 말하여 행렬 A에 유한 번의 기본행연산을 시행하여 B를 얻을 수 있을 때, B는 A와 행동치라고 한다.

먼저 행동치의 정의로부터 다음을 바로 알 수 있다.

- A와 B가 행동치이면 동차연립방정식 $AX=0$과 $BX=0$은 동일한 해를 갖는다.
- 확대계수행렬 $(A{:}\ D)$와 $(B{:}\ F)$가 행동치이면 연립방정식 $AX=D$와 $BX=F$는 동일한 해를 갖는다.
- 위와 같은 경우 $AX=0$과 $BX=0$, $AX=D$와 $BX=F$를 각각 서로 **동치**(equivalent)인 방정식이라고 부르기로 하자.

주어진 정방행렬이 가역인지 비가역인지를 판별할 수 있는 여러 가지 방법을 제시한다는 점에서 다음 정리는 매우 중요하다.

정리 2.4

n차 정방행렬 A에 대하여 다음 명제들은 서로 동치이다[6].

(i) A는 가역행렬이다.

(ii) 동차연립방정식 $AX=0$은 자명한 해만을 갖는다.

(iii) A는 I_n와 행동치이다.

증명 (i) $\Rightarrow$ (ii): A가 가역행렬이면 A의 역행렬 A^{-1}가 존재하므로 연립방정식 $AX=0$의 양변의 왼쪽에 A^{-1}를 각각 곱하면

$$X=A^{-1}AX=A^{-1}0=0$$

를 얻는다. 따라서 $AX=0$은 자명한 해만을 갖는다.

(ii) $\Rightarrow$ (iii): 동차연립방정식 $AX=0$이 자명한 해만을 갖는다고 가정하자. A의 기약사다리꼴 행렬을 U라고 하면, 동차연립방정식 $AX=0$과 $UX=0$은 동치이다. 만일 U의 마지막 행의 원소들이 모두 0이라면 연립방정식 $UX=0$은 방정식의 개수보다 미지수의 개수가 더 많은 동차연립방정식이 되어 자명하지 않은 해를 갖게 된다. 그러면 $UX=0$과 동치인 $AX=0$도 자명하지 않은 해를 가지게 되므로 가정에 모순이다. 따라서 U는 각 행이 반드시 0이 아닌 원소를 가지는 기약사다리꼴 정방행렬이다. 그런데 이러한 조건을 만족하는 행렬은 단위행렬 밖에 없으므로 $U=I_n$이다. 그러므로 A는 I_n와 행동치이다.

(iii) $\Rightarrow$ (i): A가 I_n와 행동치이면 기본행렬 $E_1, E_2, \cdots, E_k$가 존재하여

$$I=E_kE_{k-1}\cdots E_1A$$

이다. 그러므로 A와 $E_kE_{k-1}\cdots E_1$는 서로 역행렬이다. 이는 A가 가역행렬임을 의미한다.

따름정리 2.5

연립1차방정식 $AX=B$가 유일한 해를 가질 필요충분조건은 A가 가역행렬인 것이다.

---

6. 두 명제 p와 q가 서로 동치라는 말은, p이면 q이고 동시에 q이면 p라는 의미이다. 즉, p가 성립하면 q가 성립하고 또한 q가 성립하면 p가 성립한다는 의미이다.

증명 A가 가역행렬이면 역행렬 A^{-1}가 존재하므로 연립방정식 $AX=B$의 양변의 왼쪽에 A^{-1}를 곱해줌으로써 유일한 해 $X=A^{-1}B$를 얻게 된다. 역으로, $AX=B$가 유일한 해 S를 갖는다고 가정하자. 만일 A가 가역행렬이 아니라면, 정리 2.4에 의해서 $AX=0$은 자명하지 않은 해 $Z\neq 0$를 갖는다. $T=S+Z$라고 두면, $T\neq S$이고

$$AT=A(S+Z)=AS+AZ=B+0=B$$

이므로 T는 S와 다른 $AX=B$의 또 하나의 해이다. 이것은 $AX=B$가 유일한 해를 갖는다는 가정에 모순된다. 따라서 A는 가역행렬이어야 한다.

예제 2.3.7 다음 연립방정식의 해를 구하여라.

$$\begin{cases} x+4y+3z=12 \\ -x-2y \qquad = -12 \\ x+2y+3z=8 \end{cases}$$

풀이 주어진 연립방정식의 계수행렬을 행렬 $A=\begin{pmatrix} 1 & 4 & 3 \\ -1 & -2 & 0 \\ 2 & 2 & 3 \end{pmatrix}$로 두면, 주어진 연립방정식은 다음과 같이 행렬방정식으로 표현된다.

$$A\begin{pmatrix} x \\ y \\ z \end{pmatrix}=\begin{pmatrix} 12 \\ -12 \\ 8 \end{pmatrix}$$

[예제 2.3.5]에서 이미 $A^{-1}=\begin{pmatrix} -\frac{1}{2} & -\frac{1}{2} & \frac{1}{2} \\ \frac{1}{4} & -\frac{1}{4} & -\frac{1}{4} \\ \frac{1}{6} & \frac{1}{2} & \frac{1}{6} \end{pmatrix}$임을 보았으므로 이를 이용하면 해는 다음과 같다.

$$\begin{pmatrix} x \\ y \\ z \end{pmatrix}=A^{-1}A\begin{pmatrix} x \\ y \\ z \end{pmatrix}=A^{-1}\begin{pmatrix} 12 \\ -12 \\ 8 \end{pmatrix}=\begin{pmatrix} -\frac{1}{2} & -\frac{1}{2} & \frac{1}{2} \\ \frac{1}{4} & -\frac{1}{4} & -\frac{1}{4} \\ \frac{1}{6} & \frac{1}{2} & \frac{1}{6} \end{pmatrix}\begin{pmatrix} 12 \\ -12 \\ 8 \end{pmatrix}=\begin{pmatrix} 4 \\ 4 \\ -\frac{8}{3} \end{pmatrix}$$

■

일반적으로, $m\times n$행렬 A에 대하여 기본행연산을 한번 시행하는 것은 기본 행렬(m차 정방행렬)을 왼쪽에 곱해주는 것과 같다.

$m \times n$행렬 A, B와 기본 행렬 $E_1, E_2, \cdots, E_k$에 대하여

$$(A : B) \sim (E_1A : E_1B) \sim (E_2E_1A : E_2E_1B) \sim \cdots$$
$$\sim (E_k \cdots E_1A : E_k \cdots E_1B) = (A_k : B_k)$$

이면, $X = \begin{pmatrix} x_1 \\ \vdots \\ x_n \end{pmatrix}$ 또는 $X = \begin{pmatrix} x_{11} & x_{12} \\ \vdots & \vdots \\ x_{n1} & x_{n2} \end{pmatrix}$ 등으로 둘 때, 위의 각 행렬에 대응되는 연립방정식은 모두 동치이다. 즉 모두 동일한 해를 가진다.

$$AX = B \Leftrightarrow E_1AX = E_1B \Leftrightarrow E_2E_1AX = E_2E_1B \Leftrightarrow \cdots$$
$$\Leftrightarrow E_k \cdots E_1AX = E_k \cdots E_1B \Leftrightarrow A_kX = B_k$$

연습문제 2.3

01. 다음 주어진 행렬의 쌍 A, B에 대하여 $EA=B$를 만족하는 기본행렬 E를 구하여라.

(1) $A=\begin{pmatrix} 2 & -1 \\ 5 & 3 \\ 1 & 1 \end{pmatrix}$, $\quad B=\begin{pmatrix} -4 & 2 \\ 5 & 3 \\ 1 & 1 \end{pmatrix}$

(2) $A=\begin{pmatrix} 4 & -2 & 4 \\ 1 & 0 & 2 \\ -2 & 3 & 1 \end{pmatrix}$, $\quad B=\begin{pmatrix} 4 & -2 & 4 \\ 1 & 0 & 2 \\ 0 & 3 & 5 \end{pmatrix}$

(3) $A=\begin{pmatrix} 2 & 1 & 3 & 1 \\ -2 & 4 & 5 & -1 \\ 3 & 1 & 4 & 2 \end{pmatrix}$, $\quad B=\begin{pmatrix} -2 & 4 & 5 & -1 \\ 2 & 1 & 3 & 1 \\ 3 & 1 & 4 & 2 \end{pmatrix}$

02. 다음 각 행렬의 역행렬을 구하여라.

(1) $A=\begin{pmatrix} 1 & 0 & 3 \\ 2 & 4 & 1 \\ 1 & 3 & 0 \end{pmatrix}$ $\qquad$ (2) $B=\begin{pmatrix} 1 & -1 & 2 \\ 2 & -1 & 7 \\ 1 & -1 & 3 \end{pmatrix}$ $\qquad$ (3) $C=\begin{pmatrix} 0 & 0 & 0 & 1 \\ 0 & 0 & -1 & 0 \\ 0 & -1 & 0 & 0 \\ 1 & 0 & 0 & 0 \end{pmatrix}$

03. 가역행렬 A가 대칭행렬이면 A^{-1}도 대칭행렬임을 보여라.

04 행렬 $A=\begin{pmatrix} 1 & 1 & 0 \\ 1 & 0 & 0 \\ 1 & 2 & a \end{pmatrix}$의 역행렬이 존재하기 위한 a의 값을 모두 구하고, 그때의 A^{-1}를 구하여라.

05. 가역행렬 A가 $A^3-2A^2+3A-I=0$을 만족할 때, A의 역행렬 A^{-1}는 $A^{-1}=A^2-2A+3I$을 만족함을 보여라.

06. 다음 연립방정식의 해를 계수행렬의 역행렬을 이용하여 구하여라.

$$\begin{cases} -2x-y-2z=1 \\ \quad x \qquad\; +z=2 \\ \quad x+y \qquad\;\; =3 \end{cases}$$

2.4 LDU분해

이 단원에서는 임의의 정사각행렬을 적당히 치환한 후에 하삼각행렬과 상삼각행렬의 곱으로 나타낼 수 있음을 학습한다. 먼저 치환행렬의 정의부터 살펴보자.

정의 2.6

단위행렬에서 행(열)을 교환하여 얻은 행렬을 **치환행렬**(permutation matrix)이라 한다.

예를 들어 $\begin{pmatrix} 0 & 1 \\ 1 & 0 \end{pmatrix}$, $\begin{pmatrix} 0 & 1 & 0 \\ 0 & 0 & 1 \\ 1 & 0 & 0 \end{pmatrix}$, $\begin{pmatrix} 0 & 1 & 0 & 0 \\ 1 & 0 & 0 & 0 \\ 0 & 0 & 0 & 1 \\ 0 & 0 & 1 & 0 \end{pmatrix}$은 치환행렬이다. 그리고 제 I 형의 기본행렬들은 모두 치환행렬이다.

n차 정방행렬 A의 사다리꼴 행렬을 U라 하면, U는 상삼각행렬이고 다음과 같이 A와 기본행렬들의 곱으로 나타낼 수 있다.

$$E_k E_{k-1} \cdots E_2 E_1 A = U$$

여기서 E_i가 제II형이라면 대각행렬이고, 제III형이라면 하삼각행렬이다. (일반적으로 제III형 기본행렬은 상삼각행렬이거나 하삼각행렬이다. 그러나 사다리꼴 행렬을 만들어가는 과정에서 나타나는 제III형 기본행렬은 모두 하삼각행렬이다.) 그런데 하삼각행렬들의 곱은 하삼각행렬이고 하삼각행렬의 역행렬도 하삼각행렬이므로 모든 i에 대하여 E_i가 치환행렬(제I형 기본행렬)이 아니라면 A를 하삼각행렬 $L = (E_k E_{k-1} \cdots E_1)^{-1} = E_1^{-1} E_2^{-1} \cdots E_k^{-1}$과 상삼각행렬 U의 곱 $A = LU$로 나타낼 수 있다. 이를 A의 **LU분해**(LU factorization)라고 한다. 즉,

$$A = \begin{pmatrix} m_1 & 0 & \cdots & 0 \\ a & m_2 & \cdots & 0 \\ \vdots & \vdots & \ddots & \vdots \\ b & c & \cdots & m_n \end{pmatrix} \begin{pmatrix} p_1 & s & \cdots & t \\ 0 & p_2 & \cdots & r \\ \vdots & \vdots & \ddots & \vdots \\ 0 & 0 & \cdots & p_n \end{pmatrix} = LU$$

이다. A의 LU분해가 $A = LU$일 때 A의 확대행렬 $(A \mid I)$는 기본행연산에 의하여 아래와 같이 변형된다.

$$(A:I) \sim (E_1A:E_1I) \sim \cdots \sim (E_k \cdots E_1A:E_k \cdots E_1I) = (U:L^{-1})$$

예제 2.4.1 행렬 $A = \begin{pmatrix} 2 & 6 & 2 \\ 3 & 8 & 0 \\ 4 & 9 & 2 \end{pmatrix}$를 LU분해하고 이를 이용하여 다음 연립방정식의 해를 구하여라.

$$\begin{cases} 2x_1 + 6x_2 + 2x_3 = 1 \\ 3x_1 + 8x_2 \qquad\quad = 2 \\ 4x_1 + 9x_2 + 2x_3 = 3 \end{cases}$$

풀이 먼저 기본행연산을 이용하여 계수행렬 A를 기약사다리꼴 행렬로 변형시키면 다음과 같다.

$$A = \begin{pmatrix} 2 & 6 & 2 \\ 3 & 8 & 0 \\ 4 & 9 & 2 \end{pmatrix} \xrightarrow{\frac{1}{2}R_1} \begin{pmatrix} 1 & 3 & 1 \\ 3 & 8 & 0 \\ 4 & 9 & 2 \end{pmatrix} = E_1A, \quad E_1 = \begin{pmatrix} \frac{1}{2} & 0 & 0 \\ 0 & 1 & 0 \\ 0 & 0 & 1 \end{pmatrix}, \ E_1^{-1} = \begin{pmatrix} 2 & 0 & 0 \\ 0 & 1 & 0 \\ 0 & 0 & 1 \end{pmatrix}$$

$$\xrightarrow{(-3)R_1 + R_2} \begin{pmatrix} 1 & 3 & 1 \\ 0 & -1 & -3 \\ 4 & 9 & 2 \end{pmatrix} = E_2E_1A, \quad E_2 = \begin{pmatrix} 1 & 0 & 0 \\ -3 & 1 & 0 \\ 0 & 0 & 1 \end{pmatrix}, \ E_2^{-1} = \begin{pmatrix} 1 & 0 & 0 \\ 3 & 1 & 0 \\ 0 & 0 & 1 \end{pmatrix}$$

$$\xrightarrow{(-1)R_2} \begin{pmatrix} 1 & 3 & 1 \\ 0 & 1 & 3 \\ 4 & 9 & 2 \end{pmatrix} = E_3E_2E_1A, \quad E_3 = \begin{pmatrix} 1 & 0 & 0 \\ 0 & -1 & 0 \\ 0 & 0 & 1 \end{pmatrix}, \ E_3^{-1} = \begin{pmatrix} 1 & 0 & 0 \\ 0 & -1 & 0 \\ 0 & 0 & 1 \end{pmatrix}$$

$$\xrightarrow{(-4)R_1 + R_3} \begin{pmatrix} 1 & 3 & 1 \\ 0 & 1 & 3 \\ 0 & -3 & -2 \end{pmatrix} = E_4E_3E_2E_1A, \quad E_4 = \begin{pmatrix} 1 & 0 & 0 \\ 0 & 1 & 0 \\ -4 & 0 & 1 \end{pmatrix}, \ E_4^{-1} = \begin{pmatrix} 1 & 0 & 0 \\ 0 & 1 & 0 \\ 4 & 0 & 1 \end{pmatrix}$$

$$\xrightarrow{3R_2 + R_3} \begin{pmatrix} 1 & 3 & 1 \\ 0 & 1 & 3 \\ 0 & 0 & 7 \end{pmatrix} = E_5E_4E_3E_2E_1A, \quad E_5 = \begin{pmatrix} 1 & 0 & 0 \\ 0 & 1 & 0 \\ 0 & 3 & 1 \end{pmatrix}, \ E_5^{-1} = \begin{pmatrix} 1 & 0 & 0 \\ 0 & 1 & 0 \\ 0 & -3 & 1 \end{pmatrix}$$

$$\xrightarrow{\frac{1}{7}R_3} \begin{pmatrix} 1 & 3 & 1 \\ 0 & 1 & 3 \\ 0 & 0 & 7 \end{pmatrix} = E_6E_5E_4E_3E_2E_1A, \quad E_6 = \begin{pmatrix} 1 & 0 & 0 \\ 0 & 1 & 0 \\ 0 & 0 & \frac{1}{7} \end{pmatrix}, \ E_6^{-1} = \begin{pmatrix} 1 & 0 & 0 \\ 0 & 1 & 0 \\ 0 & 0 & 7 \end{pmatrix}$$

여기서 $U = E_6E_5E_4E_3E_2E_1A = \begin{pmatrix} 1 & 3 & 1 \\ 0 & 1 & 3 \\ 0 & 0 & 7 \end{pmatrix}$이고

$$L = (E_6E_5E_4E_3E_2E_1)^{-1} = E_1^{-1}E_2^{-1}E_3^{-1}E_4^{-1}E_5^{-1}E_6^{-1} = \begin{pmatrix} 2 & 0 & 0 \\ 3 & -1 & 0 \\ 4 & -3 & 7 \end{pmatrix}$$

이므로, A의 LU분해는 다음과 같다.

$$A = LU = \begin{pmatrix} 2 & 0 & 0 \\ 3 & -1 & 0 \\ 4 & -3 & 7 \end{pmatrix} \begin{pmatrix} 1 & 3 & 1 \\ 0 & 1 & 3 \\ 0 & 0 & 1 \end{pmatrix}$$

이제 $X=\begin{pmatrix} x_1 \\ x_2 \\ x_3 \end{pmatrix}$, $B=\begin{pmatrix} 1 \\ 2 \\ 3 \end{pmatrix}$이라 두면, 주어진 연립방정식은 $AX=B$이고 이는 $LUX=B$가 된다. 그러므로 두 단계로 연립방정식의 해를 구할 수 있다.

$UX=Y=\begin{pmatrix} y_1 \\ y_2 \\ y_3 \end{pmatrix}$라 두고 연립방정식 $LY=B$, 즉

$$\begin{cases} 2y_1 & = 1 \\ 3y_1 - y_2 & = 2 \\ 4y_1 - 3y_2 + 7y_3 & = 3 \end{cases}$$

의 해를 먼저 구해 보면, $y_1=\dfrac{1}{2}, y_2=-\dfrac{1}{2}, y_3=-\dfrac{1}{14}$이다. 이를 이용하여 연립방정식 $UX=Y$, 즉

$$\begin{cases} x_1 + 3x_2 + x_3 = \dfrac{1}{2} \\ x_2 + 3x_3 = -\dfrac{1}{2} \\ x_3 = -\dfrac{1}{14} \end{cases}$$

를 풀면 $x_1=\dfrac{10}{7}$, $x_2=-\dfrac{2}{7}$, $x_3=-\dfrac{1}{14}$이다. 이는 처음 주어진 방정식의 해이다. ■

참고 LU분해는 유일하지 않다. 예를 들어, $A=\begin{pmatrix} 2&6&2 \\ 3&8&0 \\ 4&9&2 \end{pmatrix}$는 다음과 같이 두 가지 LU분해를 가지며, 또 다른 표현이 존재한다.

$$A=\begin{pmatrix} 2&6&2 \\ 3&8&0 \\ 4&9&2 \end{pmatrix}=\begin{pmatrix} 2&0&0 \\ 3&-1&0 \\ 4&-3&7 \end{pmatrix}\begin{pmatrix} 1&3&1 \\ 0&1&3 \\ 0&0&1 \end{pmatrix}=\begin{pmatrix} 1&0&0 \\ \dfrac{3}{2}&1&0 \\ 2&3&1 \end{pmatrix}\begin{pmatrix} 2&6&2 \\ 0&-1&-3 \\ 0&0&7 \end{pmatrix}$$

A의 LU분해 $A=LU$에서, 하삼각행렬 L의 주대각성분 중 1이 아닌 성분이 있는 경우에는 하삼각행렬 L은 주대각성분이 L의 주대각성분인 대각행렬 D_1와 주대각성분이 모두 1인 새로운 하삼각행렬 L^*의 곱 $L=L^*D_1$으로 나타낼 수 있다. U의 주대각성분 중 1이 아닌 성분이 있는 경우에는 상삼각행렬 U는 주대각성분이 U의 주대각성분인 대각행렬 D_2와 주대각성분이 모두 1인 새로운 상삼각행렬 U^*의 곱 $U=D_2U^*$으로 나타낼 수 있다. 따라서 A는 다음과 같이 주대각성분이 모두 1인 하삼각행렬 L^*와 대각행렬 D_1D_2, 그리고 주

대각성분이 모두 1인 상삼각행렬 U^*의 곱으로 나타낼 수 있다.

$$A = LU = (L^*D_1)(D_2U^*) = L^*(D_1D_2)U^*$$

예를 들면, L의 주대각성분은 모두 1이고 U의 주대각성분 중 1이 아닌 성분이 있는 경우에는 아래와 같이 분해된다.

$$A = \begin{pmatrix} 1 & 0 & \cdots & 0 \\ a & 1 & \cdots & 0 \\ \vdots & \vdots & \ddots & \vdots \\ b & c & \cdots & 1 \end{pmatrix}\begin{pmatrix} u_1 & 0 & \cdots & 0 \\ 0 & u_2 & \cdots & 0 \\ \vdots & \vdots & \ddots & \vdots \\ 0 & 0 & \cdots & u_n \end{pmatrix}\begin{pmatrix} 1 & \frac{s}{u_1} & \cdots & \frac{t}{u_1} \\ 0 & 1 & \cdots & \frac{r}{u_2} \\ \vdots & \vdots & \ddots & \vdots \\ 0 & 0 & \cdots & 1 \end{pmatrix} = LDU^*$$

예제 1.6.1에서 살펴본 $A = \begin{pmatrix} 2 & 6 & 2 \\ 3 & 8 & 0 \\ 4 & 9 & 2 \end{pmatrix}$의 LU분해 $A = \begin{pmatrix} 2 & 6 & 2 \\ 3 & 8 & 0 \\ 4 & 9 & 2 \end{pmatrix} = \begin{pmatrix} 2 & 0 & 0 \\ 3 & -1 & 0 \\ 4 & -3 & 7 \end{pmatrix}\begin{pmatrix} 1 & 3 & 1 \\ 0 & 1 & 3 \\ 0 & 0 & 1 \end{pmatrix}$를 더 분해해 보자.

$$L = \begin{pmatrix} 2 & 0 & 0 \\ 3 & -1 & 0 \\ 4 & -3 & 7 \end{pmatrix} = \begin{pmatrix} 1 & 0 & 0 \\ \frac{3}{2} & 1 & 0 \\ 2 & 3 & 1 \end{pmatrix}\begin{pmatrix} 2 & 0 & 0 \\ 0 & -1 & 0 \\ 0 & 0 & 7 \end{pmatrix}$$

이므로

$$A = \begin{pmatrix} 2 & 6 & 2 \\ 3 & 8 & 0 \\ 4 & 9 & 2 \end{pmatrix} = \begin{pmatrix} 2 & 0 & 0 \\ 3 & -1 & 0 \\ 4 & -3 & 7 \end{pmatrix}\begin{pmatrix} 1 & 3 & 1 \\ 0 & 1 & 3 \\ 0 & 0 & 1 \end{pmatrix} = \begin{pmatrix} 1 & 0 & 0 \\ \frac{3}{2} & 1 & 0 \\ 2 & 3 & 1 \end{pmatrix}\begin{pmatrix} 2 & 0 & 0 \\ 0 & -1 & 0 \\ 0 & 0 & 7 \end{pmatrix}\begin{pmatrix} 1 & 3 & 1 \\ 0 & 1 & 3 \\ 0 & 0 & 1 \end{pmatrix}$$

이다. 또한 A의 또 다른 LU분해

$$A = \begin{pmatrix} 2 & 6 & 2 \\ 3 & 8 & 0 \\ 4 & 9 & 2 \end{pmatrix} = \begin{pmatrix} 1 & 0 & 0 \\ \frac{3}{2} & 1 & 0 \\ 2 & 3 & 1 \end{pmatrix}\begin{pmatrix} 2 & 6 & 2 \\ 0 & -1 & -3 \\ 0 & 0 & 7 \end{pmatrix}$$

에서는 U의 주대각성분 중 1이 아닌 성분이 있으므로 U를 분해하면

$$U = \begin{pmatrix} 2 & 6 & 2 \\ 0 & -1 & -3 \\ 0 & 0 & 7 \end{pmatrix} = \begin{pmatrix} 2 & 0 & 0 \\ 0 & -1 & 0 \\ 0 & 0 & 7 \end{pmatrix}\begin{pmatrix} 1 & 3 & 1 \\ 0 & 1 & 3 \\ 0 & 0 & 1 \end{pmatrix}$$

이고, 이로부터 다음과 같이 동일한 결과를 얻는다.

$$A=\begin{pmatrix}2&6&2\\3&8&0\\4&9&2\end{pmatrix}=\begin{pmatrix}1&0&0\\\frac{3}{2}&1&0\\2&3&1\end{pmatrix}\begin{pmatrix}2&6&2\\0&-1&-3\\0&0&7\end{pmatrix}=\begin{pmatrix}1&0&0\\\frac{3}{2}&1&0\\2&3&1\end{pmatrix}\begin{pmatrix}2&0&0\\0&-1&0\\0&0&7\end{pmatrix}\begin{pmatrix}1&3&1\\0&1&3\\0&0&1\end{pmatrix}$$

정리하면, 임의의 정방행렬 A에 대하여 주대각성분이 모두 1인 하삼각행렬 L과 상삼각행렬 U, 그리고 대각행렬 D로 항상 분해할 수 있으며, 그 분해 $A=LDU$는 유일하다. 이를 A의 LDU **분해**(LDU factorization)라고 한다.

예제 2.4.2 행렬 $A=\begin{pmatrix}2&1&1\\4&1&0\\-2&2&1\end{pmatrix}$를 LDU 분해하여라.

풀이 $A=\begin{pmatrix}2&1&1\\4&1&0\\-2&2&1\end{pmatrix}\xrightarrow[R_1+R_3]{(-2)R_1+R_2}\begin{pmatrix}2&1&1\\0&-1&-2\\0&3&2\end{pmatrix}=E_2E_1A,\ E_1=\begin{pmatrix}1&0&0\\-2&1&0\\0&0&1\end{pmatrix},\ E_2=\begin{pmatrix}1&0&0\\0&1&0\\1&0&1\end{pmatrix}$

$$\xrightarrow{3R_2+R_3}\begin{pmatrix}2&1&1\\0&-1&-2\\0&0&-4\end{pmatrix}=E_3E_2E_1A,\ E_3=\begin{pmatrix}1&0&0\\0&1&0\\0&3&1\end{pmatrix}$$

이고,

$$\begin{pmatrix}2&1&1\\0&-1&-2\\0&0&-4\end{pmatrix}=\begin{pmatrix}2&0&0\\0&-1&0\\0&0&-4\end{pmatrix}\begin{pmatrix}1&\frac{1}{2}&\frac{1}{2}\\0&1&2\\0&0&1\end{pmatrix}=DU$$

이므로

$$E_3E_2E_1A=DU$$

이다. 그리고

$$L=(E_3E_2E_1)^{-1}=E_1^{-1}E_2^{-1}E_3^{-1}$$

$$=\begin{pmatrix}1&0&0\\2&1&0\\0&0&1\end{pmatrix}\begin{pmatrix}1&0&0\\0&1&0\\-1&0&1\end{pmatrix}\begin{pmatrix}1&0&0\\0&1&0\\0&-3&1\end{pmatrix}=\begin{pmatrix}1&0&0\\2&1&0\\-1&-3&1\end{pmatrix}$$

이므로 A의 LUD 분해는 다음과 같다.

$$A=(E_3E_2E_1)^{-1}DU=LDU=\begin{pmatrix}1&0&0\\2&1&0\\-1&-3&1\end{pmatrix}\begin{pmatrix}2&0&0\\0&-1&0\\0&0&-4\end{pmatrix}\begin{pmatrix}1&\frac{1}{2}&\frac{1}{2}\\0&1&2\\0&0&1\end{pmatrix}$$

■

$E_kE_{k-1}\cdots E_2E_1A = U$에서 기본행렬 E_i 중에 치환행렬이 있는 경우에는 바로 LU분해 또는 LDU분해를 할 수 없다. 그렇지만 적당한 치환행렬을 곱하여 분해할 수 있다. 즉, $PA = LDU$로 나타낼 수 있는 치환행렬 P가 유일하게 존재한다. 즉, 행렬 A를 사다리꼴 행렬로 만드는 기본행렬들 중 제1형의 기본행렬이 있는 경우, 제1형의 기본행렬들의 곱을 P라 하면 P는 치환행렬이 된다. P를 먼저 A에 곱한 행렬 PA는 제1형이 아닌 기본행렬들의 곱을 왼쪽에 곱해주는 것만으로 사다리꼴 행렬로 만들 수 있으므로 LDU분해를 구할 수 있다. 이를 우리는 A의 LDU분해라고 부르기로 하자. 다음 예제를 통하여 살펴보자.

예제 2.4.3 행렬 $A = \begin{pmatrix} 1 & 3 & 2 \\ -2 & -6 & 1 \\ 2 & 5 & 7 \end{pmatrix}$를 LDU분해하여라.

풀이 $A = \begin{pmatrix} 1 & 3 & 2 \\ -2 & -6 & 1 \\ 2 & 5 & 7 \end{pmatrix} \xrightarrow[(-2)R_1 + R_3]{2R_1 + R_2} \begin{pmatrix} 1 & 3 & 2 \\ 0 & 0 & 5 \\ 0 & -1 & 3 \end{pmatrix}$이므로 2행과 3행을 교환하면 U를 구할 수 있다. 따라서 치환행렬 $P = \begin{pmatrix} 1 & 0 & 0 \\ 0 & 0 & 1 \\ 0 & 1 & 0 \end{pmatrix}$를 A의 왼쪽에 곱하면,

$$PA = \begin{pmatrix} 1 & 3 & 2 \\ 2 & 5 & 7 \\ -2 & -6 & 1 \end{pmatrix} \xrightarrow[2R_1 + R_3]{(-2)R_1 + R_2} \begin{pmatrix} 1 & 3 & 2 \\ 0 & -1 & 3 \\ 0 & 0 & 5 \end{pmatrix} = E_2E_1(PA),$$

$$E_1 = \begin{pmatrix} 1 & 0 & 0 \\ 0 & 1 & 0 \\ 2 & 0 & 1 \end{pmatrix}, \ E_2 = \begin{pmatrix} 1 & 0 & 0 \\ -2 & 1 & 0 \\ 0 & 0 & 1 \end{pmatrix}$$

이고

$$\begin{pmatrix} 1 & 3 & 2 \\ 0 & -1 & 3 \\ 0 & 0 & 5 \end{pmatrix} = \begin{pmatrix} 1 & 0 & 0 \\ 0 & -1 & 0 \\ 0 & 0 & 5 \end{pmatrix} \begin{pmatrix} 1 & 3 & 2 \\ 0 & & -3 \\ 0 & 0 & 1 \end{pmatrix} = DU$$

이므로

$$E_2E_1PA = DU$$

이다. 그리고

$$L = (E_2E_1)^{-1} = E_1^{-1}E_2^{-1} = \begin{pmatrix} 1 & 0 & 0 \\ 0 & 1 & 0 \\ -2 & 0 & 1 \end{pmatrix} \begin{pmatrix} 1 & 0 & 0 \\ 2 & 1 & 0 \\ 0 & 0 & 1 \end{pmatrix} = \begin{pmatrix} 1 & 0 & 0 \\ 2 & 1 & 0 \\ -2 & 0 & 1 \end{pmatrix}$$

이므로 A의 LDU분해는 다음과 같다.

$$PA=(E_2E_1)^{-1}DU=LDU=\begin{pmatrix}1&0&0\\2&1&0\\-2&0&1\end{pmatrix}\begin{pmatrix}1&0&0\\0&-1&0\\0&0&5\end{pmatrix}\begin{pmatrix}1&3&2\\0&1&-3\\0&0&1\end{pmatrix}$$ ■

행렬 A가 대칭행렬이고 치환행렬 없이 $A=LDU$로 분해되었다면

$$LDU=A=A^T=(LDU)^T=U^TD^TL^T=U^TDL^T$$

가 되므로, LDU 분해의 유일성에 의하여 $L=U^T$이고 따라서 $A=LDL^T$이다. 예를 들어 대칭행렬 $\begin{pmatrix}1&3\\3&1\end{pmatrix}$의 LDU 분해를 구해보면 다음과 같다.

$$\begin{pmatrix}1&3\\3&1\end{pmatrix}=\begin{pmatrix}1&0\\3&1\end{pmatrix}\begin{pmatrix}1&0\\0&-8\end{pmatrix}\begin{pmatrix}1&3\\0&1\end{pmatrix}$$

예제 2.4.4 대칭행렬 $A=\begin{pmatrix}1&2&3\\2&6&8\\3&8&10\end{pmatrix}$를 LDU 분해하여라.

풀이 $A=\begin{pmatrix}1&2&3\\2&6&8\\3&8&10\end{pmatrix}\xrightarrow[(-3)R_1+R_3]{(-2)R_1+R_2}\begin{pmatrix}1&2&3\\0&2&2\\0&2&1\end{pmatrix}=E_2E_1A,\ E_1=\begin{pmatrix}1&0&0\\-2&1&0\\0&0&1\end{pmatrix},\ E_2=\begin{pmatrix}1&0&0\\0&1&0\\-3&0&1\end{pmatrix}$

$$\xrightarrow{(-1)R_2+R_3}\begin{pmatrix}1&2&3\\0&2&2\\0&0&-1\end{pmatrix}=E_3E_2E_1A,\ E_3=\begin{pmatrix}1&0&0\\0&1&0\\0&-1&1\end{pmatrix}$$

이고

$$L=(E_3E_2E_1)^{-1}=E_1^{-1}E_2^{-1}E_3^{-1}=\begin{pmatrix}1&0&0\\2&1&0\\0&0&1\end{pmatrix}\begin{pmatrix}1&0&0\\0&1&0\\3&0&1\end{pmatrix}\begin{pmatrix}1&0&0\\0&1&0\\0&1&1\end{pmatrix}=\begin{pmatrix}1&0&0\\2&1&0\\3&1&1\end{pmatrix}$$

이므로 A의 LDU 분해는 다음과 같다.

$$A=LDL^{-1}=\begin{pmatrix}1&0&0\\2&1&0\\3&1&1\end{pmatrix}\begin{pmatrix}1&0&0\\0&2&0\\0&0&-1\end{pmatrix}\begin{pmatrix}1&2&3\\0&1&1\\0&0&1\end{pmatrix}$$ ■

연습문제 2.4

01. 다음 행렬을 LU 분해하여라.

(1) $\begin{pmatrix} 2 & 1 \\ 10 & -2 \end{pmatrix}$ (2) $\begin{pmatrix} 3 & -6 \\ -2 & 5 \end{pmatrix}$ (3) $\begin{pmatrix} 2 & 1 \\ 8 & 7 \end{pmatrix}$ (4) $\begin{pmatrix} 2 & 6 & 2 \\ -3 & -8 & 0 \\ 4 & 9 & 2 \end{pmatrix}$

(5) $\begin{pmatrix} 1 & -1 & 0 \\ -1 & 2 & -1 \\ 0 & -1 & 2 \end{pmatrix}$ (6) $\begin{pmatrix} 6 & -2 & 0 \\ 9 & -1 & 1 \\ 3 & 7 & 5 \end{pmatrix}$ (7) $\begin{pmatrix} 1 & 2 & -2 & 3 \\ 3 & 5 & -5 & 7 \\ 2 & 1 & 0 & 2 \\ -1 & 3 & 3 & 2 \end{pmatrix}$

02. 다음 연립방정식을 계수행렬을 LU 분해하고, 이를 이용하여 해를 구하여라.

(1) $\begin{cases} 2x+8y=-2 \\ -x-y=-2 \end{cases}$ (2) $\begin{cases} -x-3y-4z=-6 \\ 3x+10y-10z=-3 \\ -2x-4y+11z=9 \end{cases}$ (3) $\begin{cases} x+3y+z=1 \\ -3x-8y=2 \\ 4x+9y+2z=3 \end{cases}$

03. 다음 행렬을 LDU 분해하여라.

(1) $\begin{pmatrix} a & b \\ c & d \end{pmatrix}$, $a \neq 0$ (2) $\begin{pmatrix} 2 & -1 & 0 \\ -1 & 2 & -1 \\ 0 & -1 & 2 \end{pmatrix}$ (3) $\begin{pmatrix} 1 & 1 & 1 \\ 1 & 4 & 5 \\ 1 & 4 & 7 \end{pmatrix}$ (4) $\begin{pmatrix} 1 & 4 & 5 \\ 4 & 18 & 26 \\ 3 & 16 & 30 \end{pmatrix}$

04. 다음 행렬에서 $PA=LDU$가 되는 치환행렬 P를 구하여라.

(1) $A=\begin{pmatrix} 1 & 2 & 3 \\ 2 & 4 & 2 \\ 1 & 1 & 1 \end{pmatrix}$ (2) $A=\begin{pmatrix} 0 & 1 & 2 \\ 0 & 1 & 0 \\ 1 & 0 & 0 \end{pmatrix}$ (3) $A=\begin{pmatrix} 0 & 1 & 1 \\ -1 & 0 & -3 \\ 2 & -4 & 0 \end{pmatrix}$

CHAPTER

3

행렬식

3.1 행렬식의 정의

임의의 정방행렬 A에 대하여 스칼라 값이 하나씩 대응된다. 그 값은 행렬의 여러 중요한 성질을 판별하는 기준 중의 하나로 A의 **행렬식**(determinant)이라 불리며, $|A|$ 또는 $\det A$로 표시된다. 행렬식이 어떻게 정의되는지 살펴보자.

(1) 1,2,3차 행렬의 행렬식

정의 3.1 1차 행렬식의 정의

1차 정방행렬 $A=(a)$의 행렬식은 다음과 같이 정의된다.

$$\det A=\det(a)=a$$

정의 3.2 2차 행렬식의 정의[7]

2차 정방행렬 $A=\begin{pmatrix} a_{11} & a_{12} \\ a_{21} & a_{22} \end{pmatrix}$의 행렬식은 다음과 같이 정의된다.

$$\det A=\det\begin{pmatrix} a_{11} & a_{12} \\ a_{21} & a_{22} \end{pmatrix}=\begin{vmatrix} a_{11} & a_{12} \\ a_{21} & a_{22} \end{vmatrix}=a_{11}a_{22}-a_{12}a_{21}$$

예제 3.1.1 다음 2차 정방행렬의 행렬식을 구하여라.

(1) $\begin{pmatrix} 2 & 3 \\ 4 & 5 \end{pmatrix}$ (2) $\begin{pmatrix} 2 & -1 \\ 5 & 0 \end{pmatrix}$

풀이 (1) $\begin{vmatrix} 2 & 3 \\ 4 & 5 \end{vmatrix}=2\times 5-3\times 4=10-12=-2$

(2) $\begin{vmatrix} 2 & -1 \\ 5 & 0 \end{vmatrix}=2\times 0-5\times(-1)=0+5=5$ ■

7. 2차 정방행렬 A에 대하여 $\det A$는 정리 2.2에서 정의한 $|A|$와 일치한다.

정의 3.3 3차 행렬식의 정의[8]

3차 정방행렬 $A = \begin{pmatrix} a_{11} & a_{12} & a_{13} \\ a_{21} & a_{22} & a_{23} \\ a_{31} & a_{32} & a_{33} \end{pmatrix}$ 의 행렬식은 다음과 같이 정의된다.

$$\det A = \begin{vmatrix} a_{11} & a_{12} & a_{13} \\ a_{21} & a_{22} & a_{23} \\ a_{31} & a_{32} & a_{33} \end{vmatrix} = \begin{aligned} & a_{11}a_{22}a_{33} + a_{12}a_{23}a_{31} + a_{13}a_{32}a_{21} \\ & - a_{13}a_{22}a_{31} - a_{23}a_{32}a_{11} - a_{33}a_{21}a_{12} \end{aligned}$$

2차와 3차 정방행렬의 행렬식은 [그림 3.1]과 같이 화살표 방향으로 곱하여 오른쪽 방향의 화살표의 곱에는 +, 왼쪽 방향의 화살표의 곱에는 − 부호를 주어서 합한 것이 된다. 다만 3차의 경우에는 행렬의 제3열의 오른쪽에 제1열과 제2열을 나란히 붙여 놓은 다음 화살표를 긋는다. 이러한 계산법을 **사루스 법칙**(Sarrus's law)이라고 한다.

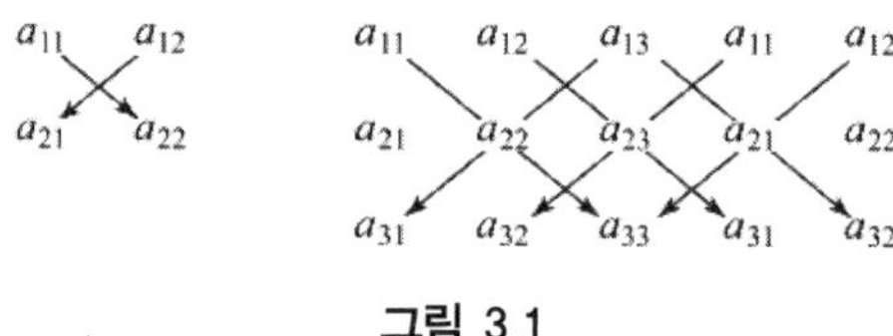

그림 3.1

예제 3.1.2 다음 3차 행렬식의 값을 구하여라.

(1) $\begin{vmatrix} 1 & 0 & 2 \\ -1 & 1 & 1 \\ 1 & 2 & 2 \end{vmatrix}$ (2) $\begin{vmatrix} 1 & 2 & 3 \\ 4 & 5 & 6 \\ 7 & 8 & 9 \end{vmatrix}$

풀이 (1) $\begin{vmatrix} 1 & 0 & 2 \\ -1 & 1 & 1 \\ 1 & 2 & 2 \end{vmatrix} = 1\times1\times2 + 0\times1\times1 + 2\times(-1)\times2 - 2\times1\times1 - 1\times2\times1$

$-2\times(-1)\times0 = -6$

8. 정방행렬 A의 행렬식은 $\det A$와 $|A|$로 표현된다. 그런데 A가 1차 정방행렬인 경우에는 $|A|$가 혼동을 일으키므로 $\det A$를 사용하기로 하자. 예를 들어, 1차 정방행렬 $A=(-3)$의 행렬식은 -3이다. 즉, $|A| = |-3| = -3$이다. 그렇지만 $|-3|$은 실수 -3의 절대값의 의미로도 사용되며 이때는 $|-3| = 3$이다.

(2) $\begin{vmatrix} 1 & 2 & 3 \\ 4 & 5 & 6 \\ 7 & 8 & 9 \end{vmatrix} = 1\times5\times9+2\times6\times7+3\times4\times8-3\times5\times7-6\times8\times1-9\times4\times2$

$= 0$ ■

(2) n차 행렬식의 정의

n차 정방행렬 $A = \begin{pmatrix} a_{11} & a_{12} & a_{13} & \cdots & a_{1n} \\ a_{21} & a_{22} & a_{23} & \cdots & a_{2n} \\ a_{31} & a_{32} & a_{33} & \cdots & a_{3n} \\ \vdots & \vdots & \vdots & & \vdots \\ a_{m1} & a_{m2} & a_{m3} & \cdots & a_{mn} \end{pmatrix}$의 행렬식을 정의하기 위하여 먼저 소행렬식과 여인수를 정의한다.

정의 3.4 소행렬식의 정의

n차 정방행렬 $A = (a_{ij})$에 대하여 A의 i행과 j열을 제외하고 얻는 $(n-1)$차 행렬식을 M_{ij}로 나타내고, 이것을 A의 **소행렬식**(minor determinant)이라 한다.

예제 3.1.3 $A = \begin{pmatrix} 1 & 2 & 3 \\ 4 & 5 & 6 \\ 7 & 8 & 9 \end{pmatrix}$에서 소행렬식 M_{12}, M_{23}, M_{33}를 구하여라.

풀이 $M_{12} = \begin{vmatrix} 4 & 6 \\ 7 & 9 \end{vmatrix} = -6$, $M_{23} = \begin{vmatrix} 1 & 2 \\ 7 & 8 \end{vmatrix} = -6$, $M_{33} = \begin{vmatrix} 1 & 2 \\ 4 & 5 \end{vmatrix} = -3$ ■

이제 앞에서 언급한 3차 정방행렬 $A = \begin{pmatrix} a_{11} & a_{12} & a_{13} \\ a_{21} & a_{22} & a_{23} \\ a_{31} & a_{32} & a_{33} \end{pmatrix}$의 행렬식 값은 소행렬식을 이용하여 다음과 같이 나타낼 수 있다.

$$\det A = \begin{vmatrix} a_{11} & a_{12} & a_{13} \\ a_{21} & a_{22} & a_{23} \\ a_{31} & a_{32} & a_{33} \end{vmatrix} = a_{11}a_{22}a_{33} + a_{12}a_{23}a_{31} + a_{13}a_{32}a_{21} - a_{13}a_{22}a_{31} - a_{23}a_{32}a_{11} - a_{33}a_{21}a_{12}$$

$$= a_{11}(a_{22}a_{33} - a_{23}a_{32}) - a_{12}(a_{21}a_{33} - a_{23}a_{31}) + a_{13}(a_{32}a_{21} - a_{22}a_{31})$$

$$= a_{11}M_{11} - a_{12}M_{12} + a_{13}M_{13}$$

정의 3.5 여인수의 정의

n차 정방행렬 $A=(a_{ij})$에 대하여 A_{ij}는 다음과 같이 정의되고, A의 (i,j)**-여인수**(cofactor)라 한다.

$$A_{ij}=(-1)^{i+j}M_{ij}$$

예제 3.1.4 $A=\begin{pmatrix}1&2&3\\4&5&6\\7&8&9\end{pmatrix}$에서 A_{11}, A_{23}를 구하여라.

풀이 여인수의 정의에 따라 다음과 같이 계산된다.

$$A_{11}=(-1)^{1+1}M_{11}=\begin{vmatrix}5&6\\8&9\end{vmatrix}=-3$$

$$A_{23}=(-1)^{2+3}M_{23}=\begin{vmatrix}1&2\\7&8\end{vmatrix}=(-1)(-6)=6$$

■

여인수를 이용하면 3차 정방행렬의 행렬식은 다음과 같이 다시 표현된다.

$$\det A=\begin{vmatrix}a_{11}&a_{12}&a_{13}\\a_{21}&a_{22}&a_{23}\\a_{31}&a_{32}&a_{33}\end{vmatrix}=a_{11}M_{11}-a_{12}M_{12}+a_{13}M_{13}$$

$$=a_{11}A_{11}+a_{12}A_{12}+a_{13}A_{13}$$

이 식을 3차 행렬식 $\det A$의 **1행에 대한 여인수 전개**(cofactor expansion)라 부른다. 이와 같은 방법으로 행렬식 $\det A$을 3개의 행과 3개의 열에 대한 여인수 전개식으로 유도해낼 수 있다. 즉 6가지 방법이 존재한다.

$$\det A=\begin{vmatrix}a_{11}&a_{12}&a_{13}\\a_{21}&a_{22}&a_{23}\\a_{31}&a_{32}&a_{33}\end{vmatrix}=a_{11}A_{11}+a_{12}A_{12}+a_{13}A_{13} \quad \text{(1행에 대한 여인수 전개)}$$

$$=a_{21}A_{21}+a_{22}A_{22}+a_{23}A_{23} \quad \text{(2행에 대한 여인수 전개)}$$

$$=a_{31}A_{31}+a_{32}A_{32}+a_{33}A_{33} \quad \text{(3행에 대한 여인수 전개)}$$

$$=a_{11}A_{11}+a_{21}A_{21}+a_{31}A_{31} \quad \text{(1열에 대한 여인수 전개)}$$

$$=a_{12}A_{12}+a_{22}A_{22}+a_{32}A_{32} \quad \text{(2열에 대한 여인수 전개)}$$

$$=a_{13}A_{13}+a_{23}A_{23}+a_{33}A_{33} \quad \text{(3열에 대한 여인수 전개)}$$

예제 3.1.5 $A=\begin{pmatrix}1&2&1\\0&3&0\\1&1&2\end{pmatrix}$의 행렬식을 다음 방법으로 구하여라.

(1) 1행에 대한 여인수 전개　　(2) 2행에 대한 여인수 전개

(3) 1열에 대한 여인수 전개

풀이 (1) 1행에 대한 여인수 전개를 하면 다음과 같다.

$$\det A = 1A_{11}+2A_{12}+1A_{13} = (-1)^{1+1}\begin{vmatrix}3&0\\1&2\end{vmatrix}+2(-1)^{1+2}\begin{vmatrix}0&0\\1&2\end{vmatrix}+(-1)^{1+3}\begin{vmatrix}0&3\\1&1\end{vmatrix}$$
$$=(6-0)-2(0-0)+(0-3)=3$$

(2) 2행에 대한 여인수 전개를 하면 다음과 같다.

$$\det A = 0A_{21}+3A_{22}+0A_{23} = 0+3(-1)^{2+2}\begin{vmatrix}1&1\\1&2\end{vmatrix}+0=3(2-1)=3$$

(3) 1열에 대한 여인수 전개를 하면 다음과 같다.

$$\det A = 1A_{11}+0A_{21}+2A_{31} = (-1)^{1+1}\begin{vmatrix}3&0\\1&2\end{vmatrix}+0+(-1)^{3+1}\begin{vmatrix}2&1\\3&0\end{vmatrix}$$
$$=(6-0)+0+(0-3)=3$$

■

여인수 전개를 이용하여 행렬식의 값을 계산할 때, 어느 행이나 어느 열로 전개하든지 그 값은 같다. 그러나 [예제 3.1.5]에서 보듯이 0이 많이 들어 있는 행이나 열로 전개하는 경우에 계산이 가장 쉽게 된다. 이는 앞으로 3차 이상의 행렬식의 값을 구하는 데 있어서도 마찬가지로 유용한 방법이 될 것이며, 다음 절에서 다룰 행렬식의 성질을 이용하면 인위적으로 행렬식의 행이나 열의 성분들 중 일부를 0으로 만든 후 행렬식을 구할 수 있다.

예제 3.1.6 다음 행렬의 행렬식을 구하여라.

(1) $A=\begin{pmatrix}1&2&-1\\-1&2&4\\3&0&0\end{pmatrix}$　　(2) $B=\begin{pmatrix}1&2&1\\2&0&3\\1&0&2\end{pmatrix}$

풀이 (1) 3행에 0이 많으므로 3행에 대한 여인수 전개를 하면 다음과 같다.

$$\det A = 3A_{31}+0A_{32}+0A_{33} = 3(-1)^{3+1}\begin{vmatrix}2&-1\\2&4\end{vmatrix}+0+0=3(8+2)=30$$

(2) 2열에 0이 많으므로 2열에 대한 여인수 전개를 하면 다음과 같다.

$$\det B = 2A_{12} + 0A_{22} + 0A_{32} = 2(-1)^{1+2}\begin{vmatrix} 2 & 3 \\ 1 & 2 \end{vmatrix} + 0 + 0 = -2(4-3) = -2 \quad \blacksquare$$

일반적으로 n차 정방행렬 $A = \begin{pmatrix} a_{11} & a_{12} & a_{13} & \cdots & a_{1n} \\ a_{21} & a_{22} & a_{23} & \cdots & a_{2n} \\ a_{31} & a_{32} & a_{33} & \cdots & a_{3n} \\ \vdots & \vdots & \vdots & & \vdots \\ a_{m1} & a_{m2} & a_{m3} & \cdots & a_{mn} \end{pmatrix}$에 대하여 여인수 전개를 이용한

행렬식의 값 $\det(A) = \begin{vmatrix} a_{11} & a_{12} & a_{13} & \cdots & a_{1n} \\ a_{21} & a_{22} & a_{23} & \cdots & a_{2n} \\ a_{31} & a_{32} & a_{33} & \cdots & a_{3n} \\ \vdots & \vdots & \vdots & & \vdots \\ a_{n1} & a_{n2} & a_{n3} & \cdots & a_{nn} \end{vmatrix}$는 다음과 같이 정의된다.

정의 3.6 n차 행렬식의 값

n차 정방행렬 $A = (a_{ij})$에 대하여 A_{ij}는 1행에 대한 여인수 전개로 다음과 같이 정의된다.

$$\det A = a_{11}A_{11} + a_{12}A_{12} + \cdots + a_{1n}A_{1n} = \sum_{k=1}^{n} a_{1k}A_{1k}$$

n차 정방행렬에 대해서도 다음이 성립한다.

정리 3.1

n차 정방행렬 $A = (a_{ij})$에 대하여 다음이 성립한다.

(1) $\det A = a_{i1}A_{i1} + a_{i2}A_{i2} + \cdots + a_{in}A_{in} = \sum_{k=1}^{n} a_{ik}A_{ik}$, $1 \le i \le n$ (i행에 대한 여인수 전개)

(2) $\det A = a_{1j}A_{1j} + a_{2j}A_{2j} + \cdots + a_{nj}A_{nj} = \sum_{k=1}^{n} a_{jk}A_{jk}$, $1 \le j \le n$ (j열에 대한 여인수 전개)

이 정리를 보면 실제적인 행렬의 계산에 있어서는, 계산해야 할 항의 수를 줄이기 위해서, 될 수 있는 대로 0을 많이 포함하고 있는 행 또는 열을 선택하는 것이 유리하다는 것을 알

수 있다. 한편 (i,j)-여인수는 $A_{ij}=(-1)^{i+j}M_{ij}$로 정의하였으므로 행렬 A의 어느 행 또는 어느 열에 대해서 여인수 전개를 하여도 +부호와 −부호는 교대로 나타나게 된다. 이 부호를 정하는 규칙은 다음과 같은 배열로 요약된다.

$$\begin{pmatrix} + & - & + & - & \cdots \\ - & + & - & + & \cdots \\ + & - & + & - & \cdots \\ \vdots & \vdots & & & \end{pmatrix}$$

예제 3.1.7 다음 행렬의 행렬식을 구하여라.

(1) $A=\begin{pmatrix} 0 & 2 & -1 & 1 \\ -1 & 2 & 4 & 1 \\ 3 & 0 & 0 & 2 \\ 1 & 1 & 2 & 0 \end{pmatrix}$　　(2) $B=\begin{pmatrix} 1 & -2 & 5 & 1 \\ 0 & 2 & 4 & 0 \\ 0 & 1 & 0 & 1 \\ 0 & 1 & 2 & 0 \end{pmatrix}$

풀이 (1) 3행에 0이 많으므로 3행에 대한 여인수 전개를 하면 다음과 같다.

$$\begin{aligned} \det A &= 3A_{31}+0A_{32}+0A_{33}+2A_{34} \\ &= 3(-1)^{3+1}\begin{vmatrix} 2 & -1 & 1 \\ 2 & 4 & 1 \\ 1 & 2 & 0 \end{vmatrix}+0+0-2\begin{vmatrix} 0 & 2 & -1 \\ -1 & 2 & 4 \\ 1 & 1 & 2 \end{vmatrix} \\ &= 3(-5)-2(15)=-45 \end{aligned}$$

(2) 1열에 대한 여인수 전개를 하면 다음과 같다.

$$\det B=1A_{11}+0A_{21}+0A_{31}+0A_{41}=\begin{vmatrix} 2 & 4 & 0 \\ 1 & 0 & 1 \\ 1 & 2 & 0 \end{vmatrix}+0+0=0$$

■

예제 3.1.8 다음 삼각행렬 A와 대각행렬 D의 행렬식을 구하여라.

(1) $A=\begin{pmatrix} 2 & 0 & 0 & 0 \\ 1 & 3 & 0 & 0 \\ 4 & 5 & 4 & 0 \\ 5 & 6 & 7 & 5 \end{pmatrix}$　　(2) $D=\begin{pmatrix} 2 & 0 & 0 & 0 \\ 0 & 3 & 0 & 0 \\ 0 & 0 & 4 & 0 \\ 0 & 0 & 0 & 5 \end{pmatrix}$

풀이 (1) 1행에 대한 여인수 전개를 하면 다음과 같다.

$$\begin{aligned} \det A &= 2A_{11}+0A_{12}+0A_{13}+0A_{14}=2\begin{vmatrix} 3 & 0 & 0 \\ 5 & 4 & 0 \\ 6 & 7 & 5 \end{vmatrix}+0+0+0 \\ &= 2\left(3\begin{vmatrix} 4 & 0 \\ 7 & 5 \end{vmatrix}+0\right)=2\times 3\times 4\times 5=120 \end{aligned}$$

(2) (1)에서처럼 계속 1행에 대해서 여인수 전개를 하면 D의 행렬식은 다음과 같이 주대각성분의 곱이 된다.

$$\det D = 2A_{11} + 0A_{12} + 0A_{13} + 0A_{14} = 2\begin{vmatrix} 3 & 0 & 0 \\ 0 & 4 & 0 \\ 0 & 0 & 5 \end{vmatrix} + 0 + 0 + 0$$

$$= 2\left(3\begin{vmatrix} 4 & 0 \\ 0 & 5 \end{vmatrix} + 0\right) = 2 \times 3 \times 4 \times 5 = 120$$ ■

[예제 3.1.8]에서 보듯이, 일반적으로 다음이 성립한다.

정리 3.2 삼각행렬의 행렬식

n차 정방행렬 $A = (a_{ij})$가 삼각행렬이면, $\det A$는 주대각성분을 모두 곱한 값이다. 즉, 다음이 성립한다.

$$\det A = a_{11}a_{22} \cdots a_{nn} = \prod_{k=1}^{n} a_{kk}$$

연습문제 3.1

01. 다음 2차 행렬식을 구하여라.

(1) $\begin{vmatrix} 1 & -1 \\ 3 & 5 \end{vmatrix}$ (2) $\begin{vmatrix} 3 & -2 \\ -2 & 5 \end{vmatrix}$ (3) $\begin{vmatrix} 4 & 1 \\ 2 & 3 \end{vmatrix}$ (4) $\begin{vmatrix} 5 & -1 \\ 2 & 0 \end{vmatrix}$

02. 다음 3차 행렬식을 구하여라.

(1) $\begin{vmatrix} 2 & 0 & 1 \\ 1 & 3 & -1 \\ 3 & 0 & 5 \end{vmatrix}$ (2) $\begin{vmatrix} 2 & 1 & 2 \\ 4 & 3 & 5 \\ 2 & 1 & 1 \end{vmatrix}$ (3) $\begin{vmatrix} 3 & 0 & 0 \\ 1 & 1 & 2 \\ 0 & 1 & 1 \end{vmatrix}$ (4) $\begin{vmatrix} 1 & 3 & 4 \\ 1 & 2 & 3 \\ 2 & 4 & 6 \end{vmatrix}$

03. $\begin{vmatrix} 2a & 1 \\ 4 & a \end{vmatrix} = 4$를 만족하는 a의 값을 구하여라.

04. 행렬 $A = \begin{pmatrix} 1 & 3 \\ -2 & 4 \end{pmatrix}$에 대하여 다음을 구하여라.

(1) $\det A$ (2) $\det(A^{-1})$

05. $A = \begin{pmatrix} 2 & 1 \\ 0 & 1 \\ 1 & 1 \end{pmatrix}$, $B = \begin{pmatrix} 1 & 1 & 2 \\ -1 & 0 & -1 \end{pmatrix}$에 대하여 다음을 구하여라.

(1) $\det(AB)$ (2) $\det(BA)$

06. $A = \begin{pmatrix} 2 & 0 \\ -1 & 1 \end{pmatrix}$, $B = \begin{pmatrix} 1 & 3 \\ 2 & 4 \end{pmatrix}$에 대하여 다음을 구하여라.

(1) AB, $\det(AB)$ (2) BA, $\det(BA)$ (3) $(\det A)(\det B)$

07. 다음 행렬식 $\begin{vmatrix} -2 & 5 & 0 \\ 3 & 1 & 2 \\ 4 & 2 & 0 \end{vmatrix}$을 각 문제에서 주어진 방법으로 구하여라.

(1) 1행에 대한 여인수 전개
(2) 3행에 대한 여인수 전개
(3) 3열에 대한 여인수 전개

08. 다음 행렬식을 여인수 전개를 이용하여 구하여라.

(1) $\begin{vmatrix} 2 & 4 & 0 \\ 1 & 0 & 1 \\ 1 & 2 & 0 \end{vmatrix}$ (2) $\begin{vmatrix} 1 & 0 & 1 \\ 2 & 0 & 1 \\ 1 & 2 & 3 \end{vmatrix}$ (3) $\begin{vmatrix} -1 & 3 & 1 \\ 0 & 0 & 1 \\ 2 & 1 & 0 \end{vmatrix}$

(4) $\begin{vmatrix} 2 & 1 & 3 \\ 4 & 2 & 6 \\ -1 & -2 & 1 \end{vmatrix}$ (5) $\begin{vmatrix} -2 & 5 & 1 \\ 2 & 1 & 0 \\ 4 & 1 & 0 \end{vmatrix}$ (6) $\begin{vmatrix} 3 & 4 & 0 \\ 1 & 2 & 0 \\ 1 & -1 & 0 \end{vmatrix}$

09. 다음 행렬식의 값을 구하여라.

(1) $\begin{vmatrix} 1 & 0 & -1 & 0 \\ -1 & 2 & 2 & 1 \\ 3 & 1 & 0 & 2 \\ 1 & 1 & 2 & 0 \end{vmatrix}$ (2) $\begin{vmatrix} 1 & 2 & -1 & 1 \\ -1 & 0 & 0 & 1 \\ 3 & 2 & 1 & 2 \\ 0 & 0 & 0 & 2 \end{vmatrix}$ (3) $\begin{vmatrix} 1 & 1 & 3 & 4 \\ 0 & 2 & 0 & 1 \\ 0 & 0 & 3 & 2 \\ 0 & 0 & 0 & 4 \end{vmatrix}$ (4) $\begin{vmatrix} 3 & 1 & 3 & 4 \\ 0 & 0 & 2 & 1 \\ 0 & 0 & 0 & 2 \\ 0 & 0 & 0 & 0 \end{vmatrix}$

3.2 행렬식의 성질

4차 이상의 행렬식은 Saruss의 방법을 이용할 수 없으므로 여인수 전개를 이용하여 계산한다. 따라서 행렬의 크기가 커짐에 따라 그 계산이 매우 복잡해진다. 이 절에서는 행렬식의 여러 가지 성질들을 규명하고, 이를 이용하여 행렬식을 쉽게 계산할 수 있는 방법을 알아본다.

(1) 행렬식의 성질 1

정방행렬 A의 어느 행이나 어느 열에 대하여 여인수 전개하여도 모두 A의 행렬식을 준다. 그런데 모든 i에 대하여 A의 i행(열)과 A^T의 i열(행)이 같으므로, A의 i행에 대한 여인수 전개와 A^T의 i열에 대한 여인수 전개가 같음을 귀납법을 사용하여 보일 수 있다. 예를 들어 $\begin{vmatrix} a & b \\ c & d \end{vmatrix} = \begin{vmatrix} a & c \\ b & d \end{vmatrix}$와 $\begin{vmatrix} a & b & c \\ d & e & f \\ g & h & i \end{vmatrix} = \begin{vmatrix} a & d & g \\ b & e & h \\ c & f & i \end{vmatrix}$임을 쉽게 확인할 수 있다. 일반적으로 다음이 성립한다.

정리 3.3 행렬식의 성질 1

n차 정방행렬 A의 행렬식과 그 전치행렬 A^T의 행렬식은 같다.

예제 3.2.1 $A = \begin{pmatrix} -1 & 3 & 1 \\ 2 & 0 & 1 \\ 0 & 1 & 0 \end{pmatrix}$과 A의 전치행렬 A^T의 행렬식을 각각 구하고 그 값을 비교하여라.

풀이 $\det A = \begin{vmatrix} -1 & 3 & 1 \\ 2 & 0 & 1 \\ 0 & 1 & 0 \end{vmatrix} = 3$이고 $\det A^T = \begin{vmatrix} -1 & 2 & 0 \\ 3 & 0 & 1 \\ 1 & 1 & 0 \end{vmatrix} = 3$이므로 두 값이 같음을 확인할 수 있다. ■

(2) 행렬식의 성질 2

행렬 $A = \begin{pmatrix} a_{11} & a_{12} & a_{13} \\ a_{21} & a_{22} & a_{23} \\ a_{31} & a_{32} & a_{33} \end{pmatrix}$와 행렬 $B = \begin{pmatrix} a_{11} & a_{12} & a_{13} \\ ka_{21} & ka_{22} & ka_{23} \\ a_{31} & a_{32} & a_{33} \end{pmatrix}$의 행렬식을 비교하여 보자. A와 B의 (i,j)-여인수를 각각 A_{ij}, B_{ij}라 하면, $A_{2j} = B_{2j}$이다. 그러므로 A와 B의 행렬식을

2행에 대한 여인수 전개를 하여 구해 보면,

$$|B| = \begin{vmatrix} a_{11} & a_{12} & a_{13} \\ ka_{21} & ka_{22} & ka_{23} \\ a_{31} & a_{32} & a_{33} \end{vmatrix} = ka_{21}B_{21} + ka_{22}B_{22} + ka_{23}B_{23}$$

$$= k(a_{21}A_{21} + a_{22}A_{22} + a_{23}A_{23}) = k|A|$$

이다. 즉, 2행이 k배이고 나머지 행이 주어진 행렬과 같은 행렬은 그 행렬식도 k배임을 알 수 있다. 위 증명 과정은 4차 이상의 정방행렬에서도 동일하게 적용되므로 일반적으로 다음이 성립한다.

정리 3.4 행렬식의 성질 2

n차 정방행렬 A의 어느 한 행(열)의 각 성분에 상수 k를 곱한 행렬의 행렬식은 원래 행렬 A의 행렬식에 k를 곱한 것과 같다.

[행렬식의 성질 2]는 행렬식을 계산할 때 각 행이나 열의 공통인수를 밖으로 꺼낼 수 있음을 말해준다. 다음 2차 정방행렬의 예에서 볼 수 있듯이 1행의 모든 성분이 5의 배수이고 2행의 모든 성분이 7의 배수이므로 5와 7이 각각 행렬식 기호 밖으로 나갈 수 있다.

$$\begin{vmatrix} 15 & 25 \\ 14 & 49 \end{vmatrix} = \begin{vmatrix} 5\times 3 & 5\times 5 \\ 7\times 2 & 7\times 7 \end{vmatrix} = 5\begin{vmatrix} 3 & 5 \\ 7\times 2 & 7\times 7 \end{vmatrix} = 5\times 7\begin{vmatrix} 3 & 5 \\ 2 & 7 \end{vmatrix} = 5\times 7\times(21-10) = 385$$

[행렬식의 성질 1]과 [행렬식의 성질 2]로부터 다음 따름정리를 바로 알 수 있다.

따름정리 3.5

어느 한 행(열)의 모든 성분이 0인 행렬의 행렬식은 0이다.

(3) 행렬식의 성질 3

행렬 $A = \begin{pmatrix} a_{11} & a_{12} & a_{13} \\ a_{21} & a_{22} & a_{23} \\ a_{31} & a_{32} & a_{33} \end{pmatrix}$와 행렬 $B = \begin{pmatrix} a_{21} & a_{22} & a_{23} \\ a_{11} & a_{12} & a_{13} \\ a_{31} & a_{32} & a_{33} \end{pmatrix}$의 행렬식을 비교하여 보자. 행렬 A는 1

행에 대하여 행렬 B는 2행에 대하여 여인수 전개하여 행렬식를 구해 보자. A와 B의 (i,j)-여인수를 각각 A_{ij}, B_{ij}라 하면,

$$A_{11}=(-1)^{1+1}\begin{vmatrix} a_{22} & a_{23} \\ a_{32} & a_{33} \end{vmatrix},\quad A_{12}=(-1)^{2+1}\begin{vmatrix} a_{21} & a_{23} \\ a_{31} & a_{33} \end{vmatrix},\quad A_{13}=(-1)^{1+3}\begin{vmatrix} a_{21} & a_{22} \\ a_{31} & a_{32} \end{vmatrix}$$

$$B_{21}=(-1)^{2+1}\begin{vmatrix} a_{22} & a_{23} \\ a_{32} & a_{33} \end{vmatrix},\quad B_{22}=(-1)^{2+2}\begin{vmatrix} a_{21} & a_{23} \\ a_{31} & a_{33} \end{vmatrix},\quad B_{23}=(-1)^{2+3}\begin{vmatrix} a_{21} & a_{22} \\ a_{31} & a_{32} \end{vmatrix}$$

이므로 $A_{1j}=-B_{2j}$이다. 그러므로

$$\begin{aligned}|A| &= \begin{vmatrix} a_{11} & a_{12} & a_{13} \\ a_{21} & a_{22} & a_{23} \\ a_{31} & a_{32} & a_{33} \end{vmatrix} = a_{11}A_{11}+a_{12}A_{12}+a_{13}A_{13} \\ &= -(a_{11}B_{21}+a_{12}B_{22}+a_{13}B_{23}) = -\begin{vmatrix} a_{21} & a_{22} & a_{23} \\ a_{11} & a_{12} & a_{13} \\ a_{31} & a_{32} & a_{33} \end{vmatrix} = -|B|\end{aligned}$$

즉, 행렬 A와 B의 행렬식은 부호만 다르다. 일반적으로 다음이 성립한다.

정리 3.6 행렬식의 성질 3

n차 정방행렬 A의 두 행(열)을 바꾼 행렬의 행렬식은 원래 행렬 A의 행렬식에 -1을 곱한 것과 같다.

예제 3.2.2 $|A|=\begin{vmatrix} a & b & c \\ d & e & f \\ g & h & i \end{vmatrix}=3$일 때, 다음 값을 구하여라.

(1) $\begin{vmatrix} d & e & f \\ a & b & c \\ g & h & i \end{vmatrix}$ (2) $\begin{vmatrix} g & h & i \\ a & b & c \\ d & e & f \end{vmatrix}$ (3) $\begin{vmatrix} 3a & 3b & 3c \\ d & e & f \\ 2g & 2h & 2i \end{vmatrix}$ (4) $\begin{vmatrix} d & -e & -2f \\ a & -b & -2c \\ g & -h & -2i \end{vmatrix}$

풀이 (1) 주어진 행렬식은 행렬 A의 1행과 2행을 바꾸어 나온 행렬의 행렬식이므로,

[행렬식의 성질 3]에 의하여 $\begin{vmatrix} d & e & f \\ a & b & c \\ g & h & i \end{vmatrix}=-|A|=-3$이다.

(2) 주어진 행렬식은 행렬 A의 1행과 2행을 바꾸고 나서 다시 1행과 3행을 바꾸어 나온 행렬의 행렬식이므로, [행렬식의 성질 3]에 의하여

$$\begin{vmatrix} d & e & f \\ a & b & c \\ g & h & i \end{vmatrix} = (-1)(-1)|A| = 3$$

이다.

(3) 주어진 행렬식은 행렬 A의 1행과 3행에 각각 3과 2를 곱한 행렬의 행렬식이므로 [행렬식의 성질 2]에 의하여 $6|A| = 18$이다. 자세히 적어 보면 다음과 같다.

$$\begin{vmatrix} 3a & 3b & 3c \\ d & e & f \\ 2g & 2h & 2i \end{vmatrix} = 3\begin{vmatrix} a & b & c \\ d & e & f \\ 2g & 2h & 2i \end{vmatrix} = 2 \times 3\begin{vmatrix} a & b & c \\ d & e & f \\ g & h & i \end{vmatrix} = 6|A| = 18$$

(4) 주어진 행렬식은 행렬 A의 2열과 3열에 각각 -1과 -2를 곱한 후 1행과 2행을 교환한 행렬의 행렬식이므로 [행렬식의 성질 2]와 [행렬식의 성질 3]에 의하여 다음과 같다.

$$\begin{vmatrix} d & -e & -2f \\ a & -b & -2c \\ g & -h & -2i \end{vmatrix} = (-1)\begin{vmatrix} d & e & -2f \\ a & b & -2c \\ g & h & -2i \end{vmatrix} = (-1)(-2)\begin{vmatrix} d & e & f \\ a & b & c \\ g & h & i \end{vmatrix}$$

$$= (-1)(-2)(-1)|A| = -6$$

■

(4) 행렬식의 성질 4

2차 정방행렬 $A = \begin{pmatrix} a & b \\ c & d \end{pmatrix}$에서 만약 2행이 1행의 k배라면, 즉 $A = \begin{pmatrix} a & b \\ ka & kb \end{pmatrix}$라면 A의 행렬식은 0이 됨을 다음과 같이 바로 알 수 있다.

$$\begin{vmatrix} a & b \\ ka & kb \end{vmatrix} = a(kb) - (ka)b = k(ab - ab) = 0$$

이러한 성질은 임의의 n차 정방행렬에서도 성립한다.

정리 3.7 행렬식의 성질 4

n차 정방행렬 A의 어느 두 행(열)이 비례하면 A의 행렬식은 0이다.

증명 j행이 i행의 k배라고 가정하면 [행렬식의 성질 2]에 의하여 공통인수 k가 행렬식 밖으로 나갈 수 있으므로 아래 등식을 얻는다.

$$\det A = \begin{vmatrix} a_{11} & a_{12} & \cdots & a_{1n} \\ a_{21} & a_{22} & \cdots & a_{2n} \\ \vdots & \vdots & & \vdots \\ a_{21} & a_{22} & \cdots & a_{2n} \\ \vdots & \vdots & & \vdots \\ ka_{i1} & ka_{i2} & \cdots & ka_{in} \\ \vdots & \vdots & & \vdots \\ a_{n1} & a_{n2} & \cdots & a_{nn} \end{vmatrix} = k \begin{vmatrix} a_{11} & a_{12} & \cdots & a_{1n} \\ a_{21} & a_{22} & \cdots & a_{2n} \\ \vdots & \vdots & & \vdots \\ a_{21} & a_{22} & \cdots & a_{2n} \\ \vdots & \vdots & & \vdots \\ a_{i1} & ka_{i2} & \cdots & a_{in} \\ \vdots & \vdots & & \vdots \\ a_{n1} & a_{n2} & \cdots & a_{nn} \end{vmatrix}$$

i행과 j행이 같다.

그런데 다음 [보조정리 A]에 의하여 두 행이 같은 행렬식의 값은 0이므로, 오른쪽 식의 행렬식 값은 0이다.

보조정리 A

두 행(열)이 같은 행렬의 행렬식은 0이다.

보조정리 A의 증명

행렬 A의 i행과 j행이 같다고 하자. A의 i행과 j행을 바꾼 행렬을 A'이라 하면 $A = A'$이므로 $|A| = |A'|$이다. 그런데 [행렬식의 성질3]에 의하여 $|A| = -|A'|$이므로

$$|A| = -|A'| = -|A|$$

이다. 그러므로 $2|A| = 0$이고, 이로부터 $|A| = 0$을 얻는다.

예제 3.2.3 행렬 $A = \begin{pmatrix} 1 & 2 & 3 \\ 4 & 3 & 7 \\ 2 & 4 & 6 \end{pmatrix}$과 행렬 $B = \begin{pmatrix} -2 & 6 & 0 \\ 1 & -3 & 4 \\ 3 & -9 & 6 \end{pmatrix}$의 행렬식을 구하여라.

풀이 행렬 A의 3행은 1행의 2배이므로 [행렬식의 성질 4]에 의하여 $|A| = 0$이다. 실제로 한번 계산해 보자. 1행과 3행이 아닌 2행에 대해서 여인수전개 해보면,

$$\begin{vmatrix} 1 & 2 & 3 \\ 4 & 3 & 7 \\ 2 & 4 & 6 \end{vmatrix} = -4\begin{vmatrix} 2 & 3 \\ 4 & 6 \end{vmatrix} + 3\begin{vmatrix} 1 & 3 \\ 2 & 6 \end{vmatrix} - 7\begin{vmatrix} 1 & 2 \\ 2 & 4 \end{vmatrix} = -4 \times 0 + 3 \times 0 - 7 \times 0 = 0$$

이다. 마찬가지로 행렬 B는 1열과 2열이 서로 비례하므로 $|B| = 0$이다. ■

(5) 행렬식의 성질 5

2차 정방행렬 $A=\begin{pmatrix} a & b \\ c+e & d+f \end{pmatrix}$, $B=\begin{pmatrix} a & b \\ c & d \end{pmatrix}$, $C=\begin{pmatrix} a & b \\ e & f \end{pmatrix}$의 행렬식을 비교하여 보면 다음과 같은 관계가 있음을 알 수 있다.

$$|A|=\begin{vmatrix} a & b \\ c+e & d+f \end{vmatrix}=a(d+f)-b(c+e)=(ad-bc)+(af-be)$$
$$=\begin{vmatrix} a & b \\ c & d \end{vmatrix}+\begin{vmatrix} a & b \\ e & f \end{vmatrix}=|B|+|C|$$

이러한 성질은 임의의 n차 정방행렬에서도 성립한다.

정리 3.8 행렬식의 성질 5

n차 정방행렬 A의 어느 한 행(열)이 두 행(열)벡터의 합일 때, A의 행렬식은 그 두 행벡터로 나누어서 만들어진 각각의 행렬의 행렬식의 합과 같다. 즉, 3차 행렬을 예로 들면 다음과 같다.

$$\begin{vmatrix} a_{11} & a_{12} & a_{13} \\ a_{21}+b_{21} & a_{22}+b_{22} & a_{23}+b_{23} \\ a_{31} & a_{32} & a_{33} \end{vmatrix}=\begin{vmatrix} a_{11} & a_{12} & a_{13} \\ a_{21} & a_{22} & a_{23} \\ a_{31} & a_{32} & a_{33} \end{vmatrix}+\begin{vmatrix} a_{11} & a_{12} & a_{13} \\ b_{21} & b_{22} & b_{23} \\ a_{31} & a_{32} & a_{33} \end{vmatrix}$$

증명 편의상 3차 정방행렬에 대해서만 증명하면 다음과 같다.

$$\begin{vmatrix} a_{11} & a_{12} & a_{13} \\ a_{21}+b_{21} & a_{22}+b_{22} & a_{23}+b_{23} \\ a_{31} & a_{32} & a_{33} \end{vmatrix}$$
$$=a_{11}\begin{vmatrix} a_{22}+b_{22} & a_{23}+b_{23} \\ a_{32} & a_{33} \end{vmatrix}-a_{12}\begin{vmatrix} a_{21}+b_{21} & a_{23}+b_{23} \\ a_{31} & a_{33} \end{vmatrix}+a_{13}\begin{vmatrix} a_{21}+b_{21} & a_{22}+b_{22} \\ a_{31} & a_{32} \end{vmatrix}$$
$$=a_{11}((a_{22}+b_{22})a_{33}-a_{32}(a_{23}+b_{23}))-a_{12}((a_{21}+b_{21})a_{33}-a_{31}(a_{23}+b_{23}))$$
$$+a_{13}((a_{21}+b_{21})a_{32}-a_{31}(a_{22}+b_{22}))$$
$$=a_{11}\begin{vmatrix} a_{22} & a_{23} \\ a_{32} & a_{33} \end{vmatrix}+a_{11}\begin{vmatrix} b_{22} & b_{23} \\ a_{32} & a_{33} \end{vmatrix}-a_{12}\begin{vmatrix} a_{21} & a_{23} \\ a_{31} & a_{33} \end{vmatrix}-a_{12}\begin{vmatrix} b_{21} & b_{23} \\ a_{31} & a_{33} \end{vmatrix}+a_{13}\begin{vmatrix} a_{21} & a_{22} \\ a_{31} & a_{32} \end{vmatrix}+a_{13}\begin{vmatrix} b_{21} & b_{22} \\ a_{31} & a_{32} \end{vmatrix}$$
$$=a_{11}\begin{vmatrix} a_{22} & a_{23} \\ a_{32} & a_{33} \end{vmatrix}-a_{12}\begin{vmatrix} a_{21} & a_{23} \\ a_{31} & a_{33} \end{vmatrix}+a_{13}\begin{vmatrix} a_{21} & a_{22} \\ a_{31} & a_{32} \end{vmatrix}+a_{11}\begin{vmatrix} b_{22} & b_{23} \\ a_{32} & a_{33} \end{vmatrix}-a_{12}\begin{vmatrix} b_{21} & b_{23} \\ a_{31} & a_{33} \end{vmatrix}+a_{13}\begin{vmatrix} b_{21} & b_{22} \\ a_{31} & a_{32} \end{vmatrix}$$
$$=\begin{vmatrix} a_{11} & a_{12} & a_{13} \\ a_{21} & a_{22} & a_{23} \\ a_{31} & a_{32} & a_{33} \end{vmatrix}+\begin{vmatrix} a_{11} & a_{12} & a_{13} \\ b_{21} & b_{22} & b_{23} \\ a_{31} & a_{32} & a_{33} \end{vmatrix}$$

(6) 행렬식의 성질 6

2차 정방행렬 $A=\begin{pmatrix} a & b \\ c & d \end{pmatrix}$, $B=\begin{pmatrix} a & b \\ c+ka & d+kb \end{pmatrix}$의 행렬식을 비교하여 보면 다음과 같은 관계가 있음을 알 수 있다.

$$|B|=\begin{vmatrix} a & b \\ c+ka & d+kb \end{vmatrix}=a(d+kb)-b(c+ka)=ad-bc=\begin{vmatrix} a & b \\ c & d \end{vmatrix}=|A|$$

이러한 성질은 임의의 n차 정방행렬에서도 성립한다.

정리 3.9 행렬식의 성질 6

n차 정방행렬 A의 어느 한 행(열)에 상수 k를 곱하여 다른 행에 더해 주어도 행렬식은 변하지 않는다. 즉, 3차 행렬을 예로 들면 다음과 같다.

$$\begin{vmatrix} a_{11} & a_{12} & a_{13} \\ a_{21}+ka_{11} & a_{22}+ka_{12} & a_{13}+ka_{13} \\ a_{31} & a_{32} & a_{33} \end{vmatrix}=\begin{vmatrix} a_{11} & a_{12} & a_{13} \\ a_{21} & a_{22} & a_{23} \\ a_{31} & a_{32} & a_{33} \end{vmatrix}$$

증명 편의상 3차 정방행렬에 대해서만 증명하면 다음과 같다.

$$\begin{vmatrix} a_{11} & a_{12} & a_{13} \\ a_{21}+ka_{11} & a_{22}+ka_{12} & a_{13}+ka_{13} \\ a_{31} & a_{32} & a_{33} \end{vmatrix}=\begin{vmatrix} a_{11} & a_{12} & a_{13} \\ a_{21} & a_{22} & a_{23} \\ a_{31} & a_{32} & a_{33} \end{vmatrix}+\begin{vmatrix} a_{11} & a_{12} & a_{13} \\ ka_{11} & ka_{12} & ka_{13} \\ a_{31} & a_{32} & a_{33} \end{vmatrix} \quad \text{(행렬식의 성질 5)}$$

$$=\begin{vmatrix} a_{11} & a_{12} & a_{13} \\ a_{21} & a_{22} & a_{23} \\ a_{31} & a_{32} & a_{33} \end{vmatrix}+0 \quad \text{(행렬식의 성질 4)}$$

예제 3.2.4 $A=\begin{pmatrix} 1 & 2 & -1 \\ 1 & 1 & 1 \\ 2 & 1 & 0 \end{pmatrix}$, $B=\begin{pmatrix} 1 & 2 & -1 \\ 1+(-1) & 1+(-2) & 1+1 \\ 2 & 1 & 0 \end{pmatrix}$라 두면, B는 A의 1행에 -1을 곱하여 2행에 더해서 만들어진 행렬이다. 두 행렬의 행렬식을 각각 구하고 비교하여라.

풀이 행렬식 $|A|$를 3행에 대하여 여인수 전개하여 구하면 다음과 같다.

$$|A|=2\begin{vmatrix} 2 & -1 \\ 1 & 1 \end{vmatrix}-1\begin{vmatrix} 1 & -1 \\ 1 & 1 \end{vmatrix}+0=6-2=4$$

그리고 행렬식 $|B|$도 3행에 대하여 여인수 전개하여 구하면 다음과 같다.

$$|B| = \begin{vmatrix} 1 & 2 & -1 \\ 1+(-1) & 1+(-2) & 1+1 \\ 2 & 1 & 0 \end{vmatrix} = \begin{vmatrix} 1 & 2 & -1 \\ 0 & -1 & 2 \\ 2 & 1 & 0 \end{vmatrix}$$

$$= 2\begin{vmatrix} 2 & -1 \\ -1 & 2 \end{vmatrix} + \begin{vmatrix} 1 & -1 \\ 0 & 2 \end{vmatrix} + 0 = 6 - 2 = 4$$

그러므로 $|A| = |B|$이다. ■

예제 3.2.5 다음 행렬의 행렬식을 [행렬식의 성질 6]을 이용하여 구하여라.

(1) $A = \begin{pmatrix} 1 & 2 & 3 \\ 4 & 5 & 6 \\ 7 & 8 & 9 \end{pmatrix}$ (2) $B = \begin{pmatrix} 1 & -1 & 2 & 1 \\ 2 & -3 & 2 & 0 \\ -1 & 1 & 0 & 1 \\ 0 & 1 & 1 & 2 \end{pmatrix}$

풀이 (1) $|A| = \begin{vmatrix} 1 & 2 & 3 \\ 4 & 5 & 6 \\ 7 & 8 & 9 \end{vmatrix} \xrightarrow{(-4)R_1 + R_2} = \begin{vmatrix} 1 & 2 & 3 \\ 0 & -3 & -6 \\ 7 & 8 & 9 \end{vmatrix}$ (행렬식의 성질 6)

$\xrightarrow{(-7)R_1 + R_3} = \begin{vmatrix} 1 & 2 & 3 \\ 0 & -3 & -6 \\ 0 & -6 & -12 \end{vmatrix}$ (행렬식의 성질 6)

$= 0$ (행렬식의 성질 4)

(2) $|B| = \begin{vmatrix} 1 & -1 & 2 & 1 \\ 2 & -3 & 2 & 0 \\ -1 & 1 & 0 & 1 \\ 0 & 1 & 1 & 2 \end{vmatrix} \xrightarrow{(-2)R_1 + R_2} = \begin{vmatrix} 1 & -1 & 2 & 1 \\ 0 & -1 & -2 & -2 \\ -1 & 1 & 0 & 1 \\ 0 & 1 & 1 & 2 \end{vmatrix}$ (행렬식의 성질 6)

$\xrightarrow{(1)R_1 + R_3} = \begin{vmatrix} 1 & -1 & 2 & 1 \\ 0 & -1 & -2 & -2 \\ 0 & 0 & 2 & 2 \\ 0 & 1 & 1 & 2 \end{vmatrix}$ (행렬식의 성질 6)

$= \begin{vmatrix} -1 & -2 & -2 \\ 0 & 2 & 2 \\ 1 & 1 & 2 \end{vmatrix}$ (1열에 대한 여인수 전개)

$\xrightarrow{(1)R_1 + R_3} = \begin{vmatrix} -1 & -2 & -2 \\ 0 & 2 & 2 \\ 0 & -1 & 0 \end{vmatrix}$ (행렬식의 성질 6)

$= (-1)\begin{vmatrix} 2 & 2 \\ -1 & 0 \end{vmatrix}$ (1열에 대한 여인수 전개)

$= -2$ ■

앞의 예제에서 알 수 있듯이, 3차 이상의 행렬에 대해서 행렬식을 계산할 때에는 행렬식의 성질을 사용하여 한 행이나 열의 성분을 0으로 많이 바꾸어 그 행(열)에 대하여 여인수 전개하여 구하면 쉽게 계산된다. 특히, 한 행(열)의 성분 중 하나만 남기고 모두 0으로 변형하고 그 행(열)에 대하여 여인수 전개하면 n차 행렬식은 $(n-1)$차 행렬식으로 줄어든다.

예제 3.2.6 행렬 $A=\begin{pmatrix} 3 & 2 & 1 & 3 & 4 \\ 2 & 0 & 0 & 0 & 0 \\ 1 & 0 & 1 & 1 & 0 \\ 4 & 1 & 0 & 1 & 1 \\ 5 & 4 & 2 & 1 & -1 \end{pmatrix}$의 행렬식을 구하여라.

풀이 (1) $|A|=\begin{vmatrix} 3 & 2 & 1 & 3 & 4 \\ 2 & 0 & 0 & 0 & 0 \\ 1 & 0 & 1 & 1 & 0 \\ 4 & 1 & 0 & 1 & 1 \\ 5 & 4 & 2 & 1 & -1 \end{vmatrix}=-2\begin{vmatrix} 2 & 1 & 3 & 4 \\ 0 & 1 & 1 & 0 \\ 1 & 0 & 1 & 1 \\ 4 & 2 & 1 & -1 \end{vmatrix}$ (2행에 대한 여인수 전개)

$\xleftrightarrow{R_1 \leftrightarrow R_3} \; =2\begin{vmatrix} 1 & 0 & 1 & 1 \\ 0 & 1 & 1 & 0 \\ 2 & 1 & 3 & 4 \\ 4 & 2 & 1 & -1 \end{vmatrix}$ (행렬식의 성질 3)

$\xrightarrow{(-2)R_1+R_3} \; =2\begin{vmatrix} 1 & 0 & 1 & 1 \\ 0 & 1 & 1 & 0 \\ 0 & 1 & 1 & 2 \\ 4 & 2 & 1 & -1 \end{vmatrix}$ (행렬식의 성질 6)

$\xrightarrow{(-4)R_1+R_4} \; =2\begin{vmatrix} 1 & 0 & 1 & 1 \\ 0 & 1 & 1 & 0 \\ 0 & 1 & 1 & 2 \\ 0 & 2 & -3 & -5 \end{vmatrix}$ (행렬식의 성질 6)

$=2\begin{vmatrix} 1 & 1 & 0 \\ 1 & 1 & 2 \\ 2 & -3 & -5 \end{vmatrix}$ (1열에 대한 여인수 전개)

$=2\left(\begin{vmatrix} 1 & 2 \\ -3 & -5 \end{vmatrix}-\begin{vmatrix} 1 & 2 \\ 2 & -5 \end{vmatrix}\right)$ (1행에 대한 여인수 전개)

$=2(1+9)=20$ ■

예제 3.2.7 행렬식의 성질을 사용하여 $\begin{vmatrix} 1 & a & a^2 \\ 1 & b & b^2 \\ 1 & c & c^2 \end{vmatrix}$를 인수분해 하여라.

풀이 $\begin{vmatrix} 1 & a & a^2 \\ 1 & b & b^2 \\ 1 & c & c^2 \end{vmatrix} \xrightarrow{(-1)R_1+R_2} =\begin{vmatrix} 1 & a & a^2 \\ 0 & b-a & b^2-a^2 \\ 1 & c & c^2 \end{vmatrix}$ (행렬식의 성질 6)

$$\xrightarrow{(-1)R_1+R_3} = \begin{vmatrix} 1 & a & a^2 \\ 0 & b-a & b^2-a^2 \\ 0 & c-a & c^2-a^2 \end{vmatrix} \qquad \text{(행렬식의 성질 6)}$$

$$= 1\begin{vmatrix} b-a & b^2-a^2 \\ c-a & c^2-a^2 \end{vmatrix} \qquad \text{(1열에 대한 여인수 전개)}$$

$$= \begin{vmatrix} b-a & (b-a)(b+a) \\ c-a & (c-a)(c+a) \end{vmatrix}$$

$$= (b-a)\begin{vmatrix} 1 & (b+a) \\ c-a & (c-a)(c+a) \end{vmatrix} \qquad \text{(행렬식의 성질 2)}$$

$$= (b-a)(c-a)\begin{vmatrix} 1 & b+a \\ 1 & c+a \end{vmatrix} \qquad \text{(행렬식의 성질 2)}$$

$$= (b-a)(c-a)(c-b)$$

■

연습문제 3.2

01. 다음 내용이 참인지 거짓인지 설명하시오.

(1) 행렬식에서 두 행이 같으면 그 행렬식의 값은 0이다.
(2) 행렬식에서 두 열을 교환해도 행렬식의 값은 변하지 않는다.
(3) 대각행렬의 행렬식은 그 주대각성분들의 곱이다.
(4) 행렬식에서 한 행의 성분이 0이면 그 행렬식의 값은 0이다.
(5) 기본행연산에 의하여 행렬식은 변하지 않는다.

02. 다음 내용이 참인지 거짓인지 설명하시오.

(1) 행렬의 두 행을 바꾸면 행렬식의 부호가 바뀐다.
(2) 단위행렬의 행렬식은 1이다.
(3) 모든 성분이 1인 행렬의 행렬식은 1이다.
(4) 한 행의 성분이 모두 0인 행렬의 행렬식은 0이다.
(5) 행렬 A에 0이 아닌 스칼라 α를 곱한 행렬 αA의 행렬식은 $\alpha|A|$이다.

03. 행렬식의 성질을 이용하여 다음 행렬식을 구하여라.

(1) $\begin{vmatrix} 3 & 4 & 1 \\ 1 & 2 & 1 \\ 1 & 0 & 0 \end{vmatrix}$ (2) $\begin{vmatrix} 1 & 2 & 0 \\ 2 & 1 & 1 \\ 3 & 2 & 0 \end{vmatrix}$ (3) $\begin{vmatrix} 1 & 0 & -1 \\ 1 & 2 & 1 \\ 2 & 1 & 3 \end{vmatrix}$ (4) $\begin{vmatrix} 3 & -1 & 1 \\ 0 & 2 & 2 \\ 1 & -2 & 1 \end{vmatrix}$

04. 행렬식의 성질을 이용하여 다음 행렬식을 구하여라.

(1) $\begin{vmatrix} 1 & 0 & 2 & 1 \\ 2 & -1 & 2 & 0 \\ -1 & 1 & 0 & 1 \\ 0 & 1 & 1 & 2 \end{vmatrix}$ (2) $\begin{vmatrix} 1 & 1 & 0 & 0 \\ 2 & -1 & 0 & 0 \\ 0 & 0 & 2 & 1 \\ 0 & 0 & 1 & 2 \end{vmatrix}$

(3) $\begin{vmatrix} 2 & 3 & 4 & 5 \\ 0 & 2 & 6 & 7 \\ 0 & 0 & 2 & 8 \\ 0 & 0 & 0 & 2 \end{vmatrix}$ (4) $\begin{vmatrix} 0 & b & 0 & 0 \\ 0 & 0 & 0 & d \\ 0 & 0 & a & 0 \\ c & 0 & 0 & 0 \end{vmatrix}$

05. 행렬식 $\begin{vmatrix} a & b & c \\ d & e & f \\ g & h & i \end{vmatrix} = k$일 때, 다음 행렬식을 구하여라.

(1) $\begin{vmatrix} c & b & a \\ f & e & d \\ i & h & g \end{vmatrix}$ (2) $\begin{vmatrix} d & e & f \\ g & h & i \\ a & b & c \end{vmatrix}$ (3) $\begin{vmatrix} a & b & c \\ d & e & f \\ a & b & c \end{vmatrix}$ (4) $\begin{vmatrix} 3g & 3h & 3i \\ d & e & f \\ a & b & c \end{vmatrix}$

(5) $\begin{vmatrix} a & -4b & c \\ d & -4e & f \\ g & -4h & i \end{vmatrix}$ (6) $\begin{vmatrix} 4g & 4h & 4i \\ -2d & -2e & -2f \\ 3a & 3b & 3c \end{vmatrix}$

06. 행렬식의 성질을 이용하여 행렬식 $\begin{vmatrix} 1 & 1 & 1 \\ x & y & z \\ x^3 & y^3 & z^3 \end{vmatrix}$를 인수분해하여라.

07. 다음 5차 정방행렬 A의 행렬식을 구하여라.

$$A = \begin{pmatrix} -1 & 3 & 5 & -1 & 2 \\ 0 & 1 & 2 & 3 & -3 \\ 0 & 0 & -1 & 6 & -1 \\ 0 & 0 & 0 & 1 & 0 \\ 0 & 0 & 0 & 0 & -1 \end{pmatrix}$$

08. 다음 주어진 각 행렬 A의 행렬식이 0이 되도록 k의 값을 구하여라.

(1) $A = \begin{pmatrix} k-1 & 2 \\ 2 & k+2 \end{pmatrix}$ (2) $A = \begin{pmatrix} k+2 & 0 & 0 \\ 0 & k-1 & 1 \\ 0 & 2 & k \end{pmatrix}$

09. 3차 정방행렬 A의 행렬식은 5이다. 그렇다면 행렬 $2A$의 행렬식은 얼마인가?

3.3 행렬식을 이용한 역행렬의 계산

정방행렬 A가 가역일 때 행렬식을 이용하여 그 역행렬 A^{-1}를 구할 수 있다. 역행렬을 구하기 위하여 필요한 용어를 먼저 살펴보자.

정의 3.7 여인수행렬

정방행렬 A의 여인수 A_{ij}를 (i, j)성분으로 갖는 행렬 (A_{ij})를 A의 **여인수행렬** (matrix of cofactor from A)라 한다. 즉 A가 n차 정방행렬일 때 A의 여인수행렬은 다음과 같다.

$$(A_{ij}) = \begin{pmatrix} A_{11} & A_{12} \cdots & A_{1n} \\ A_{21} & A_{22} \cdots & A_{2n} \\ \vdots & \vdots & \vdots \\ A_{n1} & A_{n2} \cdots & A_{nn} \end{pmatrix}$$

예제 3.3.1 행렬 $A = \begin{pmatrix} 2 & 1 \\ 5 & 3 \end{pmatrix}$의 여인수행렬을 구하여라.

풀이 A의 여인수를 구해보면,

$$A_{11} = 3,\ A_{12} = -5,\ A_{21} = -1,\ A_{22} = 2$$

이므로, A의 여인수행렬은 다음과 같다.

$$(A_{ij}) = \begin{pmatrix} A_{11} & A_{12} \\ A_{21} & A_{22} \end{pmatrix} = \begin{pmatrix} 3 & -5 \\ -1 & 2 \end{pmatrix}$$

■

정의 3.8 수반행렬

정방행렬 A의 여인수행렬의 전치행렬을 A의 **수반행렬** (adjoint of A)이라 하고 $adj\,A$로 나타낸다. 즉, A의 수반행렬은 다음과 같다.

$$adj\,A = (A_{ij})^T = \begin{pmatrix} A_{11} & A_{21} \cdots & A_{n1} \\ A_{12} & A_{22} \cdots & A_{n2} \\ \vdots & \vdots & \vdots \\ A_{1n} & A_{2n} \cdots & A_{nn} \end{pmatrix}$$

예제 3.3.2 행렬 $A=\begin{pmatrix}2 & 1\\ 5 & 3\end{pmatrix}$의 수반행렬을 구하여라.

풀이 [예제 3.3.1]에서 구한 A의 여인수행렬이

$$(A_{ij})=\begin{pmatrix}A_{11} & A_{12}\\ A_{21} & A_{22}\end{pmatrix}=\begin{pmatrix}3 & -5\\ -1 & 2\end{pmatrix}$$

이다. A의 수반행렬은 A의 여인수행렬의 전치행렬이므로 다음과 같다.

$$adj\,A=(A_{ij})^T=\begin{pmatrix}3 & -5\\ -1 & 2\end{pmatrix}=\begin{pmatrix}3 & -1\\ -5 & 2\end{pmatrix}$$ ■

예제 3.3.3 행렬 $B=\begin{pmatrix}1 & 1 & 1\\ 2 & 1 & 1\\ 1 & 0 & 2\end{pmatrix}$의 수반행렬을 구하여라.

풀이 행렬 B의 여인수를 B_{ij}라 하면 다음과 같다.

$$B_{11}=(-1)^{1+1}\begin{vmatrix}1 & 1\\ 0 & 2\end{vmatrix}=2,\quad B_{12}=(-1)^{1+2}\begin{vmatrix}2 & 1\\ 1 & 2\end{vmatrix}=-3$$

$$B_{13}=(-1)^{1+3}\begin{vmatrix}2 & 1\\ 1 & 0\end{vmatrix}=-1,\quad B_{21}=(-1)^{2+1}\begin{vmatrix}1 & 1\\ 0 & 2\end{vmatrix}=-2$$

$$B_{22}=(-1)^{2+2}\begin{vmatrix}1 & 1\\ 1 & 2\end{vmatrix}=1,\quad B_{23}=(-1)^{2+3}\begin{vmatrix}1 & 1\\ 1 & 0\end{vmatrix}=1$$

$$B_{31}=(-1)^{3+1}\begin{vmatrix}1 & 1\\ 1 & 1\end{vmatrix}=0,\quad B_{32}=(-1)^{3+2}\begin{vmatrix}1 & 1\\ 2 & 1\end{vmatrix}=1$$

$$B_{33}=(-1)^{3+3}\begin{vmatrix}1 & 1\\ 2 & 1\end{vmatrix}=-1$$

따라서 B의 수반 행렬 $adj\,B$는 다음과 같다.

$$adj\,B=\begin{pmatrix}B_{11} & B_{12} & B_{13}\\ B_{21} & B_{22} & B_{23}\\ B_{31} & B_{32} & B_{33}\end{pmatrix}^T=\begin{pmatrix}B_{11} & B_{21} & B_{31}\\ B_{12} & B_{22} & B_{32}\\ B_{13} & B_{23} & B_{33}\end{pmatrix}=\begin{pmatrix}2 & -2 & 0\\ -3 & 1 & 1\\ -1 & 1 & -1\end{pmatrix}$$

■

2장에서 기본행연산을 통해 역행렬을 계산하는 방법을 학습하였다.

$$(A : I)\rightarrow \quad \text{기본행연산} \quad \rightarrow (I : A^{-1})$$

지금부터는 행렬식을 이용하여 역행렬을 구하는 공식을 알아본다.

보조정리 B

n차 정방행렬 $A=(a_{ij})$ 대하여 다음이 성립한다.

$$a_{i1}A_{j1}+a_{i2}A_{j2}+\cdots+a_{in}A_{jn}=\begin{cases}\det(A), & i=j\\ 0, & i\neq j\end{cases}$$

증명 $i=j$인 경우, $a_{i1}A_{j1}+a_{i2}A_{j2}+\cdots+a_{in}A_{jn}=\det(A)$은 당연히 성립하므로,

$$i\neq j\text{일 때 } a_{i1}A_{j1}+a_{i2}A_{j2}+\cdots+a_{in}A_{jn}=0$$

임을 보이면 된다. 행렬 A의 j행을 i행으로 대치한 행렬을 A'이라고 하자. 그러면 행렬 A'의 i행과 j행은 모두 행렬 A의 i행과 같으므로 $\det(A')=0$이다. 그런데 행렬 A'의 j행은 $(a_{i1}, a_{i2}, \cdots, a_{in})$이고 j행을 제외한 행렬 A'의 모든 행은 행렬 A의 행과 같으므로 A'의 j행에 대한 여인수 전개로부터 다음을 얻는다.

$$0=a_{i1}A'_{j1}+a_{i2}A'_{j2}+\cdots+a_{in}A'_{jn}=a_{i1}A_{j1}+a_{i2}A_{j2}+\cdots+a_{in}A_{jn}$$

정리 3.10

n차 정방행렬 $A=(a_{ij})$ 대하여 다음이 성립한다.

$$A(adj\,A)=(\det A)I=(adj\,A)A$$

증명 $A(adj\,A)$은 다음과 같다.

$$A(adj\,A)=\begin{pmatrix} a_{11} & a_{12} & a_{13} & \cdots & a_{1n}\\ a_{21} & a_{22} & a_{23} & \cdots & a_{2n}\\ a_{31} & a_{32} & a_{33} & \cdots & a_{3n}\\ \vdots & \vdots & \vdots & & \vdots\\ a_{n1} & a_{n2} & a_{n3} & \cdots & a_{nn}\end{pmatrix}\begin{pmatrix} A_{11} & A_{21} & A_{31} & \cdots & A_{n1}\\ A_{12} & A_{22} & A_{32} & \cdots & A_{n2}\\ A_{13} & A_{23} & A_{33} & \cdots & A_{n3}\\ \vdots & \vdots & \vdots & & \vdots\\ A_{1n} & A_{2n} & A_{3n} & \cdots & A_{nn}\end{pmatrix}$$

[보조정리 B]에 의하여 $A(adj\,A)$의 (i,j) 성분은

$$a_{i1}A_{j1}+a_{i2}A_{j2}+\cdots+a_{in}A_{jn}=\begin{cases}\det(A), & i=j\\ 0, & i\neq j\end{cases}$$

이므로 $A(adj\,A)=\det(A)I$ 이 성립한다. 같은 방법으로 계산하면 $(adj\,A)A=\det(A)I$이다. 그러므로 다음이 성립한다.

$$A(adj\,A)=(\det A)I=(adj\,A)A$$

예제 3.3.4 행렬 $A=\begin{pmatrix} a_{11} & a_{12} & a_{13} \\ a_{21} & a_{22} & a_{23} \\ a_{31} & a_{32} & a_{33} \end{pmatrix}$에 대해서 $A(adj\,A)$의 1행 2열 성분이 0임을 보여라.

풀이 $A(adj\,A)=\begin{pmatrix} a_{11} & a_{12} & a_{13} \\ a_{21} & a_{22} & a_{23} \\ a_{31} & a_{32} & a_{33} \end{pmatrix}\begin{pmatrix} A_{11} & A_{21} & A_{31} \\ A_{12} & A_{22} & A_{32} \\ A_{13} & A_{23} & A_{33} \end{pmatrix}$의 1행 2열 성분은 $a_{11}A_{21}+a_{12}A_{22}$ $+a_{13}A_{23}$이므로 다음과 같이 계산된다.

$$\begin{aligned} a_{11}A_{21}+a_{12}A_{22}+a_{13}A_{23} &= -a_{11}\begin{vmatrix} a_{12} & a_{13} \\ a_{32} & a_{33} \end{vmatrix}+a_{12}\begin{vmatrix} a_{11} & a_{13} \\ a_{31} & a_{33} \end{vmatrix}-a_{13}\begin{vmatrix} a_{11} & a_{12} \\ a_{31} & a_{32} \end{vmatrix} \\ &= -a_{11}(a_{12}a_{33}-a_{13}a_{32})+a_{12}(a_{11}a_{33}-a_{13}a_{31})-a_{13}(a_{11}a_{32}-a_{12}a_{31}) \\ &= 0 \end{aligned}$$

■

정리 3.11

n차 가역 행렬 A의 역행렬에 대하여 다음이 성립한다.

$$A^{-1}=\frac{1}{\det A}adj\,A$$

증명 [정리 3.10]으로부터 $(\det A)I=A(adj\,A)$이므로

$$I=\frac{1}{\det A}A(adj\,A)$$

이다. 이 식의 양변의 왼쪽에 A^{-1}를 곱하면 다음과 같다.

$$A^{-1}I=\frac{1}{\det A}A^{-1}A(adj\,A)=\frac{1}{\det A}I(adj\,A)$$

그러므로

$$A^{-1}=\frac{1}{\det A}adj\,A$$

이다.

2차 정방행렬 $A=\begin{pmatrix} a & b \\ c & d \end{pmatrix}$에 대해서 이 공식을 살펴 보면, $\det A=ad-bc$ 이고

$$A_{11}=d,\ A_{12}=-c,\ A_{21}=-b,\ A_{22}=a$$

이므로

$$A^{-1} = \frac{1}{\det A} adj\, A = \frac{1}{ad-bc}\begin{pmatrix} d & -b \\ -c & a \end{pmatrix}$$

이다. 이는 [정리 2.2]의 역행렬 공식과 동일한 식임을 확인할 수 있다.

n차 행렬 A의 역행렬 A^{-1}가 존재하는 경우, 즉 행렬 A가 가역이면, [정리 3.11]의 공식으로 역행렬을 구할 수 있다. 그런데 $\det A = 0$이라면 공식을 적용할 수가 없다. 사실 $\det A \neq 0$은 정방행렬 A가 가역일 필요충분조건이다. 즉 행렬식의 값이 0이면 역행렬이 존재하지 않는다. 증명은 생략한다.

정리 3.12

임의의 n차 정방 행렬 A에 대하여, $\det A \neq 0$은 A가 가역일 필요충분조건이다.

예제 3.3.5 [예제 3.3.2]와 [예제 3.3.3]에서 구한 행렬 $A = \begin{pmatrix} 2 & 1 \\ 5 & 3 \end{pmatrix}$와 행렬 $B = \begin{pmatrix} 1 & 1 & 1 \\ 2 & 1 & 1 \\ 1 & 0 & 2 \end{pmatrix}$의 수반행렬을 이용하여 A와 B의 역행렬을 구하여라.

풀이 (1) $\det A = \begin{vmatrix} 2 & 1 \\ 5 & 3 \end{vmatrix} = 1$이므로 $A^{-1} = \frac{1}{\det A} adj\, A = \begin{pmatrix} 3 & -1 \\ -5 & 2 \end{pmatrix}$이다.

(2) $\det B = -2$, $adj\, B = \begin{pmatrix} 2 & -2 & 0 \\ -3 & 1 & 1 \\ -1 & 1 & -1 \end{pmatrix}$이므로, B^{-1}는 다음과 같이 계산된다.

$$B^{-1} = \frac{1}{\det B} adj\, B = -\frac{1}{2}\begin{pmatrix} 2 & -2 & 0 \\ -3 & 1 & 1 \\ -1 & 1 & -1 \end{pmatrix} = \begin{pmatrix} -1 & 1 & 0 \\ \frac{3}{2} & -\frac{1}{2} & -\frac{1}{2} \\ \frac{1}{2} & -\frac{1}{2} & \frac{1}{2} \end{pmatrix}$$

■

연습문제 3.3

01. 다음 각 행렬의 수반행렬을 구하고 이를 이용하여 역행렬을 구하여라.

(1) $A=\begin{pmatrix} 2 & 3 \\ 4 & 5 \end{pmatrix}$　　(2) $B=\begin{pmatrix} 1 & -2 \\ 3 & -5 \end{pmatrix}$　　(3) $C=\begin{pmatrix} 1 & 0 & 2 \\ 2 & -1 & 3 \\ 4 & 1 & 8 \end{pmatrix}$

02. 수반행렬을 이용하여 다음 각 행렬의 역행렬을 구하여라.

(1) $A=\begin{pmatrix} 1 & 0 & 1 \\ 1 & 1 & 0 \\ 1 & 1 & 1 \end{pmatrix}$　　(2) $B=\begin{pmatrix} 1 & 0 & 1 \\ 2 & -1 & 3 \\ 4 & 1 & 8 \end{pmatrix}$

03. 다음 각 행렬에 대하여 $\det A$, $adj\,A$, A^{-1}를 구하여라.

(1) $A=\begin{pmatrix} 1 & 2 \\ 3 & 4 \end{pmatrix}$　　(2) $A=\begin{pmatrix} 1 & 2 & 3 \\ 2 & 3 & 4 \\ 3 & 4 & 5 \end{pmatrix}$　　(3) $A=\begin{pmatrix} 1 & 1 & 1 \\ 0 & 1 & 1 \\ 0 & 0 & 1 \end{pmatrix}$

(4) $A=\begin{pmatrix} 1 & 0 & 1 \\ -1 & 3 & 0 \\ 1 & 0 & 2 \end{pmatrix}$　　(5) $A=\begin{pmatrix} 2 & -4 & 6 \\ 0 & 1 & -1 \\ 0 & 0 & 2 \end{pmatrix}$

04. 행렬 $\begin{pmatrix} 1 & 0 & 0 \\ 0 & -1 & 0 \\ 0 & 0 & 0 \end{pmatrix}$가 비가역임을 설명하여라.

3.4 크레머 공식

이 단원에서는 행렬식의 성질을 이용하여 연립방정식의 해를 구하는 새로운 방법을 알아본다. 이해를 돕기 위하여 2원1차연립방정식의 해를 구하는 방법을 먼저 살펴보고 3원 이상의 연립방정식의 해를 구하는 방법으로 확장한다.

연립1차방정식 $\begin{cases} a_{11}x_1 + a_{12}x_2 = b_1 \\ a_{21}x_1 + a_{22}x_2 = b_2 \end{cases}$ 에서

$$A = \begin{pmatrix} a_{11} & a_{12} \\ a_{21} & a_{22} \end{pmatrix},\ \boldsymbol{x} = \begin{pmatrix} x_1 \\ x_2 \end{pmatrix},\ \boldsymbol{b} = \begin{pmatrix} b_1 \\ b_2 \end{pmatrix}$$

라 두면, 위의 연립방정식은 $A\boldsymbol{x} = \boldsymbol{b}$로 표현할 수 있다. 계수행렬 A의 1열을 $\boldsymbol{b}$로 바꾸어서 얻은 행렬을 A_1, 2열을 $\boldsymbol{b}$로 바꾸어서 얻은 행렬을 A_2라고 하자. 즉,

$$A_1 = \begin{pmatrix} b_1 & a_{12} \\ b_2 & a_{22} \end{pmatrix},\quad A_2 = \begin{pmatrix} a_{11} & b_1 \\ a_{21} & b_2 \end{pmatrix}$$

로 정의하자.

만약 A가 가역행렬이면, 즉 $\det A \neq 0$이면, $A\boldsymbol{x} = \boldsymbol{b}$의 양변의 왼쪽에 A^{-1}를 곱하여 $\boldsymbol{x} = A^{-1}\boldsymbol{b}$를 얻는다. 그런데 [정리 3.4]에 의해 $A^{-1} = \frac{1}{\det A} adj\, A$이므로,

$$\boldsymbol{x} = A^{-1}\boldsymbol{b} = \frac{1}{\det A}(adj\, A)\boldsymbol{b}$$

이다. 따라서

$$\boldsymbol{x} = \begin{pmatrix} x_1 \\ x_2 \end{pmatrix} = \frac{1}{\det A}\begin{pmatrix} A_{11} & A_{21} \\ A_{12} & A_{22} \end{pmatrix}\begin{pmatrix} b_1 \\ b_2 \end{pmatrix} = \frac{1}{\det A}\begin{pmatrix} A_{11}b_1 + A_{21}b_2 \\ A_{12}b_1 + A_{22}b_2 \end{pmatrix}$$

이므로 다음을 얻는다.

$$x_1 = \frac{1}{\det A}(A_{11}b_1 + A_{21}b_2) = \frac{1}{\det A}(a_{22}b_1 - a_{12}b_2) = \frac{1}{\det A}\begin{vmatrix} b_1 & a_{12} \\ b_2 & a_{22} \end{vmatrix} = \frac{\det A_1}{\det A}$$

$$x_2 = \frac{1}{\det A}(A_{12}b_1 + A_{22}b_2) = \frac{1}{\det A}(-a_{21}b_1 + a_{11}b_2) = \frac{1}{\det A}\begin{vmatrix} a_{11} & b_1 \\ a_{21} & b_2 \end{vmatrix} = \frac{\det A_2}{\det A}$$

이와 같은 방법은 계수행렬이 가역인 경우 매우 유용한 방법이다. 3원 이상의 연립방정식의 해를 구하는 문제에 있어서도 이 방법을 확장하여 다음을 쉽게 보일 수 있다. 행렬 A,

n차 상수 열벡터 $\boldsymbol{b}$, n차 미지수 열벡터 $\boldsymbol{x}$를

$$A=\begin{pmatrix} a_{11} & a_{12} & a_{13} & \cdots & a_{1n} \\ a_{21} & a_{22} & a_{23} & \cdots & a_{2n} \\ a_{31} & a_{32} & a_{33} & \cdots & a_{3n} \\ \vdots & \vdots & \vdots & & \vdots \\ a_{m1} & a_{m2} & a_{m3} & \cdots & a_{mn} \end{pmatrix},\ \boldsymbol{x}=\begin{pmatrix} x_1 \\ x_2 \\ x_3 \\ \vdots \\ x_n \end{pmatrix},\ \boldsymbol{b}=\begin{pmatrix} b_1 \\ b_2 \\ b_3 \\ \vdots \\ b_n \end{pmatrix}$$

라 두면, $A\boldsymbol{x}=\boldsymbol{b}$는 연립1차방정식

$$\begin{cases} a_{11}x_1 + a_{12}x_2 + \cdots + a_{1n}x_n = b_1 \\ a_{21}x_1 + a_{22}x_2 + \cdots + a_{2n}x_n = b_2 \\ \cdots \\ a_{m1}x_1 + a_{m2}x_2 + \cdots + a_{mn}x_n = b_m \end{cases}$$

를 나타낸다. A의 i열을 $\boldsymbol{b}$로 바꾸어서 얻은 행렬을 A_i라 두면, 다음 **크레머 공식** (cramer's rule)을 얻는다.

정리 3.13 크레머 공식

n차 가역 행렬 A를 계수행렬로 갖는 연립1차방정식 $A\boldsymbol{x}=\boldsymbol{b}$의 해는 다음과 같다.

$$x_1=\frac{\det A_1}{\det A},\ x_2=\frac{\det A_2}{\det A},\ \cdots,\ x_n=\frac{\det A_n}{\det A}$$

예제 3.4.1 크레머 공식을 이용하여 다음 연립방정식의 해를 구하여라.

(1) $\begin{cases} 2x + y = 5 \\ x - 3y = -1 \end{cases}$

(2) $\begin{cases} x - y + z = 2 \\ x + y - z = 0 \\ -x + y + z = 4 \end{cases}$

풀이 (1) 주어진 연립방정식의 계수행렬이 $A=\begin{pmatrix} 2 & 1 \\ 1 & -3 \end{pmatrix}$이고 상수 행렬이 $\boldsymbol{b}=\begin{pmatrix} 5 \\ -1 \end{pmatrix}$이므로, 크레머 공식을 이용하여 해를 다음과 같이 구할 수 있다.

$$x=\frac{\begin{vmatrix} 5 & 1 \\ -1 & -3 \end{vmatrix}}{\begin{vmatrix} 2 & 1 \\ 1 & -3 \end{vmatrix}}=\frac{-14}{-7}=2,\quad y=\frac{\begin{vmatrix} 2 & 5 \\ 1 & -1 \end{vmatrix}}{\begin{vmatrix} 2 & 1 \\ 1 & -3 \end{vmatrix}}=\frac{-7}{-7}=1$$

(2) 주어진 연립방정식의 계수행렬이 $A=\begin{pmatrix} 1 & -1 & 1 \\ 1 & 1 & -1 \\ -1 & 1 & 1 \end{pmatrix}$로 $\det A=4$이고 상수 행렬이 $b=\begin{pmatrix} 2 \\ 0 \\ 4 \end{pmatrix}$이므로, 크레머 공식을 이용하여 해를 다음과 같이 구할 수 있다.

$$x=\frac{1}{4}\begin{vmatrix} 2 & -1 & 1 \\ 0 & 1 & -1 \\ 4 & 1 & 1 \end{vmatrix}=\frac{4}{4}=1,\quad y=\frac{1}{4}\begin{vmatrix} 1 & 2 & 1 \\ 1 & 0 & -1 \\ -1 & 4 & 1 \end{vmatrix}=\frac{8}{4}=2,$$

$$z=\frac{1}{4}\begin{vmatrix} 1 & -1 & 2 \\ 1 & 1 & 0 \\ -1 & 1 & 4 \end{vmatrix}=\frac{12}{4}=3$$

■

동차연립방정식에 크래머 공식을 적용해 보자. 동차연립방정식은 $\boldsymbol{b}=\mathbf{0}$인 경우이므로 $A\boldsymbol{x}=\mathbf{0}$ 형태의 방정식이다.

$$A=\begin{pmatrix} a_{11} & a_{12} \\ a_{21} & a_{22} \end{pmatrix},\ \boldsymbol{x}=\begin{pmatrix} x_1 \\ x_2 \end{pmatrix}$$

이라 두면, $\det A \neq 0$이라면 크레머 공식에 의해 해는 다음과 같다.

$$x_1=\frac{\det A_1}{\det A}=\frac{\begin{vmatrix} 0 & a_{12} \\ 0 & a_{22} \end{vmatrix}}{\det A}=0,\quad x_2=\frac{\det A_2}{\det A}=\frac{\begin{vmatrix} a_{11} & 0 \\ a_{12} & 0 \end{vmatrix}}{\det A}=0$$

즉, 이 동차연립방정식은 자명해 외의 해를 갖지 않는다. 사실 $A\boldsymbol{x}=\mathbf{0}$의 양변의 왼쪽에 A^{-1}를 곱하면 $\boldsymbol{x}=A^{-1}\mathbf{0}=\mathbf{0}$이므로 $\det A\neq 0$인 경우 자명해만 갖는다는 것은 당연한 사실이다.

지금까지 배운 연립1차방정식의 해법을 정리해 보자.

1. 연립1차방정식의 해를 구하는 방법으로 가우스-조르단 소거법, 역행렬을 이용하여 구하는 방법, 크레머 공식이 있었다.
2. 미지수가 4개 이상인 연립방정식은 크레머 공식보다는 가우스-조르단 소거법이 더 효과적이다. 크레머 공식으로 미지수 4개의 연립방정식의 해를 모두 구하려면 5개의 행렬식의 값을 구해야 하지만, 가우스-조르단 소거법은 확대계수행렬에 기본행연산만 몇 번 시행하면 되기 때문이다. 반면에 계수행렬이 특수할 경우에는 크래머 공식이 더 효과적일 수 있다.

3. 연립방정식의 해법 중에서 역행렬을 이용하는 방법과 크레머 공식은 계수행렬식이 0이 아닐 때만 계산이 가능하다. 그러나 가우스-조르단 소거법은 다양한 형태의 해법을 제시한다.

이와 같은 관점에서 다음 예제를 풀어 보자.

예제 3.4.2 다음 연립방정식의 해를 주어진 방법으로 구하여라.

$$\begin{cases} x + 2y + z = 1 \\ 2x + 3y + z = 1 \\ 3x + 5y + 2z = 2 \end{cases}$$

(1) 계수행렬의 역행렬 이용

(2) 크레머 공식

(3) 가우스-조르단 소거법

풀이 주어진 연립방정식의 계수행렬이 $A = \begin{pmatrix} 1 & 2 & 1 \\ 2 & 3 & 1 \\ 3 & 5 & 2 \end{pmatrix}$이고 $\det A = 0$이므로 역행렬이 존재하지 않는다. 그러므로 (1)과 (2)의 방법은 적용할 수 없다.

(3) 가우스-조르단 소거법을 적용하기 위하여 기본행연산을 이용하여 확대계수행렬을 기약사다리꼴로 변형하면 다음과 같다.

$$\begin{pmatrix} 1 & 2 & 1 & : & 1 \\ 2 & 3 & 1 & : & 1 \\ 3 & 5 & 2 & : & 2 \end{pmatrix} \xrightarrow[(-3)R_1 + R_3]{(-2)R_1 + R_2} \begin{pmatrix} 1 & 2 & 1 & : & 1 \\ 0 & -1 & -1 & : & -1 \\ 0 & -1 & -1 & : & -1 \end{pmatrix}$$

$$\xrightarrow{(-1)R_2 + R_3} \begin{pmatrix} 1 & 2 & 1 & : & 1 \\ 0 & -1 & -1 & : & -1 \\ 0 & 0 & 0 & : & 0 \end{pmatrix}$$

$$\xrightarrow{(-1)R_2} \begin{pmatrix} 1 & 2 & 1 & : & 1 \\ 0 & 1 & 1 & : & 1 \\ 0 & 0 & 0 & : & 0 \end{pmatrix}$$

$$\xrightarrow{(-2)R_2 + R_3} \begin{pmatrix} 1 & 0 & -1 & : & -1 \\ 0 & 1 & 1 & : & 1 \\ 0 & 0 & 0 & : & 0 \end{pmatrix}$$

마지막 행렬 $\begin{pmatrix} 1 & 0 & -1 & : & -1 \\ 0 & 1 & 1 & : & 1 \\ 0 & 0 & 0 & : & 0 \end{pmatrix}$은 기약사다리꼴이며, 대응되는 연립1차방정식은

$$\begin{cases} x - z &= -1 \\ y + z &= 1 \\ 0 &= 0 \end{cases}$$

으로 주어진 연립방정식과 동치이다. 따라서 주어진 연립방정식의 해는 다음과 같다.

$$\begin{pmatrix} x \\ y \\ z \end{pmatrix} = \begin{pmatrix} t-1 \\ -t+1 \\ t \end{pmatrix} = t\begin{pmatrix} 1 \\ -1 \\ 1 \end{pmatrix} + \begin{pmatrix} -1 \\ 1 \\ 0 \end{pmatrix}, \ t \in \mathbb{R}$$ ■

예제 3.4.3 연립방정식 $\begin{cases} x + 3y + \ z = 5 \\ x + 2y - \ z = -2 \\ x + \ y + 2z = 1 \end{cases}$의 해를 주어진 방법으로 각각 구하여라.

(1) 가우스-조르단 소거법 (2) 크레머 공식

풀이 (1) 가우스-조르단 소거법

확대계수행렬 $\begin{pmatrix} 1 & 3 & 1 : & 5 \\ 1 & 2 & -1 : & -2 \\ 1 & 1 & 2 : & 1 \end{pmatrix}$에 기본행연산을 시행하면 다음과 같다.

$$\begin{pmatrix} 1 & 3 & 1 : & 5 \\ 1 & 2 & -1 : & -2 \\ 1 & 1 & 2 : & 1 \end{pmatrix} \xrightarrow[(-1)R_1 + R_3]{(-1)R_1 + R_2} \begin{pmatrix} 1 & 3 & 1 : & 5 \\ 0 & -1 & -2 : & -7 \\ 0 & -2 & 1 : & -4 \end{pmatrix}$$

$$\xrightarrow{(-1)R_2} \begin{pmatrix} 1 & 3 & 1 : & 5 \\ 0 & 1 & 2 : & 7 \\ 0 & -2 & 1 : & -4 \end{pmatrix}$$

$$\xrightarrow{2R_2 + R_3} \begin{pmatrix} 1 & 3 & 1 : & 5 \\ 0 & 1 & 2 : & 7 \\ 0 & 0 & 5 : & 10 \end{pmatrix}$$

$$\xrightarrow{\frac{1}{5}R_3} \begin{pmatrix} 1 & 3 & 1 : & 5 \\ 0 & 1 & 2 : & 7 \\ 0 & 0 & 1 : & 2 \end{pmatrix}$$

$$\xrightarrow[(-1)R_3 + R_1]{(-2)R_3 + R_2} \begin{pmatrix} 1 & 3 & 0 : & 3 \\ 0 & 1 & 0 : & 3 \\ 0 & 0 & 1 : & 2 \end{pmatrix}$$

$$\xrightarrow{(-3)R_2 + R_1} \begin{pmatrix} 1 & 0 & 0 : & -6 \\ 0 & 1 & 0 : & 3 \\ 0 & 0 & 1 : & 2 \end{pmatrix}$$

그러므로 연립방정식의 해는 $x = -6$, $y = 3$, $z = 2$이다.

(2) 크레머 공식

주어진 연립방정식의 계수행렬이 $A=\begin{pmatrix}1 & 3 & 1\\ 1 & 2 & -1\\ 1 & 1 & 2\end{pmatrix}$이고 상수 행렬이 $b=\begin{pmatrix}5\\ -2\\ 1\end{pmatrix}$ 이고

$$|A|=\begin{vmatrix}1 & 3 & 1\\ 1 & 2 & -1\\ 1 & 1 & 2\end{vmatrix}=-5,\qquad |A_1|=\begin{vmatrix}5 & 3 & 1\\ -2 & 2 & -1\\ 1 & 1 & 2\end{vmatrix}=30$$

$$|A_2|=\begin{vmatrix}1 & 5 & 1\\ 1 & -2 & -1\\ 1 & 1 & 2\end{vmatrix}=-15,\qquad |A_3|=\begin{vmatrix}1 & 3 & 5\\ 1 & 2 & -2\\ 1 & 1 & 1\end{vmatrix}=-10$$

이므로, 연립방정식의 해는

$$x=\frac{|A_1|}{|A|}=-6,\ y=\frac{|A_2|}{|A|}=3,\ z=\frac{|A_3|}{|A|}=2$$

이다.

■

연습문제 3.4

01. 크레머 공식을 이용하여 다음 연립방정식의 해를 구하여라.

(1) $\begin{cases} x+2y=1 \\ 3x+5y=2 \end{cases}$

(2) $\begin{cases} x-2y-5z=3 \\ 2x+\ \ y+3z=4 \\ 3x+2y-2z=-2 \end{cases}$

02. 다음 연립방정식의 해를 주어진 방법으로 구하여라.

$$\begin{cases} x+2y+\ \ z=1 \\ 2x+5y+3z=3 \\ 3x+4y+\ \ z=1 \end{cases}$$

(1) 계수행렬의 역행렬 이용

(2) 크레머 공식

(3) 가우스-조르단 소거법

03. $A=\begin{pmatrix} 1 & -2 & 0 \\ -1 & 3 & 2 \\ 1 & -1 & 4 \end{pmatrix}$, $X=\begin{pmatrix} x \\ y \\ z \end{pmatrix}$, $B=\begin{pmatrix} 1 \\ -3 \\ -3 \end{pmatrix}$일 때, 연립1차방정식 $AX=B$에 대하여 다음 물음에 답하시오.

(1) $\det A$를 구하여라.

(2) $adj\,A$를 구하여라.

(3) (1), (2)의 결과를 이용하여 A^{-1}를 구하여라,

(4) 역행렬을 이용하여 연립1차방정식 $AX=B$의 해를 구하여라.

3.5 블록행렬

행렬을 다룰 때 부분 행렬들로 나누어 생각하는 것이 유용한 경우가 많이 있다. 이 절에서는 그러한 행렬들에 대하여 알아본다.

(1) 행렬의 분할

주어진 행렬에 횡선과 수선을 적당히 그어서 그 행렬을 부분행렬들의 행렬로 생각해보자. 예를 들어 행렬

$$A = \begin{pmatrix} 1 & -1 & 0 & 2 & -2 \\ 3 & 0 & -1 & 1 & -3 \\ -2 & 4 & 1 & 3 & 2 \end{pmatrix}$$

를

$$A = \left(\begin{array}{ccc|cc} 1 & -1 & 0 & 2 & -2 \\ 3 & 0 & -1 & 1 & -3 \\ \hline -2 & 4 & 1 & 3 & 2 \end{array}\right)$$

와 같이 부분행렬

$$A_{11} = \begin{pmatrix} 1 & -1 & 0 \\ 3 & 0 & -1 \end{pmatrix}, \quad A_{12} = \begin{pmatrix} 2 & -2 \\ 1 & -3 \end{pmatrix}, \quad A_{21} = (-2\ 4\ 1), \quad A_{22} = (3\ 2)$$

로 분할하여

$$A = \begin{pmatrix} A_{11} & A_{12} \\ A_{21} & A_{22} \end{pmatrix}$$

로 나타낼 수도 있고, 또

$$A = \left(\begin{array}{cc|cc|c} 1 & -1 & 0 & 2 & -2 \\ \hline 3 & 0 & -1 & 1 & -3 \\ -2 & 4 & 1 & 3 & 2 \end{array}\right)$$

와 같이 부분행렬

$$A_{11} = (1\ -1), \quad A_{12} = (0\ 2), \quad A_{13} = (-2)$$

$$A_{21} = \begin{pmatrix} 3 & 0 \\ -2 & 4 \end{pmatrix}, \quad A_{22} = \begin{pmatrix} -1 & 1 \\ 1 & 3 \end{pmatrix}, \quad A_{23} = \begin{pmatrix} -3 \\ 2 \end{pmatrix}$$

로 분할하여

$$A = \begin{pmatrix} A_{11} & A_{12} & A_{13} \\ A_{21} & A_{22} & A_{23} \end{pmatrix} \tag{3.1}$$

로 나타낼 수도 있다. 이렇게 분할된 행렬을 **블록행렬**(block matrix)이라고 한다. 이러한 블록행렬을 행렬의 곱셈에 이용할 수도 있는데 예를 들어

$$B=\begin{pmatrix}1&0&2&1\\2&3&1&0\\1&0&0&1\\1&2&1&1\\5&4&0&0\end{pmatrix}$$

일 때, 행렬의 곱 AB의 계산에 블록행렬 (3.1)을 사용하여 보자. A가 2×3 블록행렬이므로 일단 B는 세 개의 행으로 분할되어야 한다. 열의 개수는 어떻게 분할하든지 상관이 없지만 예를 들어 두 개로 분할해 보자. 그러면 B는 다음과 같이 3×2 블록행렬이 된다.

$$B=\begin{pmatrix}B_{11}&B_{12}\\B_{21}&B_{22}\\B_{31}&B_{32}\end{pmatrix} \tag{3.2}$$

(3.1)과 (3.2)를 써서 AB를 계산하면 다음과 같이 된다.

$$AB=\begin{pmatrix}A_{11}B_{11}+A_{12}B_{21}+A_{13}B_{31} & A_{11}B_{12}+A_{12}B_{22}+A_{13}B_{32}\\A_{21}B_{11}+A_{22}B_{21}+A_{23}B_{31} & A_{21}B_{12}+A_{22}B_{22}+A_{23}B_{32}\end{pmatrix} \tag{3.3}$$

여기서 볼 수 있듯이 이러한 부분행렬들끼리의 곱셈이 이루어지기 위해서는 각 $A_{ij}B_{jk}$에서 A_{ij}의 열의 수와 B_{jk}의 행의 수가 일치해야 한다. 따라서 B_{11}, B_{21}은 두 개의 행으로, 그리고 B_{31}은 한 개의 행으로 구성되어야 한다. 역시 열은 어떤 형태의 구성이든지 상관이 없지만 예를 들어 B를 다음과 같이 분할하였다고 해보자.

$$B=\left(\begin{array}{c|ccc}1&0&2&1\\2&3&1&0\\\hline 1&0&0&1\\1&2&1&1\\\hline 5&4&0&0\end{array}\right)$$

그러면

$$\begin{aligned}&A_{11}B_{11}+A_{12}B_{21}+A_{13}B_{31}\\&\qquad=(1\ \ -1)\begin{pmatrix}1\\2\end{pmatrix}+(0\ \ 2)\begin{pmatrix}1\\1\end{pmatrix}+(-2)(5)=(-1)+(2)+(-10)=(-9)\end{aligned}$$

$$\begin{aligned}A_{11}B_{12}+A_{12}B_{22}+A_{13}B_{32}&=(1\ \ -1)\begin{pmatrix}0&2&1\\3&1&0\end{pmatrix}+(0\ \ 2)\begin{pmatrix}0&0&1\\2&1&1\end{pmatrix}+(-2)(4\ 0\ 0)\\&=(-3\ 1\ \ 1)+(4\ 2\ 2)+(-8\ 0\ 0)\end{aligned}$$

$$= (-7 \ 3 \ 3)$$

$$A_{21}B_{11} + A_{22}B_{21} + A_{23}B_{31} = \begin{pmatrix} 3 & 0 \\ -2 & 4 \end{pmatrix}\begin{pmatrix} 1 \\ 2 \end{pmatrix} + \begin{pmatrix} -1 & 1 \\ 1 & 3 \end{pmatrix}\begin{pmatrix} 1 \\ 1 \end{pmatrix} + \begin{pmatrix} -3 \\ 2 \end{pmatrix}(5)$$

$$= \begin{pmatrix} 3 \\ 6 \end{pmatrix} + \begin{pmatrix} 0 \\ 4 \end{pmatrix} + \begin{pmatrix} -15 \\ 10 \end{pmatrix} = \begin{pmatrix} -12 \\ 20 \end{pmatrix}$$

$$A_{21}B_{12} + A_{22}B_{22} + A_{23}B_{32} = \begin{pmatrix} 3 & 0 \\ -2 & 4 \end{pmatrix}\begin{pmatrix} 0 & 2 & 1 \\ 3 & 1 & 0 \end{pmatrix} + \begin{pmatrix} -1 & 1 \\ 1 & 3 \end{pmatrix}\begin{pmatrix} 0 & 0 & 1 \\ 2 & 1 & 1 \end{pmatrix} + \begin{pmatrix} -3 \\ 2 \end{pmatrix}(4 \ 0 \ 0)$$

$$= \begin{pmatrix} 0 & 6 & 3 \\ 12 & 0 & -2 \end{pmatrix} + \begin{pmatrix} 2 & 1 & 0 \\ 6 & 3 & 4 \end{pmatrix} + \begin{pmatrix} -12 & 0 & 0 \\ 8 & 0 & 0 \end{pmatrix} = \begin{pmatrix} -10 & 7 & 3 \\ 26 & 3 & 2 \end{pmatrix}$$

이므로 식 (3.3)은

$$AB = \left(\begin{array}{cc|cc|c} 1 & -1 & 0 & 2 & -2 \\ \hline 3 & 0 & -1 & 1 & -3 \\ -2 & 4 & 1 & 3 & 2 \end{array}\right)\left(\begin{array}{c|ccc} 1 & 0 & 2 & 1 \\ 2 & 3 & 1 & 0 \\ \hline 1 & 0 & 0 & 1 \\ 1 & 2 & 1 & 1 \\ \hline 5 & 4 & 0 & 0 \end{array}\right) = \left(\begin{array}{c|ccc} -9 & -7 & 3 & 3 \\ \hline -12 & -10 & 7 & 3 \\ 20 & 26 & 3 & 2 \end{array}\right)$$

가 되어 통상적인 행렬의 곱셈 계산

$$AB = \begin{pmatrix} -9 & -7 & 3 & 3 \\ -12 & -10 & 7 & 3 \\ 20 & 26 & 3 & 2 \end{pmatrix}$$

과 일치하게 된다.

이상에서 살펴본 것처럼 블록행렬을 구성하여 행렬의 곱셈을 하려고 할 때, 어떤 형태로 행렬을 분할하든지 임의적으로 할 수 있지만, 주의해야 할 것은 부분행렬들끼리의 곱셈이 가능하도록 분할해야 한다는 것이다.

예제 3.5.1 행렬 A와 B를 다음과 같이 분할하였을 때, 그들의 곱 AB를 계산하여라.

$$A = \left(\begin{array}{cc|cc} 3 & 1 & 0 & 0 \\ \hline 0 & 0 & 1 & 1 \\ 0 & 0 & 2 & 1 \end{array}\right), \quad B = \left(\begin{array}{cc|cc} 0 & 0 & 2 & 2 \\ 0 & 0 & 4 & 1 \\ \hline 2 & 1 & 0 & 0 \\ 1 & 5 & 0 & 0 \end{array}\right)$$

풀이 A와 B의 부분행렬들을 각각의 위치에 따라서 A_{ij}, B_{ij}라고 하면 블록행렬 A, B의 곱은 다음과 같이 계산된다.

$$AB = \begin{pmatrix} A_{11} & 0 \\ 0 & A_{22} \end{pmatrix}\begin{pmatrix} 0 & B_{12} \\ B_{21} & 0 \end{pmatrix} = \begin{pmatrix} 0 & A_{11}B_{12} \\ A_{22}B_{21} & 0 \end{pmatrix}$$

$$= \left(\begin{array}{cc|c} 0\ 0 & 10\ 7 \\ \hline 3\ 6 & 0\ 0 \\ 5\ 7 & 0\ 0 \end{array}\right) = \begin{pmatrix} 0 & 0 & 10 & 7 \\ 3 & 6 & 0 & 0 \\ 5 & 7 & 0 & 0 \end{pmatrix}$$ ■

블록행렬이 특히 유용하게 사용되는 것은 행렬을 행벡터들로만, 또는 열벡터들로만 분할할 때이다. $A=(a_{ij})$가 $m\times n$ 행렬이고 $B=(b_{ij})$가 $n\times p$ 행렬이면 이들은 다음과 같이 분할할 수 있다.

$$A=(\boldsymbol{a}_1,\cdots,\boldsymbol{a}_n)=\begin{pmatrix}\boldsymbol{a}^1\\ \vdots \\ \boldsymbol{a}^m\end{pmatrix},\ \ B=(\boldsymbol{b}_1,\cdots,\boldsymbol{b}_p)=\begin{pmatrix}\boldsymbol{b}^1\\ \vdots \\ \boldsymbol{b}^n\end{pmatrix}$$

물론 여기서 $\boldsymbol{a}_j$, $\boldsymbol{b}_j$는 각기 A, B의 j열을, 또 $\boldsymbol{a}^i$, $\boldsymbol{b}^i$는 각기 A, B의 i행을 나타낸다. 따라서 행렬 A, B의 곱은

$$AB=A(\boldsymbol{b}_1,\cdots,\boldsymbol{b}_p)=(A\boldsymbol{b}_1,\cdots,A\boldsymbol{b}_p)$$

$$AB=\begin{pmatrix}\boldsymbol{a}^1\\ \vdots \\ \boldsymbol{a}^m\end{pmatrix}B=\begin{pmatrix}\boldsymbol{a}^1\boldsymbol{B}\\ \vdots \\ \boldsymbol{a}^m B\end{pmatrix}$$

와 같이 쓸 수 있다.

예제 3.5.2 두 행렬 $A=\begin{pmatrix}x & y\\ z & w\end{pmatrix}$, $B=\begin{pmatrix}2 & 2 & 3\\ 4 & 5 & 5\end{pmatrix}$의 곱 AB를 앞에서 설명한 것처럼 두 가지 방법으로 계산할 수 있다.

$$AB=\begin{pmatrix}(x\ \ y)B\\ (z\ \ w)B\end{pmatrix}=\begin{pmatrix}2x+4y & 2x+5y & 3x+5y\\ 2z+4w & 2z+5w & 3z+5w\end{pmatrix}=\left(A\begin{pmatrix}2\\4\end{pmatrix}\ A\begin{pmatrix}2\\5\end{pmatrix}\ A\begin{pmatrix}3\\5\end{pmatrix}\right)$$ ■

(2) 블록행렬과 행렬식

블록행렬으로 나타내는 것은 행렬식을 계산할 때에도 매우 유용하다. 예를 들어

$$A=\begin{pmatrix}1 & 1\\ 2 & 4\end{pmatrix},\quad B=\begin{pmatrix}2 & 2\\ 3 & 5\end{pmatrix},\quad C=\begin{pmatrix}3 & 3\\ 4 & 6\end{pmatrix},\quad D=\begin{pmatrix}1 & 1 & 2\\ 2 & 0 & 1\\ 2 & 3 & 3\end{pmatrix}$$

이라 하고, 행렬 A, B, C, D 의 성분을 부분행렬로 갖는 블록행렬 E, F, G를 다음과 같이 정의하자.

$$E=\begin{pmatrix}A & 0\\ 0 & B\end{pmatrix}=\begin{pmatrix}1&1&0&0\\2&4&0&0\\0&0&2&2\\0&0&3&5\end{pmatrix},\ F=\begin{pmatrix}A & 0\\ 0 & D\end{pmatrix}=\begin{pmatrix}1&1&0&0&0\\2&4&0&0&0\\0&0&1&1&2\\0&0&2&0&1\\0&0&2&3&3\end{pmatrix},\ G=\begin{pmatrix}A&0&0\\0&B&0\\0&0&C\end{pmatrix}=\begin{pmatrix}1&1&0&0&0&0\\2&4&0&0&0&0\\0&0&2&2&0&0\\0&0&3&5&0&0\\0&0&0&0&3&3\\0&0&0&0&4&6\end{pmatrix}$$

A, B, C, D 의 행렬식은

$$\det A=2,\ \det B=4,\ \det C=6,\ \det D=5$$

이다. 또한 블록행렬 E의 행렬식은

$$\begin{pmatrix}1&1&0&0\\2&4&0&0\\0&0&2&2\\0&0&3&5\end{pmatrix}\xrightarrow{-2R_1+R_2}\begin{pmatrix}1&1&0&0\\0&2&0&0\\0&0&2&2\\0&0&3&5\end{pmatrix}$$

이므로

$$\det E=\det\begin{pmatrix}1&1&0&0\\2&4&0&0\\0&0&2&2\\0&0&3&5\end{pmatrix}=\det\begin{pmatrix}1&1&0&0\\0&2&0&0\\0&0&2&2\\0&0&3&5\end{pmatrix}=\det\begin{pmatrix}2&0&0\\0&2&2\\0&3&5\end{pmatrix}$$

$$=2\det\begin{pmatrix}2&2\\3&5\end{pmatrix}=2\det B=(\det A)(\det B)$$

이다. 이와 같은 방법으로 행렬식의 성질과 여인수 전개를 이용하면 블록행렬 F와 G의 행렬식에 대해서도 다음이 성립함을 쉽게 확인할 수 있다.

$$\det F=\det\begin{pmatrix}A&0\\0&D\end{pmatrix}=(\det A)(\det D),\ \det G=\det\begin{pmatrix}A&0&0\\0&B&0\\0&0&C\end{pmatrix}=(\det A)(\det B)(\det C)$$

정리 3.14 블록행렬의 성질

임의의 정방행렬 $B_1, B_2, \cdots, B_n$에 대하여 블록행렬 $B=\begin{pmatrix}B_1&0&0&0\\0&B_2&\cdots&0\\\vdots&\vdots&&\vdots\\0&0&\cdots&B_4\end{pmatrix}$의 행렬식은 다음과 같다.

$$\det B=\det B_1\det B_2\cdots\det B_n$$

예제 3.5.3 $\begin{vmatrix} 2 & 3 & 0 & 0 \\ 4 & 5 & 0 & 0 \\ 0 & 0 & 5 & 6 \\ 0 & 0 & 2 & 3 \end{vmatrix} = \begin{vmatrix} 2 & 3 \\ 4 & 5 \end{vmatrix} \begin{vmatrix} 5 & 6 \\ 2 & 3 \end{vmatrix}$을 확인하여라.

풀이 우선 $\begin{vmatrix} 2 & 3 \\ 4 & 5 \end{vmatrix} = -2$이고 $\begin{vmatrix} 5 & 6 \\ 2 & 3 \end{vmatrix} = 3$이므로 우변은 $\begin{vmatrix} 2 & 3 \\ 4 & 5 \end{vmatrix} \begin{vmatrix} 5 & 6 \\ 2 & 3 \end{vmatrix} = -6$이다. 좌변의 행렬식을 계산하기 위하여 먼저 [행렬식의 성질 6]을 사용하면 다음과 같다.

$$\begin{vmatrix} 2 & 3 & 0 & 0 \\ 4 & 5 & 0 & 0 \\ 0 & 0 & 5 & 6 \\ 0 & 0 & 2 & 3 \end{vmatrix} = \begin{vmatrix} 2 & 3 & 0 & 0 \\ 0 & -1 & 0 & 0 \\ 0 & 0 & 5 & 6 \\ 0 & 0 & 2 & 3 \end{vmatrix} \qquad \text{(1행에 -2를 곱한 것을 2행에 더해줌)}$$

이제 0이 많은 1열에 대한 여인수 전개를 구하면 다음과 같으므로 등식이 성립함이 확인된다.

$$\begin{vmatrix} 2 & 3 & 0 & 0 \\ 4 & 5 & 0 & 0 \\ 0 & 0 & 5 & 6 \\ 0 & 0 & 2 & 3 \end{vmatrix} = \begin{vmatrix} 2 & 3 & 0 & 0 \\ 0 & -1 & 0 & 0 \\ 0 & 0 & 5 & 6 \\ 0 & 0 & 2 & 3 \end{vmatrix} = 2 \begin{vmatrix} -1 & 0 & 0 \\ 0 & 5 & 6 \\ 0 & 2 & 3 \end{vmatrix} = 2 \times (-1) \begin{vmatrix} 5 & 6 \\ 2 & 3 \end{vmatrix} = -2 \times 3 = -6$$ ■

연습문제 3.5

01. $A=\begin{pmatrix}1&2\\3&4\end{pmatrix}$, $B=\begin{pmatrix}3&6\\2&5\end{pmatrix}$에 대하여, 블록행렬 $C=\begin{pmatrix}A&0\\0&B\end{pmatrix}$의 행렬식을 구하여라.

02. 행렬 $A=\begin{pmatrix}0&-1\\1&0\end{pmatrix}$에 대하여 $A^3+A=0$임을 보여라.

03. 행렬 $B=\begin{pmatrix}0&-1&0\\1&0&0\\0&0&0\end{pmatrix}$를 적절히 분할하여 블록행렬을 만든 다음 위 문제2의 결과를 이용하여 $B^9-B=0$임을 보여라.

CHAPTER

4

그래프 이론과 행렬

4.1 그래프와 행렬

도로망의 연결, 경영관리의 수학적 분석, 컴퓨터 프로그램, 전기공학, 생물학, 경제학 및 사회학 등 다양한 분야 또는 상황에서 널리 사용되는 그래프 이론(graph theory)에서 행렬은 아주 중요하다. 먼저 그래프란 무엇인지 엄밀한 정의를 알아보자.

그래프(graph)는 유한개의 **꼭짓점**(vertex, node)의 집합 V와 두 꼭짓점을 원소로 갖는 **변**(edge)의 집합 E로 이루어져 있으며 $G(V,E)$로 나타낸다. 여기서 두 꼭짓점 u, v를 포함하는 변이 있으면 u와 v는 **인접**(adjacent)하다고 하며 그 변을 $e=\{u,v\}$로 나타내고 변 e는 꼭짓점 u 또는 v와 **근접**(incident)하다고 한다. 또 꼭짓점 v에 근접한 변의 개수를 v의 **차수**(degree, valency)라고 하고 $d(v)$로 나타낸다.

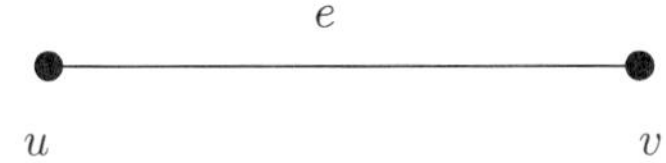

예제 4.1.1 다음 그래프를 보고 물음에 답하여라.

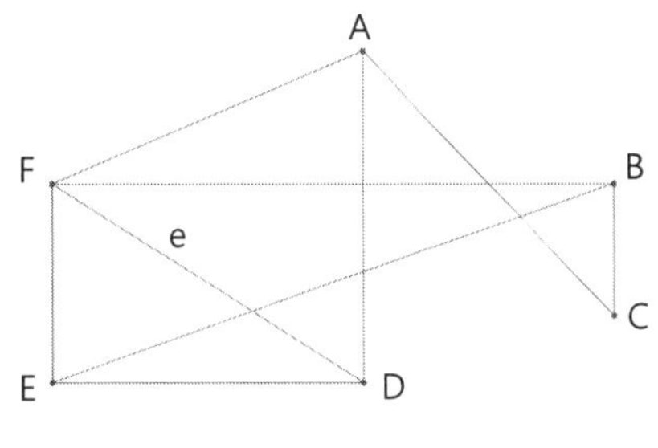

그림 4.1 그래프의 예

(1) 꼭짓점의 집합과 변의 집합을 구하여라.

(2) 꼭짓점 A와 인접한 꼭짓점을 구하여라.

(3) 변 $e=\{D, F\}$의 근접한 꼭짓점을 구하여라.

(4) 각 꼭짓점의 차수를 구하여라.

풀이 (1) 꼭짓점의 집합은 $\{A, B, C, D, E, F\}$ 이고, 변의 집합은 다음과 같다.

$$\{\{A, C\}, \{A, D\}, \{A, F\}, \{B, C\}, \{B, E\}, \{B, F\}, \{D, E\}, \{D, F\}, \{E, F\}\}$$

(2) 꼭짓점 A와 인접한 꼭짓점은 C, D, F이다.

(3) 변 $e = \{D, F\}$의 근접한 꼭짓점은 D와 F이다.

(4) 각 꼭짓점의 차수는 다음과 같다.

$$d(A) = 3,\ d(B) = 3,\ d(C) = 2,\ d(D) = 3,\ d(E) = 3,\ d(F) = 4 \quad \blacksquare$$

그래프 이론에서 자주 사용되는 용어들을 살펴 보자.

정의 4.1 완전그래프

임의의 두 꼭짓점 사이에 항상 변이 있는 그래프를 **완전그래프**(perfect graph)라고 한다.

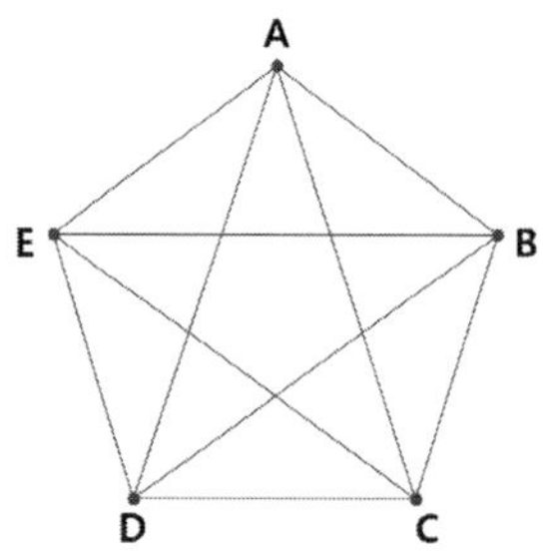

그림 4.2 완전그래프의 예

정의 4.2 루프, 다중그래프

(i) 양 꼭짓점이 같은 변을 **루프**(loop)라고 한다.

(ii) 루프가 있거나 어떤 두 꼭짓점 사이에 두 개 이상의 변이 있는 그래프를 **다중그래프**(multi-graph)라고 한다.

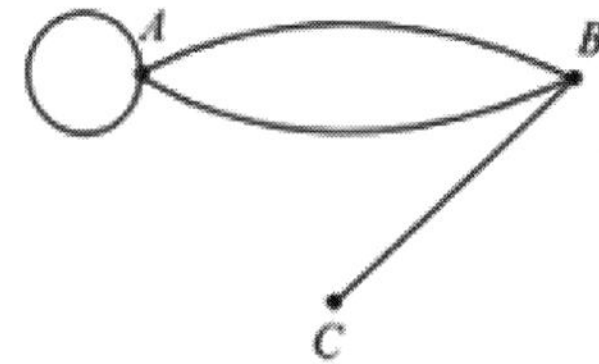

그림 4.3 다중그래프의 예

꼭짓점의 차수를 셀 때, 루프는 2로 센다. 즉, [그림 4.3] 그래프의 각 꼭짓점의 차수는 다음과 같다.

$$d(A)=4, d(B)=3, d(C)=1$$

정의 4.3 유향그래프

각 변에 방향이 있는 그래프를 **유향그래프**(directed graph)라고 한다.

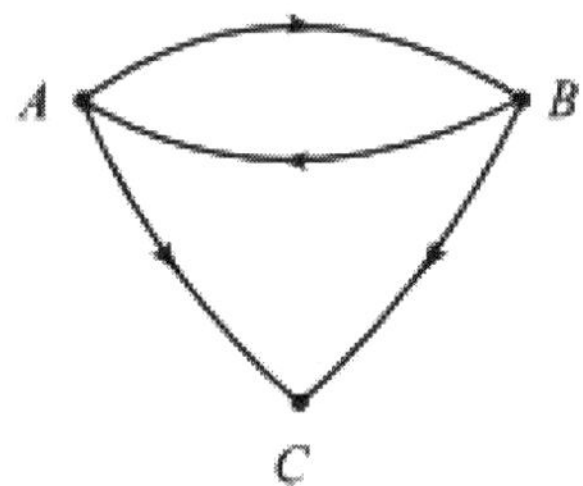

그림 4.4 유향그래프의 예

많은 경우, 다중그래프나 유향그래프가 아니라는 것을 강조할 필요가 있을 때에는 그래프를 **단순그래프**(simple graph)라 언급하기도 한다.

정의 4.4 결합행렬 [9]

꼭짓점이 $v_1, v_2, \cdots, v_n$이고 변이 $e_1, e_2, \cdots, e_m$인 그래프 G에 대하여, 다음과 같이 정의되는 $n \times m$행렬 $B=(b_{ij})$를 G의 **결합행렬**(incidence matrix)이라 한다.

(i) 꼭짓점 v_i가 변 e_j의 양 끝점 중의 하나이면, 즉 변 e_j가 꼭짓점 v_i와 근접하면, $b_{ij}=1$이다.
(ii) (i)의 경우가 아니면, 즉 꼭짓점 v_i가 변 e_j의 끝점이 아니면, $b_{ij}=0$이다.

유향그래프의 결합행렬은 다음과 같이 주어진다.

(i) 변 e_j가 꼭짓점 v_i에서 나가면 $b_{ij}=-1$이다.
(ii) 변 e_j가 꼭짓점 v_i로 들어가면 $b_{ij}=1$이다.
(iii) (i), (ii)의 경우가 아니면, 즉 꼭짓점 v_i가 변 e_j의 끝점이 아니면, $b_{ij}=0$이다.

---

9. 결합행렬과 함께 근접행렬이라는 용어가 incidence matrix의 번역으로 종종 사용된다. 이 책에서는

예제 4.1.2 [그림 4.5]에 있는 그래프 G의 꼭짓점과 변이 4개씩이므로 G의 결합행렬은 4×4 행렬이다.

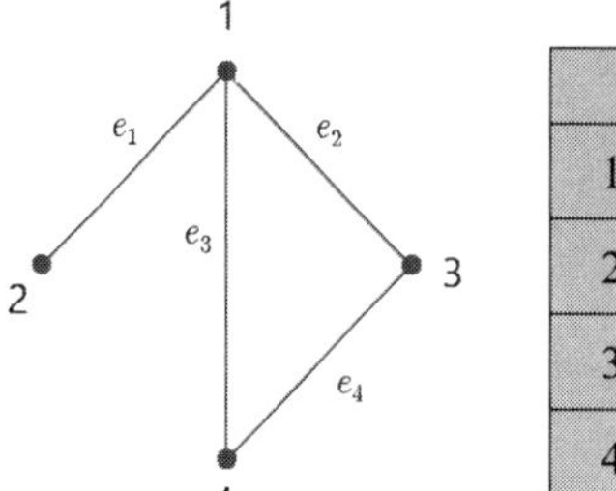

	e_1	e_2	e_3	e_4
1	1	1	1	0
2	1	0	0	0
3	0	1	0	1
4	0	0	1	1

그림 4.5

행에 꼭짓점 1,2,3,4를, 열에 변 e_1, e_2, e_3, e_4를 두면 결합관계를 오른쪽 표와 같이 생각할 수 있다. 그러므로 그래프 G의 결합행렬은 $\begin{pmatrix} 1 & 1 & 1 & 0 \\ 1 & 0 & 0 & 0 \\ 0 & 1 & 0 & 1 \\ 0 & 0 & 1 & 1 \end{pmatrix}$이다. ■

결합행렬의 정의로부터 다음을 바로 알 수 있다.

- 단순그래프의 임의의 변은 두 꼭짓점을 가지고 있으므로 결합행렬의 각 열의 성분의 합은 2이다.
- 유향그래프의 결합행렬에서는 각 열의 성분의 합은 0이다.

예제 4.1.3 [그림 4.4]에 있는 유향그래프에 변의 순서를 아래 그림과 같이 하면 그래프의 결합행렬은 $\begin{pmatrix} -1 & 1 & -1 & 0 \\ 1 & -1 & 0 & -1 \\ 0 & 0 & 1 & 1 \end{pmatrix}$이다.

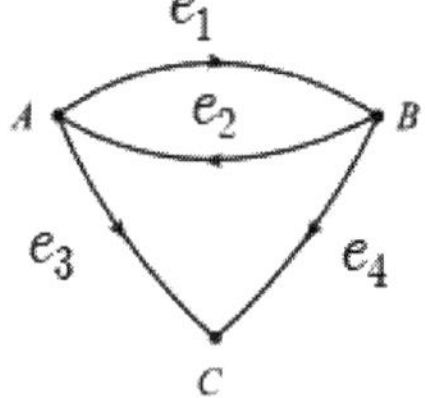

■

뒤에 정의 4.6에 등장하는 인접행렬(adjacency matrix)과의 혼동을 피하기 위하여 결합행렬이라 부르기로 한다.

정의 4.5 이웃행렬, (0,1)행렬

꼭짓점이 $v_1, v_2, \cdots, v_n$인 그래프 G에 대하여, 다음과 같이 정의되는 n차 정방행렬 $A = (a_{ij})$를 그래프 G의 **이웃행렬**(neighbor matrix) 또는 **(0,1)행렬**이라 한다.

- G의 변에 방향이 없는 경우에는, 꼭짓점 v_i와 v_j를 잇는 변이 있으면 $a_{ij} = 1$, 없으면 $a_{ij} = 0$이다.
- G가 유향그래프인 경우에는 꼭짓점 v_i에서 v_j로 가는 변이 있으면 $a_{ij} = 1$, 없으면 $a_{ij} = 0$이다.

예제 4.1.4 다음 각 그래프의 이웃행렬을 구하여라.

(1) (2) (3)

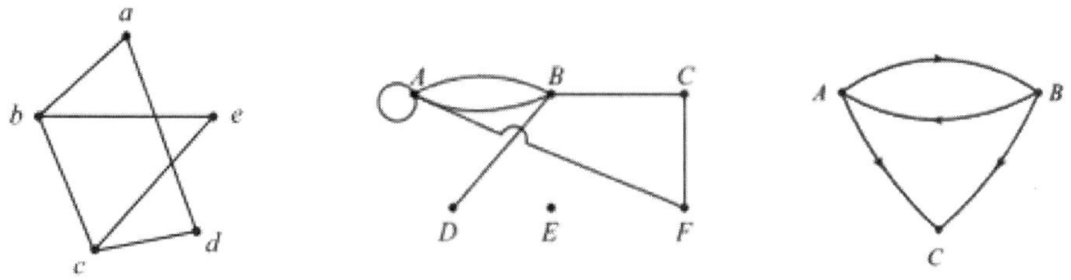

a b e c d

A B C D E F

A B C

풀이 (1), (2), (3) 각 그래프의 이웃행렬은 차례로 다음과 같다.

$$\begin{pmatrix} 0 & 1 & 0 & 1 & 0 \\ 1 & 0 & 1 & 0 & 1 \\ 0 & 1 & 0 & 1 & 1 \\ 1 & 0 & 1 & 0 & 0 \\ 0 & 1 & 1 & 0 & 0 \end{pmatrix}, \quad \begin{pmatrix} 1 & 1 & 0 & 0 & 0 & 1 \\ 1 & 0 & 1 & 1 & 0 & 0 \\ 0 & 1 & 0 & 0 & 0 & 1 \\ 0 & 1 & 0 & 0 & 0 & 0 \\ 0 & 0 & 0 & 0 & 0 & 0 \\ 1 & 0 & 1 & 0 & 0 & 0 \end{pmatrix}, \quad \begin{pmatrix} 0 & 1 & 1 \\ 1 & 0 & 1 \\ 0 & 0 & 0 \end{pmatrix}$$

■

위 예제에서 알 수 있듯이, 유향그래프의 이웃행렬은 대칭행렬이 아니다. 이웃행렬은 두 꼭짓점을 잇는 변이 있는지 없는지를 알려준다. 이제 변이 있다면 몇 개나 있는지까지 알려주는 행렬을 알아보자.

정의 4.6 인접행렬

꼭짓점이 $v_1, v_2, \cdots, v_n$인 그래프 G에 대하여, 꼭짓점 v_i와 v_j를 잇는 변의 수 a_{ij}를 (i,j)성분으로 정의되는 n차 정방행렬 $A=(a_{ij})$를 G의 **인접행렬**(adjacency matrix)이라 한다. 이때 루프는 변의 수 2개로 센다.[10]

예제 4.1.5 [그림 4.3]의 다중그래프에 대응하는 인접행렬을 구하여라.

풀이 주어진 다중그래프의 꼭짓점을 A, B, C로 순서를 정하여 각 꼭짓점을 잇는 변의 수를 정의대로 적으면

$$\begin{array}{c} \\ A \\ B \\ C \end{array}\begin{array}{c} \begin{array}{ccc} A & B & C \end{array} \\ \begin{pmatrix} 2 & 2 & 0 \\ 2 & 0 & 1 \\ 0 & 1 & 0 \end{pmatrix} \end{array}$$

이므로 인접행렬은 다음과 같다.

$$\begin{pmatrix} 2 & 2 & 0 \\ 2 & 0 & 1 \\ 0 & 1 & 0 \end{pmatrix}$$

■

예제 4.1.6 [예제 4.1.4 (2)]의 다중그래프에 대응하는 인접행렬을 구하여라.

풀이 꼭짓점 A는 하나의 루프를 가지며, A와 B를 잇는 변은 2개, C와 E를 잇는 변은 존재하지 않는다. 꼭짓점을 A, B, C, D, E, F로 순서를 정하여 각 꼭짓점을 잇는 변의 수를 정의대로 적으면

$$\begin{array}{c} \\ A \\ B \\ C \\ D \\ E \\ F \end{array}\begin{array}{c} \begin{array}{cccccc} A & B & C & D & E & F \end{array} \\ \begin{pmatrix} 2 & 2 & 0 & 0 & 0 & 1 \\ 2 & 0 & 1 & 1 & 0 & 0 \\ 0 & 1 & 0 & 0 & 0 & 1 \\ 0 & 1 & 0 & 0 & 0 & 0 \\ 0 & 0 & 0 & 0 & 0 & 0 \\ 1 & 0 & 1 & 0 & 0 & 0 \end{pmatrix} \end{array}$$

10. 경우에 따라서 루프에 대해서 변의 수를 1로 하기도 한다. 그렇지만 변의 수를 2로 계산하는 규칙에 따르는 것이 더 편리한 경우가 많으므로 이 책에서는 위와 같이 정의하기로 하자. 예를 들어, 2로 할 경우 각 꼭짓점 v_i의 차수가 인접행렬의 i행 또는 i열 성분들의 합과 같다.

이므로 인접행렬은 다음과 같다.

$$\begin{pmatrix} 2 & 2 & 0 & 0 & 0 & 1 \\ 2 & 0 & 1 & 1 & 0 & 0 \\ 0 & 1 & 0 & 0 & 0 & 1 \\ 0 & 1 & 0 & 0 & 0 & 0 \\ 0 & 0 & 0 & 0 & 0 & 0 \\ 1 & 0 & 1 & 0 & 0 & 0 \end{pmatrix}$$

■

정의 4.7 경로, 회로

그래프 또는 다중그래프에서 꼭짓점 v_i와 v_{i+1}을 잇는 변을 e_i라 하면

$$v_1 e_1 v_2 e_2 \cdots e_{k-1} v_k e_k v_{k+1}$$

을 길이가 k인 **경로**(path)라고 하며 v_1과 v_{k+1}을 각각 이 경로의 **시작점**과 **끝점**이라 한다. 특히, 시작점과 끝점이 같은 경로를 **회로**(cycle)라고 한다.

단순그래프에서는 두 꼭짓점을 잇는 변은 많아야 하나이므로 임의의 경로는 변을 생략하여 나타낼 수 있다. 즉, 경로 $v_1 e_1 v_2 e_2 \cdots e_{k-1} v_k e_k v_{k+1}$를

$$v_1 \rightarrow v_2 \rightarrow \cdots \rightarrow v_k \rightarrow v_{k+1}$$

로 나타내기도 한다.

예제 4.1.7 다음 그래프를 보고 물음에 답하여라.

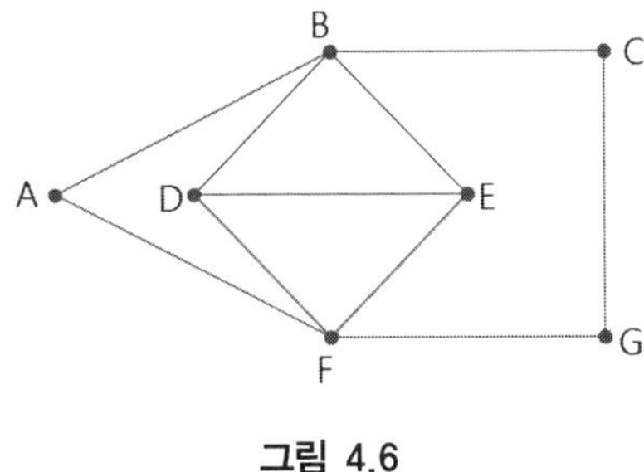

그림 4.6

(1) 시작점이 A이고 끝점이 C이며 길이가 4인 경로를 모두 찾아라.

(2) 꼭짓점 A에서 출발하는 길이가 4인 회로를 모두 찾아라.

풀이 (1) 아래와 같이 모두 8개의 경로가 있다.

$$A \to F \to E \to B \to C,\ A \to F \to D \to B \to C,$$
$$A \to F \to A \to B \to C,\ A \to B \to C \to G \to C$$
$$A \to B \to C \to B \to C,\ A \to B \to E \to B \to C,$$
$$A \to B \to A \to B \to C,\ A \to B \to D \to B \to C$$

(2) 아래와 같이 모두 14개의 회로가 있다.

$$A \to F \to E \to B \to A,\ A \to F \to D \to B \to A,$$
$$A \to B \to D \to F \to A,\ A \to B \to E \to F \to A$$
$$A \to B \to A \to B \to A,\ A \to F \to A \to F \to A,$$
$$A \to B \to A \to F \to A,\ A \to F \to A \to B \to A$$
$$A \to B \to D \to B \to A,\ A \to F \to D \to F \to A,$$
$$A \to B \to E \to B \to A,\ A \to F \to E \to F \to A$$
$$A \to B \to C \to B \to A,\ A \to F \to G \to F \to A$$

■

정리 4.1

단순그래프 G의 꼭짓점이 $\{1,2,\cdots,n\}$이고 인접행렬이 A일 때, A^k의 (i,j)성분은 시작점이 i이고 끝점이 j인 길이가 k인 경로의 개수이다.

예제 4.1.8 다음 그래프에 대하여 [정리 4.1]이 성립함을 k가 2,3,4인 경우에 확인하여라.

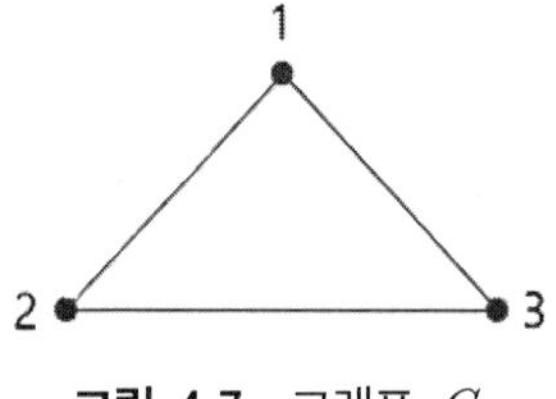

그림 4.7 그래프 G_1

풀이 먼저 주어진 그래프의 인접행렬 A와 그 거듭제곱을 구해보면 다음과 같다.

$$A = \begin{pmatrix} 0 & 1 & 1 \\ 1 & 0 & 1 \\ 1 & 1 & 0 \end{pmatrix},\quad A^2 = \begin{pmatrix} 2 & 1 & 1 \\ 1 & 2 & 1 \\ 1 & 1 & 2 \end{pmatrix},\quad A^3 = \begin{pmatrix} 2 & 3 & 3 \\ 3 & 2 & 3 \\ 3 & 3 & 2 \end{pmatrix},\quad A^4 = \begin{pmatrix} 6 & 5 & 5 \\ 5 & 6 & 5 \\ 5 & 5 & 6 \end{pmatrix}$$

이제 꼭짓점 i와 꼭짓점 j를 잇는 길이가 k인 경로의 수를 $p_{ij}(k)$라 두면, 주어진 그래프가 대칭이므로 모든 자연수 k에 대하여

$$p_{11}(k) = p_{22}(k) = p_{33}(k)$$

이고

$$p_{12}(k) = p_{ij}(k) \quad (i \neq j)$$

이다. 그러므로 $p_{11}(k)$와 $p_{12}(k)$만 구하면 된다.

꼭짓점 1에서 꼭짓점 1로 가는 길이 2인 경로는 아래와 같이 2개가 있고

$$1 \to 2 \to 1,\ 1 \to 3 \to 1$$

꼭짓점 1에서 꼭짓점 2로 가는 길이 2인 경로는 $1 \to 3 \to 2$ 하나 밖에 없으므로

$$p_{11}(2) = 2, \quad p_{12}(2) = 1$$

이다. 그러므로

$$p_{11}(2) = p_{22}(2) = p_{33}(2) = 2$$

$$p_{12}(2) = p_{13}(2) = p_{21}(2) = p_{23}(2) = p_{31}(2) = p_{32}(2) = 1$$

이고 이는 A^2의 성분과 일치한다.

꼭짓점 1에서 꼭짓점 1로 가는 길이 3인 경로는

$$1 \to 2 \to 3 \to 1,\ 1 \to 3 \to 2 \to 1$$

이고, 꼭짓점 1에서 꼭짓점 2로 가는 길이 3인 경로는

$$1 \to 2 \to 1 \to 2,\ 1 \to 3 \to 1 \to 2,\ 1 \to 2 \to 3 \to 2$$

이므로, $p_{11}(3) = 2, \quad p_{12}(2) = 3$이므로 A^3의 성분과 일치한다.

마찬가지로 꼭짓점 1에서 꼭짓점 1로 가는 길이 4인 경로는 아래와 같이 6개이고

$$1 \to 2 \to 3 \to 2 \to 1,\ 1 \to 3 \to 2 \to 3 \to 1,\ 1 \to 2 \to 1 \to 3 \to 1$$

$$1 \to 3 \to 1 \to 2 \to 1,\ 1 \to 2 \to 1 \to 2 \to 1,\ 1 \to 3 \to 1 \to 3 \to 1$$

꼭짓점 1에서 꼭짓점 2로 가는 길이 4인 경로는 아래와 같이 5개이므로

$$1 \to 2 \to 3 \to 1 \to 2,\ 1 \to 3 \to 2 \to 1 \to 2,$$

$$1 \to 2 \to 1 \to 3 \to 2,\ 1 \to 3 \to 1 \to 3 \to 2,\ 1 \to 3 \to 2 \to 3 \to 2$$

A^4의 성분과 일치한다. ■

예제 4.1.9 다음 그래프에 대하여 [정리 4.1]이 성립함을 $k=2$인 경우에 확인하여라.

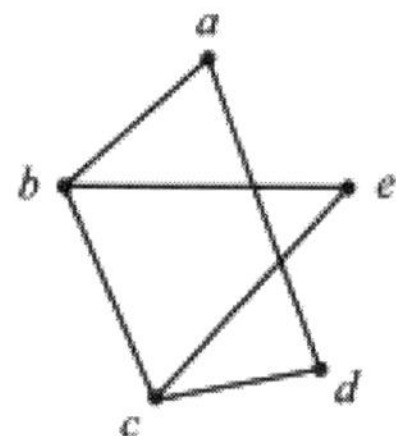

풀이 먼저 주어진 그래프의 인접행렬 A와 A^2을 구해보면 다음과 같다.

$$A=\begin{pmatrix}0&1&0&1&0\\1&0&1&0&1\\0&1&0&1&1\\1&0&1&0&0\\0&1&1&0&0\end{pmatrix},\quad A^2=\begin{pmatrix}2&0&2&0&1\\0&3&1&2&1\\2&1&3&0&1\\0&2&0&2&1\\1&1&1&1&2\end{pmatrix}$$

꼭짓점 a에서 꼭짓점 a로 가는 길이 2인 경로의 수는 아래와 같이 2로 A^2의 (1,1) 성분과 같다.

$$a\to b\to a,\ a\to d\to a$$

꼭짓점 a에서 꼭짓점 b나 꼭짓점 d로 가는 길이 2인 경로는 없으며,

꼭짓점 a에서 꼭짓점 c로 가는 길이 2인 경로는 아래와 같이 2로 A^2의 (1,3)성분과 같다.

$$a\to b\to c,\ a\to d\to c$$

꼭짓점 a에서 꼭짓점 e로 가는 길이 2인 경로는 아래와 같이 1로 A^2의 (1,5)성분과 같다.

$$a\to b\to e$$

꼭짓점 b에서 꼭짓점 b로 가는 길이 2인 경로는 아래와 같이 3으로 A^2의 (2,2)성분과 같다.

$$b\to a\to b,\ b\to c\to b,\ b\to e\to b$$

나머지 성분도 일치함을 확인할 수 있다. ■

연습문제 4.1

01. 꼭짓점의 개수가 1~5인 완전그래프를 각각 그리고 인접행렬을 구하시오.

02. 꼭짓점이 $\{1,2,\cdots,n\}$이고 변은 $\{\{i,i+1\}|1 \le i \le n\}$인 그래프를 5-순환그래프라 한다.(단 여기에서 $n+1 \equiv 1$이다.) n-순환그래프를 그리고 인접행렬을 구하시오.

03. 다음 다중그래프의 인접행렬을 구하여라. 단 꼭짓점의 순서는 알파벳순으로 한다.

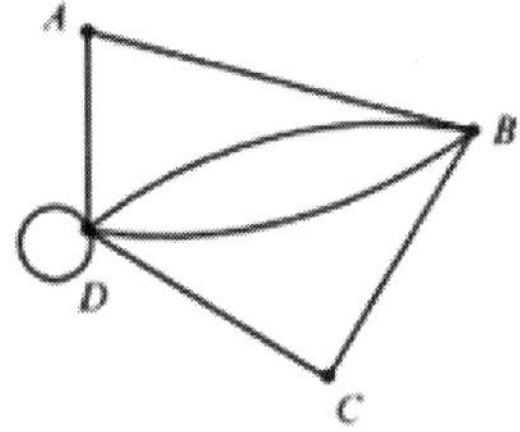

04. 다음 단순그래프의 이웃행렬을 구하여라. 단 꼭짓점의 순서는 알파벳순으로 한다.

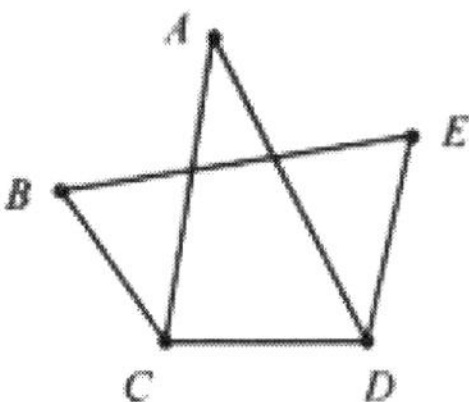

05. 다음 유향그래프의 이웃행렬을 구하여라. 단 꼭짓점의 순서는 알파벳순으로 한다.

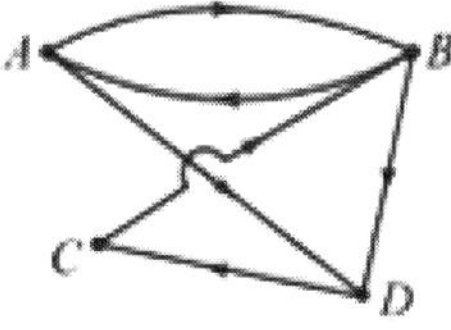

06. 다음 유향그래프는 어떤 도시의 번화가 교통상황을 나타낸 것이다. 지점 A에서 B로는 일방통행이지만 C와 D는 서로 양방통행이다. 꼭짓점의 순서를 알파벳 순으로 했을 때의 이

웃행렬을 구하여라.

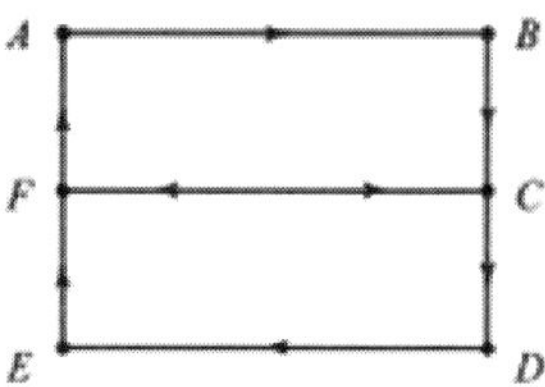

07. 다음 그래프에 대하여 [정리 4.1]이 성립함을 k가 2,3인 경우에 확인하여라. 단, 꼭짓점 C에서 꼭짓점 D로 가는 경로의 개수에 대해서만 확인하시오.

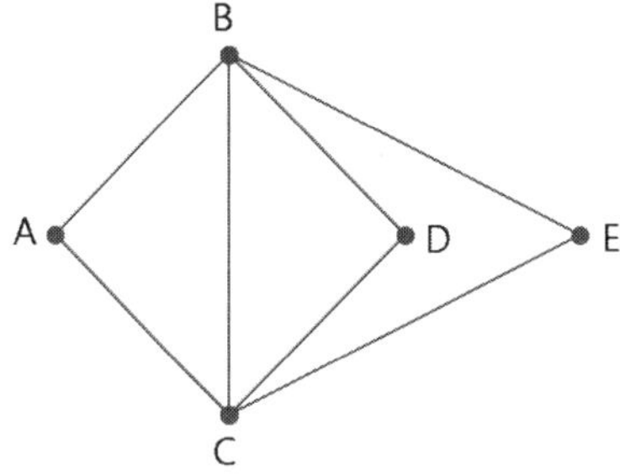

4.2 행렬나무 정리

이 절에서는 행렬의 기본 개념인 여인수가 그래프 이론에서 어떠한 의미로 해석될 수 있는지를 잘 보여주는 행렬나무 정리를 학습한다. 우선 여기에 필요한 몇 가지 그래프 이론의 기본 용어를 알아보자.

정의 4.8 연결그래프, 나무

(i) 임의의 두 꼭짓점에 대하여 항상 적어도 하나의 경로가 존재하는 그래프를 **연결그래프**(connected graph)라 한다.

(ii) 임의의 두 꼭짓점에 대하여 오직 하나의 경로가 존재하는 연결그래프를 **나무**(tree)라 한다.

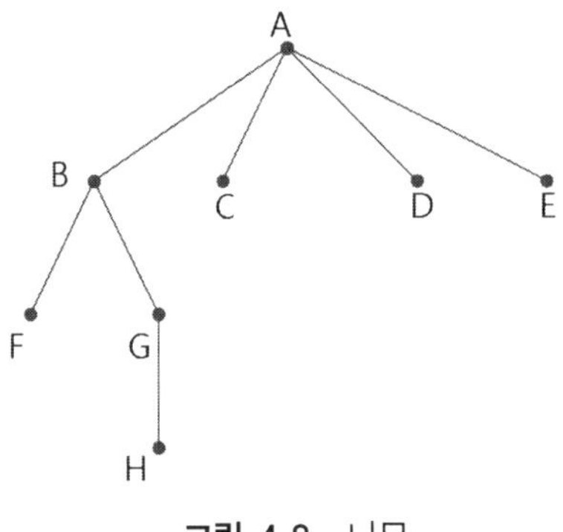

그림 4.8 나무

정의 4.9 생성나무

그래프 G의 부분그래프 T가 다음을 만족하면 G의 **생성나무**(spanning tree)라고 한다.

(i) G의 임의의 꼭짓점을 연결하는 나무이다.

(ii) (i)을 만족하는 G의 임의의 부분그래프 T'에 대하여, T의 변의 개수는 T'의 변의 개수보다 작거나 같다.

예제 4.2.1 [그림 4.7]에 있는 그래프 G_1의 생성나무를 모두 구하여라.

풀이 그래프 G_1에 대한 생성나무는 3개로 아래와 같다.

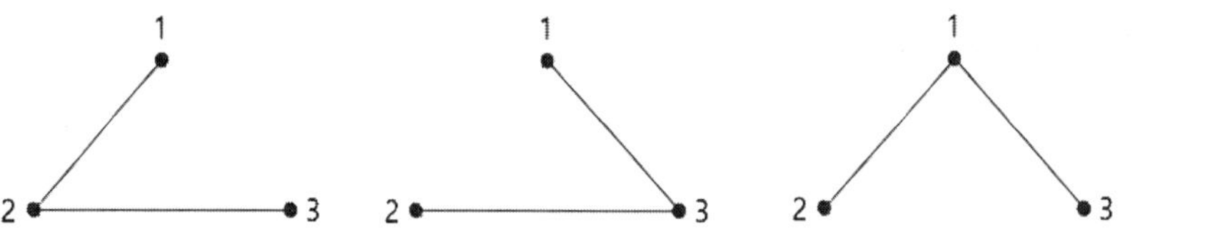

정의 4.10 라플라스 행렬

꼭짓점이 $v_1, v_2, \cdots, v_n$인 그래프 G에 대하여, 다음과 같이 정의되는 n차 정방행렬 $L_G = (t_{ij})$를 G의 **라플라스 행렬**(Laplacian matrix)이라 한다.

(i) t_{ii}는 v_i를 꼭짓점으로 갖는 변의 개수이다.

(ii) v_i와 v_j를 연결하는 변이 없으면 $t_{ij} = 0$이다. ($i \neq j$인 경우)

(iii) v_i와 v_j를 연결하는 변이 있으면 $t_{ij} = -1$이다. ($i \neq j$인 경우)

예제 4.2.2 아래 그래프에 대한 라플라스 행렬을 구하여라.

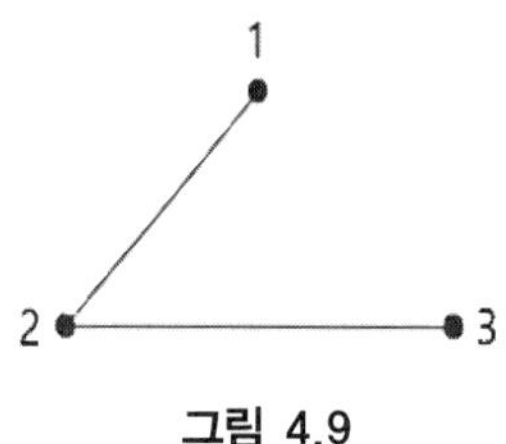

그림 4.9

풀이 [그림 4.9]의 그래프에 대한 라플라스 행렬 T는 3×3 행렬로서 다음과 같다.

$$T = \begin{pmatrix} 1 & -1 & 0 \\ -1 & 2 & -1 \\ 0 & -1 & 1 \end{pmatrix}$$

T의 각 여인수는 다음과 같이 계산된다.

$$T_{11} = \begin{vmatrix} 2 & -1 \\ -1 & 1 \end{vmatrix} = 2 - 1 = 1, \qquad T_{12} = -\begin{vmatrix} -1 & -1 \\ 0 & 1 \end{vmatrix} = -(-1-0) = 1$$

$$T_{13} = \begin{vmatrix} -1 & 2 \\ 0 & -1 \end{vmatrix} = 1 - 0 = 1, \qquad T_{21} = -\begin{vmatrix} -1 & 0 \\ -1 & 1 \end{vmatrix} = -(-1-0) = 1$$

$$T_{22} = \begin{vmatrix} 1 & 0 \\ 0 & 1 \end{vmatrix} = 1 - 0 = 1, \qquad T_{23} = -\begin{vmatrix} 1 & -1 \\ 0 & -1 \end{vmatrix} = -(-1-0) = 1$$

$$T_{31} = \begin{vmatrix} -1 & 0 \\ 2 & -1 \end{vmatrix} = 1-0 = 1, \qquad T_{32} = -\begin{vmatrix} 1 & 0 \\ -1 & -1 \end{vmatrix} = -(-1-0) = 1$$

$$T_{33} = \begin{vmatrix} 1 & -1 \\ -1 & 2 \end{vmatrix} = 2-1 = 1$$

■

특이하게도 [예제 4.2.2]에서 주어진 그래프의 라플라스 행렬은 모든 여인수가 1로 동일함을 알 수 있다. 다음 정리는 이러한 현상이 모든 단순그래프에서 항상 나타나며 그 값이 의미하는 바가 무엇인지도 또한 알려준다.

정리 4.2 행렬나무 정리(Kirchhoff's matrix tree theorem)

임의의 단순그래프 G의 라플라스 행렬 L_G은 다음을 만족한다.

(i) L_G의 모든 여인수는 동일하다.

(ii) L_G의 여인수는 G의 생성나무의 개수와 같다.

예제 4.2.3 [그림 4.7]에 있는 그래프 G_1에 대하여 행렬나무 정리를 확인하여라.

풀이 [그림 4.7]에 있는 그래프 G_1에 대한 라플라스 행렬 T는 3×3 행렬로서 다음과 같다.

$$T = \begin{pmatrix} 2 & -1 & -1 \\ -1 & 2 & -1 \\ -1 & -1 & 2 \end{pmatrix}$$

T의 여인수를 계산해 보면 모두 값이 3으로 그래프 G_1에 대한 생성나무의 개수와 같음을 다음과 같이 확인할 수 있다.

$$T_{11} = \begin{vmatrix} 2 & -1 \\ -1 & 2 \end{vmatrix} = 4-1 = 3$$

$$T_{12} = -\begin{vmatrix} -1 & -1 \\ -1 & 2 \end{vmatrix} = -(-2-1) = 3$$

$$T_{13} = \begin{vmatrix} -1 & 2 \\ -1 & -1 \end{vmatrix} = 1-(-2) = 3$$

$$T_{21} = -\begin{vmatrix} -1 & -1 \\ -1 & 2 \end{vmatrix} = -(-2-1) = 3$$

$$T_{22} = \begin{vmatrix} 2 & -1 \\ -1 & 2 \end{vmatrix} = 4-1=3$$

$$T_{23} = -\begin{vmatrix} 2 & -1 \\ -1 & -1 \end{vmatrix} = -(-2-1)=3$$

$$T_{31} = \begin{vmatrix} -1 & -1 \\ 2 & -1 \end{vmatrix} = 1-(-2)=3$$

$$T_{32} = -\begin{vmatrix} 2 & -1 \\ -1 & -1 \end{vmatrix} = -(-2-1)=3$$

$$T_{33} = \begin{vmatrix} 2 & -1 \\ -1 & 2 \end{vmatrix} = 4-1=3$$

■

예제 4.2.4 [그림 4.10]의 그래프 G_2에 대하여 행렬나무 정리를 확인하여라.

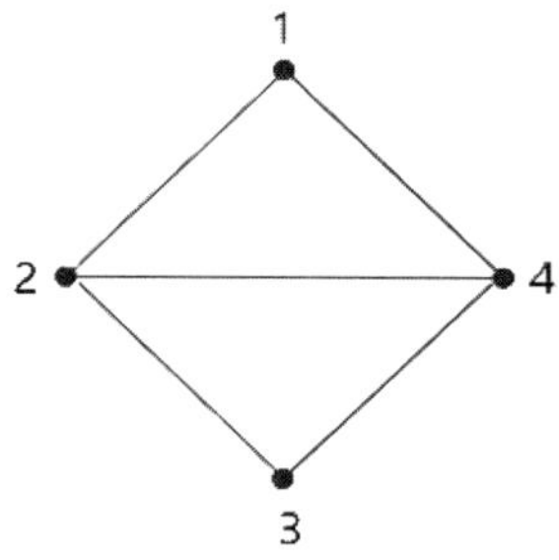

그림 4.10 그래프 G_2

풀이 그래프 G_2에 대한 라플라스 행렬 T는 4×4 행렬로서 다음과 같다.

$$T=\begin{pmatrix} 2 & -1 & 0 & -1 \\ -1 & 3 & -1 & -1 \\ 0 & -1 & 2 & -1 \\ -1 & -1 & -1 & 3 \end{pmatrix}$$

T의 여인수를 계산해 보자.

$$T_{11} = \begin{vmatrix} 3 & -1 & -1 \\ -1 & 2 & -1 \\ -1 & -1 & 3 \end{vmatrix} = 8, \quad T_{12} = -\begin{vmatrix} -1 & -1 & -1 \\ 0 & 2 & -1 \\ -1 & -1 & 3 \end{vmatrix} = 8,$$

$$T_{13} = \begin{vmatrix} -1 & 3 & -1 \\ 0 & -1 & -1 \\ -1 & -1 & 3 \end{vmatrix} = 8, \quad T_{14} = -\begin{vmatrix} -1 & 3 & -1 \\ 0 & -1 & 2 \\ -1 & -1 & -1 \end{vmatrix} = 8$$

그래프 G_2에 대한 생성나무는 8개로 아래와 같다.

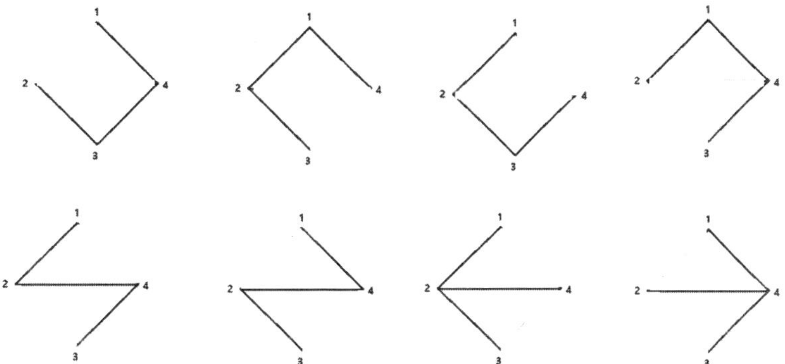

예제 4.2.5 [그림 4.11]에 주어진 그래프 G_3의 생성나무의 개수를 구하여라.

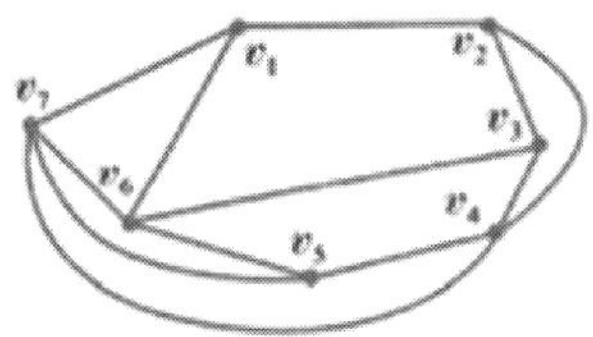

그림 4.11 그래프 G_3

풀이 그래프 G_3에 대한 라플라스 행렬 T는 7×7 행렬로서 다음과 같다.

$$T=\begin{pmatrix} 3 & -1 & 0 & 0 & 0 & -1 & -1 \\ -1 & 3 & -1 & -1 & 0 & 0 & 0 \\ 0 & -1 & 3 & -1 & 0 & -1 & 0 \\ 0 & -1 & -1 & 4 & -1 & 0 & -1 \\ 0 & 0 & 0 & -1 & 3 & -1 & -1 \\ -1 & 0 & -1 & 0 & -1 & 4 & -1 \\ -1 & 0 & 0 & -1 & -1 & -1 & 4 \end{pmatrix}$$

T의 1행1열에 대한 여인수 T_{11}을 계산해 보면

$$(-1)^{1+1}M_{11}=\begin{vmatrix} 3 & -1 & -1 & 0 & 0 & 0 \\ -1 & 3 & -1 & 0 & -1 & 0 \\ -1 & -1 & 4 & -1 & 0 & -1 \\ 0 & 0 & -1 & 3 & -1 & -1 \\ 0 & -1 & 0 & -1 & 4 & -1 \\ 0 & 0 & -1 & -1 & -1 & 4 \end{vmatrix}=386$$

이므로, 그래프 G_3의 생성나무는 386개이다.

연습문제 4.2

01. 주어진 각 그래프에 대하여 라플라스 행렬 T와 라플라스 행렬 T의 여인수 T_{21}를 구하시오.

(1)

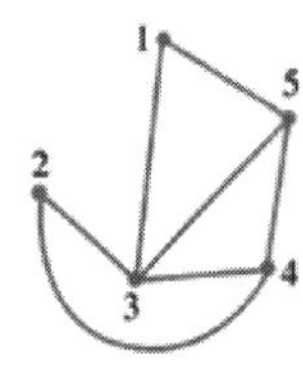

(2)

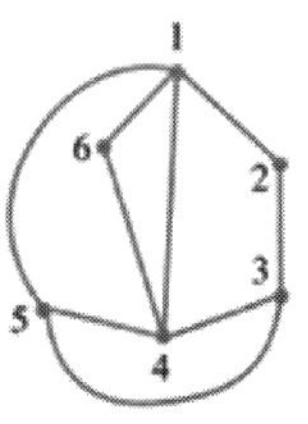

(3)

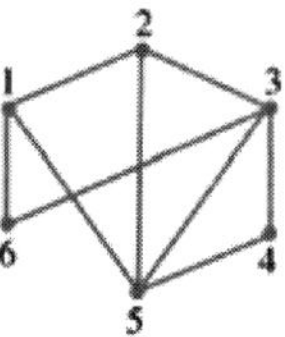

02. 문제 1에 주어진 각 그래프의 생성나무의 개수를 구하여라.

CHAPTER

5

유클리드 벡터공간

5.1 벡터의 기본개념

(1) 벡터의 의미와 표기

우리가 일상생활에서 사용하는 물리적인 양에는 2가지가 있다. 온도, 속력, 시간, 도형의 면적, 입체의 체적 등과 같이 크기(magnitude)만을 가지는 물리량을 **스칼라**(scalar)라고 하며, 보통 a, b, c와 같은 이탤릭체 소문자로 표기한다. 반면에 하나의 수로 표현할 수 없는 대상, 이를테면 속도, 힘, 가속도 등과 같이 크기와 방향(direction)을 동시에 가지는 물리량은 **벡터**(vector)라고 하며, 보통 u, v, w와 같이 굵은 글씨체로 나타내어 스칼라와 구별하여 사용한다.

1차원 공간 $\mathbb{R}^1$, 2차원 공간 $\mathbb{R}^2$, 또는 3차원 공간 $\mathbb{R}^3$의 벡터는 **유향선분**(directed line segment)으로 나타낼 수 있다. 유향선분의 화살표는 방향을 표현하고 길이는 크기를 나타낸다. 유향선분의 출발점을 **시점**(initial point)이라 하고, 도착점을 **종점**(terminal point)이라 한다. 4차원 이상의 벡터는 직관적으로 표현하기는 곤란하나, $\mathbb{R}^2$와 $\mathbb{R}^3$ 공간에서의 개념을 확장하여 생각할 수 있다.

시점이 P이고 종점이 Q인 벡터 u는 다음과 같이 나타낸다.

$$u = \overrightarrow{PQ}$$

이 때 $\overrightarrow{PQ}$는 아래와 같은 유향선분을 의미한다.

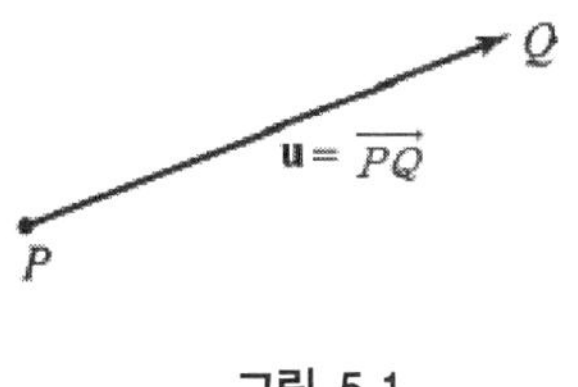

그림 5.1

만약 두 벡터가 크기와 방향이 같다면, 이 두 벡터는 **동치**(equivalent)라 한다. 이와 같은 관점에서 보면, 벡터는 크기와 방향을 갖는 양이므로 그 시점이 어디인가는 문제가 되지 않는다. 즉, 벡터를 평행이동하여도 동일한 벡터로 간주한다. 두 벡터가 서로 동치일 때, 우리는 두 벡터가 **같다** 또는 **동일하다**, 라고 말하기도 한다. 아래 그림에서 벡터 u와 v, w와 r은 서로 동치이며 이는 $u=v$, $w=r$로 나타낸다.

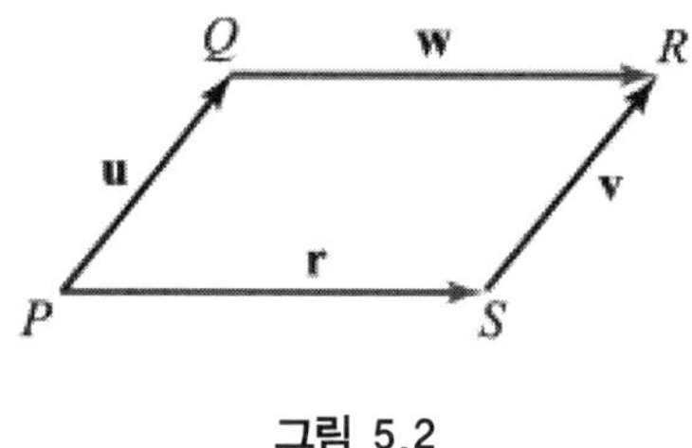

그림 5.2

벡터에 관한 여러 가지 문제를 다룰 때는 직교좌표계를 이용하여 매우 간편하게 다룰 수 있다. 평행이동하여 일치하는 여러 유향선분들이 같은 벡터를 나타내지만, 그중에 시점을 원점으로 하는 유향선분은 하나이다. 그러므로 시점을 원점으로 했을 때의 종점의 위치는 벡터를 표현하는 좋은 방법이 된다. 직교좌표에서 원점 $O(0,0)$을 시점으로 하고 점 $P(x,y)$를 종점으로 하는 유향선분을 **위치벡터**(position vector)라 부르며

$$\overrightarrow{OP} \text{ 또는 } \boldsymbol{u} = (x,y)$$

로 나타낸다. 여기서 x,y는 실수로서 벡터 $\boldsymbol{u}$의 **성분**(component)이라 한다.

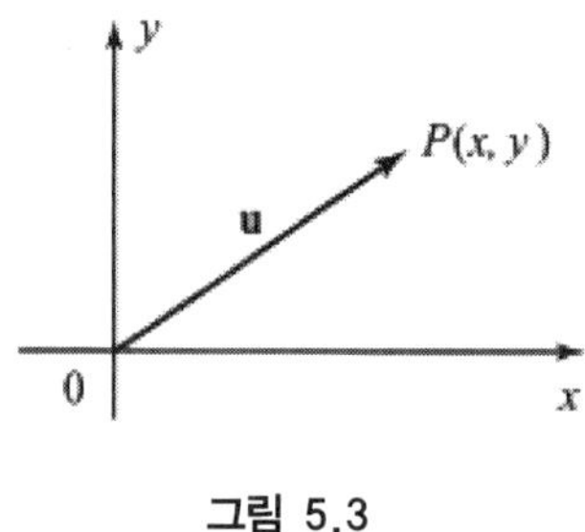

그림 5.3

또한 벡터 $\boldsymbol{u} = (x,y)$을 2×1행렬 $\boldsymbol{u} = \begin{pmatrix} x \\ y \end{pmatrix}$로 나타내기도 한다. 즉 임의의 위치벡터는

$$\boldsymbol{u} = (x,y) \text{ 또는 } \boldsymbol{u} = \begin{pmatrix} x \\ y \end{pmatrix}$$

로 나타낸다. 이와 같은 개념을 n차원 실수 공간인 $\mathbb{R}^n$까지 확장하면

$$\boldsymbol{u} = (x_1, x_2, \cdots, x_n) \text{ 또는 } \boldsymbol{u} = \begin{pmatrix} x_1 \\ x_2 \\ \vdots \\ x_n \end{pmatrix}$$

로 나타낸다. 그러므로 벡터를 행렬의 특수한 경우로 생각할 수 있다.[11] 행렬을 처음 배울 때 우리가 행렬의 각 행과 각 열을 행벡터, 열벡터라고 명명했던 것을 기억해보자.

예제 5.1.1 다음의 벡터를 직교좌표에 그려라.

(1) $u=(4,1)$　　(2) $v=(-2,3)$　　(3) $w=(1,-3)$

풀이 벡터 u, v, w를 직교좌표에 나타내면 다음과 같다.

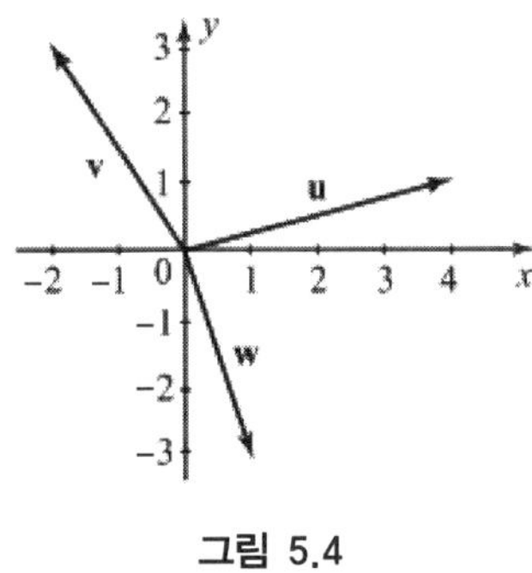

그림 5.4 ■

이러한 성분에 의한 벡터의 표현에 의하면, 두 벡터가 서로 같다는 것은 대응되는 성분이 같음을 의미한다.

정의 5.1 벡터의 상등

두 벡터 $u=(u_1,u_2,\cdots,u_n)$와 $v=(v_1,v_2,\cdots,v_n)$의 모든 성분이 같을 때, 즉

$$u_i=v_i \quad i=1,2,\cdots,n$$

일 때, 두 벡터 u와 v는 **같다**고 하며 $u=v$로 나타낸다.

---

11. 벡터를 $u=\begin{pmatrix} x_1 \\ x_2 \\ \vdots \\ x_n \end{pmatrix}$로 나타낼 때는 정확히 $n\times 1$행렬이지만, $u=(x_1,x_2,\cdots,x_n)$로 나타내는 경우에는 $1\times n$행렬과는 다르게 쉼표(,)가 들어간다.

예제 5.1.2 다음과 같이 표기된 두 벡터가 서로 같을 때 a, b를 구하여라.

(1) $u=(a,2),\ v=(-1,b)$ (2) $u=\begin{pmatrix} a+b \\ 1 \end{pmatrix},\ v=\begin{pmatrix} 3 \\ a-b \end{pmatrix}$

풀이 두 벡터가 서로 같다는 것은 대응되는 성분이 모두 같다는 의미이므로 다음과 같다.

(1) $a=-1, b=2$

(2) $a+b=3, a-b=1$로부터 $a=2, b=1$을 얻는다. ■

(2) 벡터의 스칼라 곱, 합과 차

앞에서 우리는 벡터를 행렬의 특수한 경우로 생각할 수 있음을 보았으며, 두 벡터가 서로 같다는 것도 앞 장에서 학습한 행렬의 상등의 정의와 일치함을 확인하였다. 벡터공간에서 정의되는 연산 또한 행렬에서 정의한 스칼라 곱과 두 벡터의 합을 그대로 따른다.

먼저 크기가 0인 벡터를 **영벡터**(zero vector)로 정의하고 0으로 표기한다. 그러면 $0=(0,\cdots,0)$이고, 임의의 벡터 v에 대해

$$v+0=v, \qquad v+(-v)=0$$

이 성립한다.

정의 5.2 벡터의 합

두 벡터 $u=(u_1,u_2,\cdots,u_n)$와 $v=(v_1,v_2,\cdots,v_n)$에 대하여 u와 v의 합은 다음과 같다.

$$u+v=(u_1+v_1,\cdots,\ u_n+v_n)$$

두 벡터 u와 v에 대해 u의 종점에 v의 시점을 일치시키면 $u+v$를 얻는데, 이것은 [그림 5.5]와 같이 두 벡터 u와 v에 의해 만들어지는 평행사변형의 대각선을 유향선분으로 하는 표현되는 벡터이다.

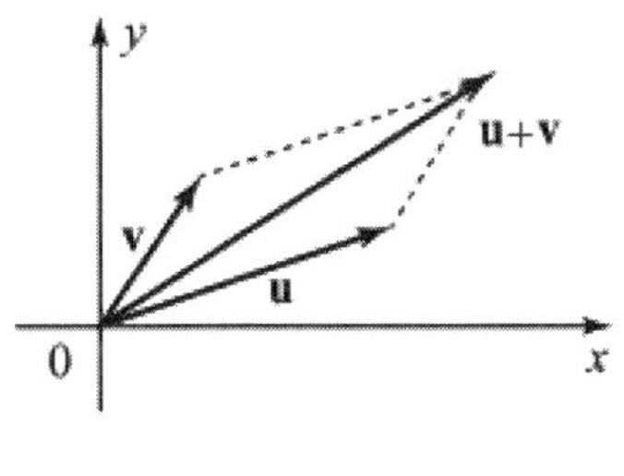

그림 5.5

정의 5.3 벡터의 스칼라 곱

임의의 스칼라 $\alpha \in \mathbb{R}$과 벡터 $u=(u_1, u_2, \cdots, u_n)$에 대하여 스칼라 곱은 다음과 같이 정의된다.

$$\alpha u = (\alpha u_1, \alpha u_2, \cdots, \alpha u_n)$$

스칼라 곱의 정의로부터 벡터 αu의 크기는 u의 크기에 $|\alpha|$배한 벡터로 스칼라 α가 양수이면 u와 같은 방향이고 스칼라 α가 음수이면 u와 정반대 방향이다. 그리고 α가 0이면 αu는 영벡터 0이 된다.

두 벡터 u와 v의 차 $u-v$는 u와 $(-v)$의 합으로 해석할 수 있다. 즉,

$$u-v=u+(-v)$$

이다.

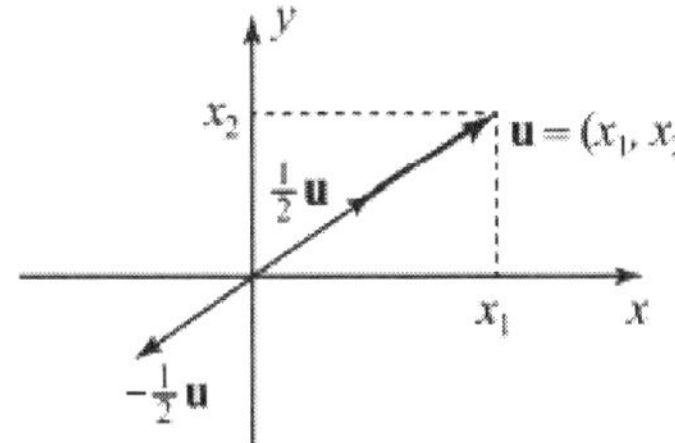

그림 5.6

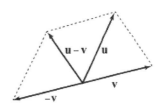

예제 5.1.3 $\mathbb{R}^2$의 벡터 $u=(3,1)$, $v=(1,2)$에 대하여 다음 물음에 답하시오.

(1) $2u-v$ (2) $u+v$를 구하고 좌표평면 위에 그리시오.

풀이 (1) $2u-v=2(3,1)-(1,2)=(6-1, 2-2)=(5,0)$

(2) $u+v=(3,1)+(1,2)=(4,3)$

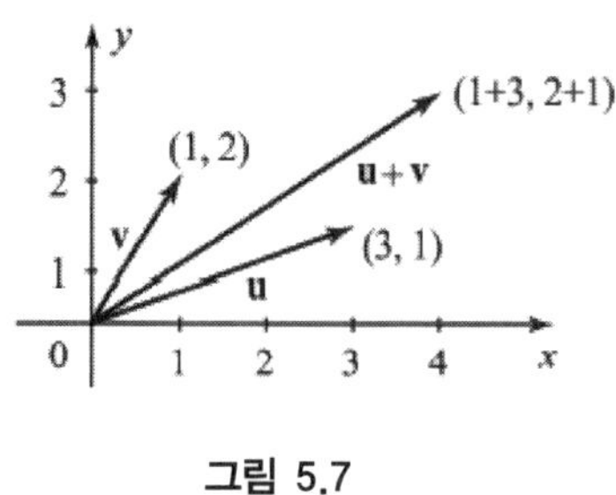

그림 5.7 ■

위치벡터가 아닌 벡터, 즉 시점이 원점이 아닌 점 $P(a_1, b_1)$와 종점이 $Q(a_2, b_2)$인 벡터 $\overrightarrow{PQ}$를 다루는 경우가 있다. 이와 같은 $\overrightarrow{PQ}$의 성분은

$$\overrightarrow{PQ}=(b_1-a_1, b_2-a_2)$$

이다. 그러므로 원래 주어진 벡터 $\overrightarrow{PQ}$는 시점이 원점이고 종점이 $Q'(b_1-a_1, b_2-a_2)$인 벡터와 크기와 방향이 같은 벡터이다. 즉

$$\overrightarrow{OQ'}=(b_1-a_1, b_2-a_2)=\overrightarrow{PQ}$$

이다.

예제 5.1.4 다음 (a), (b), (c)에 주어진 세 벡터는 서로 같은 벡터임을 보여라.

(a) 시점이 $A(-3,1)$이고 종점이 $B(-1,4)$인 벡터

(b) 시점이 $C(3,2)$이고 종점이 $D(5,5)$인 벡터

(c) 시점이 $O(0,0)$이고 종점이 $E(2,3)$인 벡터

풀이 $\overrightarrow{AB}=(-1-(-3), 4-1)=(2,3)$이고 $\overrightarrow{CD}=(5-3, 5-2)=(2,3)$이므로, 벡터 $\overrightarrow{AB}$와 $\overrightarrow{CD}$는 벡터 $\overrightarrow{OE}=(2,3)$와 동일하다. ■

예제 5.1.5 다음 두 점 $P(2,3,1)$과 $Q(5,-1,1)$에 대하여 $\overrightarrow{PQ}$와 $\overrightarrow{QP}$를 구하여라.

풀이 $\overrightarrow{PQ}$와 $\overrightarrow{QP}$는 각각 다음과 같다.

$$\overrightarrow{PQ}=(5-2, -1-3, 1-1)=(3,-4,0)$$
$$\overrightarrow{QP}=(2-5, 3-(-1), 1-1)=(-3,4,0)$$ ■

벡터들의 덧셈은 다음 성질을 만족한다.

정리 5.1 벡터의 덧셈에 대한 성질

임의의 벡터 $u, v, w \in \mathbb{R}^n$에 대하여 다음이 성립한다.

(1) $u+v=v+u$

(2) $u+(v+w)=(u+v)+w$

(3) $u+0=u$

(4) $u+(-u)=0$

증명 $\boldsymbol{u}=(u_1,u_2,\cdots,u_n)$, $\boldsymbol{v}=(v_1,v_2,\cdots,v_n)$, $\boldsymbol{w}=(w_1,w_2,\cdots,w_n)$라 두면,

(1) $\boldsymbol{u}+\boldsymbol{v}=(u_1+v_1,\cdots,u_n+v_n)=(v_1+u_1,\cdots,v_n+u_n)=\boldsymbol{v}+\boldsymbol{u}$

(2) $\boldsymbol{u}+\boldsymbol{v}=(u_1+v_1,\cdots,u_n+v_n)$이고 $\boldsymbol{v}+\boldsymbol{w}=(v_1+w_1,\cdots,v_n+w_n)$이므로,

$$\begin{aligned}\boldsymbol{u}+(\boldsymbol{v}+\boldsymbol{w}) &= (u_1,u_2,\cdots,u_n)+(v_1+w_1,\cdots,v_n+w_n)\\ &=(u_1+(v_1+w_1),\cdots,u_n+(v_n+w_n))\\ &=(u_1+(v_1+w_1),\cdots,u_n+(v_n+w_n))\\ &=((u_1+v_1)+w_1,\cdots,(u_n+v_n)+w_n)\\ &=(\boldsymbol{u}+\boldsymbol{v})+\boldsymbol{w}\end{aligned}$$

(3) $\boldsymbol{u}+\boldsymbol{0}=(u_1,u_2,\cdots,u_n)+(0,\cdots,0)=(u_1,u_2,\cdots,u_n)=\boldsymbol{u}$

(4) $\boldsymbol{u}+(-\boldsymbol{u})=(u_1,\cdots,u_n)+(-u_1,\cdots,-u_n)=(u_1-u_1,\cdots,u_n-u_n)$
$=(0,\cdots,0)=\boldsymbol{0}$

스칼라 곱 연산은 다음 성질을 만족한다.

정리 5.2 벡터의 스칼라 곱에 대한 성질

임의의 스칼라 $\alpha, \beta \in \mathbb{R}$와 임의의 벡터 $u, v, w \in \mathbb{R}^n$에 대하여

(1) $\alpha(u+v)=\alpha u+\alpha v$

(2) $(\alpha+\beta)u=\alpha u+\beta u$

(3) $\alpha(\beta u)=(\alpha\beta)u$

(4) $1u=u$

(5) $0u=0$

증명 $\boldsymbol{u}=(u_1,u_2,\cdots,u_n)$, $\boldsymbol{v}=(v_1,v_2,\cdots,v_n)$, $\boldsymbol{w}=(w_1,w_2,\cdots,w_n)$라 두면,

(1) $\alpha(\boldsymbol{u}+\boldsymbol{v})=\alpha(u_1+v_1,\cdots,u_n+v_n)=(\alpha(u_1+v_1),\cdots,\alpha(u_n+v_n))$
$=(\alpha u_1+\alpha v_1,\cdots,\alpha u_n+\alpha v_n)=\alpha\boldsymbol{u}+\alpha\boldsymbol{v}$

(2) $(\alpha+\beta)\boldsymbol{u}=(\alpha+\beta)(u_1,u_2,\cdots,u_n)=((\alpha+\beta)u_1,(\alpha+\beta)u_2,\cdots,(\alpha+\beta)u_n)$
$=(\alpha u_1+\beta u_1,\cdots,\alpha u_n+\beta u_n)=\alpha\boldsymbol{u}+\beta\boldsymbol{u}$

(3) $\alpha(\beta\boldsymbol{u})=\alpha(\beta u_1,\beta u_2,\cdots,\beta u_n)=(\alpha\beta u_1,\alpha\beta u_2,\cdots,\alpha\beta u_n)=(\alpha\beta)\boldsymbol{u}$

(4) $1\boldsymbol{u}=1(u_1,u_2,\cdots,u_n)=(u_1,u_2,\cdots,u_n)=\boldsymbol{u}$

(5) $0\boldsymbol{u}=0(u_1,u_2,\cdots,u_n)=(0,0,\cdots,0)=\boldsymbol{0}$

[정리 5.1]과 [정리 5.2]를 이용하면 벡터방정식을 간단하게 풀 수 있다.

예제 5.1.6 벡터방정식 $3\boldsymbol{x}-5\boldsymbol{u}=6\boldsymbol{v}$를 만족하는 벡터 $\boldsymbol{x}$를 구하여라.

풀이 $3\boldsymbol{x}-5\boldsymbol{u}=6\boldsymbol{v}$로부터 양변에 $5\boldsymbol{u}$를 더하면,

$$(3\boldsymbol{x}-5\boldsymbol{u})+5\boldsymbol{u}=6\boldsymbol{v}+5\boldsymbol{u}$$
$$\Leftrightarrow 3\boldsymbol{x}+(-5\boldsymbol{u}+5\boldsymbol{u})=6\boldsymbol{v}+5\boldsymbol{u}$$
$$\Leftrightarrow 3\boldsymbol{x}+\boldsymbol{0}=6\boldsymbol{v}+5\boldsymbol{u}$$
$$\Leftrightarrow 3\boldsymbol{x}=6\boldsymbol{v}+5\boldsymbol{u}$$

이므로, 양변에 스칼라 $\frac{1}{3}$을 곱하면,

$$\Leftrightarrow \frac{1}{3}(3\boldsymbol{x})=\frac{1}{3}(6\boldsymbol{v}+5\boldsymbol{u})$$
$$\Leftrightarrow (\frac{1}{3}\times 3)\boldsymbol{x}=(\frac{1}{3}\times 6)\boldsymbol{v}+(\frac{1}{3}\times 5)\boldsymbol{u}$$
$$\Leftrightarrow 1\boldsymbol{x}=2\boldsymbol{v}+\frac{5}{3}\boldsymbol{u}$$
$$\Leftrightarrow \boldsymbol{x}=2\boldsymbol{v}+\frac{5}{3}\boldsymbol{u}$$

이므로 벡터방정식의 해는 $\boldsymbol{x}=2\boldsymbol{v}+\frac{5}{3}\boldsymbol{u}$이다. ■

(3) 벡터의 크기

2차원 벡터 $v=(a,b)$의 **크기**(magnitude)는 $\|v\|$로 나타내며[12], **노옴**(norm) 또는 **길이**(length)

라고도 한다. 피타고라스 정리에 의하여

$$\|v\| = \sqrt{a^2 + b^2}$$

이다.

$\mathbb{R}^2$의 임의의 두 점 $P(a_1, a_2)$와 $Q(b_1, b_2)$ 사이의 거리 $d(P, Q)$는 벡터 $\overrightarrow{PQ}$의 크기 $\|\overrightarrow{PQ}\|$이다. 즉,

$$\overrightarrow{PQ} = (b_1 - a_1, b_2 - a_2)$$

이므로

$$d(P, Q) = \|\overrightarrow{PQ}\| = \sqrt{(b_1 - a_1)^2 + (b_2 - a_2)^2}$$

이다. 길이가 1인 벡터를 **단위벡터**(unit vector)라 한다. 임의의 영벡터가 아닌 벡터 v에 대해, v방향으로의 단위벡터 u는 다음과 같이 주어진다.

$$u = \frac{1}{\|v\|} v$$

즉 어떤 벡터를 그 벡터의 크기로 나눈 벡터는 그 방향으로의 단위벡터가 된다.

$\mathbb{R}^3$에서의 벡터의 크기 및 두 점 사이의 거리는 $\mathbb{R}^2$에서와 마찬가지로 정의된다. 가령 벡터 $w = (a, b, c)$의 크기는

$$\|w\| = \sqrt{a^2 + b^2 + c^2}$$

이다.

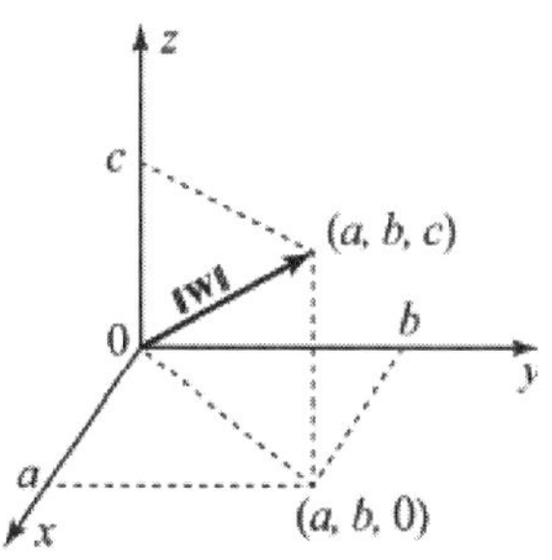

그림 5.8

12. 간혹 벡터 v의 크기를 $|v|$로 나타내기도 한다. 우리는 $\|v\|$로 표기하기로 하자.

또한 $\mathbb{R}^3$의 임의의 두 점 $P(a_1, a_2, a_3)$와 $Q(b_1, b_2, b_3)$ 사이의 거리 $d(P, Q)$는 벡터 $\overrightarrow{PQ}$의 크기 $\|\overrightarrow{PQ}\|$이다. 즉,

$$\overrightarrow{PQ} = (b_1 - a_1, b_2 - a_2, b_3 - a_3)$$

이므로

$$d(P, Q) = \|\overrightarrow{PQ}\| = \sqrt{(b_1 - a_1)^2 + (b_2 - a_2)^2 + (b_3 - a_3)^2}$$

이다.

좀 더 일반적으로 $\mathbb{R}^n$의 임의의 두 점 $P(a_1, a_2, \cdots, a_n)$와 $Q(b_1, b_2, \cdots, b_n)$ 사이의 거리 $d(P, Q)$는 벡터 $\overrightarrow{PQ}$의 크기 $\|\overrightarrow{PQ}\|$와 같은 값으로 다음과 같이 정의된다.

$$d(P, Q) = \|\overrightarrow{PQ}\| = \sqrt{(b_1 - a_1)^2 + (b_2 - a_2)^2 + \cdots + (b_n - a_n)^2}$$

예제 5.1.7 다음 물음에 답하시오.

(1) $\mathbb{R}^2$의 벡터 $v = (1, 2)$의 크기를 구하여라.

(2) $\mathbb{R}^3$의 벡터 $v = (\frac{1}{3}, -\frac{2}{3}, a)$가 단위벡터일 때 실수 a의 값을 구하여라.

풀이 (1) $\|v\| = \sqrt{1^2 + 2^2} = \sqrt{5}$

(2) $v = (\frac{1}{3}, -\frac{2}{3}, a)$가 단위벡터이므로 $\|v\| = \sqrt{(\frac{1}{3})^2 + (-\frac{2}{3})^2 + a^2} = 1$이다. 그러므로 a는 방정식 $\sqrt{\frac{5}{9} + a^2} = 1$을 만족시켜야 한다. 따라서 $\frac{5}{9} + a^2 = 1$로부터 $a^2 = \frac{4}{9}$이므로 $a = \frac{2}{3}$ 또는 $a = -\frac{2}{3}$이다. ■

예제 5.1.8 벡터 $v = (1, 1, -2)$와 같은 방향을 갖는 단위벡터를 구하여라.

풀이 $\|v\| = \sqrt{1^2 + 1^2 + (-2)^2} = \sqrt{6}$이므로 v 방향으로의 단위벡터 u는 다음과 같다.

$$u = \frac{1}{\|v\|} v = \frac{1}{\sqrt{6}}(1, 1, -2) = (\frac{1}{\sqrt{6}}, \frac{1}{\sqrt{6}}, -\frac{2}{\sqrt{6}})$$ ■

(4) 표준단위벡터

$\mathbb{R}^2$ 또는 $\mathbb{R}^3$의 직교좌표계에서 양의 좌표축 방향의 단위벡터를 **표준단위벡터**(standard unit vector)라 한다. 이를테면 $\mathbb{R}^2$에서는

$$i=(1,0),\quad j=(0,1)$$

로 표기되고, $\mathbb{R}^3$에서는

$$i=(1,0,0),\quad j=(0,1,0),\quad k=(0,0,1)$$

로 표기된다.

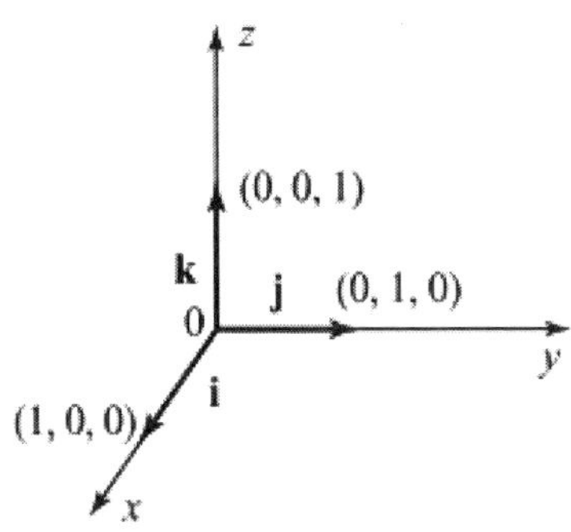

그림 5.9

표준단위벡터는 $\mathbb{R}^2$의 임의의 벡터를 생성한다. 즉, 벡터 $v=(a,b)$는

$$v=(a,b)=a(1,0)+b(0,1)=ai+bj$$

이다. 마찬가지로 $\mathbb{R}^3$의 임의의 벡터 $v=(a,b,c)$는

$$v=(a,b,c)=a(1,0,0)+b(0,1,0)+c(0,0,1)=ai+bj+ck$$

이다. 또한 이러한 표준단위벡터에 의한 일차결합의 표현은 유일함을 알 수 있다. 예를 들어,

$$(2,3)=2i+3j,\ (2,3,5)=2i+3j+5k$$

이다.

일반적으로 $\mathbb{R}^n$에서의 표준단위벡터는

$$e_1=(1,0,\cdots,0),\ e_2=(0,1,0,\cdots,0),\ \cdots,e_n=(0,\cdots,0,1)$$

으로 정의할 수 있고, $\mathbb{R}^n$의 임의의 벡터 $v=(v_1,v_2,\cdots,v_n)$는 이 표준단위벡터들의 일차결합으로 유일하게 표현된다.

$$v=(v_1,v_2,\cdots,v_n)=v_1e_1+v_2e_2+\cdots+v_ne_n$$

연습문제 5.1

01. 다음은 $\mathbb{R}^2$의 위치 벡터이다. v_1, v_2, v_3, v_4를 한 직교좌표에 나타내어라.

(1) $v_1 = (2,4)$　　(2) $v_2 = (-2,4)$

(3) $v_3 = (3,-5)$　　(4) $v_4 = (-2,-5)$

02. 다음은 $\mathbb{R}^3$의 위치 벡터이다. v_1, v_2, v_3, v_4를 한 직교좌표에 나타내어라.

(1) $v_1 = (3,0,0)$　　(2) $v_2 = (3,3,0)$

(3) $v_3 = (0,3,3)$　　(4) $v_4 = (2,3,4)$

03. 벡터 $v = (1,3)$, $w = (-3,2)$에 대하여 다음을 구하여라.

(1) $3v$　　(2) $v + w$　　(3) $v - 2w$　　(4) $\|v\|$

(5) $\|w\|$　　(6) $\|v + w\|$　　(7) v 방향으로의 단위벡터 u

04. $\mathbb{R}^2$에서 시점이 $A(1,5)$이고 종점이 $B(3,1)$인 벡터 $\overrightarrow{AB}$의 성분을 구하여라.

05. $\mathbb{R}^3$에서 두 점 P, Q가 다음과 같을 때 벡터 $\overrightarrow{PQ}$의 성분을 구하여라.

(1) $P(4,-2,1)$, $Q(1,3,2)$　　(2) $P(0,0,1)$, $Q(-2,5,3)$

06. 두 점 $P(2,3,1)$, $Q(5,-1,1)$에 대하여 다음을 구하여라.

(1) $\|\overrightarrow{PQ}\|$　　(2) $\|\overrightarrow{QP}\|$

07. $\mathbb{R}^2$에서 시점이 $P(1,1)$이고 벡터 $u = (2,3)$과 동치인 벡터의 종점을 구하여라

08. $\mathbb{R}^3$에서 시점이 $P(0,1,0)$이고, 벡터 $u = (2,2,3)$과 동치인 벡터의 종점을 구하여라

09. 종점이 $Q(3,0)$이고, 벡터 $u = (4,5)$와 동치인 벡터의 시점을 구하여라.

10. 종점이 $Q(-1,0,2)$이고, 벡터 $u = (1,1,3)$와 동치인 벡터의 시점을 구하여라.

11. $\mathbb{R}^3$의 세 벡터

$$u=(1,3,-2),\ v=(2,0,1),\ w=(-1,1,0)$$

에 대하여 다음을 구하여라.

(1) $u+v$ (2) $u+w$ (3) $u+v+w$ (4) $2u+3v-4w$

12. $\mathbb{R}^2$의 벡터 u, v, w에 대하여 다음이 성립함을 증명하여라.

$$u+(v+w)=(u+v)+w$$

5.2 벡터의 내적

이 절에서는 임의의 두 벡터에 대하여 스칼라 값을 하나씩 대응시키는 내적을 정의하고, 내적의 성질과 그 응용에 대하여 알아본다. 내적은 두 벡터의 곱셈이라고 생각할 수 있지만 그 결과가 벡터가 아닌 스칼라라는 점에서 정의구역이 $\mathbb{R}^n \times \mathbb{R}^n$이고 공역이 $\mathbb{R}$인 함수로 볼 수 있다.

(1) 내적의 정의

정의 5.4 벡터의 내적

$\mathbb{R}^n$의 두 벡터 $\boldsymbol{u}=(u_1,u_2,\cdots,u_n)$와 $\boldsymbol{v}=(v_1,v_2,\cdots,v_n)$에 대하여 $\boldsymbol{u}$와 $\boldsymbol{v}$의 **내적**(inner product, dot product) $\boldsymbol{u}\cdot\boldsymbol{v}$는 다음과 같다.

$$\boldsymbol{u}\cdot\boldsymbol{v}=u_1v_1+u_2v_2+\cdots+u_nv_n$$

예제 5.2.1 두 벡터 $\boldsymbol{u}=(3,0,2)$와 $\boldsymbol{v}=(1,1,-2)$의 내적 $\boldsymbol{u}\cdot\boldsymbol{v}$를 구하여라.

풀이 $\boldsymbol{u}\cdot\boldsymbol{v}$는 내적의 정의에 의하여 다음과 같이 계산된다.

$$\boldsymbol{u}\cdot\boldsymbol{v}=3\times1+0\times1+2\times(-2)=3+0-4=-1$$ ■

정의에서 바로 알 수 있듯이 내적은 스칼라이다. 내적의 기하학적 의미를 알아보기 위하여 $\mathbb{R}^2$와 $\mathbb{R}^3$에서의 두 벡터의 내적에 대해서 생각해보자.

정리 5.3 벡터의 내적과 사잇각[13]

$\mathbb{R}^2$ 또는 $\mathbb{R}^3$의 두 벡터 $\boldsymbol{u}$와 $\boldsymbol{v}$가 이루는 각이 θ일 때, 내적 $\boldsymbol{u}\cdot\boldsymbol{v}$는

$$\boldsymbol{u}\cdot\boldsymbol{v}=\|\boldsymbol{u}\|\|\boldsymbol{v}\|\cos\theta$$

이다.

증명 $\mathbb{R}^3$의 경우도 $\mathbb{R}^2$의 경우와 다를 것이 없으므로 $\mathbb{R}^2$에 대해서만 증명한다.

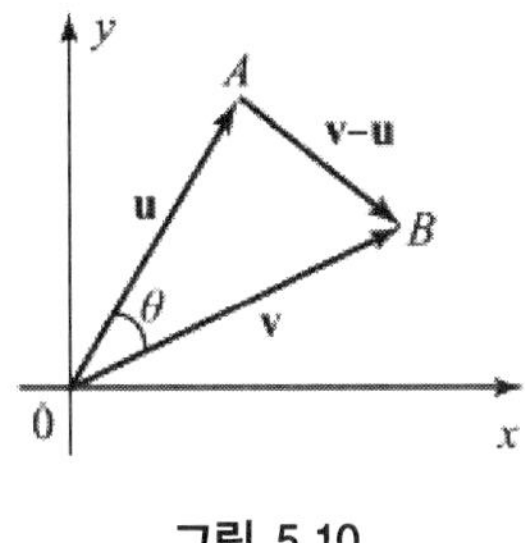

그림 5.10

세 벡터 $u, v, v-u$가 [그림 5.10]과 같이 삼각형을 이루고 있을 때 코사인 제2법칙을 이용하면

$$\|v-u\|^2 = \|u\|^2 + \|v\|^2 - 2\|u\|\|v\|\cos\theta$$

이다. 따라서 이제 $u=(u_1, u_2)$, $v=(v_1, v_2)$이라 두면,

$$\begin{aligned}\|u\|\|v\|\cos\theta &= \frac{1}{2}(\|u\|^2 + \|v\|^2 - \|v-u\|^2) \\ &= \frac{1}{2}(u_1^2 + u_2^2 + v_1^2 + v_2^2 - (v_1-u_1)^2 - (v_2-u_2)^2) \\ &= u_1v_1 + u_2v_2 + \cdots + u_nv_n = u \cdot v\end{aligned}$$

이므로 정리가 증명된다.

만약 두 벡터 u와 v의 내적이 0이면, 즉 $u \cdot v = 0$이면, 위의 정리에 의해서 두 벡터 중의 하나가 영벡터이거나 $\cos\theta = 0$이다.

이제 u와 v가 모두 영벡터가 아니라고 가정하자. 먼저 $u=v$인 경우 이루는 각은 $\theta = 0$이므로

$$u \cdot u = \|u\|\|u\|\cos\theta = \|u\|^2$$

이다. 두 벡터가 이루는 각이 수직이라면, 즉 $\theta = \frac{\pi}{2}$라면

$$u \cdot v = \|u\|\|v\|\cos\frac{\pi}{2} = 0$$

이다. 역으로 $u \cdot v = 0$이면 $\|u\| \neq 0$, $\|v\| \neq 0$이므로 두 벡터가 이루는 각 θ는 다음을 만족

13. 사실, 두 벡터 u와 v가 포함된 평면만을 생각한다면 $\mathbb{R}^n$에서도 정리 5.3은 성립한다.

시킨다.

$$\cos\theta = 0, \quad 0 \le \theta \le \pi$$

그러므로 $\theta = \frac{\pi}{2}$가 되며 이는 u와 v가 수직으로 만남을 의미한다. 즉,

$$u \cdot v = 0 \quad \Leftrightarrow \quad u \perp v$$

이다.

두 벡터 u, v가 평행이라면, u와 v가 이루는 각은 $\theta = 0$ 또는 $\theta = \pi$이므로 $u \cdot v$는 각각 다음과 같다.

$$u \cdot v = \|u\|\|v\|\cos 0 = \|u\|\|v\|$$

$$u \cdot v = \|u\|\|v\|\cos\pi = -\|u\|\|v\|$$

역으로 $u \cdot v = \|u\|\|v\|$이거나 $u \cdot v = -\|u\|\|v\|$이면, [정의 5.3]으로부터 각각

$$\cos\theta = 1 \quad \text{또는} \quad \cos\theta = -1$$

을 얻는다. 두 벡터가 이루는 각 θ는 $0 \le \theta \le \pi$이고 각각 $\theta = 0$ 또는 $\theta = \pi$이므로 두 벡터 u, v는 서로 평행이다.

이상을 정리하면 다음과 같다.

따름정리 5.4 내적의 성질

$\mathbb{R}^2$ 또는 $\mathbb{R}^3$의 두 벡터 u와 v가 이루는 각이 θ일 때, 다음이 성립한다.

(1) u와 v가 수직이다. $\Leftrightarrow$ $u \cdot v = 0$

(2) u와 v가 평행하다. $\Leftrightarrow$ $u \cdot v = \|u\|\|v\|$ 또는 $u \cdot v = -\|u\|\|v\|$

(3) $\cos\theta = \dfrac{u \cdot v}{\|u\|\|v\|}$

(4) $|u \cdot v| \le \|u\|\|v\|$

(4)는 **코시-슈바르츠의 부등식**(Cauchy-Schuwarz inequality)이라 불린다. 이 부등식에서 등호는 u와 v가 서로 평행일 때만 성립함을 알 수 있다.

표준단위벡터들 사이의 내적을 살펴보면, $\mathbb{R}^2$에서는 $i = (1,0)$, $j = (0,1)$에 대해

$$i \cdot j = 0,\ i \cdot i = j \cdot j = 1$$

$\mathbb{R}^3$에서는 $i = (1,0,0)$, $j = (0,1,0)$, $k = (0,0,1)$에 대해

$$i \cdot j = 0, \quad j \cdot k = 0, \quad k \cdot i = 0$$

$$i \cdot i = j \cdot j = k \cdot k = 1$$

이다.

예제 5.2.2 다음 각각의 경우 두 벡터의 내적을 구하고 그 사잇각 θ를 구하여라.

(1) $u = (1, -2)$, $v = (2,1)$ (2) $u = (1,2)$, $v = (2,1)$

(3) $u = (0,0,1)$, $v = (0,2,2)$ (4) $u = (1,-1,1)$, $v = (0,2,2)$

풀이 (1) $u \cdot v = 1 \times 2 + (-2) \times 1 = 0$이다. 그러므로 두 벡터 u와 v는 직교한다. 즉, $\theta = \dfrac{\pi}{2}$이다.

(2) $u \cdot v = 1 \times 2 + 2 \times 1 = 4$이고

$$\|u\| = \sqrt{1^2 + (-2)^2} = \sqrt{5},\ \|v\| = \sqrt{1^2 + 2^2} = \sqrt{5}$$

이므로,

$$\cos\theta = \frac{u \cdot v}{\|u\|\|v\|} = \frac{4}{\sqrt{5}\sqrt{5}} = \frac{4}{5}$$

이다. 그러므로

$$\theta = \cos^{-1}\frac{4}{5}$$ [14]

이다.

(3) $u \cdot v = 0 \times 0 + 0 \times 2 + 1 \times 2 = 2$이고 $\|u\| = 1$, $\|v\| = 2\sqrt{2}$이므로,

$$\cos\theta = \frac{u \cdot v}{\|u\|\|v\|} = \frac{2}{2\sqrt{2}} = \frac{1}{\sqrt{2}}$$

이다. 그러므로

$$\theta = \cos^{-1}\frac{1}{\sqrt{2}} = \frac{\pi}{4}$$

---

14. $\cos^{-1}\dfrac{4}{5}$이라는 표현은 cos 값이 $\dfrac{4}{5}$가 되는 각이라는 의미이다. 즉, 이 각을 θ라 두면 $\cos\theta = \dfrac{4}{5}$가 되며 $0 \le \theta \le \pi$이다. 미적분학에서 학습하는 역코사인함수의 $\dfrac{4}{5}$에서의 함숫값이다.

이다.

(4) $u \cdot v = 1\times 0 + (-1)\times 2 + 1\times 2 = 0$이므로 두 벡터 u와 v는 직교한다. 즉, $\theta = \dfrac{\pi}{2}$이다. ■

(2) 직교사영벡터

내적은 한 벡터를 수직인 두 벡터의 합으로 분해하는 문제에 유용하게 쓰인다. $\mathbb{R}^2$의 두 벡터 u, v에 대하여 u를 벡터 w_1 (v와 같은 방향의 벡터)와 w_2 (v와 수직인 벡터)의 합으로 유일하게 나타낼 수 있다. 이때 벡터 w_1을 v 방향으로의 u의 **직교사영**(orthogonal projection)이라 하며, 벡터 w_2를 v에 대한 u의 **직교성분**(orthogonal component)이라 한다. ([그림 5.11] 참조)

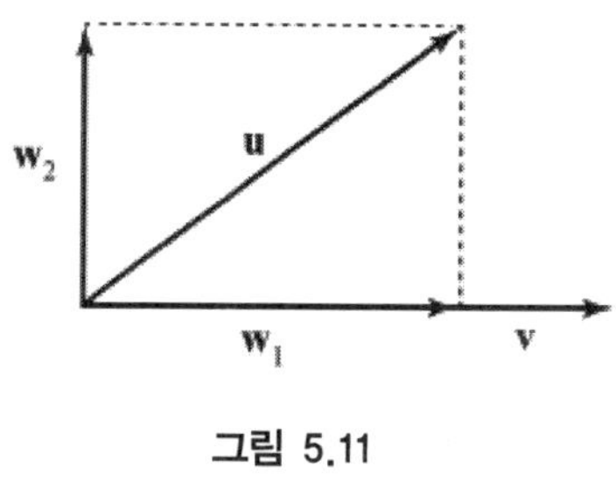

그림 5.11

정리 5.5 벡터의 직교 분해

$\mathbb{R}^2$ 또는 $\mathbb{R}^3$의 벡터 u는 영벡터가 아닌 임의의 다른 벡터 v에 대하여 다음과 같이 서로 수직인 두 벡터의 합 $u = w_1 + w_2$으로 유일하게 표현된다.

$$w_1 = \frac{u \cdot v}{\|v\|^2} v \qquad (v \text{ 방향으로의 } u\text{의 직교사영})$$

$$w_2 = u - w_1 = u - \frac{u \cdot v}{\|v\|^2} v \qquad (v\text{에 대한 } u\text{의 직교성분})$$

증명 w_1은 v 방향으로의 u의 직교사영이므로 $w_1 = \alpha v$가 되는 스칼라 α가 존재한다. 즉,

$$u = w_1 + w_2 = \alpha v + w_2 \tag{5.1}$$

가 성립한다. w_2는 w_1에 수직이므로, v에도 수직이다. 그러므로 식 (5.1)의 양변에 각각 v

와 내적을 취하면

$$\begin{aligned} u \cdot v &= (\alpha v + w_2) \cdot v \\ &= \alpha v \cdot v + w_2 \cdot v \\ &= \alpha \|v\|^2 + w_2 \cdot v \\ &= \alpha \|v\|^2 \end{aligned}$$

이므로 $\alpha = \dfrac{u \cdot v}{\|v\|^2}$이다. 따라서

$$w_1 = \alpha v = \frac{u \cdot v}{\|v\|^2} v$$

$$w_2 = u - w_1 = u - \frac{u \cdot v}{\|v\|^2} v$$

를 얻는다.

예제 5.2.3 $\mathbb{R}^2$의 두 벡터 $u = (1,3)$, $v = (4,2)$에 대하여 다음을 구하여라.

(1) v 방향으로의 u의 직교사영 w_1

(2) v에 대한 u의 직교성분 w_2

(3) 네 벡터 u, v, w_1, w_2를 좌표평면에 나타내어라.

풀이 (1) $u \cdot v = 1 \times 4 + 3 \times 2 = 10$이고 $\|v\| = \sqrt{4^2 + 2^2} = \sqrt{20}$이므로, v 방향으로의 u의 직교사영 w_1은

$$w_1 = \frac{u \cdot v}{\|v\|^2} v = \frac{10}{20}(4,2) = (2,1)$$

이다.

(2) v에 대한 u의 직교성분 w_2는

$$w_2 = u - w_1 = (1,3) - (2,1) = (-1,2)$$

이다.

(3) 네 벡터 u, v, w_1, w_2를 좌표평면에 나타내면 다음과 같다.

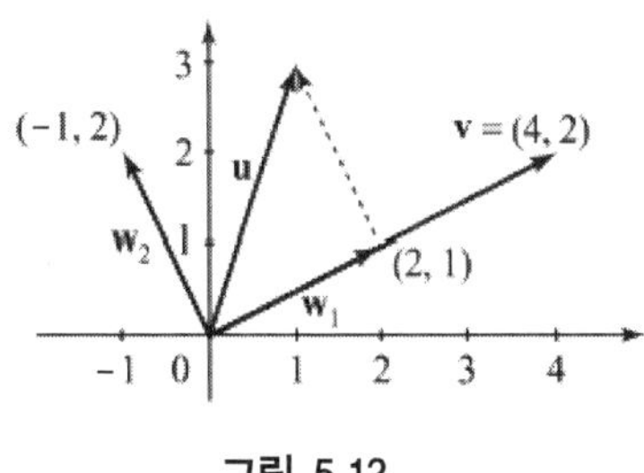

그림 5.12

■

연습문제 5.2

1. $\mathbb{R}^3$의 벡터 $u=(\frac{1}{3},-\frac{2}{3},\frac{2}{3})$는 단위벡터임을 보여라.

2. $\mathbb{R}^3$의 두 점 $P(2,3,-1)$, $Q(-1,0,-2)$에 대하여 다음을 구하여라.

(1) 벡터 $\overrightarrow{PQ}$의 성분 (2) 두 점 사이의 거리

3. 다음 주어진 두 벡터의 내적 $u \cdot v$를 구하여라.

(1) $u=(-1,3)$, $v=(2,3)$ (2) $u=(2,-1,6)$, $v=(1,0,2)$

4. $\mathbb{R}^3$의 두 벡터 $u=(2,-1,3)$, $v=(1,k,2)$가 수직일 때, k의 값을 구하여라.

5. 벡터의 내적을 포함하는 식 $u \cdot (v \cdot w)$은 의미가 없는 표현이다. 이 식에 수학적으로 어떠한 오류가 있는지 설명하여라.

6. 다음 주어진 두 벡터의 내적 $u \cdot v$을 구하고, 두 벡터 사이의 각 θ를 구하여라.

(1) $u=(1,2)$, $v=(2,-1)$ (2) $u=(2,-1,1)$, $v=(1,1,2)$

7. $\mathbb{R}^2$의 두 벡터 $u=(2,3)$, $v=(4,2)$에 대하여 다음을 구하여라.

(1) v 방향으로의 u의 직교사영 w_1

(2) v에 대한 u의 직교성분 w_2

8. $\mathbb{R}^3$의 두 벡터 $u=(4,-2,2)$, $v=(1,1,2)$에 대하여 다음을 구하여라.

(1) u와 v 사이의 각 θ

(2) v에 대한 u의 직교성분

9. $\mathbb{R}^3$의 두 벡터 $u=(0,0,1)$, $v=(1,1,1)$에 대하여 다음을 구하여라.

(1) u 방향으로의 v의 직교사영 w_1

(2) u에 대한 v의 직교성분 w_2

5.3 벡터의 외적

앞 절에서는 두 벡터의 곱으로써 그 결과가 스칼라로 주어지는 내적을 소개했다. 이 절에서는 다른 종류의 벡터의 곱인 외적을 정의하는데, 그 결과가 벡터로 주어지며 3차원 공간 $\mathbb{R}^3$에서 정의된다. 이 개념은 기하학, 물리학, 또는 공학의 여러 응용문제를 다룰 때 자주 나타난다. 특히, 공간의 주어진 두 벡터에 동시에 수직인 벡터를 구할 필요가 있을 때 이 벡터의 곱, 외적은 매우 유용하다.

(1) 외적의 정의

정의 5.5 벡터의 외적

$\mathbb{R}^3$의 두 벡터 $\boldsymbol{u}=(u_1,u_2,u_3)$와 $\boldsymbol{v}=(v_1,v_2,v_3)$에 대하여 $\boldsymbol{u}$와 $\boldsymbol{v}$의 **외적**(cross product) $\boldsymbol{u}\times\boldsymbol{v}$는 다음과 같이 정의된다.

$$\boldsymbol{u}\times\boldsymbol{v}=(u_2v_3-u_3v_2,\ u_3v_1-u_1v_3,\ u_1v_2-u_2v_1)$$

정의에서 보듯이 외적은 스칼라가 아니라 또 하나의 벡터이다. 이는 3차원 벡터공간 $\mathbb{R}^3$에서만 정의된다.[15] 벡터의 외적은 행렬식을 이용하여 다음과 같이 보다 쉽게 표현할 수 있다.

정리 5.6 행렬식과 외적

$\mathbb{R}^3$의 두 벡터 $\boldsymbol{u}=(u_1,u_2,u_3)$와 $\boldsymbol{v}=(v_1,v_2,v_3)$의 외적 $\boldsymbol{u}\times\boldsymbol{v}$는 다음과 같이 행렬식을 이용하여 표현된다.

$$\boldsymbol{u}\times\boldsymbol{v}=\begin{vmatrix} \boldsymbol{i} & \boldsymbol{j} & \boldsymbol{k} \\ u_1 & u_2 & u_3 \\ v_1 & v_2 & v_3 \end{vmatrix}$$

여기서, 오른쪽 행렬식의 첫 번째 행의 성분인 $\boldsymbol{i}, \boldsymbol{j}, \boldsymbol{k}$는 벡터이지만 마치 스칼라인 것처럼 행렬식을 계산한다는 의미이다.

---

15. 일반적인 n차원 벡터공간 $\mathbb{R}^n$의 두 벡터에 대해서는 두 벡터를 포함하는 3차원 공간이 무한히 많으므로 외적 $\boldsymbol{u}\times\boldsymbol{v}$를 유일하게 하나로 정의할 수 없다.

증명 $\begin{vmatrix} i & j & k \\ u_1 & u_2 & u_3 \\ v_1 & v_2 & v_3 \end{vmatrix} = \begin{vmatrix} u_2 & u_3 \\ v_2 & v_3 \end{vmatrix} i - \begin{vmatrix} u_1 & u_3 \\ v_1 & v_3 \end{vmatrix} j + \begin{vmatrix} u_1 & u_2 \\ v_1 & v_2 \end{vmatrix} k = \begin{vmatrix} u_2 & u_3 \\ v_2 & v_3 \end{vmatrix} i - \begin{vmatrix} u_1 & u_3 \\ v_1 & v_3 \end{vmatrix} j + \begin{vmatrix} u_1 & u_2 \\ v_1 & v_2 \end{vmatrix} k$

$$= \left(\begin{vmatrix} u_2 & u_3 \\ v_2 & v_3 \end{vmatrix}, - \begin{vmatrix} u_1 & u_3 \\ v_1 & v_3 \end{vmatrix}, \begin{vmatrix} u_1 & u_2 \\ v_1 & v_2 \end{vmatrix} \right)$$

$$= (u_2v_3 - u_3v_2, u_3v_1 - u_1v_3, u_1v_2 - u_2v_1).$$

예제 5.3.1 $\mathbb{R}^3$의 두 벡터 $u = (1,2,3)$, $v = (2,-1,2)$에 대하여 다음을 구하여라.

(1) $u \times v$　　(2) $v \times u$

(3) $u \times v$와 $v \times u$의 관계를 기하학적으로 설명하여라.

풀이 (1) $u \times v = \begin{vmatrix} i & j & k \\ 1 & 2 & 3 \\ 2 & -1 & 2 \end{vmatrix} = \begin{vmatrix} 2 & 3 \\ -1 & 2 \end{vmatrix} - \begin{vmatrix} 1 & 3 \\ 2 & 2 \end{vmatrix} j + \begin{vmatrix} 1 & 2 \\ 2 & -1 \end{vmatrix} k = 7i + 4j - 5k$

(2) $v \times u = \begin{vmatrix} i & j & k \\ 2 & -1 & 2 \\ 1 & 2 & 3 \end{vmatrix} = - \begin{vmatrix} i & j & k \\ 1 & 2 & 3 \\ 2 & -1 & 2 \end{vmatrix} = -(u \times v)$

(3) (1)과 (2)의 결과로부터 $u \times v = -(v \times u)$이므로 $u \times v$와 $v \times u$는 방향이 반대이면서 크기가 같은 벡터이다. ■

다음 예제에서는 $\mathbb{R}^3$의 벡터 u, v와 외적 벡터 $u \times v$의 기하학적 관계를 알 수 있다.

예제 5.3.2 $\mathbb{R}^3$의 두 벡터 $u = i + 2j - 3k$, $v = 2i + 3j - k$에 대하여 다음을 구하여라.

(1) $u \times u$　　(2) $u \times v$

(3) $u \cdot (u \times v)$　　(4) $v \cdot (u \times v)$

(5) (3)과 (4)의 결과를 기하학적으로 설명하여라.

풀이 (1) $u \times u = \begin{vmatrix} i & j & k \\ 1 & 2 & -3 \\ 1 & 2 & -3 \end{vmatrix} = 0i + 0j + 0k = 0$　　(두 행이 같음을 주목하라.)

(2) $u \times v = \begin{vmatrix} i & j & k \\ 1 & 2 & -3 \\ 2 & 3 & -1 \end{vmatrix} = \begin{vmatrix} 2 & -3 \\ 3 & -1 \end{vmatrix} i - \begin{vmatrix} 1 & -3 \\ 2 & -1 \end{vmatrix} j + \begin{vmatrix} 1 & 2 \\ 2 & 3 \end{vmatrix} k = 7i - 5j - k$

(3) $u \cdot (u \times v) = (i + 2j - 3k) \cdot (7i - 5j - k) = 1 \times 7 + 2 \times (-5) + (-3)$
$\times (-1) = 0$

(4) $v \cdot (u \times v) = (2i + 3j - k) \cdot (7i - 5j - k) = 2 \times 7 + 2 \times 3 + (-1) \times (-1) = 0$

(5) (3)과 (4)의 결과로부터 $u \cdot (u \times v) = 0$이고 $v \cdot (u \times v) = 0$이므로 $u \times v$는 벡터 u와 v에 동시에 수직이다. ■

다음 정리는 내적과 외적 사이의 주요한 관계를 보여준다. [예제 5.3.2]의 문제에서 벡터의 성분을 일반적인 변수, 즉 $u = (u_1, u_2, u_3)$, $v = (v_1, v_2, v_3)$으로 바꾸어도 관계식이 그대로 성립함을 쉽게 보일 수 있다.

정리 5.7 외적의 성질

$\mathbb{R}^3$의 임의의 두 벡터 u와 v에 대해 다음이 성립한다.

(1) $u \times v = -(v \times u)$

(2) $u \times u = 0$

(3) $u \cdot (u \times v) = 0$, 즉 $u \perp (u \times v)$

(4) $v \cdot (u \times v) = 0$, 즉 $v \perp (u \times v)$

$\mathbb{R}^3$에서 양의 좌표축으로의 표준단위벡터 i, j, k는 서로 수직인 벡터이다. 외적의 정의로부터

$$i \times j = \begin{vmatrix} i & j & k \\ 1 & 0 & 0 \\ 0 & 1 & 0 \end{vmatrix} = \begin{vmatrix} 0 & 0 \\ 1 & 0 \end{vmatrix} i - \begin{vmatrix} 1 & 0 \\ 0 & 0 \end{vmatrix} j + \begin{vmatrix} 1 & 0 \\ 0 & 1 \end{vmatrix} k = k$$

이고, 같은 방법으로 다음을 얻는다.

$$j \times k = i,\ \ k \times i = j,\ \ i \times i = j \times j = k \times k = 0$$

$$j \times i = -k,\ \ k \times j = -i,\ \ i \times k = -j$$

표준단위벡터 i, j, k에 대한 외적의 결과는 다음 원의 화살표 방향을 생각하면 쉽게 기억할 수 있다.

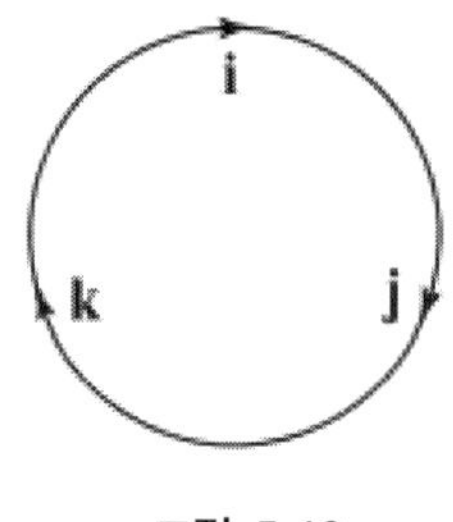

그림 5.13

[그림 5.13]과 같이 시계방향으로 연속적인 두 벡터의 외적은 그 다음 벡터가 되고, 시계 반대 방향으로 연속적인 두 벡터의 외적은 그 다음 벡터에 (−)를 붙인 벡터가 된다.

외적의 성질 중 매우 특이한 점은 결합법칙이 성립하지 않는다는 것이다. 즉,

$$u\times(v\times w)\neq(u\times v)\times w$$

이다. 이는 다음 반례에서 바로 알 수 있다.

$$i\times(j\times j)=i\times 0=0,\ (i\times j)\times j=k\times j=-i$$

이상을 정리하면 다음과 같다.

정리 5.8 외적과 표준단위벡터

$\mathbb{R}^3$의 표준단위벡터 i, j, k에 대해 다음이 성립한다.

(1) $i\times j=k,\ j\times k=i,\ k\times i=j$

(2) $i\times i=j\times j=k\times k=0$

(3) $j\times i=-k,\ k\times j=-i,\ i\times k=-j$

(2) 외적의 기하학적 의미

앞에서 학습한 결과로부터 두 벡터 u와 v의 외적 $u\times v$는 벡터 u와 v에 동시에 수직인 벡터로서, 소위 **오른손법칙**을 만족시킨다.

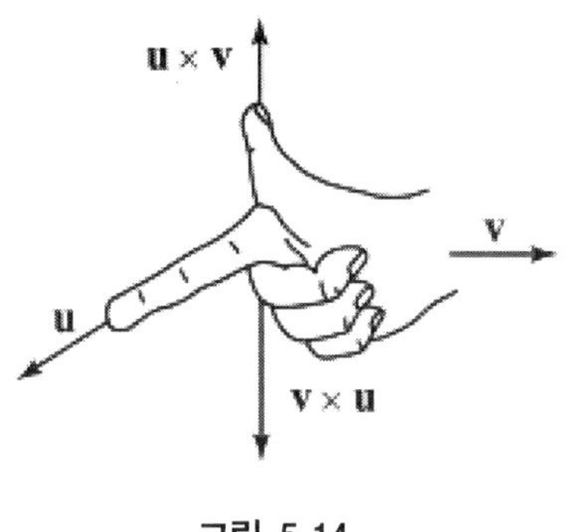

그림 5.14

즉, [그림 5.14]에서 보듯이, $u\times v$의 방향은 오른손 엄지방향이고, 그 반대 방향은

$$-(u\times v)=v\times u$$

의 방향이다.

정리 5.9 $u\times v$의 기하학적 의미

$\mathbb{R}^3$의 두 벡터 u와 v에 대해 다음이 성립한다.

(1) $u\times v$는 u와 v가 이루는 평면에 수직인 벡터이다.

(2) $\pm\dfrac{u\times v}{\|u\times v\|}$는 u와 v가 이루는 평면에 수직인 단위벡터이다.

예제 5.3.3 $\mathbb{R}^3$의 두 벡터 $u=i+2j-k,\ v=2i+3j+k$에 대하여 다음을 구하여라.

(1) u와 v가 이루는 평면에 수직인 벡터를 구하여라.

(2) u와 v가 이루는 평면에 수직인 단위벡터를 구하여라.

풀이 (1) $u\times v$는 u와 v가 이루는 평면에 수직이고 그 벡터는 아래와 같다.

$$u\times v=\begin{vmatrix} i & j & k \\ 1 & 2 & -1 \\ 2 & 3 & 1 \end{vmatrix}=\begin{vmatrix} 2 & -1 \\ 4 & 1 \end{vmatrix}i-\begin{vmatrix} 1 & -1 \\ 2 & 1 \end{vmatrix}j+\begin{vmatrix} 1 & 2 \\ 2 & 3 \end{vmatrix}k=5i-3j-k$$

이 벡터와 같은 방향 또는 반대 방향인 임의의 벡터도 u와 v가 이루는 평면에 수직이다. 즉, 임의의 0이 아닌 실수 α에 대하여 벡터 $\alpha(u\times v)$는 u와 v가 이루는 평면에 수직이다.

(2) u와 v가 이루는 평면에 수직인 단위벡터는

$$\pm\frac{u\times v}{\|u\times v\|}=\pm\frac{1}{\sqrt{5^2+(-3)^2+(-1)^2}}(5i-3j-k)$$
$$=\pm\frac{1}{\sqrt{35}}(5i-3j-k)$$

이다. ■

(3) $\|u\times v\|$의 의미

외적의 정의를 이용하면 다음의 식을 쉽게 보일 수 있다.

$$\|u\times v\|^2=\|u\|^2\|v\|^2-(u\cdot v)^2 \tag{5.2}$$

이 식을 이용하여 $\|u\times v\|$의 기하학적인 의미를 알아보자. 먼저 u와 v 사이의 각을 θ라 하면, $u\cdot v=\|u\|\|v\|\cos\theta$이므로 식 (5.2)는

$$\|u\times v\|^2=\|u\|^2\|v\|^2-(u\cdot v)^2$$
$$=\|u\|^2\|v\|^2-\|u\|^2\|v\|^2\cos^2\theta$$
$$=\|u\|^2\|v\|^2(1-\cos^2\theta)$$
$$=\|u\|^2\|v\|^2\sin^2\theta$$

이므로,

$$\|u\times v\|=\|u\|\|v\|\sin\theta \tag{5.3}$$

이다. 식 (5.3)에서 $\|u\|$와 $\|v\|\sin\theta$는 각각 u와 v에 의해 결정되는 평행사변형의 밑변과 높이가 된다. 그러므로 $\|u\times v\|$는 [그림 5.15]에서와 같이 이 평행사변형의 면적을 나타낸다.

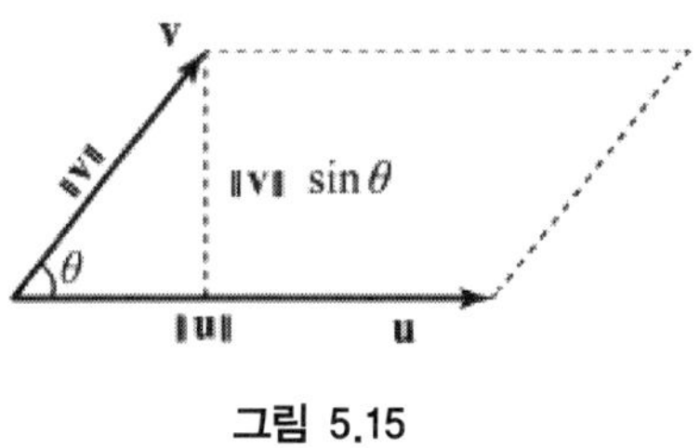

그림 5.15

정리 5.10 $\|u\times v\|$의 기하학적 의미

$\mathbb{R}^3$의 두 벡터 u와 v에 대해 $\|u\times v\|$는 u와 v가 만드는 평행사변형의 면적을 나타낸다.

예제 5.3.4 $\mathbb{R}^3$의 두 벡터 $u=(1,2,-1)$, $v=(-1,1,2)$를 이웃하는 두 변으로 하는 평행사변형의 면적을 구하여라.

풀이 두 벡터 u와 v의 외적 $u\times v$은

$$u\times v=\begin{vmatrix} i & j & k \\ 1 & 2 & -1 \\ -1 & 1 & 2 \end{vmatrix}=\begin{vmatrix} 2 & -1 \\ 1 & 2 \end{vmatrix}i-\begin{vmatrix} 1 & -1 \\ -1 & 2 \end{vmatrix}j+\begin{vmatrix} 1 & 2 \\ -1 & 1 \end{vmatrix}k=5i-j+3k$$

이므로 $\|u\times v\|=\sqrt{5^2+(-1)^2+3^2}=\sqrt{35}$이다. 따라서 평행사변형의 면적은 $\sqrt{35}$이다. ■

예제 5.3.5 $\mathbb{R}^3$의 세 점 $P(1,-1,0)$, $Q(2,1,-1)$, $R(1,1,1)$로 이루어지는 삼각형의 면적을 구하여라.

풀이 세 점 $P(1,-1,0)$, $Q(2,1,-1)$, $R(1,1,1)$로 이루어지는 삼각형을 그리면 [그림 5.16]과 같다.

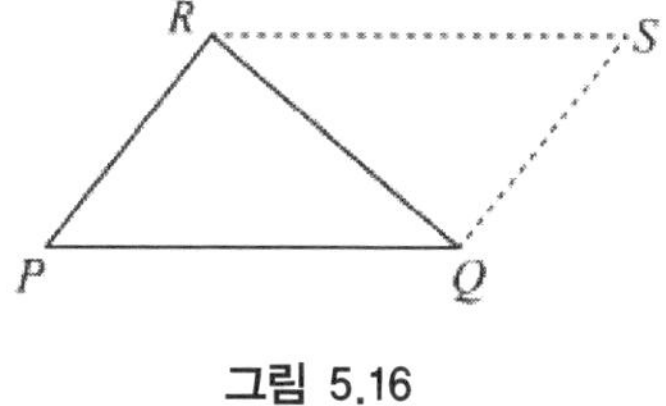

그림 5.16

삼각형 $\triangle PQR$의 면적은 두 벡터 $\overrightarrow{PQ}$와 $\overrightarrow{PR}$을 두 변으로 하는 평행사변형의 면적의 반이다. 즉, 다음을 구하면 된다.

$$\triangle PQR\text{의 면적}=\frac{1}{2}\|\overrightarrow{PQ}\times\overrightarrow{PR}\|$$

그런데 $\overrightarrow{PQ}=(1,2,-1)$, $\overrightarrow{PR}=(0,2,1)$이므로

$$\overrightarrow{PQ}\times\overrightarrow{PR}=\begin{vmatrix} \boldsymbol{i} & \boldsymbol{j} & \boldsymbol{k} \\ 1 & 2 & -1 \\ 0 & 2 & 1 \end{vmatrix}=4\boldsymbol{i}-\boldsymbol{j}+2\boldsymbol{k}$$

이다. 따라서 $\triangle PQR$의 면적은 다음과 같다.

$$\triangle PQR\text{의 면적}=\frac{1}{2}\|\overrightarrow{PQ}\times\overrightarrow{PR}\|=\frac{\sqrt{21}}{2}$$ ■

(4) 삼중적 $\boldsymbol{u}\cdot(\boldsymbol{v}\times\boldsymbol{w})$의 의미

다음은 $\mathbb{R}^3$의 세 벡터 $\boldsymbol{u}=(u_1,u_2,u_3)$, $\boldsymbol{v}=(v_1,v_2,v_3)$, $\boldsymbol{w}=(w_1,w_2,w_3)$의 특별한 곱, 즉 삼중적(triple scalar product) $\boldsymbol{u}\cdot(\boldsymbol{v}\times\boldsymbol{w})$에 대하여 알아본다.

$$\begin{aligned}\boldsymbol{u}\cdot(\boldsymbol{v}\times\boldsymbol{w}) &= (u_1,u_2,u_3)\cdot\left(\begin{vmatrix} v_2 & v_3 \\ w_2 & w_3 \end{vmatrix}, -\begin{vmatrix} v_1 & v_3 \\ w_1 & w_3 \end{vmatrix}, \begin{vmatrix} v_1 & v_2 \\ w_1 & w_2 \end{vmatrix}\right) \\ &= u_1\begin{vmatrix} v_2 & v_3 \\ w_2 & w_3 \end{vmatrix} - u_2\begin{vmatrix} v_1 & v_3 \\ w_1 & w_3 \end{vmatrix} + u_3\begin{vmatrix} v_1 & v_2 \\ w_1 & w_2 \end{vmatrix} \\ &= \begin{vmatrix} u_1 & u_2 & u_3 \\ v_1 & v_2 & v_3 \\ w_1 & w_2 & w_3 \end{vmatrix}\end{aligned}$$

마지막의 3차 행렬식은 세 벡터를 순차적으로 적은 것이며 또한 결과는 3차 행렬식의 값과 같으므로 스칼라이다. 또 위의 관계식에서 행렬식의 성질을 이용하면 다음을 쉽게 보일 수 있다.

$$\boldsymbol{u}\cdot(\boldsymbol{v}\times\boldsymbol{w})=\boldsymbol{v}\cdot(\boldsymbol{w}\times\boldsymbol{u})=\boldsymbol{w}\cdot(\boldsymbol{u}\times\boldsymbol{v})$$

정리 5.11 스칼라 삼중적

$\mathbb{R}^3$의 세 벡터 $\boldsymbol{u}=(u_1,u_2,u_3)$, $\boldsymbol{v}=(v_1,v_2,v_3)$, $\boldsymbol{w}=(w_1,w_2,w_3)$에 대하여 **스칼라 삼중적** (triple scalar product) $\boldsymbol{u}\cdot(\boldsymbol{v}\times\boldsymbol{w})$은 다음을 만족시킨다.

(1) $\boldsymbol{u}\cdot(\boldsymbol{v}\times\boldsymbol{w})=\begin{vmatrix} u_1 & u_2 & u_3 \\ v_1 & v_2 & v_3 \\ w_1 & w_2 & w_3 \end{vmatrix}$

(2) $\boldsymbol{u}\cdot(\boldsymbol{v}\times\boldsymbol{w})=\boldsymbol{v}\cdot(\boldsymbol{w}\times\boldsymbol{u})=\boldsymbol{w}\cdot(\boldsymbol{u}\times\boldsymbol{v})$

다음은 스칼라 삼중적 $u \cdot (v \times w)$의 기하학적 의미를 알아보자. [그림 5.17]에서 보듯이 벡터 v와 w로 만들어지는 평행사변형 $\square vw$의 면적은 $\|v \times w\|$이다. 또 벡터 u의 끝에서 평행사변형 $\square vw$까지의 높이를 h라 하고, u와 $v \times w$가 이루는 각을 θ라 하면

$$h = \|u\| |\cos \theta|$$

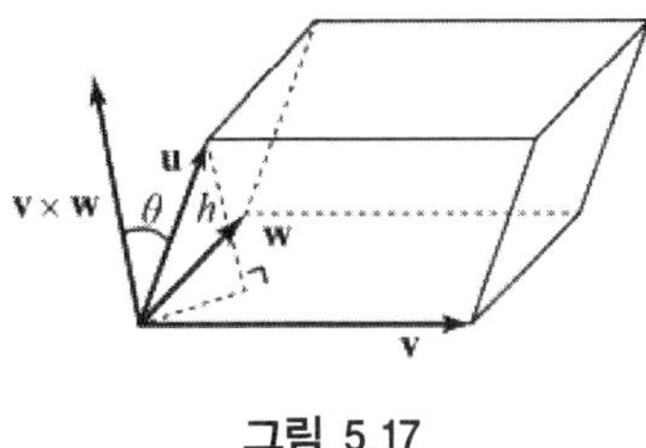

그림 5.17

이다. 따라서 이 평행육면체의 체적 V는 다음과 같다.

$$V = \|v \times w\| \|u\| |\cos \theta| = \|u\| \|v \times w\| |\cos \theta| = |u \cdot (v \times w)|$$

즉 스칼라 삼중적의 절대치는 u, v, w를 각각 한 변으로 하는 평행육면체의 체적을 의미한다.

정리 5.12 $u \cdot (v \times w)$의 기하학적 의미

$\mathbb{R}^3$의 세 벡터 u, v, w를 각각 한 변으로 하는 평행육면체의 체적 V는 다음과 같다.

$$V = |u \cdot (v \times w)|$$

예제 5.3.6 $\mathbb{R}^3$의 세 벡터 $u = (1, 1, -2)$, $v = (1, 0, 2)$, $w = (2, 3, 1)$로 이루어지는 평행육면체의 체적 V를 구하여라.

풀이 세 벡터 u, v, w를 각각 한 변으로 하는 평행육면체의 체적은 $V = |u \cdot (v \times w)|$이다. 그런데

$$u \cdot (v \times w) = \begin{vmatrix} 1 & 1 & -2 \\ 1 & 0 & 2 \\ 2 & 3 & 1 \end{vmatrix} = -9$$

이므로 체적 V는 다음과 같다.

$$V = |u \cdot (v \times w)| = 9$$

■

연습문제 5.3

01. 다음 명제가 참인지 거짓인지 답하시오.

(1) 두 벡터의 내적은 스칼라이거나 벡터이다.

(2) 같은 벡터의 내적은 항상 0이다. 즉, $u \cdot u = 0$이다.

(3) 두 벡터의 외적 $u \times v$는 벡터이다.

(4) $u \cdot v = 0$이면 벡터 u, v는 서로 평행이다.

(5) 외적의 크기, 즉 $\|u \times v\|$는 u와 v가 이루는 평행사변형의 면적을 의미한다.

(6) 두 벡터 u, v의 외적에서 $u \times v = v \times u$가 성립한다

02. 다음 중 틀린 식을 모두 고르시오.

(1) $i \times i = 0$　　(2) $i \times j = k$　　(3) $k \times i = j$　　(4) $k \times j = i$

03. 다음 중 틀린 식을 모두 고르시오.

(1) $u \times (v \times w) = (u \times v) \times w$　　(2) $u \times u = 0$

(3) $u \cdot (u \times v) = 0$　　(4) $v \cdot (u \times v) = 0$

04. $\mathbb{R}^3$의 두 벡터 $u = (1, 0, -3)$, $v = (1, -1, 2)$에 대하여 다음을 구하여라.

(1) $u \times v$　　(2) $v \times u$

(3) $u \times v$와 $v \times u$의 관계를 기하학적으로 설명하여라.

05. $\mathbb{R}^3$의 두 벡터 $u = i + 3j + 4k$, $v = 2i + 7j - 5k$에 대하여 $u \times v = -43i + aj + k$일 때, a의 값을 구하여라.

06. $\mathbb{R}^3$의 두 벡터 $u = i + 2j - k$, $v = 2i + j + k$에 대하여 다음을 구하여라.

(1) $u \times u$　　(2) $u \times v$

(3) $u \cdot (u \times v)$　　(4) $v \cdot (u \times v)$

(5) $u \cdot (u \times v)$과 $v \cdot (u \times v)$의 결과를 기하학적으로 설명하여라.

07. $\mathbb{R}^3$의 두 벡터 $u = (3, 2, 1)$, $v = (-1, 1, 2)$를 이웃하는 두 변으로 하는 평행사변형의 면적을 구하여라.

08. $\mathbb{R}^3$의 세 점 $P(1,3,2)$, $Q(2,-1,1)$, $R(-1,2,3)$으로 이루어지는 삼각형의 면적을 구하여라.

09. $\mathbb{R}^3$의 세 벡터 $u=(1,2,-2)$, $v=(2,1,1)$, $w=(1,0,3)$으로 이루어지는 평행육면체의 체적을 구하여라.

CHAPTER

6

벡터공간

6.1 벡터공간

이 절에서는 벡터공간을 정의하고, 여러 가지 벡터공간의 예와 기본적인 성질들을 알아본다. 벡터공간은 몇 가지 공리를 만족하는 합 연산과 스칼라곱 연산을 갖는 집합을 의미한다. 먼저 집합 V가 주어져 있고, V의 임의의 두 원소 u, v와 임의의 스칼라 α에 대하여 u와 v의 합 $u+v$, u에 스칼라 α를 곱하는 스칼라 곱 연산 αu가 주어졌을 때, V가 벡터공간이 되기 위해서는 이 두 연산이 $\mathbb{R}^n$에서 성립했던 [정리 5.1]과 [정리 5.2]를 만족시켜야 한다.

정의 6.1 벡터공간의 정의

두 연산, 덧셈과 스칼라 곱에 대하여 다음 공리를 만족하는 집합 V를 **벡터공간**(vector space)이라고 한다.

(1) 덧셈에 대하여 닫혀 있다. 즉,

$$u,\ v \in V \Rightarrow u+v \in V$$

그리고 $u, v, w \in V$에 대하여 다음이 성립한다.[16]

- A1: $u+v=v+u$
- A2: $u+(v+w)=(u+v)+w$
- A3: 벡터 0이 존재하여 모든 $u \in V$에 대하여

$$u+0=u$$

- A4: 각 $u \in V$에 대하여

$$u+(-u)=(-u)+u=0$$

(2) 스칼라 곱에 대하여 닫혀 있다. 즉, 임의의 스칼라 α에 대하여

$$u \in V \Rightarrow \alpha u \in V$$

그리고 $u, v \in V$, 스칼라 α와 β에 대하여 다음이 성립한다.[17]

- M1: $\alpha(u+v)=\alpha u+\alpha v$
- M2: $(\alpha+\beta)u=\alpha u+\beta u$
- M3: $\alpha(\beta u)=(\alpha\beta)u$
- M4: $1u=u$

앞 장에서 보았던 $\mathbb{R}^n$, 즉 실수 $a_i(i=1,2,\cdots,n)$에 대하여 n순서쌍 $(a_1, a_2, \cdots, a_n)$ 전체

의 집합

$$\mathbb{R}^n = \{(a_1, a_2, \cdots, a_n) | a_i \in \mathbb{R}\}$$

은 n**차원 유클리드공간**(n-dimensional Euclidian space)이라 불린다. 특히, $\mathbb{R}^2$는 유클리드 평면, $\mathbb{R}^3$는 유클리드 공간이라 불린다. [정리 5.1]과 [정리 5.2]에 의하여 모든 n에 대하여 유클리드 공간 $\mathbb{R}^n$은 벡터공간이다. 벡터공간의 예를 더 보자.

예제 6.1.1 집합 $V = \{0\}$은 벡터공간이다.

풀이 $0 + 0 = 0 \in V$이고 임의의 스칼라 α에 대하여 $\alpha 0 = 0 \in V$이다. 그리고 나머지 공리도 모두 만족함은 명백하다. 그러므로 V는 벡터공간이다. ■

[예제 6.1.1]에서 본, 영벡터 하나만을 원소로 갖는 벡터공간 $V = \{0\}$를 **영벡터공간**(zero vector space)이라 한다. 영벡터가 아닌 다른 벡터 하나만을 원소로 갖는 임의의 다른 집합은 모두 벡터공간이 아니다. 예를 들어, $\mathbb{R}^1$의 부분집합 $\{3\}$과 $\mathbb{R}^2$의 부분집합 $\{(1,0)\}$는 벡터공간이 아니다. 왜냐하면 $3 + 3 = 6 \not\in \mathbb{R}$이고 $(1,0) + (1,0) = (2,0) \not\in \mathbb{R}^2$이기 때문이다.

예제 6.1.2 2차 정방행렬들의 집합 $V_{2\times 2}$는 벡터공간이다.

풀이 $A, B \in V_{2\times 2}$와 스칼라 α에 대하여 $A = \begin{pmatrix} a_{11} & a_{12} \\ a_{21} & a_{22} \end{pmatrix}$, $B = \begin{pmatrix} b_{11} & b_{12} \\ b_{21} & b_{22} \end{pmatrix}$라 두면,

$$A + B = \begin{pmatrix} a_{11} & a_{12} \\ a_{21} & a_{22} \end{pmatrix} + \begin{pmatrix} b_{11} & b_{12} \\ b_{21} & b_{22} \end{pmatrix} = \begin{pmatrix} a_{11} + b_{11} & a_{12} + b_{12} \\ a_{21} + b_{21} & a_{22} + b_{22} \end{pmatrix} \in V_{2\times 2}$$

이고

$$\alpha A = \alpha \begin{pmatrix} a_{11} & a_{12} \\ a_{21} & a_{22} \end{pmatrix} = \begin{pmatrix} \alpha a_{11} & \alpha a_{12} \\ \alpha a_{21} & \alpha a_{22} \end{pmatrix} \in V_{2\times 2}$$

이다. 그리고 행렬 연산의 성질에 의하여 나머지 공리도 모두 만족함을 알 수 있

---

16. A1은 덧셈에 관한 교환법칙, A2는 덧셈에 관한 결합법칙, A3는 덧셈에 대한 항등원 영벡터, A4는 덧셈에 대한 역원을 나타낸다.

17. M1과 M2는 배분법칙, M3는 스칼라곱에 대한 결합법칙, M4에서 1은 스칼라곱에 대한 항등원을 나타낸다.

다. 그러므로 $V_{2\times 2}$는 벡터공간이다. ■

예제 6.1.3 $\mathbb{R}^2$의 제1사분면의 모든 점들의 집합 V, 즉

$$V=\{(x,y)\,|\,x\geq 0, y\geq 0\}$$

는 벡터공간이 아니다.

풀이 V는 스칼라곱에 대하여 닫혀 있지 않다. 예를 들어 V의 점 $\mathbf{u}=(1,1)$에 스칼라 -1을 곱하면

$$(-1)\mathbf{u}=-(1,1)=(-1,-1)\not\in V$$

이므로 V는 벡터공간이 아니다. (앞의 [정의 6.1]의 어느 한 공리라도 만족하지 못하면 벡터공간이 아니다.)

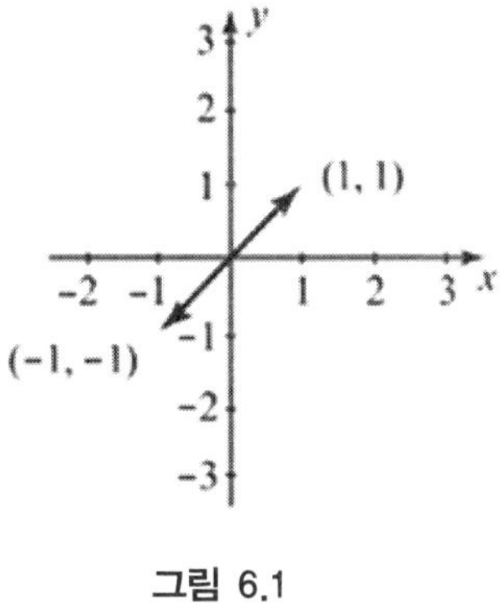

그림 6.1 ■

예제 6.1.4 차수가 n보다 작거나 같은 모든 다항식들의 집합을 P_n이라 하자. 즉, P_n은 계수 $a_0, a_1, \cdots, a_n$을 가지는 다항식

$$p(x)=a_0+a_1x+\cdots+a_nx^n$$

들의 집합이다. 임의의 두 다항식 p, q와 스칼라 α에 대하여 덧셈 $p+q$와 스칼라 곱 αp를 다음과 같이 정의할 때, P_n은 벡터공간이 된다.

$$(p+q)(x)=p(x)+q(x)$$
$$(\alpha p)(x)=\alpha p(x)$$

이 때 영벡터 $\mathbf{0}$은 모든 계수가 0인 상수 0이다. ■

예제 6.1.5 실함수들의 집합

$$F = \{f \mid f : \mathbb{R} \to \mathbb{R}\}$$

에서, 임의의 $f, g \in F$와 스칼라 $\alpha \in \mathbb{R}$에 대하여 덧셈 $f+g$와 스칼라 곱 αf를

$$(f+g)(x) = f(x) + g(x)$$

$$(\alpha f)(x) = \alpha f(x)$$

와 같이 정의하면, F는 벡터공간이 된다. 여기에서 영벡터 0은 함숫값을 0으로 하는 상수함수를 말한다. 즉, $0(x) = 0$이다. ■

연습문제 6.1

01. 다음 중 참인 명제를 모두 고르시오.

(1) $\mathbb{R}^3$는 벡터공간이 아니다.

(2) $\mathbb{R}^2$의 모든 점들의 집합을 V라 하면, V는 벡터공간이다.

(3) 집합 $V=\{0\}$은 벡터공간이 아니다.

(4) 2×2 행렬들의 집합 $V_{2\times 2}$는 벡터공간이다.

(5) $\mathbb{R}^3$의 원점을 제외한 모든 점들의 집합을 V라 하면, V는 벡터공간이다.

02. 3차 정방행렬들의 집합 $V_{3\times 3}$는 벡터공간임을 보여라.

03. $\mathbb{R}^2$의 제3사분면의 모든 점들의 집합 V, 즉

$$V=\{(x,y)\,|\,x\le 0, y\le 0\}$$

은 벡터공간인지 아닌지 설명하시오.

04. 임의의 행렬들의 집합은 벡터공간인지 아닌지 설명하시오.

6.2 부분공간

이 절에서는 벡터공간 V의 공집합이 아닌 한 부분집합 S가 다시 벡터공간이 될 수 있는지에 대해서 알아보기로 한다. S의 원소는 한편으로는 V의 원소이기도 하므로, 이미 V에 주어져 있는 덧셈과 스칼라 곱 연산을 그대로 S의 덧셈 및 스칼라 곱으로 생각할 수 있다.

정의 6.2 부분공간의 정의

V가 벡터공간이고 S는 V의 부분집합이라고 하자. 만일 S가 벡터공간 V에서의 덧셈 및 스칼라 곱 연산에 대해서 모든 벡터공간의 공리를 만족할 때, S를 V의 **부분공간**(subspace)이라고 한다.

예제 6.2.1 임의의 벡터공간 V에 대해서 영벡터공간 $\{0\}$과 V 자체는 언제나 V의 부분공간이 된다. ■

예제 6.2.2 벡터공간 $\mathbb{R}^2$의 부분집합 $S=\{(x,y)\,|\,x \geq 0\}$가 $\mathbb{R}^2$의 부분공간이 될 수 있는지 알아보자. 예를 들어서, 스칼라 -3과 S의 원소 $(5,1)$의 스칼라 곱은

$$-3(5,1)=(-15,-3) \notin S$$

가 된다. 즉, S는 스칼라 곱에 대하여 닫혀있지 않음을 알 수 있다. 따라서 S는 벡터공간이 아니므로 $\mathbb{R}^2$의 부분공간이 아니다. ■

벡터공간 V의 부분집합 S가 부분공간이라면 먼저 덧셈 및 스칼라 곱 연산에 대하여 닫혀 있어야 한다. 역으로, 벡터공간 V의 어떤 부분집합 S가 덧셈 및 스칼라 곱 연산에 대하여 닫혀 있다고 하자. 이미 V가 벡터공간이고 S의 원소들은 V의 원소이기도 하기 때문에 벡터공간의 나머지 공리들은 당연히 만족될 것이다. 그러므로 다음의 정리를 얻는다.

정리 6.1

벡터공간 V의 부분집합 S가 V의 부분공간이 될 필요충분조건은 다음의 두 조건을 만족하는 것이다.

(1) 임의의 $v, w \in S$에 대해서 $v + w \in S$이다.

(2) 임의의 $v \in S$와 임의의 스칼라 α에 대해서 $\alpha v \in S$이다.

예제 6.2.3 $\mathbb{R}^3$의 부분집합 $S = \{(x, 0, x) \mid x \in \mathbb{R}\}$는 $\mathbb{R}^3$의 부분공간이다.

풀이 $v, w \in S$에 대하여 $v = (a, 0, a)$, $w = (b, 0, b)$라 두면,

$$v + w = (a, 0, a) + (b, 0, b) = (a + b, 0, a + b) \in S$$

$$\alpha v = \alpha(a, 0, a) = (\alpha a, 0, \alpha a) \in S$$

이므로 [정리 6.1]에 의해 S는 $\mathbb{R}^3$의 부분공간이다. ■

예제 6.2.4 $\mathbb{R}^3$의 부분집합 $S = \{(x, 0, 1) \mid x \in \mathbb{R}\}$는 $\mathbb{R}^3$의 부분공간이 아니다.

풀이 $v, w \in S$에 대하여 $v = (a, 0, 1)$, $w = (b, 0, 1)$라 두면,

$$v + w = (a, 0, 1) + (b, 0, 1) = (a + b, 0, 2) \notin S$$

이다. 또한 $\alpha \neq 1$이면

$$\alpha v = \alpha(a, 0, 1) = (\alpha a, 0, \alpha) \notin S$$

이다. 그러므로 S는 $\mathbb{R}^3$의 부분공간이 아니다. ■

$\mathbb{R}^n$의 부분집합에 대해서도 마찬가지로 생각할 수 있다.

예제 6.2.5 $\mathbb{R}^n$의 부분집합 $S = \{(x_1, x_2, \cdots, x_{n-1}, 0) \mid x_i \in \mathbb{R}\}$는 $\mathbb{R}^n$의 부분공간이다.

풀이 마지막 성분이 0인 두 벡터의 덧셈도 마지막 성분이 0이므로 S는 덧셈에 대해서 닫혀 있다. 한편 임의의 스칼라와 마지막 성분이 0인 벡터의 스칼라 곱 역시 마지막 성분이 0이므로 S는 스칼라 곱 연산에 대해서도 닫혀 있다. 그러므로 [정리 6.1]에 의해 S는 $\mathbb{R}^n$의 부분공간이다. ■

$\mathbb{R}^n$의 또 다른 부분집합인 $U=\{(x,0,\cdots,0)\,|\,x\in\mathbb{R}\}$도 [예제 6.2.5]와 마찬가지의 이유로 $\mathbb{R}^n$의 부분공간이 된다.

예제 6.2.6 $\mathbb{R}^n$의 부분집합 $S=\{(x,x,\cdots,x)\,|\,x\in\mathbb{R}\}$는 $\mathbb{R}^n$의 부분공간이다.

풀이 S가 덧셈과 스칼라 곱에 대하여 닫혀 있음은 명백하다. $v, w\in S$에 대하여 $v=(a,\cdots,a)$, $w=(b,\cdots,b)$라 두면,

$$v+w=(a,\cdots,a)+(b,\cdots,b)=(a+b,\cdots,a+b)\in S$$

$$\alpha v=\alpha(a,\cdots,a)=(\alpha a,\cdots,\alpha a)\in S$$

이다. 따라서 S는 $\mathbb{R}^n$의 부분공간이다. ■

예제 6.2.7 W를 2차 가역행렬의 집합이라 하고 V를 2차 정방행렬 전체의 집합이라 하면, W는 V의 부분공간이 아니다.

풀이 $A=\begin{pmatrix}1&2\\3&4\end{pmatrix}$, $B=\begin{pmatrix}-1&-2\\-3&-4\end{pmatrix}$라 두면, $\det A\neq 0$, $\det B\neq 0$이므로 $A, B\in W$이다. 그러나

$$A+B=\begin{pmatrix}1&2\\3&4\end{pmatrix}+\begin{pmatrix}-1&-2\\-3&-4\end{pmatrix}=\begin{pmatrix}0&0\\0&0\end{pmatrix}\notin W$$

이다. 따라서 W는 V의 부분공간이 아니다. ■

벡터공간 V의 부분집합 S가 부분공간이라면 공리 A3에 의해서 반드시 영벡터를 가져야 한다. 그렇지만 영벡터를 가지고 있는 벡터공간 V의 부분집합 S가 항상 부분공간인 것은 아니다. 다음 정리는 그러한 부분집합이 부분공간이 될 조건을 하나로 보여준다.

정리 6.2

벡터공간 V의 부분집합 S가 V의 부분공간이 될 필요충분조건은 다음의 두 조건을 만족하는 것이다.

(1) S가 영벡터를 가진다. 즉 $0\in S$이다.

(2) 임의의 $v, w\in S$와 임의의 스칼라 α에 대해서 $\alpha v+w\in S$이다.

위의 정리의 첫 번째 조건을 가정하면, 즉 영벡터가 부분집합 S에 있으면, 두 번째 조건은 S가 덧셈 연산과 스칼라 곱 연산에 대해서 닫혀있음을 동시에 표현하고 있다. 왜냐하면 $w=0$을 택하면 S가 스칼라 곱에 대하여 닫혀 있음을 의미하고 있으며, $\alpha=1$을 택하면 S가 덧셈에 대하여 닫혀 있음을 의미하기 때문이다.

예제 6.2.8 $\mathbb{R}^n$의 부분집합 $S=\{(x_1,x_2,\cdots,x_{n-1},1)\,|\,x_i\in\mathbb{R}\}$는 $\mathbb{R}^n$의 부분공간이 아니다.

풀이 영벡터 $0=(0,0,\cdots,0)$은 마지막 성분이 1이 아니므로 S의 원소가 아니다. 따라서 [정리 6.2]에 의하여 S는 $\mathbb{R}^n$의 부분공간이 아니다. ■

예제 6.2.9 D를 2차 대각행렬의 집합이라 하고 V를 2차 정방행렬 전체의 집합이라 하면, D는 V의 부분공간이다.

풀이 먼저 V의 영벡터 $\begin{pmatrix}0&0\\0&0\end{pmatrix}$가 D에 있으므로 [정리 6.2]의 (1)을 만족한다. (2)를 보이기 위하여 $A,B\in D$라 두면, $A=\begin{pmatrix}a&0\\0&a\end{pmatrix}$, $B=\begin{pmatrix}b&0\\0&b\end{pmatrix}$인 실수 a,b가 존재한다. 그리고 임의의 스칼라 α에 대해서

$$\alpha A+B=\alpha\begin{pmatrix}a&0\\0&a\end{pmatrix}+B=\begin{pmatrix}\alpha a+b&0\\0&\alpha a+b\end{pmatrix}\in D$$

이다. 따라서 [정리 6.2]에 의해 D는 V의 부분공간이다. ■

$(n-k)$개의 실수 $a_{k+1},\cdots,a_n$에 대하여 $\mathbb{R}^n$의 부분집합

$$S=\{(x_1,x_2,\cdots,x_k,a_{k+1},\cdots,a_n)\,|\,x_i\in\mathbb{R}\}$$

를 생각해 보자. [예제 6.2.5]와 [예제 6.2.8]에서 보았듯이 S는 $a_{k+1}=\cdots=a_n=0$인 경우에만 $\mathbb{R}^n$의 부분공간이다. 그런데 이 경우 S는 $\mathbb{R}^k$와 동일한 것으로 생각할 수 있으므로, $\mathbb{R}^k$는 $n\ge k$인 임의의 자연수 n에 대하여 $\mathbb{R}^n$의 부분공간이라고 할 수 있다.

연습문제 6.2

01. 다음 중 참인 명제를 모두 고르시오.

(1) 벡터공간 V의 부분집합 $\{0\}$은 V의 부분공간이 아니다.

(2) 모든 벡터공간은 자기 자신의 부분공간이다.

(3) 가역인 2차 정방행렬은 2차 정방행렬 전체로 이루어진 벡터공간 $V_{2\times2}$의 부분공간이다.

(4) $\mathbb{R}^2$는 $\mathbb{R}^3$의 부분공간이 아니다.

(5) W가 $\mathbb{R}^3$의 부분공간으로서 $W\neq\{0\}$이면 W의 원소의 수는 무한하다.

02. 벡터공간 $V_{2\times2}$는 2차 정방행렬의 집합이다. $V_{2\times2}$의 부분집합 W가 다음과 같이 정의될 때, W는 $V_{2\times2}$의 부분공간인지 아닌지 설명하시오.

$$W=\{A\in V_{2\times2}\,|\,\det A=1\}$$

03. 주대각성분이 모두 0인 2차 정방행렬의 집합을 W라 하면, $V_{2\times2}$의 부분공간임을 보여라.

04. $W=\{\alpha(1,-1,1)\in\mathbb{R}^3\,|\,\alpha\in\mathbb{R}\}$일 때, W는 $\mathbb{R}^3$의 부분공간임을 보여라.

05. $W=\{(x,2)\in\mathbb{R}^2\,|\,x\in\mathbb{R}\}$일 때, W는 $\mathbb{R}^2$의 부분공간이 아님을 보여라.

06. 다음 각 $\mathbb{R}^3$의 부분집합이 $\mathbb{R}^3$의 부분공간인지 아닌지 설명하시오.

(1) $A=\{(x,1,0)\,|\,x\in\mathbb{R}\}$

(2) $B=\{(x,y,z)\in\mathbb{R}^3\,|\,x\geq 0\}$

(3) $C=\{(x,y,z)\in\mathbb{R}^3\,|\,3x+y-z=0\}$

(4) $D=\{(x,y,z)\in\mathbb{R}^3\,|\,3x=2z\}$

(5) $E=\{(x,y,z)\in\mathbb{R}^3\,|\,3x-y+2z=1\}$

07. V가 벡터공간이고 S와 U가 V의 부분공간일 때, $S\cap U$도 부분공간임을 보여라.

08. 벡터공간 $\mathbb{R}^2$의 두 부분공간

$$S = \{(x, y) \in \mathbb{R}^2 \mid y = 0\}$$
$$U = \{(x, y) \in \mathbb{R}^2 \mid x = 0\}$$

에 대해서 다음 물음에 답하시오.

(1) $S \cap U$를 구하시오.

(2) $S \cup U$를 구하고, 이것이 $\mathbb{R}^2$의 부분공간인지 아닌지 설명하시오.

09. 벡터공간 $\mathbb{R}^3$의 두 부분공간

$$S = \{(x, y, z) \in \mathbb{R}^3 \mid z = 0\}$$
$$U = \{(x, y, z) \in \mathbb{R}^3 \mid y = z\}$$

에 대해서 다음 물음에 답하시오.

(1) $S \cap U$를 구하시오.

(2) $S \cup U$를 구하고, 이것이 $\mathbb{R}^3$의 부분공간인지 아닌지 설명하시오.

6.3 일차종속과 일차독립

이 절에서는 주어진 벡터들 사이에 어떠한 상관관계가 있는지를 나타내는 지표 중의 하나인 일차독립과 일차종속의 개념을 살펴본다. 주어진 벡터들이 일차종속이라 함은, 이중 적어도 하나의 벡터가 다른 벡터들의 일차결합으로 표현된다는 의미이다.

(1) 일차결합

$\mathbb{R}^3$의 임의의 벡터는 다음과 같이 표준단위벡터 $\boldsymbol{i}, \boldsymbol{j}, \boldsymbol{k}$에 스칼라 곱과 덧셈을 시행하여 표현됨을 앞에서 보았다. 즉, $\mathbb{R}^3$의 임의의 벡터 $v=(a,b,c)$는

$$v=(a,b,c)=a(1,0,0)+b(0,1,0)+c(0,0,1)=a\boldsymbol{i}+b\boldsymbol{j}+c\boldsymbol{k}$$

이다. 이러한 경우 우리는 v가 $\boldsymbol{i}, \boldsymbol{j}, \boldsymbol{k}$의 일차결합이라고 말한다.

정의 6.3 일차결합

벡터공간 V의 원소 $v_1, v_2, \cdots, v_n$과 스칼라 $\alpha_1, \alpha_2, \cdots, \alpha_n$에 대하여

$$v=\alpha_1 v_1+\alpha_2 v_2+\cdots+\alpha_n v_n$$

일 때, v는 $v_1, v_2, \cdots, v_n$의 **일차결합**(linear combination)이라 한다.

예제 6.3.1 $\mathbb{R}^2$에서 두 벡터 $v_1=(1,2)$, $v_2=(-1,0)$에 대하여, $v=(3,2)$은 v_1, v_2의 일차결합임을 보여라.

풀이 $v=\alpha_1 v_1+\alpha_2 v_2$인 α_1, α_2가 존재함을 보여야 하므로, 다음 식을 만족하는 스칼라 α_1, α_2을 찾으면 된다.

$$\alpha_1 v_1+\alpha_2 v_2=\alpha_1(1,2)+\alpha_2(-1,0)=(\alpha_1-\alpha_2,\ 2\alpha_1)=(3,2)$$

그런데 연립방정식 $\alpha_1-\alpha_2=3,\ 2\alpha_1=2$의 해는 $\alpha_1=1,\ \alpha_2=-2$이므로, v는 다음과 같이 v_1, v_2의 일차결합으로 표현된다.

$$v=(3,2)=v_1-2v_2$$ ■

예제 6.3.2 $\mathbb{R}^3$에서 두 벡터 $v_1=(1,1,1)$, $v_2=(3,2,1)$, $v_3=(1,-1,2)$에 대하여, $v=(5,-2,1)$은 v_1, v_2, v_3의 일차결합임을 보여라.

풀이 $v=\alpha_1 v_1+\alpha_2 v_2+\alpha_3 v_3$를 만족하는 스칼라 $\alpha_1, \alpha_2, \alpha_3$를 찾으면 된다. 그런데

$$\begin{aligned}\alpha_1 v_1+\alpha_2 v_2+\alpha_3 v_3 &= \alpha_1(1,1,1)+\alpha_2(3,2,1)+\alpha_3(1,-1,2)\\ &=(\alpha_1+3\alpha_2+\alpha_3, \alpha_1+2\alpha_2-\alpha_3, \alpha_1+\alpha_2+2\alpha_3)\end{aligned}$$

이므로, 연립방정식

$$\begin{cases}\alpha_1+3\alpha_2+\ \ \alpha_3=5\\ \alpha_1+2\alpha_2-\ \ \alpha_3=-2\\ \alpha_1+\ \ \alpha_2+2\alpha_3=1\end{cases}$$

의 해를 구해야 한다. 그런데 [예제 3.4.3]에서 $\alpha_1=-6, \alpha_2=3$, $\alpha_3=2$가 이 연립방정식의 해임을 이미 보았으므로, v는 다음과 같이 v_1, v_2, v_3의 일차결합으로 표현된다는 것을 알 수 있다.

$$v=-6v_1+3v_2+2v_3$$

■

예제 6.3.3 $\mathbb{R}^3$의 세 벡터 $v_1=(1,2,3)$, $v_2=(1,1,0)$, $v_3=(0,-1,0)$에 대하여, $v=(3,4,6)$은 v_1, v_2, v_3의 일차결합임을 보여라.

풀이
$$\begin{aligned}\alpha_1 v_1+\alpha_2 v_2+\alpha_3 v_3 &= \alpha_1(1,2,3)+\alpha_2(1,1,0)+\alpha_3(0,-1,0)\\ &=(\alpha_1+\alpha_2, 2\alpha_1+\alpha_2-\alpha_3, 3\alpha_1+\alpha_2)\end{aligned}$$

이므로 $v=(3,4,6)=(\alpha_1+\alpha_2, 2\alpha_1+\alpha_2-\alpha_3, 3\alpha_1+\alpha_2)$를 만족하는 스칼라 $\alpha_1, \alpha_2, \alpha_3$를 찾으면 된다. 그런데 연립방정식

$$\begin{cases}\ \ \alpha_1+\alpha_2 \qquad\quad =3\\ 2\alpha_1+\alpha_2-\alpha_3=4\\ 3\alpha_1 \qquad\qquad\ \ =6\end{cases}$$

의 해는 $\alpha_1=2$, $\alpha_2=1$, $\alpha_3=1$이므로, v는 다음과 같이 v_1, v_2, v_3의 일차결합으로 표현된다.

$$v=2v_1+v_2+v_3$$

■

(2) 일차종속과 일차독립

정의 6.4 일차독립, 일차종속

벡터공간 V의 벡터 $v_1, v_2, \cdots, v_n$에 대하여 벡터방정식

$$\alpha_1 v_1 + \alpha_2 v_2 + \cdots + \alpha_n v_n = 0,\ (\alpha_1, \cdots, \alpha_n) \neq (0, \cdots, 0)$$

를 만족하는 스칼라 $\alpha_1, \alpha_2, \cdots, \alpha_n$ 가 존재할 때, $v_1, v_2, \cdots, v_n$은 **일차종속**(linearly dependent)이라 하고, 그렇지 않은 경우에는 **일차독립**(linearly independent)이라 한다.

예제 6.3.4 $\mathbb{R}^2$의 두 벡터 $v_1 = (1,2)$, $v_2 = (3,5)$는 일차독립인지 일차종속인지 설명하여라.

풀이 $\alpha_1 v_1 + \alpha_2 v_2 = \alpha_1(1,2) + \alpha_2(3,5) = (\alpha_1 + 3\alpha_2,\ 2\alpha_1 + 5\alpha_2)$이므로, 벡터방정식

$$\alpha_1 v_1 + \alpha_2 v_2 = 0$$

의 해는 연립방정식

$$\begin{cases} \alpha_1 + 3\alpha_2 = 0 \\ 2\alpha_1 + 5\alpha_2 = 0 \end{cases}$$

의 해와 같다. 이 연립방정식의 해는 $\alpha_1 = 0,\ \alpha_2 = 0$이므로, v_1, v_2는 일차독립이다. ■

예제 6.3.5 $\mathbb{R}^2$의 두 벡터 $v_1 = (1,2)$, $v_2 = (3,6)$는 일차종속임을 설명하여라.

풀이 $\alpha_1 v_1 + \alpha_2 v_2 = \alpha_1(1,2) + \alpha_2(3,6) = (\alpha_1 + 3\alpha_2,\ 2\alpha_1 + 6\alpha_2)$이므로, 벡터방정식

$$\alpha_1 v_1 + \alpha_2 v_2 = 0$$

의 해는 연립방정식

$$\begin{cases} \alpha_1 + 3\alpha_2 = 0 \\ 2\alpha_1 + 6\alpha_2 = 0 \end{cases}$$

의 해와 같다. 이 동차연립방정식의 해는

$$\alpha_1 = -3s,\ \alpha_2 = s,\ s \in \mathbb{R}$$

이다. 즉, 자명해인 $s = 0$ 이외에도 무수히 많은 해를 갖는다. 그러므로 v_1, v_2는 일차종속이다. ■

이제 $\mathbb{R}^2$의 두 벡터 $\boldsymbol{v}_1 = (x_1, x_2)$, $\boldsymbol{v}_2 = (y_1, y_2)$ 가 일차종속인지 일차독립인지를 판정해보자. 벡터방정식 $\alpha_1 \boldsymbol{v}_1 + \alpha_2 \boldsymbol{v}_2 = 0$으로부터

$$\alpha_1 (x_1, x_2) + \alpha_2 (y_1, y_2) = (0, 0)$$

을 얻고, 이는 동차연립방정식

$$\begin{cases} x_1 \alpha_1 + y_1 \alpha_2 = 0 \\ x_2 \alpha_1 + y_2 \alpha_2 = 0 \end{cases}$$

과 같다. 이를 행렬의 곱으로 나타내면 다음과 같다.

$$\begin{pmatrix} x_1 & y_1 \\ x_2 & y_2 \end{pmatrix} \begin{pmatrix} \alpha_1 \\ \alpha_2 \end{pmatrix} = \begin{pmatrix} 0 \\ 0 \end{pmatrix}$$

이 동차연립방정식이 자명해

$$\alpha_1 = \alpha_2 = 0$$

이외의 해를 갖지 않기 위해서는 계수행렬 $A = \begin{pmatrix} x_1 & y_1 \\ x_2 & y_2 \end{pmatrix}$가 가역이어야 한다. 이 계수행렬이 가역행렬이기 위한 필요충분조건은 $\det A \neq 0$이다. 그러므로 $\det A \neq 0$이면 벡터 $\boldsymbol{v}_1, \boldsymbol{v}_2$는 일차독립임을 알 수 있다.

정리하면, $\mathbb{R}^2$의 두 벡터가 일차종속인지 일차독립인지 판정하기 위해서는 이 두 벡터로 이루어진 행렬의 행렬식을 구해보면 알 수 있다. 즉, 다음이 성립한다.

- $\mathbb{R}^2$의 두 벡터 $\boldsymbol{v}_1 = (x_1, x_2)$, $\boldsymbol{v}_2 = (y_1, y_2)$에 대하여, $\begin{vmatrix} x_1 & y_1 \\ x_2 & y_2 \end{vmatrix} \neq 0$은 이 두 벡터 $\boldsymbol{v}_1, \boldsymbol{v}_2$가 일차독립일 필요충분조건이다.

이러한 성질은 $\mathbb{R}^3$의 세 벡터에 대해서도 마찬가지로 성립한다.

- $\mathbb{R}^3$의 세 벡터 $\boldsymbol{v}_1 = (x_1, x_2, x_3)$, $\boldsymbol{v}_2 = (y_1, y_2, y_3)$, $\boldsymbol{v}_3 = (z_1, z_2, z_3)$에 대하여, $\begin{vmatrix} x_1 & y_1 & z_1 \\ x_2 & y_2 & z_2 \\ x_3 & y_3 & z_3 \end{vmatrix} \neq 0$은 이 세 벡터 $\boldsymbol{v}_1, \boldsymbol{v}_2, \boldsymbol{v}_3$가 일차독립일 필요충분조건이다.

일반적으로, $\mathbb{R}^n$의 n개의 벡터가 일차독립일 필요충분조건은 그 벡터들로 이루어진 행렬의 행렬식이 0이 아니라는 것이 쉽게 증명된다.

정리 6.3

$\mathbb{R}^n$의 n개의 벡터 $v_1=(a_{11},\cdots,a_{1n}),\cdots,v_n=(a_{n1},\cdots,a_{nn})$에 대하여, 다음은 이 n개의 벡터들이 일차독립일 필요충분조건이다.

$$\begin{vmatrix} a_{11} & a_{12} & a_{13} & \cdots & a_{1n} \\ a_{21} & a_{22} & a_{23} & \cdots & a_{2n} \\ a_{31} & a_{32} & a_{33} & \cdots & a_{3n} \\ \vdots & \vdots & \vdots & & \vdots \\ a_{n1} & a_{n2} & a_{n3} & \cdots & a_{nn} \end{vmatrix} = \begin{vmatrix} a_{11} & a_{21} & a_{31} & \cdots & a_{n1} \\ a_{12} & a_{22} & a_{32} & \cdots & a_{n2} \\ a_{13} & a_{23} & a_{33} & \cdots & a_{n3} \\ \vdots & \vdots & \vdots & & \vdots \\ a_{1n} & a_{2n} & a_{3n} & \cdots & a_{nn} \end{vmatrix} \neq 0$$

이 사실을 이용하여 [예제 6.3.4]와 [예제 6.3.5]를 다시 생각해 보자.

예제 6.3.6 $\begin{vmatrix} 1 & 3 \\ 2 & 5 \end{vmatrix} = 5-6=-1 \neq 0$이므로, $\mathbb{R}^2$의 두 벡터 $v_1=(1,2)$, $v_2=(3,5)$는 일차독립이다. ■

예제 6.3.7 $\begin{vmatrix} 1 & 3 \\ 2 & 6 \end{vmatrix} = 6-6=0$이므로, $\mathbb{R}^2$의 두 벡터 $v_1=(1,2)$, $v_2=(3,6)$은 일차종속이다. ■

예제 6.3.8 $\mathbb{R}^3$에서 세 벡터 $v_1=(1,3,2)$, $v_2=(3,-5,2)$, $v_3=(3,2,4)$는 일차종속인지 일차독립인지 설명하여라.

풀이 세 벡터로 구성되는 행렬식의 값을 구하면

$$\begin{vmatrix} 1 & 3 & 3 \\ 3 & -5 & 2 \\ 2 & 2 & 4 \end{vmatrix} = \begin{vmatrix} 1 & 3 & 3 \\ 0 & -14 & -7 \\ 0 & -4 & -2 \end{vmatrix} = \begin{vmatrix} -14 & -7 \\ -4 & -2 \end{vmatrix} = 0$$

이므로 v_1, v_2, v_3은 일차종속이다. ■

예제 6.3.9 $\mathbb{R}^3$의 표준단위벡터 $i=(1,0,0)$, $j=(0,1,0)$, $k=(0,0,1)$는 일차독립임을 확인하여라.

풀이 세 벡터로 구성되는 행렬식의 값을 구하면

$$\begin{vmatrix} 1 & 0 & 0 \\ 0 & 1 & 0 \\ 0 & 0 & 1 \end{vmatrix} = 1 \neq 0$$

이므로, $\boldsymbol{i} = (1,0,0)$, $\boldsymbol{j} = (0,1,0)$, $\boldsymbol{k} = (0,0,1)$는 일차독립이다. ■

(3) 일차종속과 일차독립의 기하학적인 의미

일차종속과 일차독립의 기하학적인 의미를 알아보자. 예를 들어 $\mathbb{R}^2$ 또는 $\mathbb{R}^3$의 두 벡터 $\boldsymbol{v}, \boldsymbol{w}$가 일차종속이라는 것은 벡터방정식

$$\alpha \boldsymbol{v} + \beta \boldsymbol{w} = \boldsymbol{0}, \ (\alpha, \beta) \neq (0,0)$$

을 만족하는 스칼라 α, β가 존재한다는 것이다. $\boldsymbol{v}, \boldsymbol{w}$가 일차종속인 경우에, 만약 $\alpha \neq 0$이면 $\boldsymbol{v} = -\frac{\beta}{\alpha}\boldsymbol{w}$이고, $\beta \neq 0$이면 $\boldsymbol{w} = -\frac{\alpha}{\beta}\boldsymbol{v}$이 될 것이다. 이 결과를 기하학적인 관점에서 보면, 어느 경우이든 두 벡터의 위치벡터가 동일 직선 상에 있음을 말한다(이때 두 벡터는 서로 평행이라고 한다). 다만 [그림 6.2]에서처럼 계수 $-\frac{\beta}{\alpha}$(또는 $-\frac{\alpha}{\beta}$)가 양수이면 두 벡터의 방향이 같고, 음수이면 두 벡터의 방향은 서로 반대가 될 것이다. 이로부터 두 벡터가 일차독립이기 위한 필요충분조건은 두 벡터가 평행하지 않은 것임을 알 수 있다.

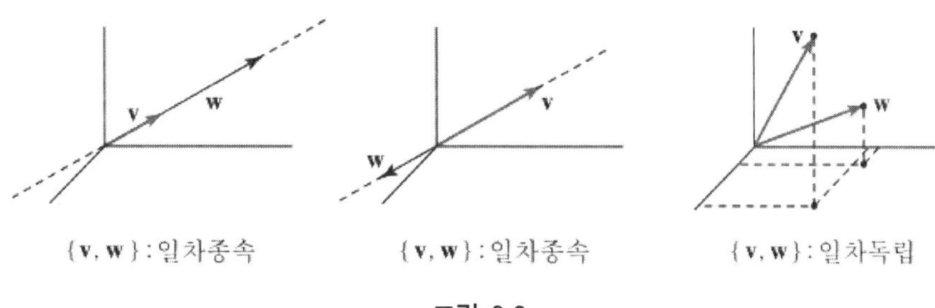

그림 6.2

이제 벡터공간 $\mathbb{R}^3$에서 세 벡터가 일차독립이라는 것을 기하학적으로 해석하여 보자. 영벡터가 아닌 세 벡터 $\boldsymbol{u}, \boldsymbol{v}, \boldsymbol{w}$가 일차종속이라고 하면 벡터방정식

$$\alpha \boldsymbol{u} + \beta \boldsymbol{v} + \gamma \boldsymbol{w} = \boldsymbol{0}, \ (\alpha, \beta, \gamma) \neq (0,0,0)$$

을 만족하는 스칼라 α, β, γ가 존재한다. 세 스칼라 α, β, γ 중 적어도 하나는 0이 아니므로 세 벡터 $\boldsymbol{u}, \boldsymbol{v}, \boldsymbol{w}$는 한 평면에 있음을 보일 수 있다. 예를 들어 $\gamma \neq 0$이라면,

$$w = -\frac{\alpha}{\gamma}u - \frac{\beta}{\gamma}v$$

이다. u, v가 일차종속일 때는 직선, u, v가 일차독립일 때는 평면을 이루므로, w는 u, v가 이루는 직선 또는 평면에 있음을 알 수 있다. 결론적으로, $\mathbb{R}^3$의 세 벡터가 일차종속일 필요충분조건은 세 벡터가 동일평면 상에 있는 것이고, 일차독립일 필요충분조건은 세 벡터가 동일평면 상에 있지 않는 것이다.

예제 6.3.10 $\mathbb{R}^3$에서 세 벡터 $v_1 = (1,0,0)$, $v_2 = (0,1,0)$, $v_3 = (2,1,0)$는 일차종속임을 보이고, 세 벡터 v_1, v_2, v_3를 기하학적으로 설명하여라.

풀이 세 벡터 v_1, v_2, v_3로 구성되는 행렬식의 값을 구하면

$$\begin{vmatrix} 1 & 0 & 2 \\ 0 & 1 & 1 \\ 0 & 0 & 0 \end{vmatrix} = 0$$

이므로 v_1, v_2, v_3은 일차종속이다. 기하학적으로는 이 세 벡터 v_1, v_2, v_3가 하나의 평면에 포함된다는 것을 의미하는데, 그 평면은

$$2v_1 + v_2 - v_3 = 0$$

이다. 이는 벡터방정식 $\alpha_1 v_1 + \alpha_2 v_2 + \alpha_3 v_3 = 0$의 해가

$$\alpha_1 = -2t,\ \alpha_2 = -t,\ \alpha_3 = t,\ \ t \in \mathbb{R}$$

이기 때문이다. $v_3 = 2v_1 + v_2$은 v_3가 v_1과 $2v_2$가 이루는 평면(xy평면)에 있음을 의미한다. [그림 6.3]은 세 벡터 v_1, v_2, v_3를 기하학적으로 표현한 것이다. ■

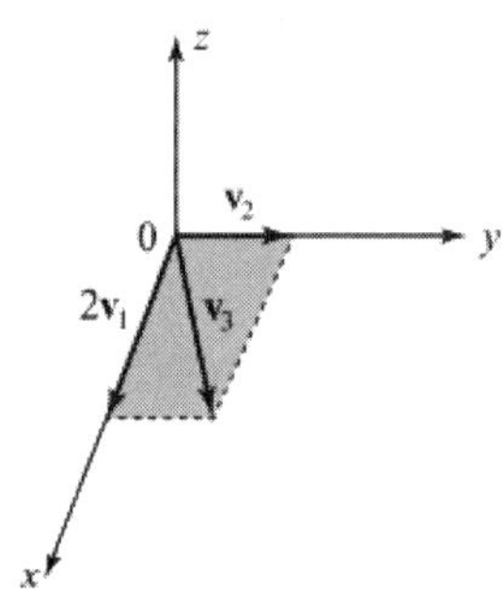

그림 6.3

연습문제 6.3

01. $\mathbb{R}^2$에서 벡터 $v=(5,3)$이 $v_1=(1,1)$, $v_2=(3,1)$의 일차결합 $v=\alpha_1 v_1+\alpha_2 v_2$로 표현될 때, 스칼라 α_1, α_2를 구하여라.

02. 다음 $\mathbb{R}^2$의 벡터 v_1, v_2가 일차독립인지 일차종속인지 설명하시오.

(1) $v_1=(2,1)$, $v_2=(3,4)$ (2) $v_1=(2,3)$, $v_2=(4,6)$

03. 다음 $\mathbb{R}^3$의 벡터 v_1, v_2, v_3가 일차독립인지 일차종속인지 설명하시오.

(1) $v_1=(1,-2,3)$, $v_2=(5,6,-1)$, $v_3=(3,2,1)$

(2) $v_1=(1,1,0)$, $v_2=(0,1,0)$, $v_3=(0,0,1)$

(3) $v_1=(1,3,6)$, $v_2=(1,2,3)$, $v_3=(2,5,7)$

(4) $v_1=(1,2,4)$, $v_2=(2,3,1)$, $v_3=(4,-1,1)$

04. $\mathbb{R}^2$에서 벡터 $v_1=(1,-2)$, $v_2=(-3,6)$이 일차독립인지 일차종속인지 좌표평면에서 기하학적으로 설명하시오.

05. $\mathbb{R}^3$의 벡터 $v_1=(1,2,-1)$, $v_2=(1,3,2)$, $v_3=(3,7,-4)$가 벡터방정식

$$\alpha_1 v_1+\alpha_2 v_2+\alpha_3 v_3=0$$

을 만족시킬 때, $\alpha_1, \alpha_2, \alpha_3$ 중 적어도 하나는 0이 아닌 스칼라가 존재하는가?

06. $v_1=(1,0,0)$, $v_2=(1,1,1)$, $v_3=(1,0,2)$에 대하여 다음 물음에 답하시오.

(1) v_1, v_2, v_3는 일차독립임을 보이시오.

(2) 벡터 $v=(1,2,3)$를 v_1, v_2, v_3의 일차결합으로 나타내시오.

07. [예제 6.1.5]에서 실함수들의 집합

$$F=\{f \mid f:\mathbb{R}\to\mathbb{R}\}$$

이 벡터공간이 됨을 보았다. F의 부분집합 $\left\{4, \frac{1}{2}\sin^2 x, \frac{1}{2}\cos^2 x\right\}$는 일차종속임을 보여라.

08. $\mathbb{R}^3$에서 다음의 벡터들 중 $u=(1,2,1)$와 $v=(1,-3,1)$의 일차결합으로 표현할 수 있는 것을 찾아서 일차결합으로 표현하여라.

(1) $(1,0,0)$ (2) $(2,9,2)$ (3) $(0,0,0)$ (4) $(2,4,6)$

6.4 생성, 기저, 차원

이 절에서는 벡터공간의 가장 기본이 되는 개념인 기저에 대해서 학습한다. 벡터공간의 모든 벡터는 기저의 일차결합으로 유일하게 표현되며, 이때 기저를 이루는 벡터의 개수를 벡터공간의 차원이라 한다.

(1) 생성

정의 6.5

벡터공간 V의 벡터 $v_1, v_2, \cdots, v_n$에 대하여 V의 모든 벡터가 $v_1, v_2, \cdots, v_n$의 일차결합으로 표현되면, 즉 임의의 $v \in V$에 대하여

$$v = \alpha_1 v_1 + \alpha_2 v_2 + \cdots + \alpha_n v_n$$

를 만족하는 스칼라 $\alpha_1, \alpha_2, \cdots, \alpha_n$가 존재할 때, $v_1, v_2, \cdots, v_n$은 벡터공간 V를 **생성한다**(span)고 한다.

예제 6.4.1 $\mathbb{R}^2$의 표준단위벡터 $i = (1,0)$, $j = (0,1)$은 $\mathbb{R}^2$를 생성하는가?

풀이 $\mathbb{R}^2$의 임의의 벡터 (x,y)에 대하여

$$(x,y) = x(1,0) + y(0,1) = xi + yj$$

이므로 $i = (1,0)$, $j = (0,1)$는 $\mathbb{R}^2$를 생성한다. ■

예제 6.4.2 $\mathbb{R}^3$의 세 벡터 $v_1 = (1,0,1)$, $v_2 = (0,1,1)$, $v_3 = (1,1,0)$는 $\mathbb{R}^3$를 생성하는가?

풀이 $\mathbb{R}^3$의 임의의 벡터 (x,y,z)에 대하여 벡터방정식

$$(x,y,z) = \alpha_1 v_1 + \alpha_2 v_2 + \alpha_3 v_3$$

를 만족하는 스칼라 $\alpha_1, \alpha_2, \alpha_3$가 존재하는지 알아보자.

$$\begin{aligned}(x,y,z) &= \alpha_1(1,0,1) + \alpha_2(0,1,1) + \alpha_3(1,1,0)\\ &= (\alpha_1 + \alpha_3, \alpha_2 + \alpha_3, \alpha_1 + \alpha_2)\end{aligned}$$

이고, 연립방정식

$$\begin{cases} \alpha_1 + \alpha_3 = x \\ \alpha_2 + \alpha_3 = y \\ \alpha_1 + \alpha_2 = z \end{cases} \tag{6.1}$$

은 해 $\alpha_1 = \frac{1}{2}(x-y+z)$, $\alpha_2 = -\frac{1}{2}(x-y-z)$, $\alpha_3 = \frac{1}{2}(x+y-z)$가 존재하므로 $v_1 = (1,0,1)$, $v_2 = (0,1,1)$, $v_3 = (1,1,0)$는 $\mathbb{R}^3$를 생성한다. ■

[예제 6.4.2]에서 $v_1 = (1,0,1)$, $v_2 = (0,1,1)$, $v_3 = (1,1,0)$가 $\mathbb{R}^3$를 생성하는 것은 $\alpha_1, \alpha_2, \alpha_3$를 변수로 갖는 방정식 (6.1)이 임의의 x, y, z 값에 대하여 해를 갖는다는 것을 의미한다. 방정식 (6.1)을 행렬로 표현하면

$$\begin{pmatrix} 1 & 0 & 1 \\ 0 & 1 & 1 \\ 1 & 1 & 0 \end{pmatrix} \begin{pmatrix} \alpha_1 \\ \alpha_2 \\ \alpha_3 \end{pmatrix} = \begin{pmatrix} x \\ y \\ z \end{pmatrix}$$

이고, 이 방정식은 계수행렬 $A = \begin{pmatrix} 1 & 0 & 1 \\ 0 & 1 & 1 \\ 1 & 1 & 0 \end{pmatrix}$가 가역일 때만 모든 (x, y, z)에 대하여 해를 갖게 된다. 그런데 $\det A = -2 \neq 0$이므로 계수행렬 A는 가역행렬이다.[18] 따라서 v_1, v_2, v_3는 $\mathbb{R}^3$를 생성한다.

예제 6.4.3 $\mathbb{R}^3$의 세 벡터 $v_1 = (1,1,2)$, $v_2 = (1,0,1)$, $v_3 = (2,1,3)$는 $\mathbb{R}^3$를 생성하는가?

풀이 앞에서 보았듯이 v_1, v_2, v_3를 열벡터로 갖는 행렬의 행렬식을 조사하면 된다. 그런데

$$\begin{vmatrix} 1 & 1 & 2 \\ 1 & 0 & 1 \\ 2 & 1 & 3 \end{vmatrix} = 0$$

이므로 v_1, v_2, v_3를 열벡터로 갖는 행렬 $\begin{pmatrix} 1 & 1 & 2 \\ 1 & 0 & 1 \\ 2 & 1 & 3 \end{pmatrix}$은 비가역이다. 그러므로 v_1, v_2, v_3는 $\mathbb{R}^3$를 생성하지 못한다. ■

---

18. [정리 3.12]에서 $\det A \neq 0$이 정방행렬 A가 가역일 필요충분조건임을 보았다.

(2) 기저와 차원

정의 6.6 기저

벡터공간 V의 벡터 $v_1, v_2, \cdots, v_n$이 다음 두 조건을 만족시킬 때, $\{v_1, v_2, \cdots, v_n\}$는 V의 **기저**(basis)라고 한다.

(1) $v_1, v_2, \cdots, v_n$은 일차독립이다.

(2) $v_1, v_2, \cdots, v_n$은 벡터공간 V를 생성한다.

예제 6.4.4 $\mathbb{R}^2$의 표준단위벡터 $i=(1,0)$, $j=(0,1)$는 $\mathbb{R}^2$의 기저임을 보여라.

풀이 [예제 6.4.1]에서 $i=(1,0)$, $j=(0,1)$가 $\mathbb{R}^2$를 생성함은 이미 보았다. 그리고 $\begin{vmatrix} 1 & 0 \\ 0 & 1 \end{vmatrix} = 1 \neq 0$이므로 $i=(1,0)$, $j=(0,1)$는 일차독립이다. 그러므로 $i=(1,0)$, $j=(0,1)$는 $\mathbb{R}^2$의 기저가 된다. ■

예제 6.4.5 $\mathbb{R}^3$의 세 벡터 $v_1=(1,0,1)$, $v_2=(0,1,1)$, $v_3=(1,1,0)$는 $\mathbb{R}^3$의 기저임을 보여라.

풀이 [예제 6.4.2]에서 $v_1=(1,0,1)$, $v_2=(0,1,1)$, $v_3=(1,1,0)$가 $\mathbb{R}^3$를 생성함은 이미 보았다. 그리고

$$\begin{vmatrix} 1 & 0 & 1 \\ 0 & 1 & 1 \\ 1 & 1 & 0 \end{vmatrix} = -2 \neq 0$$

이므로 v_1, v_2, v_3는 일차독립이다. 그러므로 v_1, v_2, v_3는 $\mathbb{R}^3$의 기저이다. ■

지금까지의 내용을 종합해 보면 다음을 알 수 있다.

- $\mathbb{R}^2$의 두 벡터 $v_1=(x_1,x_2)$, $v_2=(y_1,y_2)$가 $\mathbb{R}^2$의 기저일 필요충분조건은

$$\begin{vmatrix} x_1 & y_1 \\ x_2 & y_2 \end{vmatrix} \neq 0$$

이다.

- $\mathbb{R}^3$의 세 벡터 $v_1=(x_1,x_2,x_3)$, $v_2=(y_1,y_2,y_3)$, $v_3=(z_1,z_2,z_3)$가 $\mathbb{R}^3$의 기저일 필요충

분조건은

$$\begin{vmatrix} x_1 & y_1 & z_1 \\ x_2 & y_2 & z_2 \\ x_3 & y_3 & z_3 \end{vmatrix} \neq 0$$

이다.

예제 6.4.6 $\mathbb{R}^2$의 세 벡터 $v_1 = (1,2)$, $v_2 = (2,3)$, $v_3 = (1,1)$은 $\mathbb{R}^2$의 기저인지 아닌지 설명하여라.

풀이 $v_1 + 2v_2 + v_3 = 0$이므로 v_1, v_2, v_3는 일차종속이다. 그러므로 v_1, v_2, v_3는 $\mathbb{R}^2$의 기저가 아니다. ■

2차 정방행렬들의 집합 $V_{2\times 2}$는 벡터공간임을 앞에서 보았다. $V_{2\times 2}$의 기저를 찾아보자.

예제 6.4.7 벡터공간 $V_{2\times 2}$의 네 벡터 $\begin{pmatrix} 1 & 0 \\ 0 & 0 \end{pmatrix}, \begin{pmatrix} 0 & 1 \\ 0 & 1 \end{pmatrix}, \begin{pmatrix} 0 & 0 \\ 1 & 0 \end{pmatrix}, \begin{pmatrix} 0 & 0 \\ 0 & 1 \end{pmatrix}$는 $V_{2\times 2}$의 기저임을 보여라.

풀이 주어진 네 개의 행렬이 일차독립임을 먼저 보이자. 행렬 방정식

$$\alpha \begin{pmatrix} 1 & 0 \\ 0 & 0 \end{pmatrix} + \beta \begin{pmatrix} 0 & 1 \\ 0 & 1 \end{pmatrix} + \gamma \begin{pmatrix} 0 & 0 \\ 1 & 0 \end{pmatrix} + \delta \begin{pmatrix} 0 & 0 \\ 0 & 1 \end{pmatrix} = \begin{pmatrix} 0 & 0 \\ 0 & 0 \end{pmatrix}$$

은 행렬 방정식

$$\begin{pmatrix} \alpha & \beta \\ \gamma & \delta \end{pmatrix} = \begin{pmatrix} 0 & 0 \\ 0 & 0 \end{pmatrix}$$

과 같으므로 해는 $\alpha = \beta = \gamma = \delta = 0$이다. 그러므로 주어진 네 개의 행렬은 일차독립임이 증명되었다. 한편, 임의의 행렬 $\begin{pmatrix} a & b \\ c & d \end{pmatrix} \in V_{2\times 2}$에 대하여

$$\begin{pmatrix} a & b \\ c & d \end{pmatrix} = a \begin{pmatrix} 1 & 0 \\ 0 & 0 \end{pmatrix} + b \begin{pmatrix} 0 & 1 \\ 0 & 1 \end{pmatrix} + c \begin{pmatrix} 0 & 0 \\ 1 & 0 \end{pmatrix} + d \begin{pmatrix} 0 & 0 \\ 0 & 1 \end{pmatrix}$$

이므로 주어진 네 개의 행렬은 $V_{2\times 2}$를 생성한다. 그러므로

$$\begin{pmatrix} 1 & 0 \\ 0 & 0 \end{pmatrix}, \begin{pmatrix} 0 & 1 \\ 0 & 1 \end{pmatrix}, \begin{pmatrix} 0 & 0 \\ 1 & 0 \end{pmatrix}, \begin{pmatrix} 0 & 0 \\ 0 & 1 \end{pmatrix}$$

는 $V_{2\times 2}$의 기저이다. ■

예제 6.4.8 $\mathbb{R}^3$에서의 평면 $H=\{(x,y,z)\in\mathbb{R}^3 \mid x-3y-2z=0\}$는 $\mathbb{R}^3$의 부분공간이다. H의 기저를 구하여라.

풀이 임의의 $(x,y,z)\in H$에 대하여 $x=3y+2z$이므로

$$(x,y,z)=(3y+2z,\ y,\ z)=(3y,y,0)+(2z,0,z)=y(3,1,0)+z(2,0,1)$$

이다. 그러므로

$$v_1=(3,1,0),\ v_2=(2,0,1)$$

이라 두면, v_1, v_2는 H의 원소로서 H를 생성한다. 또한 v_1과 v_2는 일차독립이므로 H의 기저이다. ■

[예제 6.4.4]에서 우리는 $\mathbb{R}^2$의 표준단위벡터 $\boldsymbol{i}=(1,0)$, $\boldsymbol{j}=(0,1)$가 $\mathbb{R}^2$의 기저임을 보았다. 마찬가지로 $\mathbb{R}^3$의 표준단위벡터

$$\boldsymbol{i}=(1,0,0),\quad \boldsymbol{j}=(0,1,0),\quad \boldsymbol{k}=(0,0,1)$$

는 $\mathbb{R}^3$의 기저이다. 그래서 $\boldsymbol{i}=(1,0), \boldsymbol{j}=(0,1)$는 $\mathbb{R}^2$의 **표준기저**(standard basis), $\boldsymbol{i}=(1,0,0)$, $\boldsymbol{j}=(0,1,0), \boldsymbol{k}=(0,0,1)$는 $\mathbb{R}^3$의 표준기저라 불린다. 일반적으로 $\mathbb{R}^n$의 표준단위벡터

$$\boldsymbol{e}_1=(1,0,\cdots,0),\ \boldsymbol{e}_2=(0,1,0,\cdots,0),\ \cdots,\boldsymbol{e}_n=(0,\cdots,0,1)$$

도 $\mathbb{R}^n$의 기저이다.

우리는 보통 $\mathbb{R}^2$는 평면으로 2차원, $\mathbb{R}^3$는 공간으로 3차원이라 한다. 이 때 2와 3은 각각 $\mathbb{R}^2$와 $\mathbb{R}^3$의 기저를 이루는 벡터의 개수와 같다. 사실 $\mathbb{R}^2$의 모든 기저는 항상 2개의 벡터로 이루어져 있으며, $\mathbb{R}^3$의 모든 기저는 항상 3개의 벡터로 이루어져 있다. 일반적으로 각 벡터공간마다 기저를 이루는 원소의 개수가 일정하다는 것이 잘 알려져 있는데, 이것을 그 벡터공간의 차원이라고 한다.

정의 6.7 차원

벡터공간 V의 기저를 이루는 벡터들의 개수가 n개일 때, V의 **차원**(dimension)이 n이라고 하며,

$$\dim V = n$$

로 나타낸다. 그리고 V를 n**차원 벡터공간**(n-dimensional vector space)이라 부른다. 특히, 기저를 이루는 벡터들의 개수가 유한개일 때 V는 **유한차원 벡터공간**(finite dimensional vector space), 무한개일 때는 **무한차원 벡터공간**(infinite dimensional vector space)이라 한다. (편의상 영벡터공간 $V=\{0\}$은 0차원 벡터공간이라고 하기로 한다.)

예제 6.4.9 $\mathbb{R}^n$의 차원은 얼마인가?

풀이 $\mathbb{R}^n$의 표준단위벡터

$$e_1=(1,0,\cdots,0),\ e_2=(0,1,0,\cdots,0),\cdots,e_n=(0,\cdots,0,1)$$

이 $\mathbb{R}^n$의 기저이므로, $\dim \mathbb{R}^n = n$이다. ■

예제 6.4.10 벡터공간 $V_{2\times 2}$의 차원은 얼마인가?

풀이 $V_{2\times 2}$의 네 벡터 $\begin{pmatrix}1&0\\0&0\end{pmatrix}, \begin{pmatrix}0&1\\0&1\end{pmatrix}, \begin{pmatrix}0&0\\1&0\end{pmatrix}, \begin{pmatrix}0&0\\0&1\end{pmatrix}$는 $V_{2\times 2}$의 기저이므로, $\dim V_{2\times 2}=4$ 이다. ■

예제 6.4.11 다음 동차연립방정식에 대한 해공간의 기저와 차원을 구하여라.

$$\begin{cases} x-2y=0 \\ -2x+4y=0 \end{cases}$$

풀이 주어진 방정식의 해는

$$(x,y)=(2y,y)=y(2,1)$$

를 만족하므로 $\{(2,1)\}$은 해공간의 기저이고, 따라서 해공간의 차원은 1이다. ■

예제 6.4.12 다음 동차연립방정식에 대한 해공간의 기저와 차원을 구하여라.

$$\begin{cases} 4x+y-z-w=0 \\ 2x-y-z+w=0 \end{cases}$$

풀이 주어진 방정식의 해는

$$(x,y,z,w)=(x,-x+w,3x,w)=x(1,-1,3,0)+w(0,1,0,1)$$

를 만족하므로 $\{(1,-1,3,0),(0,1,0,1)\}$은 해공간의 기저이고, 따라서 해공간의 차원은 2이다. ■

앞의 두 예제에서는 쉽게 미지수의 관계식을 유도해냈었다. 그러나 일반적으로 연립방정식의 확대계수행렬을 구한 후 기본행연산을 시행하는 것이 바람직하다. 다음 예제에서 확인해보자.

예제 6.4.13 다음 동차연립방정식에 대한 해공간의 기저와 차원을 구하여라.

$$\begin{cases} x+3y+2z=0 \\ 2x-\ \ y-3z=0 \\ 3x+9y+6z=0 \end{cases}$$

풀이 주어진 방정식의 확대계수행렬을 기본행연산으로 변형하면 다음과 같다.

$$\begin{pmatrix} 1 & 3 & 2 & : & 0 \\ 2 & -1 & -3 & : & 0 \\ 3 & 9 & 6 & : & 0 \end{pmatrix} \xrightarrow[(-3)R_1+R_3]{(-2)R_1+R_2} \begin{pmatrix} 1 & 3 & 2 & : & 0 \\ 0 & -7 & -7 & : & 0 \\ 0 & 0 & 0 & : & 0 \end{pmatrix}$$

$$\xrightarrow{(-\frac{1}{7})R_2} \begin{pmatrix} 1 & 3 & 2 & : & 0 \\ 0 & 1 & 1 & : & 0 \\ 0 & 0 & 0 & : & 0 \end{pmatrix}$$

$$\xrightarrow{(-3)R_2+R_1} \begin{pmatrix} 1 & 0 & -1 & : & 0 \\ 0 & 1 & 1 & : & 0 \\ 0 & 0 & 0 & : & 0 \end{pmatrix}$$

그러므로 주어진 방정식은 연립방정식

$$\begin{cases} x-z=0 \\ y+z=0 \end{cases}$$

과 동일한 해를 가진다. 주어진 방정식의 해는

$$(x,y,z)=(z,-z,z)=z(1,-1,1)$$

를 만족하므로 $\{(1,-1,1)\}$은 해공간의 기저이고, 따라서 해공간은 1차원 벡터공간이다. ■

연습문제 6.4

01. 다음 중 참인 명제를 모두 고르시오.

(1) 벡터공간의 모든 벡터는 기저를 이루는 벡터들의 일차결합으로 표현된다.

(2) 한 벡터공간의 모든 기저는 같은 개수의 벡터들로 이루어져 있다.

(3) 영벡터공간이 아닌 임의의 벡터공간은 무수히 많은 기저를 갖는다.

(4) n차원 벡터공간의 모든 기저는 n개의 벡터들로 이루어져 있다.

(5) 벡터공간 V의 부분공간의 차원은 V의 차원 보다 작거나 같다.

(6) 벡터공간 V의 두 부분공간의 차원이 같으면 그 두 부분공간은 같다.

(7) 벡터공간 V의 두 부분공간 W_1, W_2의 차원이 각각 n_1, n_2일 때, $n_1 < n_2$이면 W_1은 W_2의 부분공간이다.

02. 벡터 $v = (1,7,1)$을 다음 벡터들의 일차결합으로 나타내어라.

$$v_1 = (-1,0,1),\ v_2 = (0,-1,2),\ v_3 = (1,2,3)$$

03. $\mathbb{R}^2$에서 다음 벡터들의 집합이 일차독립인지, 일차종속인지 설명하여라.

(1) $(1,-2), (3,-6)$

(2) $(1,-2),\ (-3,4)$

04. $v_1 = (1,1,1)$, $v_2 = (1,-1,5)$는 $\mathbb{R}^3$의 부분공간 $V = \{(x,y,z) \in \mathbb{R}^3 \mid 3x - 2y = z\}$의 기저임을 설명하여라.

05. $v_1 = (1,1,1)$, $v_2 = (1,2,3)$, $v_3 = (2,-1,1)$은 $\mathbb{R}^3$의 기저임을 보여라.

06. 다음 동차연립방정식의 해공간의 기저와 차원을 구하여라.

$$\begin{cases} -x + 3y = 0 \\ 2x - 6y = 0 \end{cases}$$

07. 다음 동차연립방정식의 해공간의 기저와 차원을 구하여라.

$$\begin{cases} x + y + 2z = 0 \\ 2x - y + z = 0 \\ 3x + 3y + 6z = 0 \end{cases}$$

08. 다음 집합들 중에서 $\mathbb{R}^2$를 생성하는 것들을 모두 고르시오.

(1) $\{(1,2),\ (2,1)\}$ (2) $\{(1,1),\ (-1,-1)\}$

(3) $\{(1,0),(0,1),\ (1,1)\}$ (4) $\{(-1,2),\ (2,4)\}$

(5) $\{(0,0),\ (-2,5)\}$ (6) $\{(3,-3),(-3,3),\ (1,1)\}$

09. 다음 집합들 중에서 $\mathbb{R}^2$의 기저를 모두 고르시오.

(1) $\{(1,2),\ (2,1)\}$ (2) $\{(1,1),\ (-1,-1)\}$

(3) $\{(1,0),(0,1),\ (1,1)\}$ (4) $\{(-1,2),\ (2,4)\}$

(5) $\{(0,0),\ (-2,5)\}$ (6) $\{(3,-3),(-3,3),\ (1,1)\}$

10. 벡터공간 $\mathbb{R}^3$의 다음 부분집합으로 생성되는 부분공간의 기저를 구하여라.

$$A = \{(1,2,1),(4,4,4),(1,0,1),(2,4,2),(0,1,0)\}$$

11. 벡터공간 $\mathbb{R}^3$의 부분집합 $A = \{(1,1,1),(2,2,2),(-1,-2,-3)\}$에 대해서 다음 물음에 답하여라.

(1) A로 생성되는 부분공간의 기저 B를 구하여라.

(2) B를 확장하여 $\mathbb{R}^3$의 기저가 되도록 만들어 보아라.

6.5 기저의 변경과 좌표벡터*

$B=\{v_1, v_2, \cdots, v_n\}$가 벡터공간 V의 한 기저라고 하자. 그러면 V의 임의의 벡터는 B의 원소들의 일차결합으로 나타나게 된다. 즉, 임의의 벡터 $v \in V$에 대해서

$$v=\alpha_1 v_1+\alpha_2 v_2+\cdots+\alpha_n v_n$$

를 만족하는 스칼라 $\alpha_1, \alpha_2, \cdots, \alpha_n$이 존재한다. 다음 정리는 한 기저에 대한 이러한 일차결합의 표현이 유일함을 보여준다.

정리 6.4

$B=\{v_1, v_2, \cdots, v_n\}$가 벡터공간 V의 한 기저일 때, V의 임의의 벡터를 나타내는 B의 원소들의 일차결합 표현은 유일하다. 즉,

$$v=\alpha_1 v_1+\alpha_2 v_2+\cdots+\alpha_n v_n$$

이고

$$v=\beta_1 v_1+\beta_2 v_2+\cdots+\beta_n v_n$$

이면 $\alpha_1=\beta_1, \alpha_2=\beta_2, \cdots, \alpha_n=\beta_n$이다.

증명 $\alpha_1 v_1+\alpha_2 v_2+\cdots+\alpha_n v_n=\beta_1 v_1+\beta_2 v_2+\cdots+\beta_n v_n$이면

$$(\alpha_1-\beta_1)v_1+(\alpha_2-\beta_2)v_2+\cdots+(\alpha_n-\beta_n)v_n=0$$

이다. 그런데 $v_1, v_2, \cdots, v_n$은 일차독립이므로

$$\alpha_1-\beta_1=\alpha_2-\beta_2=\cdots=\alpha_n-\beta_n=0$$

이다.

[정리 6.4]로부터 우리는 벡터공간 V의 기저 $B=\{v_1, v_2, \cdots, v_n\}$가 주어지면 V의 임의의 벡터는 n개의 스칼라 쌍과 1-1 대응된다. 즉,

$$v \in V \quad \leftrightarrow \quad (\alpha_1, \alpha_2, \cdots, \alpha_n)$$

그런데 기저 $B=\{v_1, v_2, \cdots, v_n\}$를 이루는 벡터의 순서를 바꾸면 대응되는 스칼라 쌍도 바뀌므로, 이러한 혼란을 피하기 위하여 순서기저라는 개념을 도입한다.

정의 6.8 **순서기저, 좌표벡터**

벡터공간 V의 한 기저 $B=\{v_1, v_2, \cdots, v_n\}$에 대해서, B의 원소들의 순서를 고정한 것을 $B=[v_1, v_2, \cdots, v_n]$로 표현하고, 이를 V의 **순서기저**(ordered basis)라 한다. 이 때, 벡터 $v=\alpha_1 v_1+\alpha_2 v_2+\cdots+\alpha_n v_n$에 대하여,

$$[v]_B = \begin{pmatrix} \alpha_1 \\ \alpha_2 \\ \vdots \\ \alpha_n \end{pmatrix}$$

를 순서기저 B에 대한 v의 **좌표벡터**(coordinate vector)라 한다.

벡터공간 $\mathbb{R}^2$의 세 순서기저

$$E=[i,\ j],\quad B=[(1,1),(1,0)],\quad C=[(-1,1),(2,1)]$$

에 대해서 $v=(-1,4)$의 좌표벡터가 어떻게 나타나는지 살펴보자. 이 벡터를 각각의 기저에 대한 일차결합으로 표현하면 다음과 같다.

$$\begin{aligned} v=(-1,4) &= -1i+4j \\ &= 4(1,1)+(-5)(1,0) \\ &= 3(-1,1)+1(2,1) \end{aligned}$$

따라서 각 기저에 대한 v의 좌표벡터는

$$[v]_E = \begin{pmatrix} -1 \\ 4 \end{pmatrix},\ [v]_B = \begin{pmatrix} 4 \\ -5 \end{pmatrix},\ [v]_C = \begin{pmatrix} 3 \\ 1 \end{pmatrix}$$

이다. 특히 $v=[v]_E$임에 주목하자. 즉, 이것은 우리가 통상적으로 사용하는 평면좌표 혹은 공간좌표가 실은 표준기저에 대한 좌표였음을 말해주고 있다. [그림 6.4]는 여러 가지 기저들에 대해서 좌표벡터들이 기하학적으로 어떠한 의미를 가지는지를 보여준다.

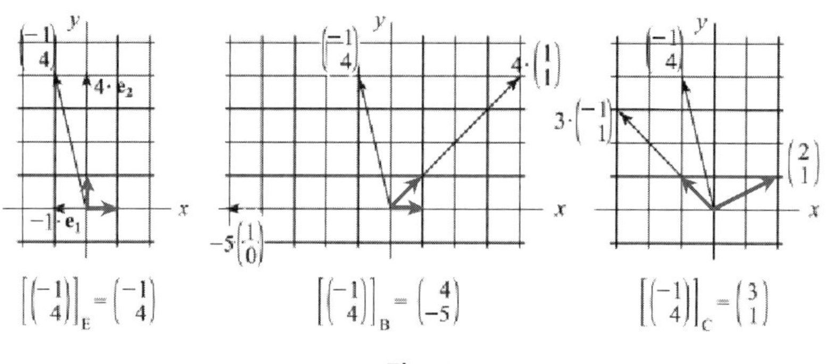

그림 6.4

예제 6.5.1 벡터공간 $\mathbb{R}^3$의 순서기저 $B=[(1,1,1),(-2,1,0),(1,2,0)]$에 대하여 벡터 $v=(-9,9,-2)$의 좌표벡터를 구하여라.

풀이 주어진 벡터 v를 순서기저 B의 일차결합으로 나타내면

$$\begin{aligned} v &= (-9,9,-2)=v=(-9,9,-2) \\ &= -2(1,1,1)+5(-2,1,0)+3(1,2,0) \end{aligned} \tag{6.2}$$

이므로, $[v]_B=\begin{pmatrix}-2\\5\\3\end{pmatrix}$이다. ■

참고 식 (6.2)를 구하기 위해서는 벡터방정식

$$(-9,9,-2)=\alpha(1,1,1)+\beta(-2,1,0)+\gamma(1,2,0)$$

의 해를 구해야 한다. 이는 다음 연립방정식의 해이다.

$$\begin{cases} \alpha-2\beta+\ \gamma=-9 \\ \alpha+\ \beta+2\gamma=9 \\ \alpha \qquad\qquad =-2 \end{cases}$$

표준기저를 사용할 때의 좌표벡터 표현은 여러 가지로 유리한 점이 있지만 현실에서의 다양한 상황에서는 다른 특수한 기저를 사용했을 때의 좌표벡터 표현이 더 유용한 경우도 많다. 따라서 주어진 상황에 어떤 기저를 사용하는 것이 더 편리한가를 고려하여 기저를 선정한 다음 모든 벡터들의 좌표벡터를 그 기저를 기준으로 하여 표현함으로써 문제를 해결하게 된다. 어떤 벡터를 주어진 벡터공간에서 다룰 때 이렇게 기저를 자유롭게 선택할 수 있는 이유는 어떤 기저를 선택하든 벡터의 좌표벡터 표현만 달라지지 그 벡터 자체가 바뀌는 것은 아니기 때문이다. 이제 기저를 달리할 때 각 기저에 대한 좌표벡터는 어떻게 달라지는지 알

아보자.

벡터공간 $\mathbb{R}^2$의 두 순서기저 $B=[(2,1),(1,-1)]$, $C=[(1,1),(0,1)]$를 생각하자. 벡터 $v=(4,5)$는

$$v=(4,5)=3(2,1)+(-2)(1,-1) \tag{6.3}$$

이므로 $[v]_B=\begin{pmatrix}3\\-2\end{pmatrix}$이다. 그러면 순서기저 C에 대한 v의 좌표벡터를 구해보자. v가 B의 원소들의 일차결합으로 표현되었기 때문에 만일 B의 원소들을 C의 원소들의 일차결합으로 나타낼 수 있다면 이것을 식 (6.3)에 대입함으로써 결국 v를 C의 원소들의 일차결합으로 표현할 수 있게 된다. 그런데 B의 원소들은

$$(2,1)=2(1,1)+(-1)(0,1)$$

$$(1,-1)=1(1,1)+(-2)(0,1)$$

와 같이 표현되므로, 이것을 식 (6.3)에 대입하면 다음과 같다.

$$\begin{aligned}v=(4,5)&=3(2,1)+(-2)(1,-1)\\&=3(2(1,1)+(-1)(0,1))+(-2)(1(1,1)+(-2)(0,1))\\&=(3\times 2+(-2)\times 1)(1,1)+(3\times(-1)+(-2)\times(-2))(0,1)\end{aligned}$$

그러므로

$$\begin{aligned}[v]_C&=\begin{pmatrix}3\times 2+(-2)\times 1\\3\times(-1)+(-2)\times(-2)\end{pmatrix}\\&=\begin{pmatrix}2&1\\-1&-2\end{pmatrix}\begin{pmatrix}3\\-2\end{pmatrix}=\begin{pmatrix}2&1\\-1&-2\end{pmatrix}[v]_B\end{aligned}$$

임을 알 수 있다. 식의 마지막에 나타난 2차 정방행렬의 열벡터는 차례로 순서기저 B의 두 벡터 $(2,1)$과 $(1,-1)$의 순서기저 C에 대한 좌표벡터임을 주의 깊게 보아야 한다. 이것은 우연히 나타난 현상이 아니며, 일반적으로 기저가 변경되는 경우 좌표벡터는 이러한 형태로 변환된다.

정리 6.5 전이행렬

벡터공간 V의 두 순서기저

$$B=[v_1, v_2, \cdots, v_n],\ \ C=[w_1, w_2, \cdots, w_n]$$

에 대해서

$$v_1= m_{11}w_1+m_{12}w_2+\cdots+m_{1n}w_n$$

$$v_2= m_{21}w_1+m_{22}w_2+\cdots+m_{2n}w_n$$

$$\vdots$$

$$v_n= m_{n1}w_1+m_{n2}w_2+\cdots+m_{nn}w_n$$

라고 하고 식 우변의 계수행렬의 전치행렬을 $M=(m_{ij})$라고 하면 임의의 벡터 $v\in V$의 각 순서기저에 대한 좌표벡터는

$$[v]_C=M[v]_B$$

의 관계를 가진다. 이때 행렬 M을 순서기저 B에서 C로의 **전이행렬**(transition matrix)이라고 한다. 더욱이 M은 가역행렬이고 순서기저 C에서 B로의 전이행렬은 M^{-1}이다.

예제 6.5.2 벡터공간 $\mathbb{R}^2$의 표준순서기저 $E=[i,\ j]$에서 순서기저 $C=[(2,1),(-1,4)]$로의 전이행렬 M을 구하고 이 전이행렬을 이용하여 벡터 $v=(2,-5)$의 순서기저 C에 대한 좌표벡터 $[v]_C$를 구하여라.

풀이 순서기저 E에서 순서기저 C로의 전이행렬 M을 구하는 것 보다는 순서기저 C에서 E로의 전이행렬 M^{-1}를 구하는 것이 더 쉽다. 왜냐하면,

$$(2,1)=2i+1j,\quad (-1,4)=-1i+4j$$

이므로

$$M^{-1}=\begin{pmatrix}2 & -1\\ 1 & 4\end{pmatrix}$$

이다. 따라서 E에서 순서기저 C로의 전이행렬 M은

$$M=\frac{1}{9}\begin{pmatrix}4 & 1\\ -1 & 2\end{pmatrix}$$

이고, $v=(2,-5)$의 C에 대한 좌표벡터 $[v]_C$는 [정리 6.4]에 의하여 다음과 같다.

$$[v]_C = M[v]_E = \frac{1}{9}\begin{pmatrix} 4 & 1 \\ -1 & 2 \end{pmatrix}\begin{pmatrix} 2 \\ -5 \end{pmatrix} = \frac{1}{3}\begin{pmatrix} 1 \\ -4 \end{pmatrix}$$

즉, 이는 $v = (2,-5) = \frac{1}{3}(2,1) - \frac{4}{3}(-1,4)$ 임을 의미한다. ■

위의 예제를 벡터공간 $\mathbb{R}^n$의 일반적인 상황에 대해서 적용하면 다음 정리를 얻는다.

정리 6.6

벡터공간 $\mathbb{R}^n$의 두 순서기저

$$B = [v_1, v_2, \cdots, v_n], \quad C = [w_1, w_2, \cdots, w_n]$$

에 대해서 B에서 표준순서기저 E로의 전이행렬과 C에서 E로의 전이행렬을 각각 M과 N이라 하면, M의 i번째 열벡터는 v_i이며 N의 i번째 열벡터는 w_i이다. 그리고 B에서 C로의 전이행렬은 $N^{-1}M$이다. 즉,

$$[v]_C = N^{-1}M[v]_B$$

이다.

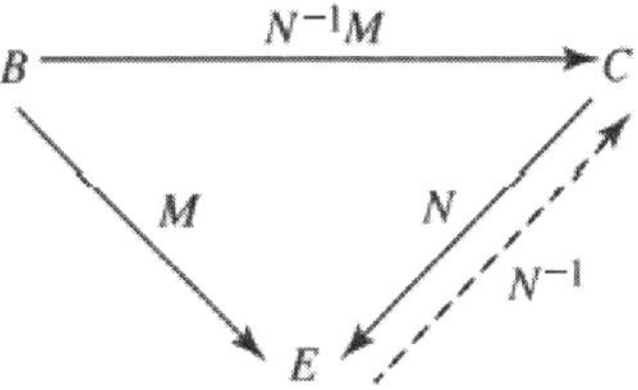

예제 6.5.3 벡터공간 $\mathbb{R}^3$의 다음 두 순서기저

$$B = [(1,1,1), (2,3,2), (1,5,4)]$$
$$C = [(1,1,0), (1,2,0), (1,2,1)]$$

에 대하여 물음에 답하시오.

(1) B에서 C로의 전이행렬을 구하여라.

(2) $v = (4,4,3)$의 각 기저에 대한 좌표벡터를 구하여라. 즉, $[v]_B$와 $[v]_C$를 구하여라.

풀이 $\mathbb{R}^3$의 순서기저 B에서 표준순서기저 E로의 전이행렬 M과 C에서 E로의 전이행

렬을 N은 다음과 같다.

$$M=\begin{pmatrix}1&2&1\\1&3&5\\1&2&4\end{pmatrix},\quad N=\begin{pmatrix}1&1&1\\1&2&2\\0&0&1\end{pmatrix}$$

그러므로 B에서 C로의 전이행렬은

$$N^{-1}M=\begin{pmatrix}1&1&1\\1&2&2\\0&0&1\end{pmatrix}^{-1}\begin{pmatrix}1&2&1\\1&3&5\\1&2&4\end{pmatrix}=\begin{pmatrix}1&1&-3\\-1&-1&0\\1&2&4\end{pmatrix}$$

이고, $v=(4,4,3)$의 각 기저에 대한 좌표벡터는

$$[v]_B=M^{-1}[v]_E=\frac{1}{3}\begin{pmatrix}2&-6&7\\1&3&-4\\-1&0&1\end{pmatrix}\begin{pmatrix}4\\4\\3\end{pmatrix}=\frac{1}{3}\begin{pmatrix}5\\4\\-1\end{pmatrix}$$

$$[v]_C=N^{-1}[v]_E=\begin{pmatrix}2&-1&0\\-1&1&-1\\0&0&1\end{pmatrix}\begin{pmatrix}4\\4\\3\end{pmatrix}=\begin{pmatrix}4\\-3\\3\end{pmatrix}$$

이다. 이 식으로부터 $[v]_C=N^{-1}M[v]_B$를 확인할 수 있다. ■

연습문제 6.5

01. 다음 각 항목에서 주어진 벡터공간 $\mathbb{R}^2$ 또는 $\mathbb{R}^3$의 순서기저 B에 대한 벡터 v의 좌표벡터를 구하여라.

(1) $B=[(1,1),(3,-2)]$, $v=(1,0)$

(2) $B=[(5,4),(-1,2)]$, $v=(-2,-2)$

(3) $B=[(2,-1,3),(1,1,1),(1,0,0)]$, $v=(1,2,3)$

(4) $B=[(1,1,0),(1,0,1),(0,1,1)]$, $v=(-1,2,-3)$

02. 벡터공간 $\mathbb{R}^2$의 두 순서기저

$$B=[(1,1),(1,2)],\quad C=[(2,3),(-1,1)]$$

에 대하여 물음에 답하시오.

(1) 표준순서기저에서 순서기저 B로의 전이행렬을 구하여라.

(2) 표준순서기저에서 순서기저 C로의 전이행렬을 구하여라.

(3) 순서기저 B에서 순서기저 C로의 전이행렬을 구하여라.

(4) 순서기저 C에서 순서기저 B로의 전이행렬을 구하여라.

(5) 벡터 v의 표준순서기저에 대한 좌표벡터가 $\begin{pmatrix}-3\\2\end{pmatrix}$일 때, $[v]_B$와 $[v]_C$를 구하여라.

(6) $[w]_C=\begin{pmatrix}1\\1\end{pmatrix}$일 때 $[w]_B$를 구하여라.

6.6 행공간과 열공간*

이 절에서는 행렬로부터 얻어지는 세 가지 벡터공간, 즉 행렬의 열공간, 행공간 및 영공간의 개념을 정의하고 이들로부터 행렬의 대단히 중요한 특성을 나타내는 행렬의 계수에 대하여 알아본다. 이들은 모두 연립일차방정식과 긴밀한 상관관계를 가진다.

$m\times n$행렬 $A=(a_{ij})$를 다음과 같이 두 가지 형태의 블록행렬로 표현하자.

$$A=(a_1, a_2,\cdots,a_n)=\begin{pmatrix} a^1 \\ \vdots \\ a^m \end{pmatrix}$$

여기서 각 a_j는 행렬 A의 j열을, 또 a^i는 A의 i행을 나타낸다. 그러면 행렬 A의 각 열벡터 a_j는 m차원 벡터공간 $V_{m\times 1}(\cong \mathbb{R}^m)$의 원소이고 행벡터 a^i는 n차원 벡터공간 $V_{1\times n}(\cong \mathbb{R}^n)$의 원소이다.

정의 6.9 열공간, 행공간, 계수

$m\times n$행렬 $A=(a_{ij})$에 대하여

- A의 열벡터들, $a_1, a_2,\cdots,a_n$로 생성되는 $V_{m\times 1}$의 부분공간을 A의 **열공간**(column space)이라 하고 $\mathrm{Col}(A)$로 나타낸다.
- A의 행벡터들, $a^1, a^2,\cdots,a^m$로 생성되는 $V_{1\times n}$의 부분공간을 A의 **행공간**(row space)이라 하고 $\mathrm{Row}(A)$로 나타낸다.
- A의 행공간의 차원을 A의 **계수**(rank)라고 하며, $\mathrm{rank}(A)$로 나타낸다.

정리 6.7

두 $m\times n$행렬 A와 B가 행동치이면 A의 행공간과 B의 행공간은 같다.

증명 A와 B가 행동치이면 A에 기본행연산을 유한번 시행하여 B를 얻을 수 있다. 즉,

$$A=A_0\to A_1\to\cdots\to A_k=B$$

이다. 여기서 각 i에 대해서 $A_i\to A_{i+1}$의 기본행연산은 A_i의 어느 두 행을 바꾸거나 어

느 한 행에 상수를 곱하는 것이거나 또는 어느 한 행의 상수배를 다른 행에 더해줌으로써 A_{i+1}을 얻는 것이므로 A_i의 행공간은 A_{i+1}의 행공간을 포함한다. 따라서

$$\text{Row}(A)=\text{Row}(A_0)\supseteq\text{Row}(A_1)\supseteq\text{Row}(A_2)\cdots\supseteq\text{Row}(A_k)=\text{Row}(B)$$

를 얻는다. 한편 A와 B가 행동치이면 B도 A의 행동치이므로 거꾸로 B에 기본행연산을 여러 번 시행하여 A를 얻을 수 있다. 따라서 $\text{Row}(B)\supseteq\text{Row}(A)$이다.

정리 6.8

$m\times n$행렬 A에 대하여 동차연립방정식 $Ax=0$의 해공간은 $\mathbb{R}^n\cong V_{n\times 1}$의 부분공간이다.

증명 먼저 $A0=0$이므로 0은 $Ax=0$의 해공간에 있다. 해공간에 있는 임의의 두 원소 v,w와 임의의 스칼라 α에 대해서

$$A(\alpha v+w)=\alpha Av+Aw=\alpha 0+0=0$$

이므로 $\alpha v+w$도 해공간의 원소이다. 따라서 [정리 6.2]에 의하여 $Ax=0$의 해공간은 $\mathbb{R}^n$의 부분공간이다.

정의 6.10 영공간

$m\times n$행렬 A에 대하여 동차연립방정식 $Ax=0$의 해집합

$$N(A)=\{x\in\mathbb{R}^n\mid Ax=0\}$$

을 A의 **영공간**(null space)이라고 하고, 이 영공간의 차원을 $\text{nullity}(A)$로 나타낸다.

정리 6.9

$m\times n$행렬 A에 대하여 다음은 동치이다.

(1) 동차연립방정식 $Ax=0$가 자명한 해 $x=0$만을 갖는다.

(2) A의 n개의 열벡터들의 집합은 일차독립이다.

증명 $x = \begin{pmatrix} x_1 \\ x_2 \\ \vdots \\ x_n \end{pmatrix}$라 두면,

$$Ax = (a_1, a_2, \cdots, a_n)x = (a_1, a_2, \cdots, a_n)\begin{pmatrix} x_1 \\ x_2 \\ \vdots \\ x_n \end{pmatrix} = x_1a_1 + x_2a_2 + \cdots + x_na_n$$

이므로, $Ax = 0$가 자명한 해 $x = 0$만을 가질 필요충분조건은 A의 열벡터들 $a_1, a_2, \cdots, a_n$ 이 일차독립인 것이다.

따름정리 6.10

정방행렬 A에 대하여 다음은 동치이다.

(1) A는 가역행렬이다.

(2) A의 모든 행벡터들의 집합은 일차독립이다.

(3) A의 모든 열벡터들의 집합은 일차독립이다.

(4) $\det A \neq 0$

증명 (1)과 (4)가 동치임은 3장에서 확인하였다. 그리고 행렬식의 성질에 의해 $\det A = \det A^T$이므로 (2)와 (3) 중 하나만 보이면 된다. 그런데 동차연립방정식 $Ax = 0$이 자명한 해 $x = 0$만을 갖는다는 것은 [정리 2.4]에 의해 (1)과 동치이고, [정리 6.9]에 의해 (3)과 동치이므로, (1)과 (3)은 동치이다. 그러므로 (1), (2), (3), (4)는 동치이다.

예제 6.6.1 벡터공간 $\mathbb{R}^3$의 세 벡터 $v_1 = (1,1,0)$, $v_2 = (1,0,1)$, $v_3 = (0,1,1)$가 일차독립인지 일차종속인지 조사하여라.

풀이 위의 세 벡터를 열벡터로 하는 행렬은 3차 정방행렬이다. 이 행렬의 행렬식은

$$A = \begin{vmatrix} 1 & 1 & 0 \\ 1 & 0 & 1 \\ 0 & 1 & 1 \end{vmatrix} = -2 \neq 0$$

이므로 [따름정리 6.10]에 의해서 주어진 세 벡터는 일차독립이다. ■

이상에서 알아본 바를 종합하면 행렬의 계수가 가지는 매우 중요한 특징을 알수 있다. [정리 6.9]에 의하면 행렬의 계수는 곧 그 행렬의 행벡터들 중에 본질적으로 서로 다른 행벡터들이 몇 개나 되는지를 알려준다(여기서 물론 본질적으로 서로 다르다는 것은 일차독립이라

는 의미이다). 더욱이 [따름정리 6.10]에 의하면 주어진 정방행렬이 가역이라는 것은 그 행렬의 모든 행벡터들의 집합이 일차독립이라는 것을 말해준다. 그러나 비록 어떤 행렬이 가역인가 비가역인가 하는 것이 그 행렬의 중요한 특성이기는 하지만, 이것은 오직 정방행렬에 국한된 개념이라는 제한을 가진다. 그런 의미에서 행렬의 계수라는 개념은 정방행렬의 가역 또는 비가역이라는 개념이 일반적인 행렬로 확장된 것으로 볼 수 있다.

예제 6.6.2 다음 주어진 행렬 A의 행공간의 기저와 영공간의 기저를 구하여라.

$$A=\begin{pmatrix} 1 & 2 & 0 & 0 & 1 \\ -1 & -2 & 1 & 3 & 1 \\ 3 & 6 & -1 & -3 & 1 \end{pmatrix}$$

풀이 기본행연산을 통해서 행렬 A의 기약행사다리꼴 행렬 U를 계산하면 다음과 같다.

$$U=\begin{pmatrix} 1 & 2 & 0 & 0 & 1 \\ 0 & 0 & 1 & 3 & 2 \\ 0 & 0 & 0 & 0 & 0 \end{pmatrix}$$

[정리 6.7]에 의해서 A와 U의 행공간이 같으므로 A의 행공간의 기저는 $\{(1,2,0,0,1),(0,0,1,3,2)\}$이다. 즉, rank$(A)=2$이다. 그러나 A의 열공간과 U의 열공간은 일반적으로 같지 않기 때문에 A의 열공간의 기저는 이런 방식으로 얻을 수 없다[19]. 한편 A의 영공간, 즉, $A\boldsymbol{x}=0$의 해집합은 $U\boldsymbol{x}=0$의 해집합과 동일하므로, U의 주성분[20]이 없는 열(즉, 2,4,5열)에 해당하는 변수의 값을 각각 α, β, γ라 두면 다음과 같이 표현된다.

$$N(A)=\{(-2\alpha-\gamma,\ \alpha,\ -3\beta-2\gamma,\ \beta,\ \gamma)\mid \alpha,\beta,\gamma\in\mathbb{R}\}$$

그런데

$$\begin{pmatrix} -2\alpha-\gamma \\ \alpha \\ -3\beta-2\gamma \\ \beta \\ \gamma \end{pmatrix}=\alpha\begin{pmatrix} -2 \\ 1 \\ 0 \\ 0 \\ 0 \end{pmatrix}+\beta\begin{pmatrix} 0 \\ 0 \\ -3 \\ 1 \\ 0 \end{pmatrix}+\gamma\begin{pmatrix} -1 \\ 0 \\ -2 \\ 0 \\ 1 \end{pmatrix}$$

이고, $B=\{(-2,1,0,0,0),(0,0,-3,1,0),(-1,0,-2,0,1)\}$이 일차독립이므로, B는 $N(A)$의 기저이다. 그러므로 nullity$(A)=3$이다. ■

---

19. 기본행연산 대신 기본열연산에 의해 변형된 행렬을 U'이라 하면, A와 U'의 열공간은 같다.

20. 2.1단원에서 주성분(leading entry)은 사다리꼴 행렬에서 모든 성분이 0이 아닌 행의 제일 왼쪽에 있는 0이 아닌 성분을 부르는 이름으로 정의하였다. 그러므로 U의 주성분은 (1,1)성분과 (2,3)성분이다. (1,1)성분은 1행의 주성분이고, (2,3)성분은 2행의 주성분이다.

위의 예제를 살펴보면, A의 영공간의 차원은 결국 (기약)사다리꼴 행렬 U의 주성분이 없는 열에 해당하는 변수의 개수와 같게 된다. 한편 A와 U는 행동치이므로 [정리 6.7]에 의해서 행공간이 같다. 그런데 U의 행공간의 차원은 2로서 주성분에 해당하는 변수의 개수와 같다. 주성분이 아닌 열에 해당하는 변수를 **자유변수**(free variable), 주성분에 해당하는 변수를 **선도변수**(leading variable)라 각각 부르면, 자유변수의 개수와 선도변수의 개수를 합하면 행렬 A의 열의 개수와 같음을 알 수 있다. 결론적으로, A의 영공간의 차원과 A의 계수의 합은 A의 열의 개수임을 알 수 있는데, 이는 임의의 행렬 A에 대하여 항상 그러하다.

정리 6.11

$m \times n$행렬 A에 대하여 다음이 성립한다.

$$\text{rank}(A) + \text{nullity}(A) = n$$

또한, $A = \begin{pmatrix} 1 & 2 & 0 & 0 & 1 \\ -1 & -2 & 1 & 3 & 1 \\ 3 & 6 & -1 & -3 & 1 \end{pmatrix}$의 열공간은 $\left\{ \begin{pmatrix} 1 \\ -1 \\ 3 \end{pmatrix}, \begin{pmatrix} 0 \\ 1 \\ -1 \end{pmatrix} \right\}$에 의해 생성되므로 A의 열공간의 차원은 2이다. 이는 rank(A)와 같은 값이다. 사실, 모든 행렬 A에 대하여 이러한 성질을 증명할 수 있다.

정리 6.12

임의의 행렬 A에 행공간의 차원과 열공간의 차원은 같다.

증명 A가 임의의 $m \times n$행렬이라고 하고 A의 행공간의 차원을 r이라고 하자. 그러면 A의 기약행사다리꼴 행렬 U의 행벡터들은 r번째 행까지만 영벡터가 아니고 그 이후의 행벡터들은 모두 영벡터들이다. 따라서 U는 r개의 선도변수를 갖는다. 행렬 U에서 자유변수에 해당되는 열들을 모두 제거한 행렬을 U'라고 하고 마찬가지로 행렬 A에서 그에 대응되는 열들을 모두 제거한 행렬을 A'라고 하자. 그러면 U'는 $m \times r$ 행렬로서 모든 열벡터들이 일차독립이다. 따라서 [정리 6.9]에 의하여 $U'x = 0$은 자명한 해 $x = 0$만을 갖는다. 그런데 A와 U가 행동치인 것처럼 A'와 U'도 행동치이기 때문에 $A'x = 0$도 자명한 해 $x = 0$만을 갖는다. [정리 6.9]를 A'에 대해서 한 번 더 적용하면 A'의 r개의 열벡터들은 모두 일차독립이다. 한편 A'의 열벡터들은 곧 A의 열벡터이기도 하므로 A의 열공간의 차원은 r

이상이다. 이상에서 임의의 행렬의 열공간의 차원은 행공간의 차원보다 크거나 같음을 보였다. 이것을 이제 행렬 A^T에 적용하면 A^T의 열공간의 차원은 행공간의 차원보다 크거나 같다고 할 수 있다. 그런데 A^T의 행공간(열공간)은 A의 열공간(행공간)과 구조가 완전히 동일하므로 A^T의 행공간(열공간)의 차원은 A의 열공간(행공간)의 차원과 같다. 그러므로 A의 행공간의 차원이 열공간의 차원보다 크거나 같다. 이상으로부터 결론적으로 A의 행공간의 차원은 A의 열공간의 차원과 같다.

예제 6.6.3 일반적으로 행동치인 두 행렬의 행공간은 같지만 열공간은 반드시 일치하지는 않는다. 따라서 주어진 행렬을 기약행사다리꼴로 변형시켜서 열공간의 기저를 바로 얻어내기는 어렵다. 그러나 위의 [정리 6.12]의 증명과정은 이를 간접적으로 이용하여 주어진 행렬의 열공간의 기저를 얻는 한 방법을 제시하고 있다. 아래에 주어진 행렬 A에 대해서 이것을 확인해 보자.

$$A = \begin{pmatrix} 1 & 0 & 2 & 2 & 1 \\ 6 & 4 & 8 & 0 & 3 \\ 2 & 1 & 3 & 1 & 2 \\ 4 & 2 & 6 & 2 & 1 \end{pmatrix}$$

행렬 A의 기약사다리꼴 행렬 U를 구하면 다음과 같다.

$$U = \begin{pmatrix} 1 & 0 & 2 & 2 & 0 \\ 0 & 1 & -1 & -3 & 0 \\ 0 & 0 & 0 & 0 & 1 \\ 0 & 0 & 0 & 0 & 0 \end{pmatrix}$$

[정리 6.7]에 따라 A의 행공간과 U의 행공간은 같으므로 A의 행공간의 기저는 U의 영벡터가 아닌 모든 행벡터들의 집합인

$$\{(1,0,2,2,0),(0,1,-1,-3,0),(0,0,0,0,1)\}$$

이다. 자유변수에 해당되는 열은 3열과 4열이므로, 행렬 U와 행렬 A의 3열과 4열을 각각 제외한 행렬 U'과 A'은 다음과 같다.

$$U' = \begin{pmatrix} 1 & 0 & 0 \\ 0 & 1 & 0 \\ 0 & 0 & 1 \\ 0 & 0 & 0 \end{pmatrix}, \quad A' = \begin{pmatrix} 1 & 0 & 1 \\ 6 & 4 & 3 \\ 2 & 1 & 2 \\ 4 & 2 & 1 \end{pmatrix}$$

U'과 A'는 행동치이고 $U'x=0$가 자명한 해만을 가지므로 $A'x=0$도 자명한 해만을 가진다. 따라서 [정리 6.9]에 의해서 A'의 세 열벡터는 일차독립이다. 한편 A의 열공간의 차원은 행공간의 차원과 같아야 하므로 3이다. 그러므로 A'의 세 열벡터로 이루어진 집합 $\{(1,6,2,4)^T,(0,4,1,2)^T,(1,3,2,1)^T\}$는 A의 열공간의 기저이다. ■

연습문제 6.6

01. 다음의 주어진 각 행렬의 행공간, 열공간 및 영공간의 기저를 구하여라.

(1) $\begin{pmatrix} 1 & 0 & 0 & 4 \\ 0 & 1 & 6 & 9 \\ 0 & 0 & 0 & 1 \\ 0 & 0 & 0 & 0 \end{pmatrix}$ (2) $\begin{pmatrix} 1 & -2 & -3 & 2 \\ -3 & 7 & -1 & 1 \\ 2 & -5 & 4 & 3 \\ -3 & 6 & 9 & -6 \end{pmatrix}$ (3) $\begin{pmatrix} 1 & 1 & 1 \\ 2 & 2 & 1 \\ 1 & 1 & 0 \\ 1 & 1 & 2 \end{pmatrix}$

02. 다음 주어진 각 행렬의 계수와 영공간의 차원을 구하여라.

(1) $\begin{pmatrix} 1 & 2 & 3 \\ -3 & 1 & 2 \\ 4 & -1 & 5 \end{pmatrix}$ (2) $\begin{pmatrix} 3 & 0 & 1 & 2 \\ 2 & -5 & 0 & 6 \\ 5 & 4 & 3 & 2 \end{pmatrix}$ (3) $\begin{pmatrix} 1 & 2 & 1 & 0 & 1 & 2 \\ 4 & 2 & 3 & 0 & -1 & -1 \\ 0 & 0 & 0 & 0 & 2 & 4 \end{pmatrix}$

6.7 그람-슈미트 직교화 과정*

기저를 선택하는 방법은 무수히 많다. 필요에 따라 적절한 기저를 선택하여 사용할 수 있지만, 기저를 이루는 모든 벡터들이 서로 직교하는 경우 여러 가지 편리한 점이 많다. 특히, 표준기저처럼 기저를 이루는 벡터들이 단위벡터인 경우에는 더욱 유용하다. 이 절에서는 그러한 기저들에 대하여 알아본다.

(1) (정규)직교기저

정의 6.11 (정규)직교기저

$\mathbb{R}^n$의 부분공간 S의 기저를 이루는 벡터들이 서로 수직이면 그 기저를 S의 **직교기저**(orthogonal basis)라 한다. S의 직교기저를 이루는 벡터들의 크기가 모두 1이면 그 기저를 **정규직교기저**(orthonormal basis)라 한다.

예제 6.7.1 $\mathbb{R}^6$의 부분공간 S가 다음과 같이 정의되었다고 하자.

$$S=\{(x,y,0,x-y,x+y,z)\,|\,x,y,z\in\mathbb{R}\}$$

그런데

$$(x,y,0,x-y,x+y,z)=x(1,0,0,1,1,0)+y(0,1,0,-1,1,0)+z(0,0,0,0,0,1)$$

이고, 세 벡터 $v_1=(1,0,0,1,1,0)$, $v_2=(0,1,0,-1,1,0)$, $v_3=(0,0,0,0,0,1)$는 일차독립이므로, $\{v_1,v_2,v_3\}$는 S의 기저이다. 또한 이 세 벡터 v_1,v_2,v_3는 서로 수직이므로 S의 직교기저이다. 이제

$$u_1=\frac{v_1}{\|v_1\|}=\frac{1}{\sqrt{3}}(1,0,0,1,1,0)$$

$$u_2=\frac{v_2}{\|v_2\|}=\frac{1}{\sqrt{3}}(0,1,0,-1,1,0)$$

$$u_3=v_3=(0,0,0,0,0,1)$$

이라 두면, $\{u_1,u_2,u_3\}$는 S의 정규직교기저이다. ■

정리 6.13 정규직교기저 상의 좌표

$\{u_1, u_2, \cdots, u_n\}$이 $\mathbb{R}^n$의 정규직교기저일 때, $\mathbb{R}^n$의 임의의 벡터

$$v = \alpha_1 \boldsymbol{u}_1 + \alpha_2 \boldsymbol{u}_2 + \cdots + \alpha_n \boldsymbol{u}_n$$

에 대하여 다음이 성립한다.

(1) $\alpha_i = \boldsymbol{v} \cdot \boldsymbol{u}_i,\ i = 1, 2, \cdots, n$

(2) $\|v\|^2 = \alpha_1^2 + \alpha_2^2 + \cdots + \alpha_n^2$

증명 (1) 주어진 기저가 정규직교기저이므로 다음과 같이 계산할 수 있다.

$$\begin{aligned} \boldsymbol{v} \cdot \boldsymbol{u}_i &= (\alpha_1 \boldsymbol{u}_1 + \alpha_2 \boldsymbol{u}_2 + \cdots + \alpha_n \boldsymbol{u}_n) \cdot \boldsymbol{u}_i \\ &= \alpha_1 (\boldsymbol{u}_1 \cdot \boldsymbol{u}_i) + \alpha_2 (\boldsymbol{u}_2 \cdot \boldsymbol{u}_i) + \cdots + \alpha_n (\boldsymbol{u}_n \cdot \boldsymbol{u}_i) = \alpha_i \end{aligned}$$

(2) (1)을 이용하면 다음과 같이 계산된다.

$$\begin{aligned} \|v\|^2 &= \boldsymbol{v} \cdot \boldsymbol{v} = \boldsymbol{v} \cdot (\alpha_1 \boldsymbol{u}_1 + \alpha_2 \boldsymbol{u}_2 + \cdots + \alpha_n \boldsymbol{u}_n) \\ &= \alpha_1 (\boldsymbol{v} \cdot \boldsymbol{u}_1) + \alpha_2 (\boldsymbol{v} \cdot \boldsymbol{u}_2) + \cdots + \alpha_n (\boldsymbol{v} \cdot \boldsymbol{u}_n) \\ &= \alpha_1^2 + \alpha_2^2 + \cdots + \alpha_n^2 \end{aligned}$$

예제 6.7.2 $\left\{(0,1,0),\ (\frac{1}{\sqrt{2}}, 0, \frac{1}{\sqrt{2}}),\ (\frac{1}{\sqrt{2}}, 0, \frac{-1}{\sqrt{2}})\right\}$는 $\mathbb{R}^3$의 정규직교기저이다. 벡터 $(1,2,3)$을 이 정규직교기저의 일차결합으로 나타내어라.

풀이 $v = (1,2,3),\ \boldsymbol{u}_1 = (0,1,0),\ \boldsymbol{u}_2 = (\frac{1}{\sqrt{2}}, 0, \frac{1}{\sqrt{2}}),\ \boldsymbol{u}_3 = (\frac{1}{\sqrt{2}}, 0, \frac{-1}{\sqrt{2}})$라 두면,

$$\boldsymbol{v} \cdot \boldsymbol{u}_1 = 2, \quad \boldsymbol{v} \cdot \boldsymbol{u}_2 = 2\sqrt{2}, \quad \boldsymbol{v} \cdot \boldsymbol{u}_3 = -\sqrt{2}$$

이다. 따라서 [정리 6.13]에 의하여 $(1,2,3)$은 주어진 정규직교기저의 일차결합으로 다음과 같이 표현된다.

$$\begin{aligned} v &= (1,2,3) = 2\boldsymbol{u}_1 + 2\sqrt{2}\,\boldsymbol{u}_2 - \sqrt{2}\,\boldsymbol{u}_3 \\ &= 2(0,1,0) + 2\sqrt{2}(\frac{1}{\sqrt{2}}, 0, \frac{1}{\sqrt{2}}) - \sqrt{2}(\frac{1}{\sqrt{2}}, 0, \frac{-1}{\sqrt{2}}) \end{aligned}$$ ■

정리 6.14 정사영 벡터

S가 $\mathbb{R}^n$의 부분공간이고, $\{u_1, u_2, \cdots, u_r\}$이 S의 정규직교기저일 때, 임의의 벡터 $v \in \mathbb{R}^n$에 대하여

$$p = (v \cdot u_1)u_1 + (v \cdot u_2)u_2 + \cdots + (v \cdot u_r)u_r$$

은 v에 가장 가까운 S의 벡터이고 $p - v \in S^{\perp}$이다. 이 때 p를 벡터 v의 S로의 **정사영**(projection)이라고 한다. 여기서 $S^{\perp} = \{w \in \mathbb{R}^n \mid w \cdot s = 0 \ \forall s \in S\}$이다.

증명 $p - v \in S^{\perp}$이면 p가 S의 벡터 중에서 v에 가장 가까운 벡터임은, 즉 S의 임의의 원소 $s \neq p$에 대하여 $\|s - v\| > \|p - v\|$이 성립함은, 명백하므로 $p - v \in S^{\perp}$임을 보이자.

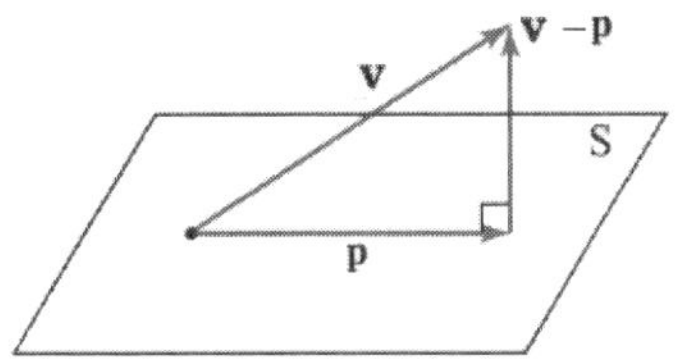

임의의 $i \in \{1, 2, \cdots, r\}$에 대해서

$$\begin{aligned} p \cdot u_i &= ((v \cdot u_1)u_1 + (v \cdot u_2)u_2 + \cdots + (v \cdot u_r)u_r) \cdot u_i \\ &= \sum_{j=1}^{r} (v \cdot u_j)(u_j \cdot u_i) = v \cdot u_i \end{aligned}$$

이므로, 임의의 $s = \alpha_1 u_1 + \alpha_2 u_2 + \cdots + \alpha_r u_r \in S$에 대해서

$$\begin{aligned} (p - v) \cdot s &= (p - v) \cdot (\alpha_1 u_1 + \alpha_2 u_2 + \cdots + \alpha_r u_r) \\ &= \sum_{i=1}^{r} \alpha_i (p - v) \cdot u_i \\ &= \sum_{i=1}^{r} \alpha_i (p \cdot u_i - v \cdot u_i) \\ &= \sum_{i=1}^{r} \alpha_i (v \cdot u_i - v \cdot u_i) = 0 \end{aligned}$$

이다. 따라서 $p - v \in S^{\perp}$이다.

예제 6.7.3 $i=(1,0,0)$, $j=(0,1,0)$는 $\mathbb{R}^3$의 부분공간인 xy평면의 정규직교기저이다. [정리 6.14]에 따라 $v=(3,-4,2)$의 xy평면으로의 정사영을 구해 보면,

$$p=(v \cdot i)i+(v \cdot j)j=3i-4j=(3,-4,0)$$

이다. ■

(2) 그람-슈미트 직교화 과정

일반적으로 모든 유한차원의 유클리드 공간은 정규직교기저가 항상 존재한다. 다음은 임의의 기저로부터 정규직교기저를 찾는 구체적인 알고리즘을 제시한다.

정리 6.15 그람-슈미트 정규직교화(Gram-Schmidt orthonormalization)

$\mathbb{R}^n$의 임의의 기저 $B=\{v_1, v_2, \cdots, v_n\}$으로부터 다음과 같이 정의된 벡터들의 집합 $\{u_1, u_2, \cdots, u_n\}$는 $\mathbb{R}^n$의 정규직교기저이다:

- $u_1=\dfrac{1}{\|v_1\|}v_1$
- $p_k=(v_{k+1} \cdot u_1)u_1+\cdots+(v_{k+1} \cdot u_k)u_k,\ 1 \le k \le n-1$
- $u_{k+1}=\dfrac{1}{\|v_{k+1}-p_k\|}(v_{k+1}-p_k),\ 1 \le k \le n-1$

여기서 V_k를 $\{u_1, u_2, \cdots, u_k\}$로 생성되는 $\mathbb{R}^n$의 부분공간이라 하면, p_k는 v_{k+1}의 V_k로의 정사영 벡터이다.

예제 6.7.4 $\mathbb{R}^3$의 기저 $\{(1,1,0), (0,1,-1), (1,1,1)\}$를 정규직교화하여라.

풀이 주어진 기저를 차례로 v_1, v_2, v_3라고 하면,

$$u_1=\frac{1}{\|v_1\|}v_1=\frac{1}{\sqrt{2}}(1,1,0)$$

$$p_1=(v_2 \cdot u_1)u_1=\frac{1}{\sqrt{2}}\frac{1}{\sqrt{2}}(1,1,0)=\frac{1}{2}(1,1,0)$$

$$u_2=\frac{1}{\|v_2-p_1\|}(v_2-p_1)=\frac{1}{\sqrt{6}}(-1,1,-2)$$

$$p_2 = (v_3 \cdot u_1)u_1 + (v_3 \cdot u_2)u_2 = \sqrt{2}\,u_1 - \frac{2}{\sqrt{6}}u_2 = \frac{2}{3}(2,1,1)$$

$$u_3 = \frac{1}{\|v_3 - p_2\|}(v_3 - p_2) = \frac{1}{\sqrt{3}}(-1,1,1)$$

이다. 따라서 $\{u_1, u_2, u_3\}$는 $\mathbb{R}^3$의 정규직교기저이다. ■

예제 6.7.5 다음 주어진 행렬 A의 열공간에 대한 정규직교기저를 구하여라.

$$A = \begin{pmatrix} 1 & 1 & 2 \\ 1 & 2 & 3 \\ 1 & 2 & 1 \\ 1 & 1 & 6 \end{pmatrix}$$

풀이 A의 세 열벡터를 차례로 v_1, v_2, v_3라고 하면,

$$u_1 = \frac{1}{\|v_1\|}v_1 = \frac{1}{2}(1,1,1,1)$$

$$p_1 = (v_2 \cdot u_1)u_1 = 3u_1 = \frac{3}{2}(1,1,1,1)$$

$$u_2 = \frac{1}{\|v_2 - p_1\|}(v_2 - p_1) = \frac{1}{2}(-1,1,1,-1)$$

$$p_2 = (v_3 \cdot u_1)u_1 + (v_3 \cdot u_2)u_2 = 6u_1 - 2u_2 = (4,2,2,4)$$

$$u_3 = \frac{1}{\|v_3 - p_2\|}(v_3 - p_2) = \frac{1}{\sqrt{10}}(-2,1,-1,2)$$

이다. 따라서 $\{u_1, u_2, u_3\}$는 A의 열공간의 정규직교기저이다. ■

예제 6.7.6 $\mathbb{R}^7$의 부분공간 S가 다음의 벡터들을 기저로 갖는다고 할 때, S의 정규직교기저를 구하여라.

$$\{(1,2,0,0,2,0,0), (0,1,0,0,3,0,0), (1,0,0,0,-5,0,0)\}$$

풀이 주어진 기저를 차례로 v_1, v_2, v_3라고 하면,

$$u_1 = \frac{1}{\|v_1\|}v_1 = \frac{1}{3}(1,2,0,0,2,0,2)$$

$$p_1 = (v_2 \cdot u_1)u_1 = \frac{8}{3}u_1 = \frac{8}{9}(1,2,0,0,2,0,0)$$

$$v_2 - p_1 = (0,1,0,0,3,0,0) - \frac{8}{9}(1,2,0,0,2,0,0) = \frac{1}{9}(-8,7,0,0,11,0,0)$$

$$u_2 = \frac{1}{\|v_2 - p_1\|}(v_2 - p_1) = \frac{1}{3\sqrt{26}}(-8,7,0,0,11,0,0)$$

$$p_2 = (v_3 \cdot u_1)u_1 + (v_3 \cdot u_2)u_2 = -3u_1 - \frac{63}{3\sqrt{26}}u_2$$

$$= (1,2,0,0,2,0,0) + \frac{7}{26}(8,-7,0,0,-11,0,0) = \frac{1}{13}(14,3,0,0,-25,0,0)$$

$$v_3 - p_2 = (1,0,0,0,-5,0,0) - \frac{1}{13}(14,3,0,0,-25,0,0)$$

$$= \frac{1}{26}(-2,3,0,0,-1,0,0)$$

$$u_3 = \frac{1}{\|v_3 - p_2\|}(v_3 - p_2) = \frac{1}{\sqrt{14}}(-2,3,0,0,-1,0,0)$$

이다. 따라서 $\{u_1, u_2, u_3\}$는 S의 정규직교기저이다. ■

연습문제 6.7

01. 다음 벡터들의 집합 중에서 $\mathbb{R}^2$의 정규직교기저를 모두 고르시오.

(1) $\{(1,0),(0,1)\}$ (2) $\{(1,-1),(1,1)\}$

(3) $\left\{(\frac{3}{5},\frac{4}{5}),(\frac{5}{13},\frac{12}{13})\right\}$ (4) $\left\{(\frac{\sqrt{5}}{3},\frac{2}{3}),(-\frac{2}{3},\frac{\sqrt{5}}{3})\right\}$

02. 다음 주어진 세 벡터에 대하여 물음에 답하시오.

$$u_1=(\frac{1}{3\sqrt{2}},\frac{1}{3\sqrt{2}},\frac{-4}{3\sqrt{2}}),\ u_2=(\frac{2}{3},\frac{2}{3},\frac{1}{3}),\ u_3=(\frac{1}{\sqrt{2}},\frac{-1}{\sqrt{2}},0)$$

(1) $\{u_1,u_2,u_3\}$는 $\mathbb{R}^3$의 정규직교기저임을 보여라.

(2) $v=(1,1,1)$를 u_1,u_2,u_3의 일차결합으로 나타내고 $\|v\|$를 계산하여라.(Hint: [정리 6.13] 이용.)

03. θ가 고정된 실수일 때, 다음 두 벡터에 대하여 물음에 답하시오.

$$v_1=(\cos\theta,\sin\theta),\ v_2=(-\sin\theta,\cos\theta)$$

(1) $\{v_1,v_2\}$는 $\mathbb{R}^2$의 정규직교기저임을 보여라.

(2) $\mathbb{R}^2$이 임의의 벡터 $v=(x,y)$가 v_1,v_2의 일차결합으로 표현됨을 보여라. 즉, $v=\alpha_1v_1+\alpha_2v_2$를 만족하는 α_1,α_2를 찾으시오.

(3) $\|v\|^2=|\alpha_1|^2+|\alpha_2|^2$을 보이시오.

04. $\{u_1,u_2,u_3\}$이 $\mathbb{R}^3$의 정규직교기저이고 $u=u_1+2u_2+2u_3$, $v=u_1+7u_3$라고 할 때, 다음을 구하시오,

(1) $u\cdot v$ (2) $\|u\|$ (3)$\|v\|$ (4) u와 v 사이의 각

05. 다음 각 행렬의 열공간의 정규직교기저를 구하시오.

(1) $A=\begin{pmatrix}-1&3\\1&5\end{pmatrix}$ (2) $A=\begin{pmatrix}2&5\\1&10\end{pmatrix}$

06. $\mathbb{R}^4$의 다음 기저를 정규직교화하여라.

$$\{(1,0,0,1), (-1,0,2,1), (2,3,2,-2), (-1,2,-1,1)\}$$

07. 그람-슈미트 직교화를 이용하여 $\mathbb{R}^3$의 다음 기저를 정규직교화하여라.

$$\{(1,1,1), (0,1,1), (0,0,1)\}$$

08. 그람-슈미트 직교화를 이용하여 다음 세 벡터에 의해 생성되는 $\mathbb{R}^4$의 부분공간의 정규직교 기저를 구하여라.

$$\{(4,2,2,1), (2,0,0,2), (1,1,-1,-1)\}$$

09. 다음 세 벡터에 의해 생성되는 $\mathbb{R}^4$의 부분공간의 정규직교기저를 구하여라.

$$\{(1,0,1,1), (2,0,2,3), (1,0,2,3)\}$$

10. 다음 두 벡터에 의해 생성되는 $\mathbb{R}^4$의 부분공간의 정규직교기저를 구하여라.

$$\{(0,-1,2,0), (0,3,-4,0)\}$$

CHAPTER

7

선형변환

7.1 선형변환의 정의

집합 A의 각 원소 a에 대하여 집합 B의 한 원소 b를 대응시키는 관계를 집합 A에서 집합 B로의 **함수**(function) 또는 **사상**(map)이라고 하며 $L: A \to B$로 표기한다. 이 때 b를 a에서의 L의 **값** 또는 **상**(image)이라 하고 $L(a) = b$로 쓴다. 또 A를 L의 **정의역**(domain), B를 **공역**(codomain)이라 부르며, A의 모든 원소의 상으로 구성된 B의 부분집합

$$\{L(a) | a \in A\} = L(A)$$

을 L의 **치역**(range)이라고 한다.

벡터공간들 사이에서 정의되는, 즉 정의역과 공역이 모두 벡터공간인, 다양한 함수들 중에서 가장 자연스럽고 중요한 유형의 함수가 선형변환이다.

정의 7.1 선형변환

벡터공간 V와 W에 대하여 함수 $L: V \to W$가 다음의 두 조건을 만족할 때 L을 **선형변환**(linear transformation) 또는 **선형사상**(linear map)이라 한다.

(1) 임의의 벡터 $u, v \in V$에 대하여 $L(u+v) = L(u) + L(v)$이다.

(2) 임의의 벡터 $u \in V$와 스칼라 α에 대하여 $L(\alpha u) = \alpha L(u)$이다.

다시 말해서 선형변환은 벡터공간의 기본연산인 벡터 합과 스칼라 곱을 보존하는 함수이다. 특히 정의의 조건 (1)과 (2)를 하나로 합하여 다음과 같이 표현할 수 있다.

(*) 임의의 벡터 $u, v \in V$와 스칼라 α에 대하여 $L(\alpha u + v) = \alpha L(u) + L(v)$이다.

따라서 조건 (*)를 만족하는 함수 L을 선형변환으로 정의하기도 한다.

예제 7.1.1 다음과 같이 정의된 함수 $L: \mathbb{R}^2 \to \mathbb{R}^2$이 선형변환인지 아닌지 판단하여라.

$$L(\begin{pmatrix} u_1 \\ u_2 \end{pmatrix}) = \begin{pmatrix} 3u_1 \\ 2u_2 \end{pmatrix}$$

풀이 $\mathbb{R}^2$ 상의 두 벡터를

$$u = \begin{pmatrix} u_1 \\ u_2 \end{pmatrix},\ v = \begin{pmatrix} v_1 \\ v_2 \end{pmatrix}$$

라 두면,

$$L(u+v) = L(\begin{pmatrix} u_1 \\ u_2 \end{pmatrix} + \begin{pmatrix} v_1 \\ v_2 \end{pmatrix}) = L(\begin{pmatrix} u_1 + v_1 \\ u_2 + v_2 \end{pmatrix}) = \begin{pmatrix} 3(u_1 + v_1) \\ 2(u_2 + v_2) \end{pmatrix}$$

이고

$$L(u) + L(v) = \begin{pmatrix} 3u_1 \\ 2u_2 \end{pmatrix} + \begin{pmatrix} 3v_1 \\ 2v_2 \end{pmatrix} = \begin{pmatrix} 3(u_1 + v_1) \\ 2(u_2 + v_2) \end{pmatrix}$$

이므로 $L(u+v) = L(u) + L(v)$이 성립한다. 또한

$$L(\alpha u) = L(\alpha \begin{pmatrix} u_1 \\ u_2 \end{pmatrix}) = L(\begin{pmatrix} \alpha u_1 \\ \alpha u_2 \end{pmatrix}) = \begin{pmatrix} 3\alpha u_1 \\ 2\alpha u_2 \end{pmatrix} = \alpha \begin{pmatrix} 3u_1 \\ 2u_2 \end{pmatrix} = \alpha L(u)$$

이다. 그러므로 함수 L은 선형변환이다. ■

예제 7.1.2 다음과 같이 정의된 함수 $L : \mathbb{R}^2 \to \mathbb{R}^2$이 선형변환인지 아닌지 판단하여라.

$$L(\begin{pmatrix} u_1 \\ u_2 \end{pmatrix}) = \begin{pmatrix} 3u_1 + 2 \\ u_2 \end{pmatrix}$$

풀이 $\mathbb{R}^2$ 상의 두 벡터를

$$u = \begin{pmatrix} u_1 \\ u_2 \end{pmatrix},\ v = \begin{pmatrix} v_1 \\ v_2 \end{pmatrix}$$

라 두면,

$$L(u+v) = L(\begin{pmatrix} u_1 \\ u_2 \end{pmatrix} + \begin{pmatrix} v_1 \\ v_2 \end{pmatrix}) = L(\begin{pmatrix} u_1 + v_1 \\ u_2 + v_2 \end{pmatrix}) = \begin{pmatrix} 3(u_1 + v_1) + 2 \\ u_2 + v_2 \end{pmatrix}$$

이고

$$L(u) + L(v) = \begin{pmatrix} 3u_1 + 2 \\ u_2 \end{pmatrix} + \begin{pmatrix} 3v_1 + 2 \\ v_2 \end{pmatrix} = \begin{pmatrix} 3(u_1 + v_1) + 4 \\ u_2 + v_2 \end{pmatrix}$$

이므로

$$L(u+v) \neq L(u) + L(v)$$

이다. 그러므로 함수 L은 선형변환이 아니다. ■

선형변환의 정의로부터 다음을 바로 알 수 있다.

정리 7.1

벡터공간 V와 W에 대하여 정의된 임의의 선형변환 $L: V \to W$는 다음을 만족시킨다.

(1) $L(0) = 0$

(2) 임의의 벡터 $v \in V$에 대하여 $L(-v) = -L(v)$

(3) 임의의 벡터 $v_1, v_2, \cdots, v_n \in V$와 스칼라 $\alpha_1, \alpha_2, \cdots, \alpha_n$에 대하여

$$L(\alpha_1 v_1 + \alpha_2 v_2 + \cdots + \alpha_n v_n) = \alpha_1 L(v_1) + \alpha_2 L(v_2) + \cdots + \alpha_n L(v_n)$$

예제 7.1.3 벡터공간 V와 W에 대하여 함수 $L: V \to W$를 모든 벡터 $v \in V$에 대하여 $L(v) = 0$으로 정의하면 L은 선형변환이다. 왜냐하면

$$L(\alpha u + v) = 0 = 0 + 0 = \alpha 0 + 0 = \alpha L(u) + L(v)$$

이기 때문이다. 이 선형변환을 **영변환**(zero transformation)이라 한다. 마찬가지로, $L(v) = v$로 정의되는 함수 $L: V \to V$도 선형변환이다. 이 선형변환을 **항등변환**(identity transformation)이라 한다. ■

선형변환은 행렬과도 밀접한 관계가 있다. 만약 2×3행렬 A와 $\mathbb{R}^3$의 열벡터 v를

$$A = \begin{pmatrix} 1 & 0 & -1 \\ 1 & 2 & 1 \end{pmatrix}, \quad v = \begin{pmatrix} 1 \\ 0 \\ 1 \end{pmatrix}$$

라 하면,

$$Av = \begin{pmatrix} 1 & 0 & -1 \\ 1 & 2 & 1 \end{pmatrix} \begin{pmatrix} 1 \\ 0 \\ 1 \end{pmatrix} = \begin{pmatrix} 0 \\ 2 \end{pmatrix}$$

이다. 이와 같이 임의의 2×3행렬 A는 $\mathbb{R}^3$의 임의의 벡터 v에 대하여 $\mathbb{R}^2$의 벡터 Av를 정의한다. 그리고 행렬의 성질에 의하여 임의의 벡터 $u, v \in \mathbb{R}^3$와 스칼라 α에 대하여 $A(u+v) = Au + Av$이고 $A(\alpha u) = \alpha Au$이다. 즉, 2×3행렬이 하나 주어질 때마다 선형변환 $L: \mathbb{R}^3 \to \mathbb{R}^2$이 하나씩 정의된다. 일반적으로 임의의 $m \times n$행렬에 의하여 $\mathbb{R}^n$에서 $\mathbb{R}^m$으로 가는 선형변환이 하나씩 대응된다.

정의 7.2 **행렬변환**

$m\times n$행렬 A에 의해서 다음과 같이 정의된 선형변환 $L_A : \mathbb{R}^n \to \mathbb{R}^m$

$$L_A(\boldsymbol{v}) = A\boldsymbol{v},\ \ \boldsymbol{v}\in\mathbb{R}^n$$

을 행렬 A에 의해서 정의된 **행렬변환**(matrix transformation)이라 한다.

임의의 선형변환은 이러한 행렬변환과 근본적으로 동일한데, 이를 보기 위하여 먼저 다음 정의를 살펴보자.

정의 7.3 **표준행렬**

$m\times n$행렬 A와 $v\in\mathbb{R}^n$에 대하여 선형변환 $L: \mathbb{R}^n \to \mathbb{R}^m$이

$$L(\boldsymbol{v}) = A\boldsymbol{v}$$

를 만족할 때, 행렬 A를 L의 **표준행렬**(standard matrix)이라 한다.

일반적으로 선형변환 $L: \mathbb{R}^n \to \mathbb{R}^m$에 대하여 $\mathbb{R}^n$의 표준기저를 $e_1, e_2, \cdots, e_n$이라 하고,

$$L(e_1) = \begin{pmatrix} a_{11} \\ a_{21} \\ \vdots \\ a_{m1} \end{pmatrix}, L(e_2) = \begin{pmatrix} a_{12} \\ a_{22} \\ \vdots \\ a_{m2} \end{pmatrix}, \cdots, L(e_n) = \begin{pmatrix} a_{1n} \\ a_{2n} \\ \vdots \\ a_{mn} \end{pmatrix}$$

이라 하면, $L(e_1), L(e_2), \cdots, L(e_n)$을 열로 갖는 $m\times n$행렬 A, 즉

$$A = (L(e_1)\, L(e_2) \cdots\ L(e_n)) = \begin{pmatrix} a_{11} & a_{12} & \cdots & a_{1n} \\ a_{21} & a_{22} & \cdots & a_{2n} \\ \vdots & \vdots & & \vdots \\ a_{41} & a_{42} & \cdots & a_{mn} \end{pmatrix}$$

는 L의 표준행렬이 된다.

예를 들어, [예제 7.1.1]에서 선형변환임을 본 바 있는 함수 $L: \mathbb{R}^2 \to \mathbb{R}^2$

$$L(\begin{pmatrix} u_1 \\ u_2 \end{pmatrix}) = \begin{pmatrix} 3u_1 \\ 2u_2 \end{pmatrix}$$

에서

$$L(\boldsymbol{e}_1) = L(\begin{pmatrix}1\\0\end{pmatrix}) = \begin{pmatrix}3\\0\end{pmatrix},\ \ L(\boldsymbol{e}_2) = L(\begin{pmatrix}0\\1\end{pmatrix}) = \begin{pmatrix}0\\2\end{pmatrix}$$

이므로

$$A = (L(\boldsymbol{e}_1)\, L(\boldsymbol{e}_2)) = \begin{pmatrix}3 & 0\\0 & 2\end{pmatrix}$$

라 두면, A는 L의 표준행렬이 됨을 다음과 같이 확인할 수 있다.

$$A\boldsymbol{u} = \begin{pmatrix}3 & 0\\0 & 2\end{pmatrix}\begin{pmatrix}u_1\\u_2\end{pmatrix} = \begin{pmatrix}3u_1\\2u_2\end{pmatrix} = L(\begin{pmatrix}u_1\\u_2\end{pmatrix})$$

예제 7.1.4 다음과 같이 정의된 선형변환 $L : \mathbb{R}^2 \rightarrow \mathbb{R}^2$의 표준행렬을 구하여라.

$$L(\begin{pmatrix}u_1\\u_2\end{pmatrix}) = \begin{pmatrix}2u_1 - u_2\\-u_1 + 3u_2\end{pmatrix}$$

풀이 표준행렬을 구하기 위하여 표준기저에 대한 함숫값을 구해 보자.

$$L(\boldsymbol{e}_1) = L(\begin{pmatrix}1\\0\end{pmatrix}) = \begin{pmatrix}2\\-1\end{pmatrix},\ \ L(\boldsymbol{e}_2) = L(\begin{pmatrix}0\\1\end{pmatrix}) = \begin{pmatrix}-1\\3\end{pmatrix}$$

이므로 L의 표준행렬은

$$A = (L(\boldsymbol{e}_1)\, L(\boldsymbol{e}_2)) = \begin{pmatrix}2 & -1\\-1 & 3\end{pmatrix}$$

이다. ■

연습문제 7.1

01. 다음 중 참인 명제를 모두 고르시오.

(1) 벡터공간에서 정의된 모든 함수는 선형변환이다.

(2) 선형변환 $L:\mathbb{R}^m \to \mathbb{R}^n$의 표준행렬은 $m\times n$ 행렬이다.

(3) 선형변환 $L:\mathbb{R}^n \to \mathbb{R}^m$의 표준행렬은 $m\times n$ 행렬이다.

(4) 임의의 선형변환 L에 대하여 $L(0)=0$이다.

(5) 임의의 행렬변환은 선형변환이다.

(6) 벡터공간 V의 임의의 벡터 v에 대하여 $L(v)=3v$로 정의된 함수 L은 선형변환이다.

02. 선형변환 $L:\mathbb{R}^2 \to \mathbb{R}^2$이 $L(\begin{pmatrix} u_1 \\ u_2 \end{pmatrix}) = \begin{pmatrix} 2u_1 - u_2 \\ -u_1 + 3u_2 \end{pmatrix}$으로 주어졌을 때, 다음 변환의 값을 구하여라.

(1) $L(\begin{pmatrix} 0 \\ 0 \end{pmatrix})$ (2) $L(\begin{pmatrix} 1 \\ 2 \end{pmatrix})$ (3) $L(\begin{pmatrix} 1 \\ -1 \end{pmatrix})$ (4) $L(\begin{pmatrix} 3 \\ 2 \end{pmatrix})$

03. 다음과 같이 정의된 함수 $L:\mathbb{R}^2 \to \mathbb{R}^2$이 선형변환인지 아닌지 판단하여라.

(1) $L(\begin{pmatrix} u_1 \\ u_2 \end{pmatrix}) = \begin{pmatrix} u_1 \\ -u_2 \end{pmatrix}$ (2) $L(\begin{pmatrix} u_1 \\ u_2 \end{pmatrix}) = \begin{pmatrix} u_1 \\ -u_2+1 \end{pmatrix}$

04. 다음과 같이 정의된 함수 $L:\mathbb{R}^3 \to \mathbb{R}^2$이 선형변환인지 아닌지 판단하여라.

(1) $L(\begin{pmatrix} u_1 \\ u_2 \\ u_3 \end{pmatrix}) = \begin{pmatrix} 2u_1 \\ u_2+3u_3 \end{pmatrix}$ (2) $L(\begin{pmatrix} u_1 \\ u_2 \\ u_3 \end{pmatrix}) = \begin{pmatrix} 2u_1+2 \\ 3u_2+3 \end{pmatrix}$

05. 선형변환 $L:\mathbb{R}^2 \to \mathbb{R}^2$에 대하여

$$L(\begin{pmatrix} 1 \\ 0 \end{pmatrix}) = \begin{pmatrix} 2 \\ -1 \end{pmatrix}, \quad L(\begin{pmatrix} 0 \\ 1 \end{pmatrix}) = \begin{pmatrix} 1 \\ -2 \end{pmatrix}$$

일 때, $L(\begin{pmatrix} 1 \\ -1 \end{pmatrix})$을 구하여라.

06. 선형변환 $L: \mathbb{R}^3 \to \mathbb{R}^2$에 대하여

$$L(\begin{pmatrix} 1 \\ 0 \\ 0 \end{pmatrix}) = \begin{pmatrix} 2 \\ 0 \end{pmatrix}, \quad L(\begin{pmatrix} 0 \\ 1 \\ 0 \end{pmatrix}) = \begin{pmatrix} 2 \\ 1 \end{pmatrix}, \quad L(\begin{pmatrix} 0 \\ 0 \\ 1 \end{pmatrix}) = \begin{pmatrix} 0 \\ -1 \end{pmatrix}$$

일 때, $L(\begin{pmatrix} 1 \\ 1 \\ 1 \end{pmatrix})$을 구하여라.

07. 행렬변환 L의 표준행렬 A와 벡터 v가 다음과 같이 주어져 있을 때 $L(v)$를 구하여라.

(1) $A = \begin{pmatrix} 1 & 2 \\ 3 & 4 \end{pmatrix}, \quad v = \begin{pmatrix} 1 \\ -2 \end{pmatrix}$

(2) $A = \begin{pmatrix} 1 & -1 & 0 \\ 3 & 1 & 2 \end{pmatrix}, \quad v = \begin{pmatrix} 1 \\ -1 \\ 0 \end{pmatrix}$

(3) $A = \begin{pmatrix} 1 & -1 & 0 \\ 2 & 0 & -1 \\ 3 & 1 & 2 \end{pmatrix}, \quad v = \begin{pmatrix} 1 \\ 0 \\ -1 \end{pmatrix}$

(4) $A = \begin{pmatrix} 2 & 0 \\ 1 & -1 \\ 1 & 2 \end{pmatrix}, \quad v = \begin{pmatrix} 2 \\ 1 \end{pmatrix}$

08. 선형변환 $L: \mathbb{R}^2 \to \mathbb{R}^2$가 다음과 같을 때, 이 변환을 기하학적으로 설명하여라.

(1) $L(\begin{pmatrix} u_1 \\ u_2 \end{pmatrix}) = \begin{pmatrix} u_1 \\ -u_2 \end{pmatrix}$

(2) $L(\begin{pmatrix} u_1 \\ u_2 \end{pmatrix}) = \begin{pmatrix} -u_1 \\ u_2 \end{pmatrix}$

(3) $L(\begin{pmatrix} u_1 \\ u_2 \end{pmatrix}) = \begin{pmatrix} -u_1 \\ -u_2 \end{pmatrix}$

7.2 여러 가지 선형변환

우리가 이미 알고 있는 많은 함수들이 사실은 선형변환이다. 예를 들어, 회전변환, 대칭변환, 사영변환 등이 그러한 예이다. 이 절에서는 그러한 선형변환들을 자세히 알아본다.

(1) 직교사영변환

행렬변환 $L:\mathbb{R}^2 \to \mathbb{R}^2$이 $L(\begin{pmatrix} u_1 \\ u_2 \end{pmatrix}) = \begin{pmatrix} u_1 \\ 0 \end{pmatrix}$로 정의되었을 때, L에 의해 표준기저는 다음과 같이 변환된다.

$$L(e_1) = L(\begin{pmatrix} 1 \\ 0 \end{pmatrix}) = \begin{pmatrix} 1 \\ 0 \end{pmatrix},\ L(e_2) = L(\begin{pmatrix} 0 \\ 1 \end{pmatrix}) = \begin{pmatrix} 0 \\ 0 \end{pmatrix}$$

그러므로 L의 표준행렬은

$$A = (L(e_1), L(e_2)) = \begin{pmatrix} 1 & 0 \\ 0 & 0 \end{pmatrix}$$

이다. 이것은 $\mathbb{R}^2$의 벡터 $\mathbf{u} = \begin{pmatrix} u_1 \\ u_2 \end{pmatrix}$가 행렬 $A = \begin{pmatrix} 1 & 0 \\ 0 & 0 \end{pmatrix}$에 의해서 x축 상의 벡터 $\mathbf{u}' = \begin{pmatrix} u_1 \\ 0 \end{pmatrix}$으로 변환되는 것을 의미한다. 즉 임의의 벡터가 x축에 수직으로 **사영**(projection)된 경우를 말하는데, 특별히 이와 같은 변환을 **x 축으로의 직교사영변환**(orthogonal projection transformation)이라 한다.([그림 7.1] 참조) 마찬가지로 $\mathbf{u} = \begin{pmatrix} u_1 \\ u_2 \end{pmatrix}$를 y축에 수직으로 사영하는 선형변환 L과 그 표준행렬 A는 각각 다음과 같이 주어진다.

$$L(\begin{pmatrix} u_1 \\ u_2 \end{pmatrix}) = \begin{pmatrix} 0 \\ u_2 \end{pmatrix},\quad A = \begin{pmatrix} 0 & 0 \\ 0 & 1 \end{pmatrix}$$

요약하면, x축으로의 직교사영변환과 y축으로의 직교사영변환은 다음과 같다.

$$\mathbf{u} = \begin{pmatrix} u_1 \\ u_2 \end{pmatrix} \quad \xrightarrow[x\text{축으로의 직교사영변환}]{\begin{pmatrix} 1 & 0 \\ 0 & 0 \end{pmatrix}} \quad \mathbf{u}' = \begin{pmatrix} u_1 \\ 0 \end{pmatrix}$$

$$\mathbf{u} = \begin{pmatrix} u_1 \\ u_2 \end{pmatrix} \quad \xrightarrow[y\text{축으로의 직교사영변환}]{\begin{pmatrix} 0 & 0 \\ 0 & 1 \end{pmatrix}} \quad \mathbf{u}' = \begin{pmatrix} 0 \\ u_2 \end{pmatrix}$$

$\mathbb{R}^2$에서 정의한 사영변환의 개념을 $\mathbb{R}^3$로 확장하여 보자. $\mathbb{R}^3$의 벡터를 $xy-$평면에 수직으

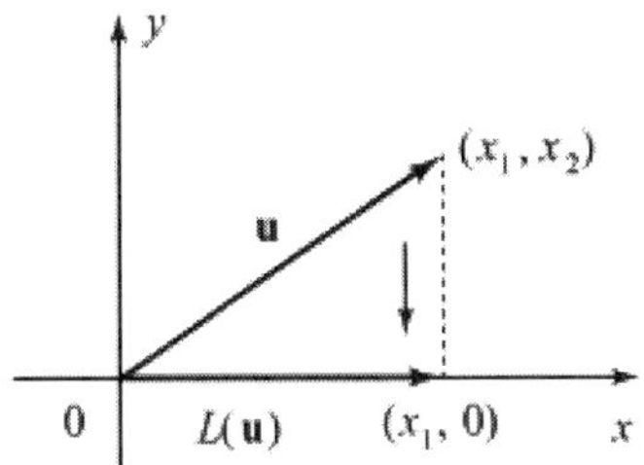

그림 7.1 x축으로의 직교사영변환

로 사영하는 변환 $L: \mathbb{R}^3 \to \mathbb{R}^2$은

$$L\left(\begin{pmatrix} u_1 \\ u_2 \\ u_3 \end{pmatrix}\right) = \begin{pmatrix} u_1 \\ u_2 \end{pmatrix}$$

으로 정의할 수 있으며, xy**-평면으로의 직교사영변환**이라 부른다.([그림 7.2) 참조)

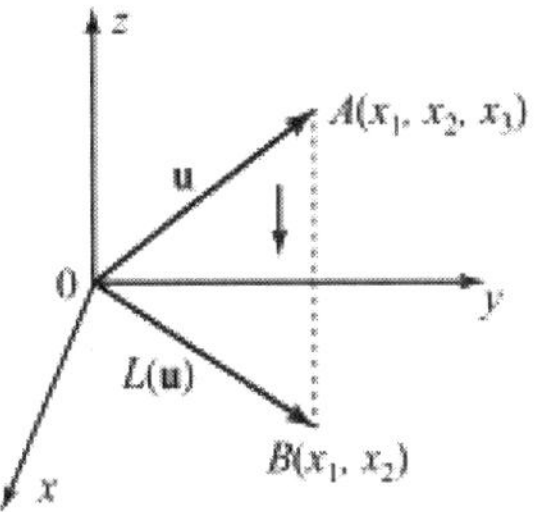

그림 7.2 xy-평면으로의 직교사영변환

L에 의해 표준기저는 다음과 같이 변환된다.

$$L(e_1) = L\left(\begin{pmatrix} 1 \\ 0 \\ 0 \end{pmatrix}\right) = \begin{pmatrix} 1 \\ 0 \end{pmatrix},\ L(e_2) = L\left(\begin{pmatrix} 0 \\ 1 \\ 0 \end{pmatrix}\right) = \begin{pmatrix} 0 \\ 1 \end{pmatrix},\ L(e_3) = L\left(\begin{pmatrix} 0 \\ 0 \\ 1 \end{pmatrix}\right) = \begin{pmatrix} 0 \\ 0 \end{pmatrix}$$

그러므로 L에 대한 표준행렬은 다음과 같이 2×3 행렬이 된다.

$$A = (L(e_1), L(e_2), L(e_3)) = \begin{pmatrix} 1 & 0 & 0 \\ 0 & 1 & 0 \end{pmatrix}$$

마찬가지로, yz-평면으로의 직교사영변환과 xz-평면으로의 직교사영변환은 각각 다음과 같이 정의할 수 있다.

$$L\left(\begin{pmatrix} u_1 \\ u_2 \\ u_3 \end{pmatrix}\right) = \begin{pmatrix} u_2 \\ u_3 \end{pmatrix},\ L\left(\begin{pmatrix} u_1 \\ u_2 \\ u_3 \end{pmatrix}\right) = \begin{pmatrix} u_1 \\ u_3 \end{pmatrix}$$

그리고 이들의 표준행렬은 각각 다음과 같다.

$$\begin{pmatrix} 0 & 1 & 0 \\ 0 & 0 & 1 \end{pmatrix}, \quad \begin{pmatrix} 1 & 0 & 0 \\ 0 & 0 & 1 \end{pmatrix}$$

요약하면, xy-평면으로의 직교사영변환, yz-평면으로의 직교사영변환, xz-평면으로의 직교사영변환은 각각 다음과 같다.

$$u = \begin{pmatrix} u_1 \\ u_2 \\ u_3 \end{pmatrix} \xrightarrow[xy-\text{평면으로의 직교사영변환}]{\begin{pmatrix} 1 & 0 & 0 \\ 0 & 1 & 0 \end{pmatrix}} u' = \begin{pmatrix} u_1 \\ u_2 \end{pmatrix}$$

$$u = \begin{pmatrix} u_1 \\ u_2 \\ u_3 \end{pmatrix} \xrightarrow[yz-\text{평면으로의 직교사영변환}]{\begin{pmatrix} 0 & 1 & 0 \\ 0 & 0 & 1 \end{pmatrix}} u' = \begin{pmatrix} u_2 \\ u_3 \end{pmatrix}$$

$$u = \begin{pmatrix} u_1 \\ u_2 \\ u_3 \end{pmatrix} \xrightarrow[xz-\text{평면으로의 직교사영변환}]{\begin{pmatrix} 1 & 0 & 0 \\ 0 & 0 & 1 \end{pmatrix}} u' = \begin{pmatrix} u_1 \\ u_3 \end{pmatrix}$$

(2) 반사변환(대칭변환)

선형변환 $L : \mathbb{R}^2 \to \mathbb{R}^2$이 $L\left(\begin{pmatrix} u_1 \\ u_2 \end{pmatrix}\right) = \begin{pmatrix} u_1 \\ -u_2 \end{pmatrix}$로 정의되었을 때, L에 의해 표준기저는 다음과 같이 변환된다.

$$L(e_1) = L\left(\begin{pmatrix} 1 \\ 0 \end{pmatrix}\right) = \begin{pmatrix} 1 \\ 0 \end{pmatrix},\ L(e_2) = L\left(\begin{pmatrix} 0 \\ 1 \end{pmatrix}\right) = \begin{pmatrix} 0 \\ -1 \end{pmatrix}$$

그러므로 L의 표준행렬은

$$A = (L(e_1), L(e_2)) = \begin{pmatrix} 1 & 0 \\ 0 & -1 \end{pmatrix}$$

이다. 이것은 $\mathbb{R}^2$의 벡터 $u = \begin{pmatrix} u_1 \\ u_2 \end{pmatrix}$가 행렬 $A = \begin{pmatrix} 1 & 0 \\ 0 & -1 \end{pmatrix}$에 의해서 벡터 $u' = \begin{pmatrix} u_1 \\ -u_2 \end{pmatrix}$으로 변환되는 것을 의미한다. 즉 임의의 벡터가 x축에 반사(대칭)되는 변환이다. 이와 같은 변환을 **x축에 대한 반사변환(대칭변환)**이라 한다.

마찬가지로 y**축에 대한 반사변환(대칭변환,** symmetric transformation) L과 그의 표준행렬 A는 각각 다음과 같이 주어진다.

$$L(\begin{pmatrix} u_1 \\ u_2 \end{pmatrix}) = \begin{pmatrix} -u_1 \\ u_2 \end{pmatrix}, \quad A = \begin{pmatrix} -1 & 0 \\ 0 & 1 \end{pmatrix}$$

$\mathbb{R}^2$에서 직선 $y = x$ **에 대한 반사변환**(reflective transformation)은 다음 선형변환에 의해 정의된다.

$$L(\begin{pmatrix} u_1 \\ u_2 \end{pmatrix}) = \begin{pmatrix} u_2 \\ u_1 \end{pmatrix}$$

이 반사변환 L에 의해 표준기저는 다음과 같이 변환된다.

$$L(e_1) = L(\begin{pmatrix} 1 \\ 0 \end{pmatrix}) = \begin{pmatrix} 0 \\ 1 \end{pmatrix}, \ L(e_2) = L(\begin{pmatrix} 0 \\ 1 \end{pmatrix}) = \begin{pmatrix} 1 \\ 0 \end{pmatrix}$$

그러므로 L의 표준행렬은

$$A = (L(e_1), L(e_2)) = \begin{pmatrix} 0 & 1 \\ 1 & 0 \end{pmatrix}$$

이다.

마찬가지로 $y = -x$ **에 대한 반사변환** L과 그의 표준행렬 A는 각각 다음과 같이 주어진다.

$$L(\begin{pmatrix} u_1 \\ u_2 \end{pmatrix}) = \begin{pmatrix} -u_2 \\ -u_1 \end{pmatrix}, \quad A = \begin{pmatrix} 0 & -1 \\ -1 & 0 \end{pmatrix}$$

(3) 확대변환과 축소변환

선형변환 $L: \mathbb{R}^2 \to \mathbb{R}^2$이 다음과 같이 정의되었다고 하자.

$$L(\begin{pmatrix} u_1 \\ u_2 \end{pmatrix}) = k\begin{pmatrix} u_1 \\ u_2 \end{pmatrix}, \qquad k \neq 0, 1, \ k > 0$$

$k > 1$인 경우에는 임의의 벡터가 L에 의하여 k배 확대(expansion)되며, $k < 1$인 경우에는 k배 축소(compression)된다. 이 때 표준행렬은

$$A = \begin{pmatrix} k & 0 \\ 0 & k \end{pmatrix} = kI_2$$

이다. 이와 같은 변환을 **확대변환** 또는 **축소변환**이라 한다.

마찬가지로 이 개념을 확장하면 다음의 경우는 $\mathbb{R}^3$ 상의 벡터의 확대와 축소를 나타내는 변환이고,

$$L\left(\begin{pmatrix} u_1 \\ u_2 \\ u_3 \end{pmatrix}\right) = k\begin{pmatrix} u_1 \\ u_2 \\ u_3 \end{pmatrix}, \qquad k \neq 0, 1$$

대응되는 표준행렬은

$$A = \begin{pmatrix} k & 0 & 0 \\ 0 & k & 0 \\ 0 & 0 & k \end{pmatrix} = kI_3$$

이다.

(4) 회전변환

$\mathbb{R}^2$의 평면상의 벡터 $v = \begin{pmatrix} x \\ y \end{pmatrix}$를 원점을 중심으로 하여 반시계 방향으로 θ만큼 회전하여 얻은 벡터를 $v' = \begin{pmatrix} x' \\ y' \end{pmatrix}$이라 하자. v가 그림과 같이 x축 양의 부분과 이루는 각이 ψ이고 $\|v\| = r$일 때, 회전변환을 한 후의 좌표 (x', y')를 x, y의 관계식으로 나타내어 보자.

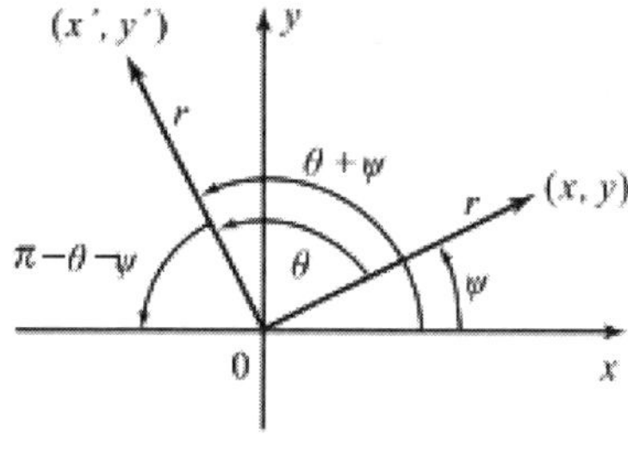

그림 7.3

그림에서 $\|v\| = \sqrt{x^2 + y^2} = r$이며

$$\begin{cases} x = r\cos\psi \\ y = r\sin\psi \end{cases} \tag{7.1}$$

이다. 한편 회전변환에 의하여 벡터의 크기가 변하지 않으므로, $\|v'\| = r$이고 따라서 다음이 성립한다.

$$\begin{cases} x' = r\cos(\theta + \psi) \\ y' = r\sin(\theta + \psi) \end{cases} \tag{7.2}$$

삼각함수의 덧셈정리[21]에 의하여 (7.2)는 다음과 같이 다시 표현된다.

$$\begin{cases} x' = r\cos\theta\cos\psi - r\sin\theta\sin\psi \\ y' = r\sin\theta\cos\psi + r\cos\theta\sin\psi \end{cases} \tag{7.3}$$

(7.1)을 (7.3)에 대입하면

$$\begin{cases} x' = x\cos\theta - y\sin\theta \\ y' = x\sin\theta + y\cos\theta \end{cases}$$

이므로, 이 식을 행렬로 표현하면 다음과 같다.

$$\begin{pmatrix} x' \\ y' \end{pmatrix} = \begin{pmatrix} \cos\theta & -\sin\theta \\ \sin\theta & \cos\theta \end{pmatrix}\begin{pmatrix} x \\ y \end{pmatrix}$$

따라서 원점을 중심으로 하여 반시계 방향으로 θ만큼 회전하는 변환은 표준행렬이 $A = \begin{pmatrix} \cos\theta & -\sin\theta \\ \sin\theta & \cos\theta \end{pmatrix}$인 선형변환임을 알 수 있다. 즉, 다음과 같이 표현된다.

$$L(\begin{pmatrix} x \\ y \end{pmatrix}) = \begin{pmatrix} \cos\theta & -\sin\theta \\ \sin\theta & \cos\theta \end{pmatrix}\begin{pmatrix} x \\ y \end{pmatrix}$$

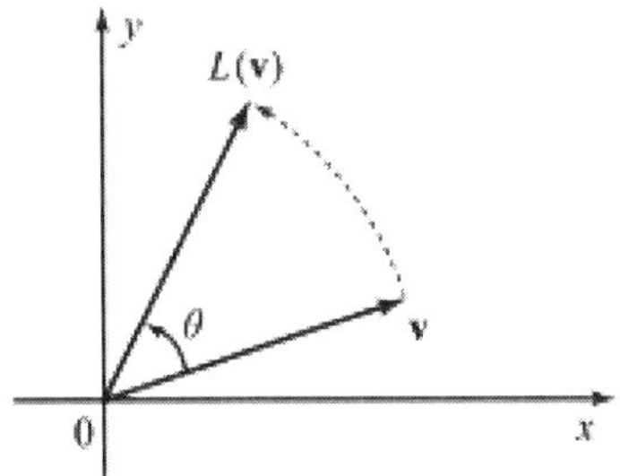

그림 7.4 원점을 중심으로 회전변환

예제 7.2.1 $\mathbb{R}^2$의 벡터 $v = (3,1)$을 원점을 중심으로 하여 반시계 방향으로 $\frac{\pi}{2}$만큼 회전시켰을 때의 위치벡터 v'을 구하여라.

풀이 원점을 중심으로 하여 반시계 방향으로 $\frac{\pi}{2}$만큼 회전하는 변환 L의 표준행렬은

---

21. 삼각함수의 덧셈정리는 다음과 같다.

$$\cos(\theta+\psi) = \cos\theta\cos\psi - \sin\theta\sin\psi, \ \ \sin(\theta+\psi) = \sin\theta\cos\psi + \cos\theta\sin\psi$$

$$\begin{pmatrix} \cos\frac{\pi}{2} & -\sin\frac{\pi}{2} \\ \sin\frac{\pi}{2} & \cos\frac{\pi}{2} \end{pmatrix} = \begin{pmatrix} 0 & -1 \\ 1 & 0 \end{pmatrix}$$ 이고

$$L(\begin{pmatrix} 3 \\ 1 \end{pmatrix}) = \begin{pmatrix} 0 & -1 \\ 1 & 0 \end{pmatrix}\begin{pmatrix} 3 \\ 1 \end{pmatrix} = \begin{pmatrix} -1 \\ 3 \end{pmatrix}$$

이므로 $v' = (-1, 3)$이다. ■

예제 7.2.2 $\mathbb{R}^2$의 벡터 $v = (1, 2)$를 원점을 중심으로 하여 반시계 방향으로 $\frac{\pi}{3}$만큼 회전시켰을 때의 위치벡터 v'을 구하고 좌표평면에 그리시오.

풀이 원점을 중심으로 하여 반시계 방향으로 $\frac{\pi}{3}$만큼 회전하는 변환 L의 표준행렬은

$$\begin{pmatrix} \cos\frac{\pi}{3} & -\sin\frac{\pi}{3} \\ \sin\frac{\pi}{3} & \cos\frac{\pi}{3} \end{pmatrix} = \begin{pmatrix} \frac{1}{2} & -\frac{\sqrt{3}}{2} \\ \frac{\sqrt{3}}{2} & \frac{1}{2} \end{pmatrix}$$

이고

$$L(\begin{pmatrix} 1 \\ 2 \end{pmatrix}) = \begin{pmatrix} \frac{1}{2} & -\frac{\sqrt{3}}{2} \\ \frac{\sqrt{3}}{2} & \frac{1}{2} \end{pmatrix}\begin{pmatrix} 1 \\ 2 \end{pmatrix} = \begin{pmatrix} \frac{1-2\sqrt{3}}{2} \\ \frac{2+\sqrt{3}}{2} \end{pmatrix}$$

이므로 $v' = (\frac{1-2\sqrt{3}}{2}, \frac{2+\sqrt{3}}{2})$이다. 좌표평면에 v와 v'을 나타내면 다음과 같다.

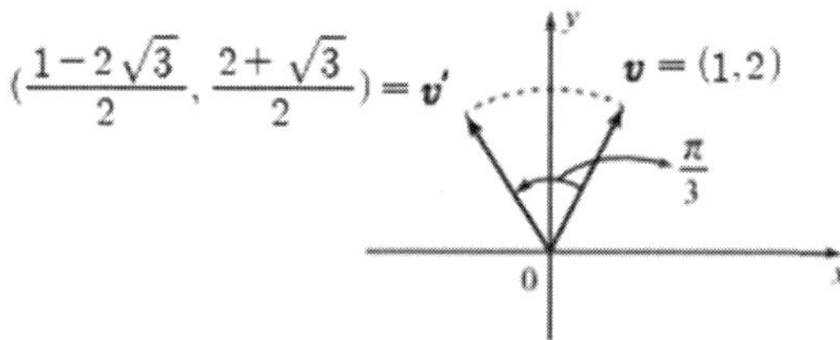

그림 7.5 ■

예제 7.2.3 $\mathbb{R}^2$의 직선 $y=\frac{1}{3}x$를 원점를 중심으로 $\frac{\pi}{2}$만큼 회전시켰을 때의 직선의 방정식을 행렬변환을 이용하여 구하고 좌표평면에 그리시오.

풀이 먼저 직선 $y=\frac{1}{3}x$ 위의 한 점 $(3,1)$을 잡고 $\frac{\pi}{2}$만큼 회전시키면 점 $(-1,3)$으로 옮겨짐을 [예제 7.2.1]에서 다음과 같이 확인하였다.

$$L\left(\begin{pmatrix}3\\1\end{pmatrix}\right)=\begin{pmatrix}\cos\frac{\pi}{2} & -\sin\frac{\pi}{2}\\ \sin\frac{\pi}{2} & \cos\frac{\pi}{2}\end{pmatrix}\begin{pmatrix}3\\1\end{pmatrix}=\begin{pmatrix}0 & -1\\1 & 0\end{pmatrix}\begin{pmatrix}3\\1\end{pmatrix}=\begin{pmatrix}-1\\3\end{pmatrix}$$

따라서 직선 $y=\frac{1}{3}x$를 $\frac{\pi}{2}$만큼 회전시켰을 때의 직선의 방정식은, 원점과 점 $(-1,3)$을 지나는 직선이므로 $y=-3x$이다. 좌표평면에 나타내면 다음과 같다.

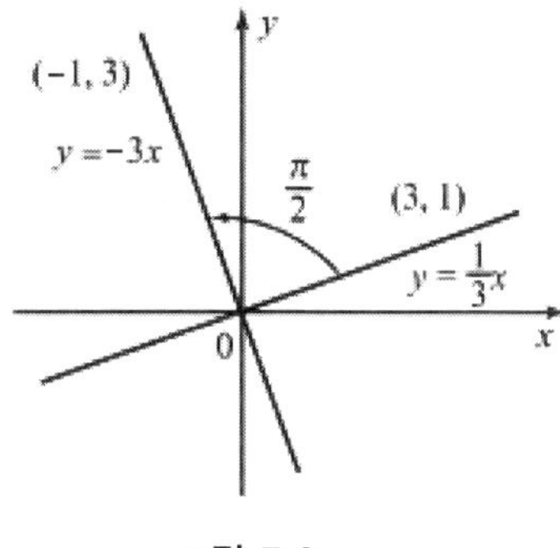

그림 7.6 ■

연습문제 7.2

01. $\mathbb{R}^2$의 벡터 $v=(3,1)$를 x축으로의 직교사영변환 $L:\mathbb{R}^2\to\mathbb{R}^2$에 의하여 변환시켰을 때의 위치벡터 v'을 구하여라.

02. 선형변환 $L:\mathbb{R}^2\to\mathbb{R}^2$가 x축에 대한 반사변환일 때 L의 표준행렬을 구하시오.

03. 선형변환 $L:\mathbb{R}^2\to\mathbb{R}^2$가 원점을 중심으로 반시계 방향으로 $\frac{7\pi}{6}$만큼 회전시키는 변환일 때 L의 표준행렬을 구하시오.

04. $\mathbb{R}^2$의 벡터 $v=(3,1)$을 원점을 중심으로 하여 반시계 방향으로 $\frac{\pi}{3}$만큼 회전시켰을 때의 위치벡터 v'을 구하여라.

05. 행렬 $A=\begin{pmatrix} \frac{1}{\sqrt{2}} & -\frac{1}{\sqrt{2}} \\ \frac{1}{\sqrt{2}} & \frac{1}{\sqrt{2}} \end{pmatrix}$가 원점에 대한 회전변환의 표준행렬이다. 이 변환이 나타내는 회전의 양을 구하여라.

7.3 선형변환에 의한 이미지

앞 절에서 우리는 여러 가지 2차원 선형변환 $L:\mathbb{R}^2\to\mathbb{R}^2$을 보았다. 특히, 직교사영변환, 확대 및 축소변환, 반사변환, 회전변환 등의 기하학적인 변환의 표준행렬이 어떻게 주어지는지 알아보았다. 이 절에서는 이러한 선형변환과 몇 가지 더 응용적인 선형변환에 의하여 도형이 어떻게 변형되는지 알아본다.

행렬은 벡터의 수열로 간주할 수 있다. 예를 들면 행렬

$$\begin{pmatrix}1&0&2\\2&1&1\end{pmatrix}$$

은 세 벡터 $v_1=\begin{pmatrix}1\\2\end{pmatrix}$, $v_2=\begin{pmatrix}0\\1\end{pmatrix}$, $v_3=\begin{pmatrix}2\\1\end{pmatrix}$을 열벡터로 갖는 $(v_1\ v_2\ v_3)$로 생각할 수 있다. 이 행렬은 반복된 열을 가질 수 있고 열의 순서는 중요하다.

선형변환 $L:\mathbb{R}^2\to\mathbb{R}^2$의 표준행렬이 $A=\begin{pmatrix}a&b\\c&d\end{pmatrix}$일 때, 즉, 임의의 벡터 v에 대하여

$$L(v)=Av$$

일 때, $v_1=\begin{pmatrix}1\\2\end{pmatrix}$, $v_2=\begin{pmatrix}0\\1\end{pmatrix}$, $v_3=\begin{pmatrix}2\\1\end{pmatrix}$는 L에 의해 차례로

$$L(v_1)=Av_1=\begin{pmatrix}a&b\\c&d\end{pmatrix}\begin{pmatrix}1\\2\end{pmatrix}=\begin{pmatrix}a+2b\\c+2d\end{pmatrix}$$

$$L(v_2)=Av_2=\begin{pmatrix}a&b\\c&d\end{pmatrix}\begin{pmatrix}0\\1\end{pmatrix}=\begin{pmatrix}b\\d\end{pmatrix}$$

$$L(v_3)=Av_3=\begin{pmatrix}a&b\\c&d\end{pmatrix}\begin{pmatrix}2\\1\end{pmatrix}=\begin{pmatrix}2a+b\\2c+d\end{pmatrix}$$

로 변환된다. 이것을 동시에 다음과 같이 나타낼 수 있다.

$$A(v_1 v_2 v_3)=\begin{pmatrix}a&b\\c&d\end{pmatrix}\begin{pmatrix}1&0&2\\2&1&1\end{pmatrix}=\begin{pmatrix}a+2b&b&2a+b\\c+2d&d&2c+d\end{pmatrix}$$

즉, $\mathbb{R}^2$의 세 점 $(1,2),(0,1),(2,1)$은 선형변환 L에 의해 다음 세 점으로 변환된다.

$$(a+2b,c+2d),\ (b,d),\ (2a+b,2c+d)$$

L의 표준행렬이 A이므로 이것을 다음과 같이 표현하기로 하자.

$$\begin{pmatrix}1\\2\end{pmatrix}, \begin{pmatrix}0\\1\end{pmatrix}, \begin{pmatrix}2\\1\end{pmatrix} \xrightarrow{\begin{pmatrix}a & b\\c & d\end{pmatrix}} \begin{pmatrix}a+2b\\c+2d\end{pmatrix}, \begin{pmatrix}b\\d\end{pmatrix}, \begin{pmatrix}2a+b\\2c+d\end{pmatrix}$$

(1) 반사 이미지 변환

선형변환 $L: \mathbb{R}^2 \to \mathbb{R}^2$이 $\mathbb{R}^2$의 벡터 $\boldsymbol{u}=\begin{pmatrix}u_1\\u_2\end{pmatrix}$를 x축에 대한 반사변환인 경우

$$L(\begin{pmatrix}u_1\\u_2\end{pmatrix}) = \begin{pmatrix}u_1\\-u_2\end{pmatrix}$$

로 정의되고 표준행렬은 다음과 같음을 앞에서 학습하였다.

$$A = (L(e_1), L(e_2)) = \begin{pmatrix}1 & 0\\0 & -1\end{pmatrix}$$

그러므로 이 선형변환은 $\mathbb{R}^2$의 점 (u_1, u_2)를 표준행렬 A에 의해 점 $(u_1, -u_2)$로 변환한다.

예제 7.3.1 $\mathbb{R}^2$의 평면상의 삼각형 T의 세 꼭짓점의 좌표가 다음과 같다.

$$T: (-1,3), (4,1), (2,5)$$

이 삼각형을 x축에 대한 반사했을 때 생기는 삼각형 T'의 꼭짓점의 좌표를 구하여라.

풀이 삼각형 T의 세 꼭짓점을

$$v_1=\begin{pmatrix}-1\\3\end{pmatrix},\ v_2=\begin{pmatrix}4\\1\end{pmatrix},\ v_3=\begin{pmatrix}2\\5\end{pmatrix},$$

x축에 대한 반사변환을 L이라 하면 표준행렬이 $A=\begin{pmatrix}1 & 0\\0 & -1\end{pmatrix}$이므로 삼각형 T'의 세 꼭짓점은 다음과 같이 구할 수 있다.

$$A(v_1 v_2 v_3) = \begin{pmatrix}1 & 0\\0 & -1\end{pmatrix}\begin{pmatrix}-1 & 4 & 2\\3 & 1 & 5\end{pmatrix} = \begin{pmatrix}-1 & 4 & 2\\-3 & -1 & -5\end{pmatrix}$$

즉, T'의 꼭짓점의 좌표는 $(-1,-3), (4,-1), (2,-5)$이다. ■

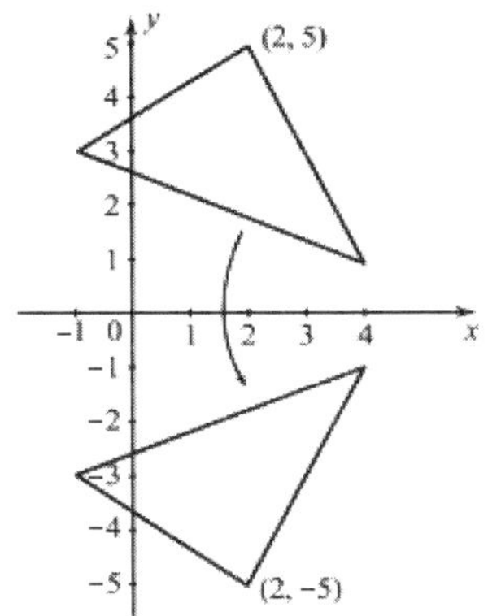

그림 7.7 x축에 대한 반사변환

y축에 대한 반사변환 L과 표준행렬 A는 각각 다음과 같이 주어지므로,

$$L\left(\begin{pmatrix} u_1 \\ u_2 \end{pmatrix}\right) = \begin{pmatrix} -u_1 \\ u_2 \end{pmatrix}, \quad A = \begin{pmatrix} -1 & 0 \\ 0 & 1 \end{pmatrix}$$

이 선형변환은 $\mathbb{R}^2$의 점 (u_1, u_2)를 표준행렬 A에 의해 점 $(-u_1, u_2)$로 변환한다.

예제 7.3.2 $\mathbb{R}^2$의 삼각형 T의 세 꼭짓점의 좌표가 다음과 같다.

$$T: (-1,3), (4,1), (2,5)$$

이 삼각형을 y축에 대한 반사했을 때 생기는 삼각형 T'의 꼭짓점의 좌표를 구하여라.

풀이 삼각형 T의 세 꼭짓점을

$$v_1 = \begin{pmatrix} -1 \\ 3 \end{pmatrix}, \ v_2 = \begin{pmatrix} 4 \\ 1 \end{pmatrix}, \ v_3 = \begin{pmatrix} 2 \\ 5 \end{pmatrix}$$

이라 하고, x축에 대한 반사변환을 L이라 하면 표준행렬이 $A = \begin{pmatrix} -1 & 0 \\ 0 & 1 \end{pmatrix}$이므로 삼각형 T'의 세 꼭짓점은 다음과 같이 구할 수 있다.

$$A(v_1 v_2 v_3) = \begin{pmatrix} -1 & 0 \\ 0 & 1 \end{pmatrix}\begin{pmatrix} -1 & 4 & 2 \\ 3 & 1 & 5 \end{pmatrix} = \begin{pmatrix} 1 & -4 & -2 \\ 3 & 1 & 5 \end{pmatrix}$$

즉, T'의 꼭짓점의 좌표는 $(1,3), (-4,1), (-2,5)$이다. ■

직선 $y = x$에 반사변환 L과 표준행렬 A는 각각 다음과 같이 주어지므로

$$L(\begin{pmatrix} u_1 \\ u_2 \end{pmatrix}) = \begin{pmatrix} u_2 \\ u_1 \end{pmatrix}, \ A = \begin{pmatrix} 0 & 1 \\ 1 & 0 \end{pmatrix}$$

이 선형변환은 $\mathbb{R}^2$의 점 (u_1, u_2)를 표준행렬 A에 의해 점 (u_2, u_1)로 변환한다.

예제 7.3.3 $\mathbb{R}^2$의 삼각형 T의 세 꼭짓점의 좌표가 다음과 같다.

$$T: (-1,1), (0,3), (1,2)$$

이 삼각형을 직선 $y=x$에 대한 반사했을 때 생기는 삼각형 T'의 꼭짓점의 좌표를 구하여라.

풀이 삼각형 T의 세 꼭짓점을

$$v_1 = \begin{pmatrix} -1 \\ 1 \end{pmatrix}, \ v_2 = \begin{pmatrix} 0 \\ 3 \end{pmatrix}, \ v_3 = \begin{pmatrix} 1 \\ 2 \end{pmatrix}$$

이라 하고, 직선 $y=x$에 대한 반사변환을 L이라 하면 표준행렬이 $A = \begin{pmatrix} 0 & 1 \\ 1 & 0 \end{pmatrix}$이므로 삼각형 T'의 세 꼭짓점은 다음과 같이 구할 수 있다.

$$A(v_1 v_2 v_3) = \begin{pmatrix} 0 & 1 \\ 1 & 0 \end{pmatrix} \begin{pmatrix} -1 & 0 & 1 \\ 1 & 3 & 2 \end{pmatrix} = \begin{pmatrix} 1 & 3 & 2 \\ -1 & 0 & 1 \end{pmatrix}$$

즉, T'의 꼭짓점의 좌표는 $(1,-1)$, $(3,0)$, $(2,1)$이다. ■

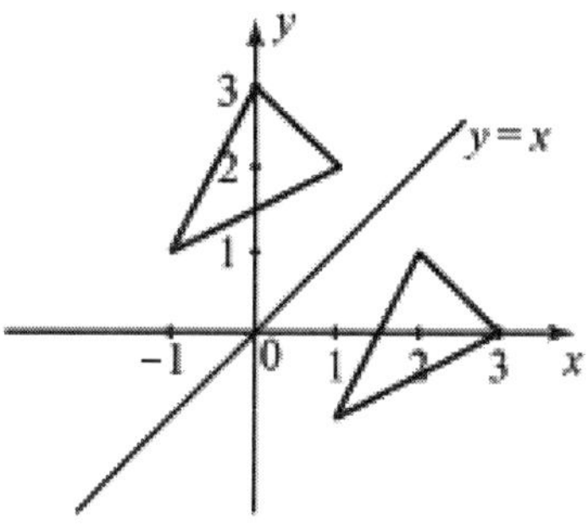

그림 7.8 $y=x$**에 대한 반사변환**

앞에서 보았듯이, $y=-x$에 대한 반사변환 L과 표준행렬 A는 각각 다음과 같이 주어진다.

$$L(\begin{pmatrix} u_1 \\ u_2 \end{pmatrix}) = \begin{pmatrix} -u_2 \\ -u_1 \end{pmatrix}, \quad A = \begin{pmatrix} 0 & -1 \\ -1 & 0 \end{pmatrix}$$

예제 7.3.4 $\mathbb{R}^2$의 삼각형 T의 세 꼭짓점의 좌표가 다음과 같다.

$$T: (0,1), (2,0), (3,3)$$

이 삼각형을 직선 $y=-x$에 대한 반사했을 때 생기는 삼각형 T'의 꼭짓점의 좌표를 구하여라.

풀이 삼각형 T의 세 꼭짓점을

$$v_1=\begin{pmatrix}0\\1\end{pmatrix},\ v_2=\begin{pmatrix}2\\0\end{pmatrix},\ v_3=\begin{pmatrix}3\\3\end{pmatrix}$$

이라 하고, 직선 $y=-x$에 대한 반사변환을 L이라 하면 표준행렬이 $A=\begin{pmatrix}0 & -1\\ -1 & 0\end{pmatrix}$이므로 삼각형 T'의 세 꼭짓점은 다음과 같이 구할 수 있다.

$$A(v_1 v_2 v_3)=\begin{pmatrix}0 & -1\\ -1 & 0\end{pmatrix}\begin{pmatrix}-1 & 2 & 3\\ 0 & 0 & 3\end{pmatrix}=\begin{pmatrix}-1 & 0 & -3\\ 0 & -2 & -3\end{pmatrix}$$

즉, T'의 꼭짓점의 좌표는 $(-1,0)$, $(0,-2)$, $(-3,-3)$이다. ■

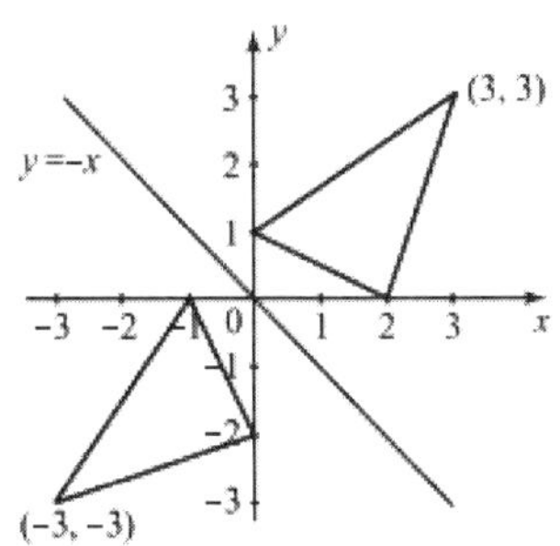

그림 7.9 $y=-x$에 대한 반사변환

(2) 확대 또는 축소 이미지 변환

우리는 앞에서 다음과 같이 정의되는 확대(축소)변환 $L:\mathbb{R}^2\to\mathbb{R}^2$을 학습하였다.

$$L(\begin{pmatrix}u_1\\u_2\end{pmatrix})=k\begin{pmatrix}u_1\\u_2\end{pmatrix},\qquad k\neq 0,1,\quad k>0$$

$k>1$인 경우에는 임의의 벡터가 L에 의하여 k배 확대되며, $k<1$인 경우에는 k배 축소된다. 이 때 표준행렬은

$$A = \begin{pmatrix} k & 0 \\ 0 & k \end{pmatrix} = kI_2$$

이다.

이제 한 좌표축을 따라서만 확대 또는 축소가 이루어지는 변환에 대해서 학습하자. 변환 $L_1 : \mathbb{R}^2 \to \mathbb{R}^2$이

$$L_1(\begin{pmatrix} u_1 \\ u_2 \end{pmatrix}) = \begin{pmatrix} ku_1 \\ u_2 \end{pmatrix}, \qquad k \neq 0, 1, \quad k > 0 \tag{7.4}$$

로 정의되면, y좌표는 불변이며 x좌표를 따라 확대 또는 축소가 일어난다. 반대로 변환 $L_2 : \mathbb{R}^2 \to \mathbb{R}^2$이

$$L_2(\begin{pmatrix} u_1 \\ u_2 \end{pmatrix}) = \begin{pmatrix} u_1 \\ ku_2 \end{pmatrix}, \qquad k \neq 0, 1, \quad k > 0 \tag{7.5}$$

로 정의되면, x좌표는 불변이며 y좌표를 따라 확대 또는 축소가 일어난다.

$$L_1(\boldsymbol{e}_1) = L_1(\begin{pmatrix} 1 \\ 0 \end{pmatrix}) = \begin{pmatrix} k \\ 0 \end{pmatrix}, \; L_1(\boldsymbol{e}_2) = L_1(\begin{pmatrix} 0 \\ 1 \end{pmatrix}) = \begin{pmatrix} 0 \\ 1 \end{pmatrix}$$

이고

$$L_2(\boldsymbol{e}_1) = L_2(\begin{pmatrix} 1 \\ 0 \end{pmatrix}) = \begin{pmatrix} 1 \\ 0 \end{pmatrix}, \; L_2(\boldsymbol{e}_2) = L_2(\begin{pmatrix} 0 \\ 1 \end{pmatrix}) = \begin{pmatrix} 0 \\ k \end{pmatrix}$$

이므로, L_1과 L_2의 표준행렬은 각각 다음과 같다.

$$A_1 = \begin{pmatrix} k & 0 \\ 0 & 1 \end{pmatrix}, \qquad A_2 = \begin{pmatrix} 1 & 0 \\ 0 & k \end{pmatrix}$$

한편, 다음과 같이 x축과 y축 양방향으로 동시에 확대 또는 축소가 일어나는 변환 L도 생각할 수 있다.

$$L(\begin{pmatrix} u_1 \\ u_2 \end{pmatrix}) = \begin{pmatrix} ku_1 \\ ru_2 \end{pmatrix}, \qquad k, r > 0$$

이 경우에는

$$L(\boldsymbol{e}_1) = L(\begin{pmatrix} 1 \\ 0 \end{pmatrix}) = \begin{pmatrix} k \\ 0 \end{pmatrix}, \; L(\boldsymbol{e}_2) = L(\begin{pmatrix} 0 \\ 1 \end{pmatrix}) = \begin{pmatrix} 0 \\ r \end{pmatrix}$$

이므로 L의 표준행렬은

$$A = \begin{pmatrix} k & 0 \\ 0 & r \end{pmatrix}$$

이다. 이 표준행렬의 의미는 $k>1, r>1$이면 원래의 상을 x축으로 k만큼, y축으로 r만큼 확대하는 것을 의미하고, $0<k<1$, $0<r<1$이면 x축으로 k만큼, y축으로 r만큼 축소하는 것을 의미한다.

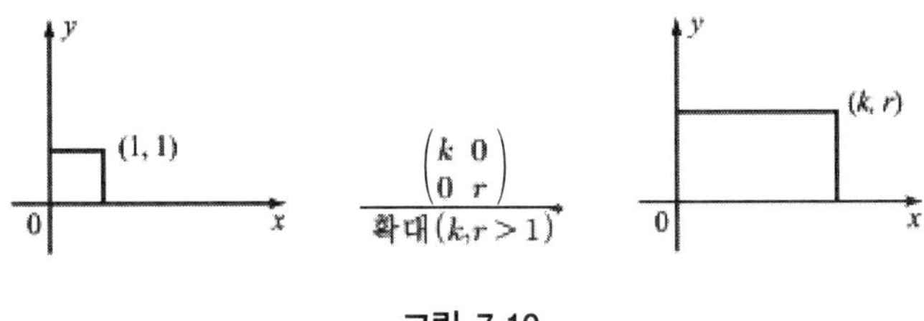

그림 7.10

예제 7.3.5 선형변환 $L:\mathbb{R}^2 \to \mathbb{R}^2$에 의해 다음의 점을 잇는 직사각형 B를 확대하고자 한다.

$$B: (0,0),\ (0,1),\ (2,1),\ (2,0)$$

이때 표준행렬 $A=\begin{pmatrix} 2 & 0 \\ 0 & 3 \end{pmatrix}$을 이용하여 확대된 사각형 B'의 꼭짓점 좌표를 구하고, 또 확대 전과 확대 후의 이미지를 그래프로 나타내어라.

풀이 주어진 사각형의 네 꼭짓점을

$$v_1=\begin{pmatrix} 0 \\ 0 \end{pmatrix},\ v_2=\begin{pmatrix} 0 \\ 1 \end{pmatrix},\ v_3=\begin{pmatrix} 2 \\ 1 \end{pmatrix},\ v_4=\begin{pmatrix} 2 \\ 0 \end{pmatrix}$$

이라 하면

$$A(v_1\ v_2\ v_3\ v_4)=\begin{pmatrix} 2 & 0 \\ 0 & 3 \end{pmatrix}\begin{pmatrix} 0 & 0 & 2 & 2 \\ 0 & 1 & 1 & 0 \end{pmatrix}=\begin{pmatrix} 0 & 0 & 4 & 4 \\ 0 & 3 & 3 & 0 \end{pmatrix}$$

즉, 사각형 B'의 꼭짓점의 좌표는 $(0,0)$, $(0,3)$, $(4,3)$, $(4,0)$이며, 이미지 변환을 그래프로 나타내면 다음과 같다.

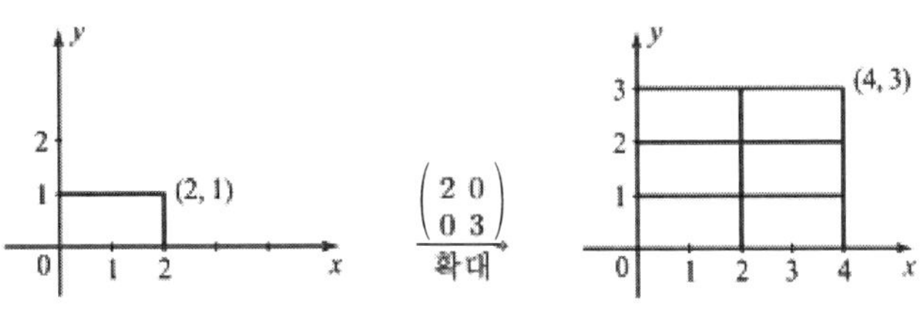

그림 7.11 ■

예제 7.3.6 [예제 7.3.5]에서 선형변환 $L: \mathbb{R}^2 \to \mathbb{R}^2$에 의해 직사각형 B를 직사각형 B'로 확대하는데 표준행렬 $A = \begin{pmatrix} 2 & 0 \\ 0 & 3 \end{pmatrix}$가 사용되었다. 역으로 직사각형 B'을 직사각형 B로 축소하고자 할 때, 사용할 선형변환의 표준행렬 A'을 구하여라.

풀이 직사각형 B의 네 꼭짓점 $(0,0), (0,1), (2,1), (2,0)$와 직사각형 B'의 네 꼭짓점 $(0,0), (0,3), (4,3), (4,0)$의 관계는

$$A\begin{pmatrix} 0 & 0 & 2 & 2 \\ 0 & 1 & 1 & 0 \end{pmatrix} = \begin{pmatrix} 2 & 0 \\ 0 & 3 \end{pmatrix}\begin{pmatrix} 0 & 0 & 2 & 2 \\ 0 & 1 & 1 & 0 \end{pmatrix} = \begin{pmatrix} 0 & 0 & 4 & 4 \\ 0 & 3 & 3 & 0 \end{pmatrix}$$

이므로 A의 역행렬 $A^{-1} = \begin{pmatrix} \frac{1}{2} & 0 \\ 0 & \frac{1}{3} \end{pmatrix}$을 양변의 왼쪽에 곱하면

$$\begin{pmatrix} 0 & 0 & 2 & 2 \\ 0 & 1 & 1 & 0 \end{pmatrix} = \begin{pmatrix} \frac{1}{2} & 0 \\ 0 & \frac{1}{3} \end{pmatrix}\begin{pmatrix} 2 & 0 \\ 0 & 3 \end{pmatrix}\begin{pmatrix} 0 & 0 & 2 & 2 \\ 0 & 1 & 1 & 0 \end{pmatrix} = \begin{pmatrix} \frac{1}{2} & 0 \\ 0 & \frac{1}{3} \end{pmatrix}\begin{pmatrix} 0 & 0 & 4 & 4 \\ 0 & 3 & 3 & 0 \end{pmatrix} = A^{-1}\begin{pmatrix} 0 & 0 & 4 & 4 \\ 0 & 3 & 3 & 0 \end{pmatrix}$$

이므로 직사각형 B'을 직사각형 B로 축소에 필요한 표준행렬은

$$A' = A^{-1} = \begin{pmatrix} \frac{1}{2} & 0 \\ 0 & \frac{1}{3} \end{pmatrix}$$

이다. ■

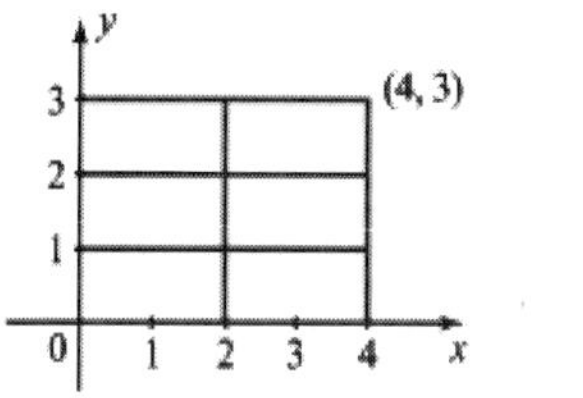

$\begin{pmatrix} 1/2 & 0 \\ 0 & 1/3 \end{pmatrix}$
축소

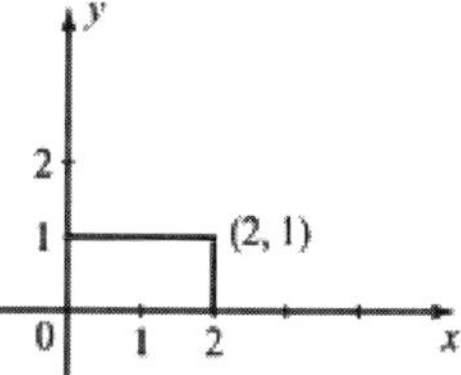

그림 7.12

마지막으로, L의 표준행렬 $A = \begin{pmatrix} k & 0 \\ 0 & r \end{pmatrix}$에서 $k > 1$이고, $0 < r < 1$이면 원래의 상을 x축으로는 k만큼 확대하고, y축으로 r만큼 축소하는 변환이 된다. 예를 들어 $k = 2, r = \frac{1}{3}$인 경우, 1사분면의 단위정사각형은 네 꼭지점 $(0,0), (1,0), (0,1), (1,1)$이 각각$(0,0), (2,0), (0, \frac{1}{3})$,

$(2, \frac{1}{3})$로 옮겨지므로 다음과 같이 변환된다.

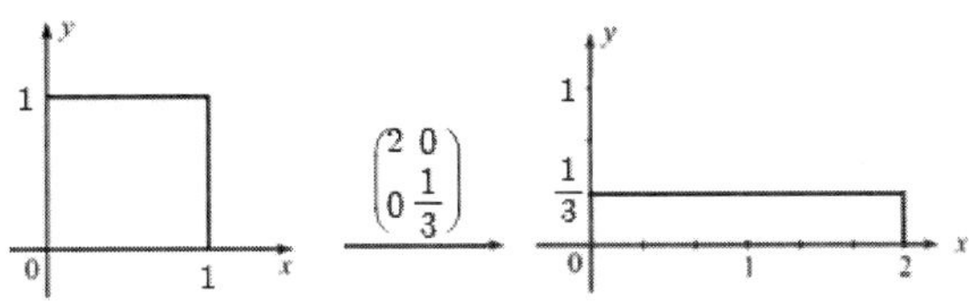

그림 7.13

(3) 층밀림 변환

선형변환 $L: \mathbb{R}^2 \rightarrow \mathbb{R}^2$을

$$L(\begin{pmatrix} u_1 \\ u_2 \end{pmatrix}) = \begin{pmatrix} u_1 + ku_2 \\ u_2 \end{pmatrix} \tag{7.6}$$

로 정의하면, 이 변환은 $\mathbb{R}^2$의 점 (u_1, u_2)를 y좌표에 비례하는 ku_2만큼 x축과 평행한 방향으로 이동시키게 된다. 이 변환은 $u_2 = 0$인 경우 변환의 결과가 $(u_1, 0)$이 되므로, 즉 $L(\begin{pmatrix} u_1 \\ 0 \end{pmatrix}) = \begin{pmatrix} u_1 \\ 0 \end{pmatrix}$이므로, 점을 그대로 고정시키지만, $u_2 \neq 0$인 경우에는 k 값이 클수록 이동 거리가 늘어난다. 이와 같은 변환을 인수 k를 갖는 **x축 방향으로의 층밀림변환**이라 한다. 비슷한 방법으로 인수 k를 갖는 **y축 방향으로의 층밀림변환**은

$$L(\begin{pmatrix} u_1 \\ u_2 \end{pmatrix}) = \begin{pmatrix} u_1 \\ ku_1 + u_2 \end{pmatrix} \tag{7.7}$$

로 정의된다.

선형변환 (7.6)에 의해

$$L(\begin{pmatrix} 1 \\ 0 \end{pmatrix}) = \begin{pmatrix} 1 \\ 0 \end{pmatrix}, \ L(\begin{pmatrix} 0 \\ 1 \end{pmatrix}) = \begin{pmatrix} k \\ 1 \end{pmatrix}$$

이므로 인수 k를 갖는 x축 방향으로의 층밀림변환의 표준행렬은

$$A = \begin{pmatrix} 1 & k \\ 0 & 1 \end{pmatrix}$$

이다. 그리고 선형변환 (7.7)에 의해

$$L(\begin{pmatrix}1\\0\end{pmatrix}) = \begin{pmatrix}1\\k\end{pmatrix},\ L(\begin{pmatrix}0\\1\end{pmatrix}) = \begin{pmatrix}0\\1\end{pmatrix}$$

이므로 인수 k를 갖는 y축 방향으로의 층밀림변환의 표준행렬은

$$A = \begin{pmatrix}1 & 0\\k & 1\end{pmatrix}$$

이다.

이들 변환 중에서 $k=0$이면 $A=I_2$이므로 그 층밀림변환은 항등변환이며, $k>0$이면 x축 또는 y축의 양의 방향으로 층밀림되는 변환을 나타낸다. 또 $k<0$이면 x축 또는 y축의 음의 방향으로 층밀림되는 변환을 나타낸다. 예를 들어 다음 평면 위의 제1사분면에 주어진 단위정사각형의 변환 후 모양을 살펴보자.

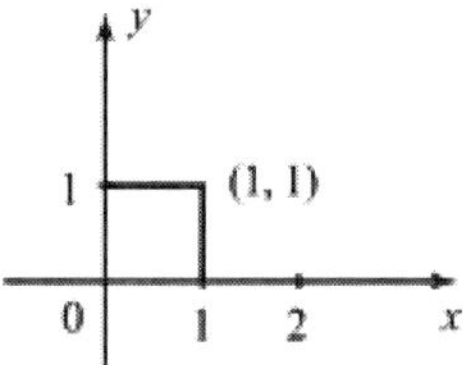

그림 7.14

(i) $A = \begin{pmatrix}1 & 2\\0 & 1\end{pmatrix}$인 경우

정사각형을 이루는 4개의 좌표 $(0,0), (0,1), (1,1), (1,0)$은 이 행렬변환을 통해 다음과 같이 변환된다.

$$A\begin{pmatrix}0 & 0 & 1 & 1\\0 & 1 & 1 & 0\end{pmatrix} = \begin{pmatrix}1 & 2\\0 & 1\end{pmatrix}\begin{pmatrix}0 & 0 & 1 & 1\\0 & 1 & 1 & 0\end{pmatrix} = \begin{pmatrix}0 & 2 & 3 & 1\\0 & 1 & 1 & 0\end{pmatrix}$$

따라서 단위정사각형은 이 층밀림변환에 의하여 다음과 같이 변환된다.

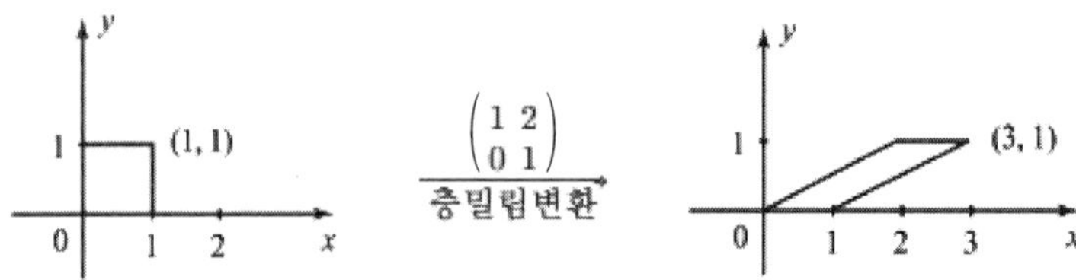

그림 7.15

(ii) $A=\begin{pmatrix}1 & -2\\0 & 1\end{pmatrix}$**인 경우**

$$A\begin{pmatrix}0&0&1&1\\0&1&1&0\end{pmatrix}=\begin{pmatrix}1&-2\\0&1\end{pmatrix}\begin{pmatrix}0&0&1&1\\0&1&1&0\end{pmatrix}=\begin{pmatrix}0&-2&-1&1\\0&1&1&0\end{pmatrix}$$

이므로, 단위정사각형은 이 층밀림변환에 의하여 다음과 같이 변환된다.

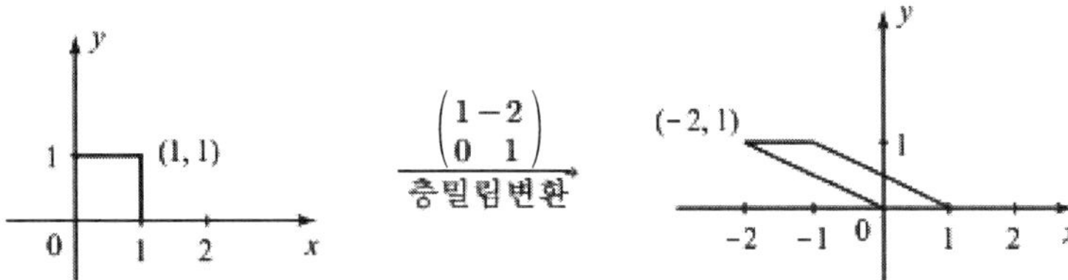

그림 7.16

(iii) $A=\begin{pmatrix}1 & 0\\2 & 1\end{pmatrix}$**인 경우**

$$A\begin{pmatrix}0&0&1&1\\0&1&1&0\end{pmatrix}=\begin{pmatrix}1&0\\2&1\end{pmatrix}\begin{pmatrix}0&0&1&1\\0&1&1&0\end{pmatrix}=\begin{pmatrix}0&0&1&1\\0&1&3&2\end{pmatrix}$$

이므로, 단위정사각형은 이 층밀림변환에 의하여 다음과 같이 변환된다.

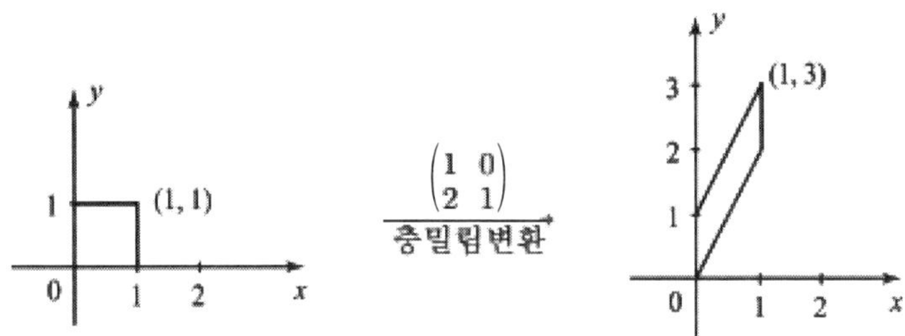

그림 7.17

(iv) $A=\begin{pmatrix}1 & 0\\-2 & 1\end{pmatrix}$**인 경우**

$$A\begin{pmatrix}0&0&1&1\\0&1&1&0\end{pmatrix}=\begin{pmatrix}1&0\\-2&1\end{pmatrix}\begin{pmatrix}0&0&1&1\\0&1&1&0\end{pmatrix}=\begin{pmatrix}0&0&1&1\\0&1&-1&-2\end{pmatrix}$$

이므로, 단위정사각형은 이 층밀림변환에 의하여 다음과 같이 변환된다.

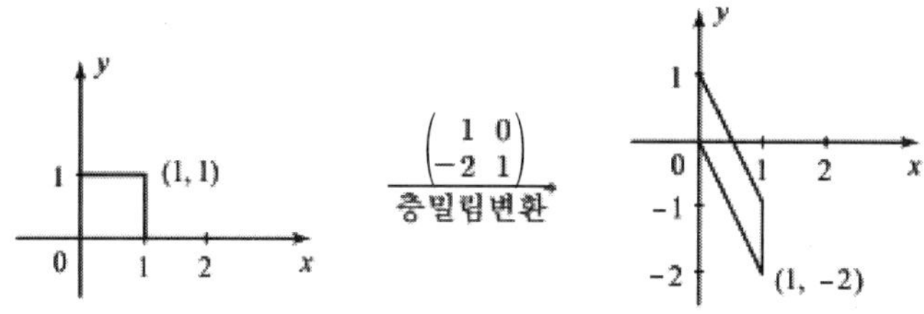

그림 7.18

예제 7.3.7 다음 각 표준행렬에 대응하는 선형변환을 설명하고, 제1사분면의 단위정사각형에 대한 선형변환의 결과를 그래프로 나타내어라.

(1) $A_1 = \begin{pmatrix} 1 & 0 \\ 0 & 3 \end{pmatrix}$ (2) $A_2 = \begin{pmatrix} 3 & 0 \\ 0 & 3 \end{pmatrix}$ (3) $A_3 = \begin{pmatrix} 1 & 3 \\ 0 & 1 \end{pmatrix}$

풀이 표준행렬 A_1은 y축 양의 방향으로 3배 확대한 경우를 말하고, A_2는 x축과 y축 양의 방향으로 각각 3만큼 확대한 경우이므로 모든 벡터를 자기 방향으로 3배 확대하는 변환이다. 또 A_3은 인수 3을 갖는 x축 방향으로의 층밀림변환을 나타낸다. 단위정사각형에 대한 이들의 변환 결과를 각각 그래프로 나타내면 다음과 같다.

(1)

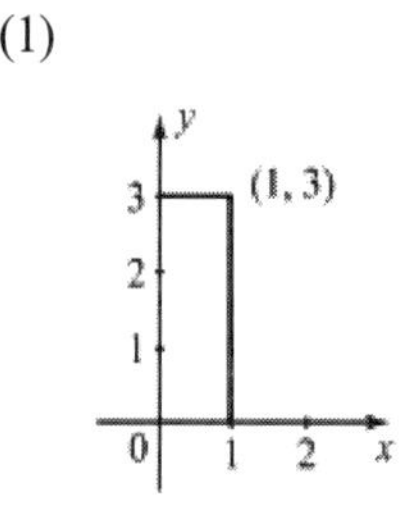

(2)

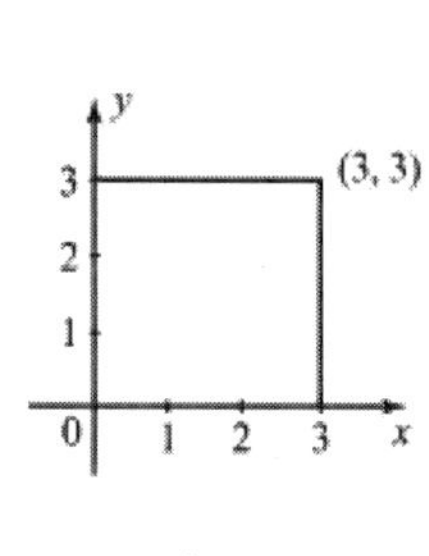

(3)

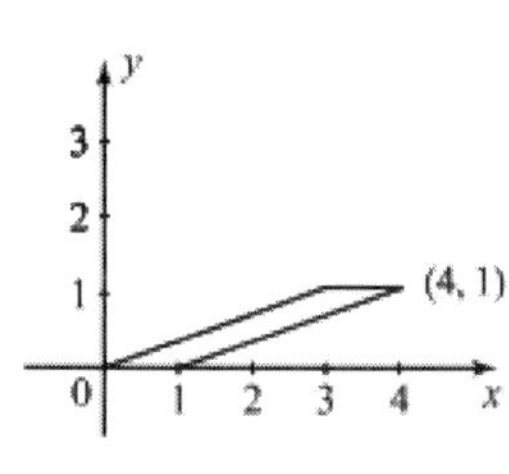

그림 7.19

■

(4) 변환에 의한 이미지의 면적

지금까지 우리는 다양한 선형변환에 의하여 도형이 어떻게 변하는지 살펴보았다. 여기에서는 변환 후의 이미지의 면적이 어떻게 달라지며, 그 값을 어떻게 구할 수 있는지 생각해보자. 좌표평면의 제1사분면에 있는 단위정사각형이 각 변환에 의해서 어떤 면적을 갖는 도형으로 가는지 알아보자.

먼저 표준행렬 $A = \begin{pmatrix} 3 & 1 \\ 0 & 2 \end{pmatrix}$에 대해 단위정사각형의 꼭짓점 $(0,0), (0,1), (1,1), (1,0)$은 이 행렬변환을 통해 다음과 같이 변환된다.

$$A\begin{pmatrix}0&0&1&1\\0&1&1&0\end{pmatrix}=\begin{pmatrix}3&1\\0&2\end{pmatrix}\begin{pmatrix}0&0&1&1\\0&1&1&0\end{pmatrix}=\begin{pmatrix}0&1&4&3\\0&2&2&0\end{pmatrix}$$

즉, 그 이미지는 꼭짓점이 $(0,0),(1,2),(4,2),(3,0)$인 사각형이다.

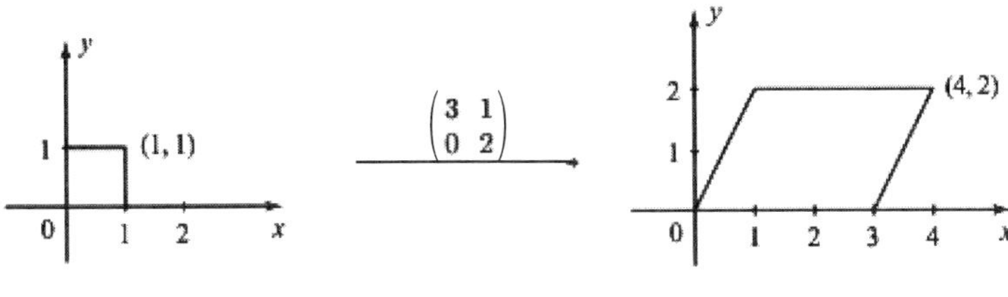

그림 7.20

[그림 7.20]에서 보듯이 이 도형의 면적은 6인데, 이것은

$$\det A=\begin{vmatrix}3&1\\0&2\end{vmatrix}=6$$

과 일치한다.

마찬가지로, $A=\begin{pmatrix}2&0\\1&2\end{pmatrix}$에 의한 단위정사각형의 꼭짓점 $(0,0),(0,1),(1,1),(1,0)$은 이 행렬변환을 통해 다음과 같이 변환된다.

$$A\begin{pmatrix}0&0&1&1\\0&1&1&0\end{pmatrix}=\begin{pmatrix}2&0\\1&2\end{pmatrix}\begin{pmatrix}0&0&1&1\\0&1&1&0\end{pmatrix}=\begin{pmatrix}0&0&2&2\\0&2&3&1\end{pmatrix}$$

즉, 그 이미지는 꼭짓점이 $(0,0),(0,2),(2,3),(2,1)$인 사각형이다.

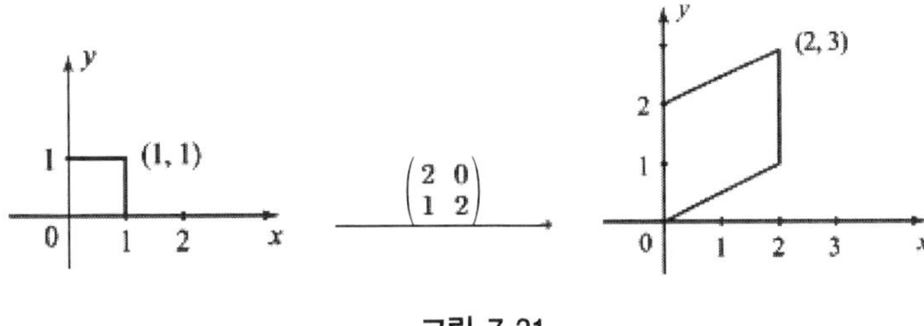

그림 7.21

[그림 7.21]에서 보듯이 이 도형의 면적은 4이며, 이것은

$$\det A=\begin{vmatrix}2&0\\1&2\end{vmatrix}=4$$

과 일치한다.

이제 임의의 2차 정방행렬 $A=\begin{pmatrix} a & b \\ c & d \end{pmatrix}$를 표준행렬로 갖는 선형변환 L의 이미지에 대하여 알아보자. 단위정사각형의 꼭짓점 $(0,0),(0,1),(1,1)(1,0)$은 이 행렬변환에 의하여 다음과 같이 변환된다.

$$A\begin{pmatrix} 0 & 0 & 1 & 1 \\ 0 & 1 & 1 & 0 \end{pmatrix}=\begin{pmatrix} a & b \\ c & d \end{pmatrix}\begin{pmatrix} 0 & 0 & 1 & 1 \\ 0 & 1 & 1 & 0 \end{pmatrix}=\begin{pmatrix} 0 & b & a+b & a \\ 0 & d & c+d & c \end{pmatrix}$$

즉, 단위정사각형의 이미지는 꼭짓점이 $(0,0),(b,d),(a+b,c+d),(a,c)$인 평행사변형이다.

단위정사각형의 이미지로 나타난 평행사변형의 면적이 얼마인지 외적을 이용하여 구해보자. 만약 $\mathbb{R}^3$에서 $xy-$평면의 두 벡터를

$$\boldsymbol{u}=(a,c,0),\ \ \boldsymbol{v}=(b,d,0)$$

이라 하면, 이 두 벡터는 꼭짓점이 $(0,0,0),(b,d,0),(a+b,c+d,0),(a,c,0)$인 평행사변형을 만든다. 그리고 이 두 벡터의 외적의 크기는 두 벡터가 이루는 평행사변형의 면적이 된다.

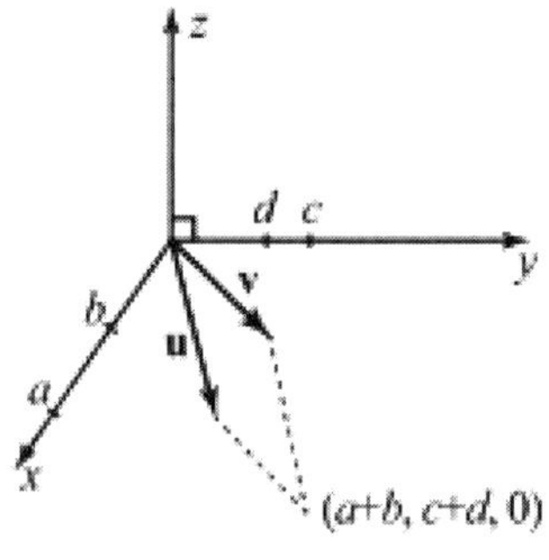

그림 7.22

$xy-$평면의 두 벡터 $\boldsymbol{u}=(a,c,0),\ \boldsymbol{v}=(b,d,0)$의 외적은

$$\boldsymbol{u}\times\boldsymbol{v}=\begin{vmatrix} \boldsymbol{i} & \boldsymbol{j} & \boldsymbol{k} \\ a & c & 0 \\ b & d & 0 \end{vmatrix}=\begin{vmatrix} a & c \\ b & d \end{vmatrix}\boldsymbol{k}=(ad-bc)\boldsymbol{k}$$

이므로, 선형변환 L에 의한 단위정사각형의 이미지의 면적은

$$\|\boldsymbol{u}\times\boldsymbol{v}\|=|ad-bc|\|\boldsymbol{k}\|=|ad-bc|=|\det A|$$

이다.

정리 7.2 변환 이미지의 면적

선형변환 $L:\mathbb{R}^2 \to \mathbb{R}^2$의 표준행렬이 $A = \begin{pmatrix} a & b \\ c & d \end{pmatrix}$일 때, 제1사분면에 있는 단위정사각형의 L에 의한 변환 이미지의 면적 S는 다음과 같다.

$$S = |\det A| = |ad - bc|$$

예제 7.3.8 선형변환 $L:\mathbb{R}^2 \to \mathbb{R}^2$의 표준행렬이 각각 다음과 같이 주어져 있다. 제1사분면의 단위정사각형의 L에 의한 변환 이미지의 면적을 구하여라.

(1) $A = \begin{pmatrix} 1 & 0 \\ 0 & 3 \end{pmatrix}$ (2) $B = \begin{pmatrix} 3 & 0 \\ 0 & 3 \end{pmatrix}$ (3) $C = \begin{pmatrix} 1 & 3 \\ 2 & 1 \end{pmatrix}$ (4) $D = \begin{pmatrix} 3 & 1 \\ 0 & 5 \end{pmatrix}$

풀이 [정리 7.2]로부터 각 변환에 대한 이미지 면적은 다음과 같다.

(1) $|\det A| = |3| = 3$

(2) $|\det B| = |9| = 9$

(3) $|\det C| = |-5| = 5$

(4) $|\det D| = |15| = 15$ ■

연습문제 7.3

01. 선형변환 $L:\mathbb{R}^2 \to \mathbb{R}^2$는 x축으로 2만큼 y축으로 7만큼 확대하는 변환으로 $L(v)=Av$이다. 이 확대변환의 표준행렬 A를 구하시오.

02. 다음 중 층밀림변환에 쓰이는 표준행렬을 고르시오.

(1) $\begin{pmatrix} 1 & 3 \\ 0 & 1 \end{pmatrix}$ (2) $\begin{pmatrix} 1 & 0 \\ 0 & 3 \end{pmatrix}$ (3) $\begin{pmatrix} 3 & 0 \\ 0 & 2 \end{pmatrix}$ (4) $\begin{pmatrix} 0 & 2 \\ 3 & 0 \end{pmatrix}$

03. $\mathbb{R}^2$에서 꼭짓점의 좌표가 $(0,1), (4,2), (2,5)$인 삼각형 T를 x축에 반사했을 때 생기는 삼각형 T'의 꼭짓점 좌표를 구하여라.

04. $\mathbb{R}^2$에서 꼭짓점의 좌표가 $(-2,1), (-1,3), (1,2)$인 삼각형 T를 직선 $y=x$에 반사했을 때 생기는 삼각형 T'의 꼭짓점 좌표를 구하여라.

05. 평면의 벡터 $v=(1,1)$을 원점에 관해 $\frac{\pi}{6}$만큼 회전시켰을 때의 이미지 벡터를 구하여라.

06. $\mathbb{R}^2$에서 꼭짓점의 좌표가 $(0,0), (1,0), (4,3)$인 삼각형 T를 원점에 관해 $-\frac{\pi}{3}$만큼 회전시켰을 때 생기는 삼각형 T'의 꼭짓점 좌표를 구하여라.

07. 다음 각 행렬을 표준행렬로 하는 선형변환에 대하여 제1사분면의 단위정사각형의 이미지를 그래프로 나타내어라.

(1) $\begin{pmatrix} 3 & 0 \\ 0 & 1 \end{pmatrix}$ (2) $\begin{pmatrix} 1 & 3 \\ 0 & 1 \end{pmatrix}$ (3) $\begin{pmatrix} 1 & 0 \\ -3 & 1 \end{pmatrix}$

08. $\mathbb{R}^2$에서 꼭짓점의 좌표가 $(0,0), (0,3), (3,3), (3,0)$인 정사각형이 다음 표준행렬에 의하여 어떤 이미지로 변환되는지 그래프로 나타내어라.

(1) $\begin{pmatrix} \frac{2}{3} & 0 \\ 0 & 1 \end{pmatrix}$ (2) $\begin{pmatrix} 1 & 0 \\ 0 & \frac{2}{3} \end{pmatrix}$ (3) $\begin{pmatrix} \frac{2}{3} & 0 \\ 0 & \frac{2}{3} \end{pmatrix}$ (4) $\begin{pmatrix} 1 & \frac{1}{3} \\ 0 & 1 \end{pmatrix}$ (5) $\begin{pmatrix} 1 & 0 \\ -\frac{2}{3} & 1 \end{pmatrix}$

09. 선형변환 $L:\mathbb{R}^2\to\mathbb{R}^2$의 표준행렬이 각각 다음과 같이 주어져 있다. 제1사분면의 단위정사각형에 대한 행렬변환 L의 이미지의 면적을 구하여라.

(1) $\begin{pmatrix}1&0\\0&2\end{pmatrix}$ (2) $\begin{pmatrix}3&1\\2&3\end{pmatrix}$ (3) $\begin{pmatrix}0&3\\2&0\end{pmatrix}$

7.4 선형변환의 합성과 역변환

두 선형변환 f와 g의 합성으로 나타나는 함수 $g \circ f$ 또한 선형변환이다. 그리고 역함수가 존재할 때 그 역함수 또한 선형변환이다. 이 절에서는 이러한 합성변환과 역변환에 대하여 학습한다.

(1) 선형변환의 합성

$\mathbb{R}^2$에서 정의된 함수 f와 g가

$$f(x_1,y_1)=(x_2,y_2), \quad g(x_2,y_2)=(x_3,y_3)$$

일 때, 합성함수 $g \circ f$는 다음과 같이 정의된다.

$$(g \circ f)(x_1,y_1)=g(f(x_1,y_1))=g(x_2,y_2)=(x_3,y_3)$$

즉, f가 점 $P_1(x_1,y_1)$을 $P_2(x_2,y_2)$로, g가 $P_2(x_2,y_2)$를 $P_3(x_3,y_3)$로 보낼 때, $g \circ f$는 $P_1(x_1,y_1)$을 $P_3(x_3,y_3)$로 보낸다.

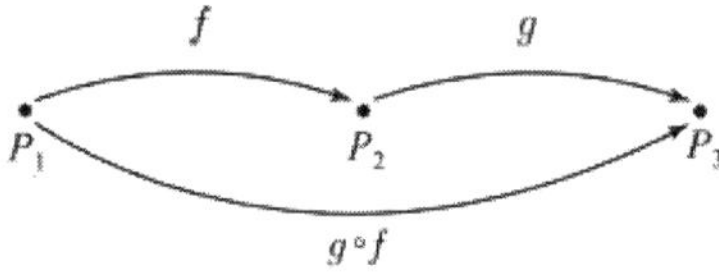

그림 7.22

f와 g가 특히 선형변환인 경우에 대해서 알아보자. 예를 들어 f와 g가 다음과 같은 선형변환으로 주어졌다고 하자.

$$f:\begin{pmatrix}x_2\\y_2\end{pmatrix}=\begin{pmatrix}1&2\\2&1\end{pmatrix}\begin{pmatrix}x_1\\y_1\end{pmatrix}, \quad g:\begin{pmatrix}x_3\\y_3\end{pmatrix}=\begin{pmatrix}1&1\\3&-1\end{pmatrix}\begin{pmatrix}x_2\\y_2\end{pmatrix}$$

이 경우 $P_1(1,0)$은 선형변환 f에 의하여

$$\begin{pmatrix}x_2\\y_2\end{pmatrix}=\begin{pmatrix}1&2\\2&1\end{pmatrix}\begin{pmatrix}1\\0\end{pmatrix}=\begin{pmatrix}1\\2\end{pmatrix}$$

이므로 $P_2(1,2)$로 옮겨진다. 그리고 $P_2(1,2)$는 선형변환 g에 의해

$$\begin{pmatrix} x_3 \\ y_3 \end{pmatrix} = \begin{pmatrix} 1 & 1 \\ 3 & -1 \end{pmatrix} \begin{pmatrix} 1 \\ 2 \end{pmatrix} = \begin{pmatrix} 3 \\ 1 \end{pmatrix}$$

이므로 $P_3(3,1)$로 옮겨진다. 마찬가지로 $P_1(0,1)$은 선형변환 f에 의하여 $P_2(2,1)$로 옮겨지고, $P_2(2,1)$는 다시 선형변환 g에 의해 $P_3(3,5)$로 옮겨진다. 즉, $g \circ f$에 의해 다음과 같이 변환됨을 알 수 있다.

$$\begin{pmatrix} 1 \\ 0 \end{pmatrix} \xrightarrow{\ g \circ f\ } \begin{pmatrix} 3 \\ 1 \end{pmatrix}, \qquad \begin{pmatrix} 0 \\ 1 \end{pmatrix} \xrightarrow{\ g \circ f\ } \begin{pmatrix} 3 \\ 5 \end{pmatrix}$$

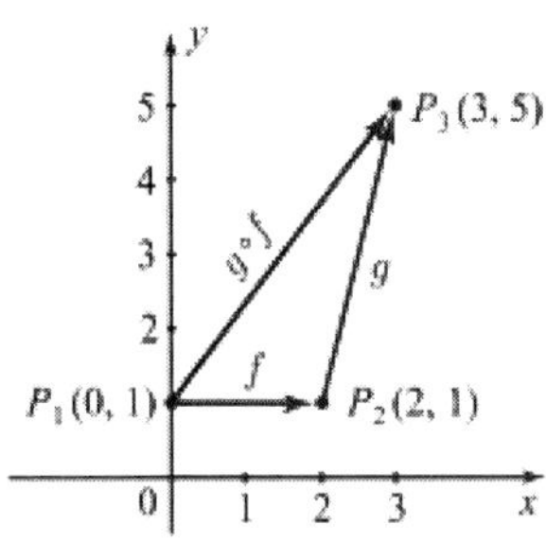

그림 7.23

이 과정은 임의의 점에 그대로 적용된다.

$$\begin{pmatrix} x_3 \\ y_3 \end{pmatrix} = \begin{pmatrix} 1 & 1 \\ 3 & -1 \end{pmatrix} \begin{pmatrix} x_2 \\ y_2 \end{pmatrix} = \begin{pmatrix} 1 & 1 \\ 3 & -1 \end{pmatrix} \begin{pmatrix} 1 & 2 \\ 2 & 1 \end{pmatrix} \begin{pmatrix} x_1 \\ y_1 \end{pmatrix} = \begin{pmatrix} 3 & 3 \\ 1 & 5 \end{pmatrix} \begin{pmatrix} x_1 \\ y_1 \end{pmatrix}$$

즉, 다음을 알 수 있다.

$$\begin{pmatrix} x_1 \\ y_1 \end{pmatrix} \xrightarrow{\ g \circ f\ } \begin{pmatrix} 3 & 3 \\ 1 & 5 \end{pmatrix} \begin{pmatrix} x_1 \\ y_1 \end{pmatrix}$$

일반적으로

$$f: \begin{pmatrix} x_2 \\ y_2 \end{pmatrix} = A \begin{pmatrix} x_1 \\ y_1 \end{pmatrix},\ g: \begin{pmatrix} x_3 \\ y_3 \end{pmatrix} = B \begin{pmatrix} x_2 \\ y_2 \end{pmatrix} \quad \Rightarrow \quad g \circ f: \begin{pmatrix} x_3 \\ y_3 \end{pmatrix} = B \begin{pmatrix} x_2 \\ y_2 \end{pmatrix} = BA \begin{pmatrix} x_1 \\ y_1 \end{pmatrix}$$

이므로, 선형변환 f와 g의 표준행렬을 각각 A와 B라 하면, **합성변환**(composite transformation) $g \circ f$는 표준행렬이 BA인 선형변환이다.

정리 7.3 합성변환의 표준행렬

선형변환 f와 g의 표준행렬을 각각 A와 B라 하면, 합성변환 $g \circ f$의 표준행렬은 BA이다.

예제 7.4.1 다음과 같은 선형변환 f와 g에 대하여 물음에 답하시오.

$$f : \begin{pmatrix} x \\ y \end{pmatrix} = \begin{pmatrix} 1 & 2 \\ 1 & 3 \end{pmatrix}\begin{pmatrix} a \\ b \end{pmatrix}, \quad g : \begin{pmatrix} x \\ y \end{pmatrix} = \begin{pmatrix} 1 & -1 \\ 0 & 1 \end{pmatrix}\begin{pmatrix} a \\ b \end{pmatrix}$$

(1) 합성변환 $g \circ f$와 $f \circ g$를 각각 구하여라.

(2) 합성변환 $g \circ f$와 $f \circ g$에 의하여 점 $(1,2)$는 어떤 점으로 옮겨지는가?

풀이 (1) 선형변환 f와 g의 표준행렬을 각각 A와 B라 하면, $A = \begin{pmatrix} 1 & 2 \\ 1 & 3 \end{pmatrix}$, $B = \begin{pmatrix} 1 & -1 \\ 0 & 1 \end{pmatrix}$ 이므로, [정리 7.3]으로부터 $g \circ f$와 $f \circ g$의 표준행렬은 각각 다음과 같다.

$$BA = \begin{pmatrix} 1 & -1 \\ 0 & 1 \end{pmatrix}\begin{pmatrix} 1 & 2 \\ 1 & 3 \end{pmatrix} = \begin{pmatrix} 0 & -1 \\ 1 & 3 \end{pmatrix}, \quad AB = \begin{pmatrix} 1 & 2 \\ 1 & 3 \end{pmatrix}\begin{pmatrix} 1 & -1 \\ 0 & 1 \end{pmatrix} = \begin{pmatrix} 1 & 1 \\ 1 & 2 \end{pmatrix}$$

따라서 합성변환 $g \circ f$와 $f \circ g$는 각각 다음과 같다.

$$g \circ f : \begin{pmatrix} x \\ y \end{pmatrix} = \begin{pmatrix} 0 & -1 \\ 1 & 3 \end{pmatrix}\begin{pmatrix} a \\ b \end{pmatrix}, \quad f \circ g : \begin{pmatrix} x \\ y \end{pmatrix} = \begin{pmatrix} 1 & 1 \\ 1 & 2 \end{pmatrix}\begin{pmatrix} a \\ b \end{pmatrix}$$

(2) $(g \circ f)(\begin{pmatrix} 1 \\ 2 \end{pmatrix}) = \begin{pmatrix} 0 & -1 \\ 1 & 3 \end{pmatrix}\begin{pmatrix} 1 \\ 2 \end{pmatrix} = \begin{pmatrix} -2 \\ 7 \end{pmatrix}$이고 $(f \circ g)(\begin{pmatrix} 1 \\ 2 \end{pmatrix}) = \begin{pmatrix} 1 & 1 \\ 1 & 2 \end{pmatrix}\begin{pmatrix} 1 \\ 2 \end{pmatrix} = \begin{pmatrix} 3 \\ 5 \end{pmatrix}$이므로, 점 $(1,2)$는 $g \circ f$와 $f \circ g$에 의해 각각 $(-2, 7)$과 $(3, 5)$로 옮겨진다. ■

예제 7.4.2 $\mathbb{R}^2$의 점 $(\sqrt{3}, 1)$을 원점을 중심으로 $\frac{\pi}{3}$ 회전하고, 다시 직선 $y = x$에 대하여 대칭이동했을 때, 대응하는 점 (a, b)를 구하여라.

풀이 원점을 중심으로 $\frac{\pi}{3}$ 회전하는 변환의 표준행렬은

$$A = \begin{pmatrix} \cos\frac{\pi}{3} & -\sin\frac{\pi}{3} \\ \sin\frac{\pi}{3} & \cos\frac{\pi}{3} \end{pmatrix} = \begin{pmatrix} \frac{1}{2} & -\frac{\sqrt{3}}{2} \\ \frac{\sqrt{3}}{2} & \frac{1}{2} \end{pmatrix}$$

이고, 직선 $y = x$에 대한 반사변환의 표준행렬은

$$B=\begin{pmatrix}0&1\\1&0\end{pmatrix}$$

이므로, 주어진 합성변환의 표준행렬은

$$BA=\begin{pmatrix}0&1\\1&0\end{pmatrix}\begin{pmatrix}\frac{1}{2}&-\frac{\sqrt{3}}{2}\\\frac{\sqrt{3}}{2}&\frac{1}{2}\end{pmatrix}=\begin{pmatrix}\frac{\sqrt{3}}{2}&\frac{1}{2}\\\frac{1}{2}&-\frac{\sqrt{3}}{2}\end{pmatrix}$$

이다. 따라서 구하는 점 (a,b)는 다음과 같이 계산된다.

$$\begin{pmatrix}a\\b\end{pmatrix}=BA\begin{pmatrix}\sqrt{3}\\1\end{pmatrix}=\begin{pmatrix}\frac{\sqrt{3}}{2}&\frac{1}{2}\\\frac{1}{2}&-\frac{\sqrt{3}}{2}\end{pmatrix}\begin{pmatrix}\sqrt{3}\\1\end{pmatrix}=\begin{pmatrix}2\\0\end{pmatrix}$$

그러므로 점 $(\sqrt{3},1)$는 원점을 중심으로 $\frac{\pi}{3}$ 회전하고, 다시 직선 $y=x$에 대하여 대칭이동했을 때 점 $(a,b)=(2,0)$으로 옮겨진다. ■

(2) 선형변환의 역변환

선형변환 f를

$$f:\begin{pmatrix}x_2\\y_2\end{pmatrix}=\begin{pmatrix}1&2\\2&1\end{pmatrix}\begin{pmatrix}x_1\\y_1\end{pmatrix}$$

라 할 때,

$$\begin{pmatrix}1&2\\2&1\end{pmatrix}\begin{pmatrix}0\\1\end{pmatrix}=\begin{pmatrix}2\\1\end{pmatrix} \tag{7.8}$$

이므로 점 $P_1(0,1)$은 점 $P_2(2,1)$로 옮겨진다. 역으로, 점 $P_2(2,1)$로부터 원래의 점, 즉 $P_2(2,1)$의 f에 의한 역상을 구해 보자. 식 (7.8)의 양변 왼쪽에 $\begin{pmatrix}1&2\\2&1\end{pmatrix}^{-1}$를 곱하면 좌변이 $\begin{pmatrix}0\\1\end{pmatrix}$이 되므로,

$$\begin{pmatrix}0\\1\end{pmatrix}=I\begin{pmatrix}0\\1\end{pmatrix}=\begin{pmatrix}1&2\\2&1\end{pmatrix}^{-1}\begin{pmatrix}1&2\\2&1\end{pmatrix}\begin{pmatrix}0\\1\end{pmatrix}=\begin{pmatrix}1&2\\2&1\end{pmatrix}^{-1}\begin{pmatrix}2\\1\end{pmatrix}$$

의 관계를 알 수 있다. 사실 $\begin{pmatrix}1&2\\2&1\end{pmatrix}^{-1}=-\frac{1}{3}\begin{pmatrix}1&-2\\-2&1\end{pmatrix}$이므로, $\begin{pmatrix}1&2\\2&1\end{pmatrix}^{-1}\begin{pmatrix}2\\1\end{pmatrix}=\begin{pmatrix}0\\1\end{pmatrix}$임을 바로 확인할 수 있다. 그러므로 점 $P_2(2,1)$의 역상 $P_1(0,1)$이 얻어진다.

다음과 같이 평면에 있는 임의의 점에 대해서 그러한 관계가 성립한다.

$$\begin{pmatrix} x_2 \\ y_2 \end{pmatrix} = \begin{pmatrix} 1 & 2 \\ 2 & 1 \end{pmatrix} \begin{pmatrix} x_1 \\ y_1 \end{pmatrix} \quad \Leftrightarrow \quad \begin{pmatrix} 1 & 2 \\ 2 & 1 \end{pmatrix}^{-1} \begin{pmatrix} x_2 \\ y_2 \end{pmatrix} = \begin{pmatrix} x_1 \\ y_1 \end{pmatrix}$$

일반적으로 선형변환 f의 표준행렬이 가역행렬 A일 때,

$$\begin{pmatrix} x_2 \\ y_2 \end{pmatrix} = A \begin{pmatrix} x_1 \\ y_1 \end{pmatrix} \quad \Leftrightarrow \quad A^{-1} \begin{pmatrix} x_2 \\ y_2 \end{pmatrix} = \begin{pmatrix} x_1 \\ y_1 \end{pmatrix}$$

이므로 선형변환 f의 **역변환**(inverse transformation) f^{-1}이 존재하고 그 표준행렬은 A^{-1}임을 알 수 있다.

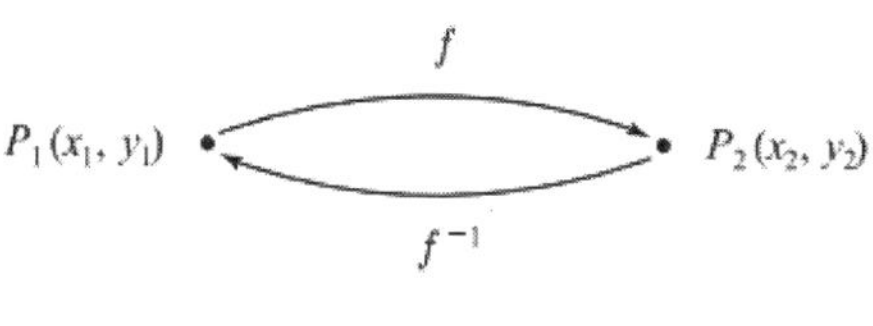

그림 7.24

정리 7.4 선형변환의 역변환

선형변환 f의 표준행렬이 A일 때, A^{-1}가 존재하면 역변환 f^{-1}은 표준행렬이 A^{-1}인 선형변환이다.

참고로, 역행렬이 존재하지 않는 행렬을 표준행렬로 갖는 선형변환 f는 역함수가 존재하지 않는다. 예를 들어 $f : \mathbb{R}^2 \to \mathbb{R}^2$가 x축으로의 직교사영변환이라면, f의 표준행렬은 $A = \begin{pmatrix} 1 & 0 \\ 0 & 0 \end{pmatrix}$이고 A는 역행렬이 존재하지 않는다. 이 경우에는 임의의 점 (a, b)에 대하여 f에 의한 역상을 하나로 특정할 수 없으므로 f의 역함수가 존재하지 않는다. 예를 들어, 모든 실수 y에 대해서 $f(\begin{pmatrix} 5 \\ y \end{pmatrix}) = \begin{pmatrix} 5 \\ 0 \end{pmatrix}$이므로 점 $(5, 0)$의 역상이 무수히 많이 존재한다.

예제 7.4.3 다음 각 선형변환 f의 역변환이 존재하면 이를 구하고, 이 역변환을 이용하여 f에 의한 점 $(2, 1)$의 역상을 구하여라.

(1) $\begin{pmatrix} x_2 \\ y_2 \end{pmatrix} = \begin{pmatrix} 1 & 2 \\ 1 & 3 \end{pmatrix} \begin{pmatrix} x_1 \\ y_1 \end{pmatrix}$

(2) $\begin{pmatrix} x_2 \\ y_2 \end{pmatrix} = \begin{pmatrix} 1 & 2 \\ 4 & 8 \end{pmatrix} \begin{pmatrix} x_1 \\ y_1 \end{pmatrix}$

풀이 (1) $A=\begin{pmatrix}1&2\\1&3\end{pmatrix}$라 두면 $\det A=1\neq 0$이므로 A^{-1}가 존재한다. 즉 $A^{-1}=\begin{pmatrix}3&-2\\-1&1\end{pmatrix}$ 이다. 따라서

$$A^{-1}\begin{pmatrix}2\\1\end{pmatrix}=\begin{pmatrix}3&-2\\-1&1\end{pmatrix}\begin{pmatrix}2\\1\end{pmatrix}=\begin{pmatrix}4\\-1\end{pmatrix}$$

이므로 점 $(2,1)$의 역상은 $(4,-1)$이다.

(2) $A=\begin{pmatrix}1&2\\4&8\end{pmatrix}$라 두면 $\det A=0$이므로 A^{-1}가 존재하지 않는다. 그러므로 역변환은 존재하지 않는다. ■

연습문제 7.4

01. 다음 중 참인 명제를 모두 고르시오.

(1) 임의의 선형변환은 역변환이 존재한다.

(2) 선형변환의 역변환은 선형변환이다.

(3) 두 선형변환의 합성변환은 선형변환이다.

(4) 원점을 중심으로 $\frac{\pi}{6}$ 만큼 회전하는 변환의 역변환은 원점을 중심으로 $-\frac{\pi}{6}$ 만큼 회전하는 변환이다.

(5) 직교사영변환의 역변환은 직교사영변환이다.

(6) 반사변환의 역변환은 반사변환이다.

02. $\mathbb{R}^n$에서 정의된 선형변환 f와 g의 표준행렬이 각각 A와 B일 때 다음 합성변환의 표준행렬을 각각 구하시오.

(1) $f \circ g$ (2) $g \circ f$

03. 선형변환 f와 g의 표준행렬이 각각 $A=\begin{pmatrix}1&3\\1&4\end{pmatrix}$, $B=\begin{pmatrix}2&-1\\3&1\end{pmatrix}$일 때 다음 물음에 답하시오.

(1) 합성변환 $f \circ g$와 $g \circ f$의 표준행렬을 각각 구하시오.

(2) 합성변환 $f \circ g$와 $g \circ f$에 의하여 점 (1,1)은 어떤 점으로 각각 옮겨지는가?

04. 평면의 점 $P(3,1)$을 원점을 중심으로 $\frac{\pi}{2}$ 만큼 회전시키고 나서 직선 $y=x$에 관하여 대칭이동 했을 때, 대응되는 점 P'을 구하여라.

05. 다음 각 선형변환 f의 역변환이 존재하면 이를 구하고, 이 역변환을 이용하여 f에 의하여 어떤 점이 점 $P(1,2)$로 옮겨지는지 구하여라.

(1) $\begin{pmatrix}x'\\y'\end{pmatrix}=\begin{pmatrix}2&1\\5&3\end{pmatrix}\begin{pmatrix}x\\y\end{pmatrix}$ (2) $\begin{pmatrix}x'\\y'\end{pmatrix}=\begin{pmatrix}1&2\\2&4\end{pmatrix}\begin{pmatrix}x\\y\end{pmatrix}$

CHAPTER

8

행렬의 고유치와 대각화

8.1 고유치와 고유벡터

이 절에서는 선형변환의 중요한 개념인 고유치와 고유벡터를 정의하고, 2차 및 3차 행렬에 대하여 고유치와 고유벡터를 직접 구해보고 그 의미를 학습한다. 또 이와 관련된 특성방정식과 고유공간에 대해서도 알아본다.

정의 8.1 고유치, 고유벡터의 정의

n차 정방행렬 A와 스칼라 λ에 대하여

$$Av = \lambda v$$

를 만족하는 영벡터가 아닌 벡터 $v \in \mathbb{R}^n$가 존재할 때, λ를 A의 **고유치**(eigenvalue), v를 고유치 λ에 대응하는 A의 **고유벡터**(eigenvector)라 한다.

벡터 v가 고유치 λ에 대응하는 A의 고유벡터라는 것은, 기하학적으로 말해서, Av는 v와 같은 선상에 있다는 것이다. 다만 λ가 양수이면 v와 같은 방향, λ가 음수이면 v의 반대 방향을 향하게 된다([그림 8.1] 참조).

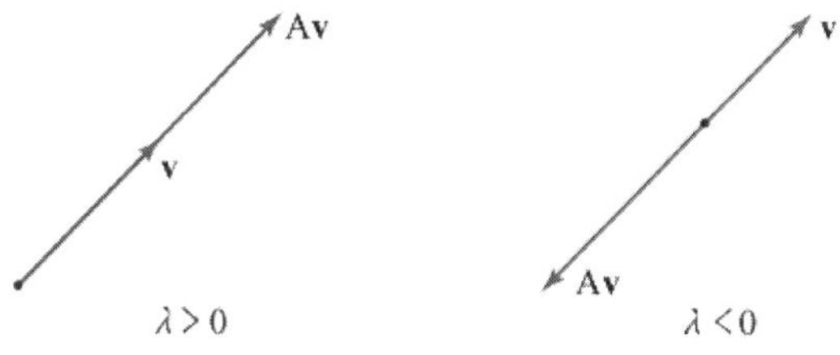

그림 8.1

예제 8.1.1 행렬 $A = \begin{pmatrix} -4 & -6 \\ 3 & 5 \end{pmatrix}$와 벡터 $v = \begin{pmatrix} -2 \\ 1 \end{pmatrix}$에 대해서

$$Av = \begin{pmatrix} -4 & -6 \\ 3 & 5 \end{pmatrix}\begin{pmatrix} -2 \\ 1 \end{pmatrix} = \begin{pmatrix} 2 \\ -1 \end{pmatrix} = (-1)\begin{pmatrix} -2 \\ 1 \end{pmatrix}$$

이므로, -1은 A의 고유치이고 v는 -1에 대응하는 A의 고유벡터이다. 한편, $w = \begin{pmatrix} -1 \\ 1 \end{pmatrix}$에 대해서

$$Aw = \begin{pmatrix} -4 & -6 \\ 3 & 5 \end{pmatrix}\begin{pmatrix} -1 \\ 1 \end{pmatrix} = \begin{pmatrix} -2 \\ 2 \end{pmatrix} = (2)\begin{pmatrix} -1 \\ 1 \end{pmatrix}$$

이므로, 2도 또한 A의 고유치이고 w는 2에 대응하는 A의 고유벡터이다([그림 8.2] 참조). ■

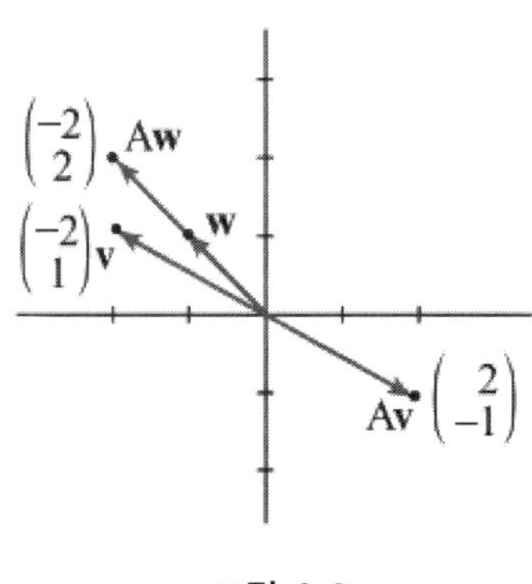

그림 8.2

예제 8.1.2 벡터 $u = \begin{pmatrix} 1 \\ -2 \end{pmatrix}$, $v = \begin{pmatrix} 2 \\ 1 \end{pmatrix}$과 행렬 $A = \begin{pmatrix} 2 & 2 \\ 2 & -1 \end{pmatrix}$에 대해서 다음에 답하여라.

(1) 벡터 u, v는 행렬 A의 고유벡터임을 보여라.

(2) 벡터 u, v에 대응되는 행렬 A의 고유치를 구하여라.

(3) 네 벡터 u, v, Au, Av를 좌표평면에 나타내어라.

풀이 Au와 Av를 계산하면 다음과 같다.

$$Au = \begin{pmatrix} 2 & 2 \\ 2 & -1 \end{pmatrix}\begin{pmatrix} 1 \\ -2 \end{pmatrix} = \begin{pmatrix} -2 \\ 4 \end{pmatrix} = (-2)\begin{pmatrix} -1 \\ 2 \end{pmatrix} = -2u$$

$$Av = \begin{pmatrix} 2 & 2 \\ 2 & -1 \end{pmatrix}\begin{pmatrix} 2 \\ 1 \end{pmatrix} = \begin{pmatrix} 6 \\ 3 \end{pmatrix} = 3\begin{pmatrix} 2 \\ 1 \end{pmatrix} = 3v$$

따라서

(1) $u = \begin{pmatrix} 1 \\ -2 \end{pmatrix}$와 $v = \begin{pmatrix} 2 \\ 1 \end{pmatrix}$는 A의 고유벡터이다.

(2) 벡터 u와 v에 대응되는 행렬 A의 고유치는 각각 -2와 3이다.

(3) 벡터 u, v, Au, Av를 좌표평면에 나타내면 [그림 8.3]과 같다.

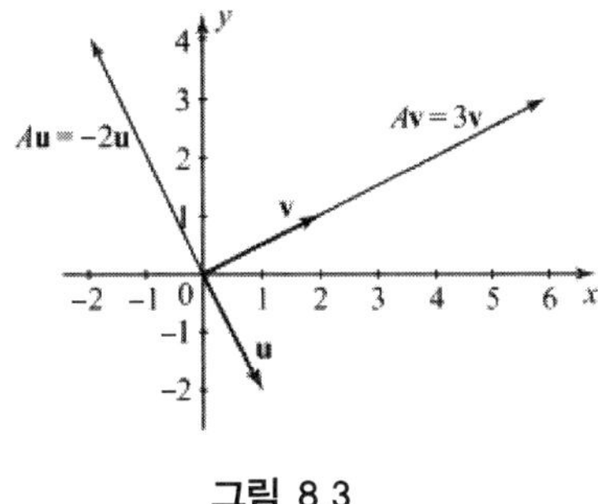

그림 8.3 ■

예제 8.1.3 $\mathbb{R}^2$에서 원점을 중심으로 θ만큼 회전하는 선형변환은 다음을 표준행렬로 가짐을 앞 장에서 보았다.

$$A = \begin{pmatrix} \cos\theta & -\sin\theta \\ \sin\theta & \cos\theta \end{pmatrix}$$

특히, $\theta = \dfrac{\pi}{2}$일 때, 이 행렬은 $A = \begin{pmatrix} 0 & -1 \\ 1 & 0 \end{pmatrix}$이다. 이 경우에는, 임의의 벡터 $v \in \mathbb{R}^2$에 대하여 Av는 v와 동일 직선 상에 놓일 수 없다. 따라서 A는 고유치와 고유벡터를 가질 수 없다. 한편 $\theta = \pi$일 때는 $A = \begin{pmatrix} -1 & 0 \\ 0 & -1 \end{pmatrix} = -I$이므로 영벡터가 아닌 모든 벡터는 행렬 A의 고유벡터이고 대응하는 고유치는 -1임을 알 수 있다. ■

이제 고유치와 고유벡터를 구하는 일반적인 방법을 알아보자. λ가 행렬 A의 고유치라면 $Av = \lambda v$이 되는 고유벡터 v가 존재한다. 먼저 A가 단위행렬일 경우에는

$$Av = Iv = v = 1v$$

이므로, 영벡터가 아닌 모든 벡터는 단위행렬 I의 고유벡터이고 대응하는 고유치는 1임을 알 수 있다.

A가 단위행렬이 아닌 경우에는 $Av = \lambda v$을 만족하는 스칼라 λ와 벡터 $v(\neq 0)$를 다음과 같이 구할 수 있다. $Av = \lambda v = \lambda Iv$로부터

$$(\lambda I - A)v = 0$$

이고, 이것은 동차연립방정식 $(\lambda I - A)\boldsymbol{X} = 0$이 비자명해 v를 갖는다는 것을 의미한다. 그러므로 [정리 2.4]에 의하여 $\lambda I - A$은 가역행렬이고, [정리 3.12]에 의하여

$$\det(\lambda I - A) = 0$$

임을 알 수 있다. 이 식을 A의 **특성방정식**(characteristic equation)이라 하고 $\det(\lambda I - A)$을 A의 **특성다항식**(characteristic polynomial)이라 한다. 따라서 특성방정식의 근을 구함으로써 A의 고유치를 모두 구할 수 있다.

정리 8.1

n차 정방행렬 A와 스칼라 λ에 대하여 λ가 A의 고유치이기 위한 필요충분조건은 다음과 같다.

$$\det(\lambda I - A) = 0$$

예제 8.1.4 다음 행렬 A의 고유치를 구하여라.

(1) $A = \begin{pmatrix} 3 & 2 \\ -1 & 0 \end{pmatrix}$ (2) $A = \begin{pmatrix} 2 & 1 \\ 6 & 1 \end{pmatrix}$

풀이 (1) $\det(\lambda I - A) = \det(\lambda\begin{pmatrix} 1 & 0 \\ 0 & 1 \end{pmatrix} - \begin{pmatrix} 3 & 2 \\ -1 & 0 \end{pmatrix}) = \det\begin{pmatrix} \lambda-3 & -2 \\ 1 & \lambda \end{pmatrix}$와

$$\det\begin{pmatrix} \lambda-3 & -2 \\ 1 & \lambda \end{pmatrix} = \lambda(\lambda-3)+2 = \lambda^2-3\lambda+2 = (\lambda-1)(\lambda-2)$$

로부터 A의 특성방정식은 다음과 같다.

$$(\lambda-1)(\lambda-2) = 0$$

그러므로 A의 고유치는 1과 2이다.

(2) $\det(\lambda I - A) = \det(\lambda\begin{pmatrix} 1 & 0 \\ 0 & 1 \end{pmatrix} - \begin{pmatrix} 2 & 1 \\ 6 & 1 \end{pmatrix}) = \det\begin{pmatrix} \lambda-2 & -1 \\ -6 & \lambda-1 \end{pmatrix} = (\lambda-4)(\lambda+1) = 0$

이므로 A의 고유치는 -1과 4이다. ■

예제 8.1.5 행렬 $A = \begin{pmatrix} 1 & 1 & 2 \\ 1 & 1 & -1 \\ 3 & -3 & 0 \end{pmatrix}$의 고유치를 구하여라.

풀이 특성방정식 $\det(\lambda I - A) = \det(\lambda I - \begin{pmatrix} 1 & 1 & 2 \\ 1 & 1 & -1 \\ 3 & -3 & 0 \end{pmatrix}) = \det\begin{pmatrix} \lambda-1 & -1 & -2 \\ -1 & \lambda-1 & 1 \\ -3 & 3 & \lambda \end{pmatrix} = 0$을 정리하면

$$\lambda^3 - 2\lambda^2 - 9\lambda + 18 = 0$$

이고, 이 식을 인수분해하면

$$(\lambda-3)(\lambda-2)(\lambda+3) = 0$$

이므로 A의 고유치는 $-3, 2, 3$이다. ■

고유치와 고유벡터에 대한 내용을 정리하면 다음과 같다.

정리 8.2

n차 정방행렬 A에 대하여 다음 네 명제는 동치이다.

(1) λ는 A의 고유치이다.

(2) 방정식 $(\lambda I - A)v = 0$은 비자명해를 갖는다.

(3) $\mathbb{R}^n$에 영벡터가 아닌 벡터 v가 존재하여 $Av = \lambda v$를 만족한다.

(4) λ는 특성방정식 $\det(\lambda I - A) = 0$의 실수해이다.

지금까지 고유치의 기하학적 의미와 고유치를 구하는 방법에 대해 알아보았다. 다음은 고유벡터를 구하는 문제에 대해서 생각해보자. 고유치 λ에 대응하는 행렬 A의 고유벡터는 $Av = \lambda v$를 만족하는 영벡터가 아닌 벡터이다. 다시 말해서 λ에 대응하는 고유벡터는 $(\lambda I - A)v = 0$의 해공간에 있는 영벡터가 아닌 벡터이다. 이 해공간을 λ에 대응하는 A의 **고유공간**(eigenspace)이라 한다

예제 8.1.6 다음 행렬 A의 고유치 각각에 대응하는 고유벡터와 고유공간을 구하고 그 고유공간의 기저를 구하여라.

(1) $A = \begin{pmatrix} 3 & 2 \\ -1 & 0 \end{pmatrix}$ (2) $A = \begin{pmatrix} 2 & 1 \\ 6 & 1 \end{pmatrix}$ (3) $A = \begin{pmatrix} 2 & 1 \\ 1 & 2 \end{pmatrix}$

풀이 (1) [예제 8.1.4 (1)]의 결과로부터 행렬 A의 고유치 λ는 1과 2이다.

$(\lambda I - A)v = 0$을 만족하는 벡터 $v = \begin{pmatrix} x \\ y \end{pmatrix} \neq \begin{pmatrix} 0 \\ 0 \end{pmatrix}$은

$$\begin{pmatrix} \lambda - 3 & -2 \\ 1 & \lambda \end{pmatrix}\begin{pmatrix} x \\ y \end{pmatrix} = \begin{pmatrix} 0 \\ 0 \end{pmatrix} \tag{8.1}$$

의 해이므로, $\lambda = 1$일 때와 $\lambda = 2$일 때로 나누어 구해 보자.

(i) $\lambda = 1$일 때 식 (8.1)은

$$\begin{pmatrix} -2 & -2 \\ 1 & 1 \end{pmatrix}\begin{pmatrix} x \\ y \end{pmatrix} = \begin{pmatrix} 0 \\ 0 \end{pmatrix}$$

이므로, $\lambda=1$에 대응하는 고유공간은 $x+y=0$을 만족하는 모든 벡터 $\begin{pmatrix} x \\ y \end{pmatrix}$이다. 즉, $\lambda=1$에 대응하는 A의 고유공간은

$$\left\{\begin{pmatrix} x \\ y \end{pmatrix} \mid y=-x, x\in\mathbb{R}\right\}=\left\{\begin{pmatrix} x \\ -x \end{pmatrix} \mid x\in\mathbb{R}\right\}=\left\{x\begin{pmatrix} 1 \\ -1 \end{pmatrix} \mid x\in\mathbb{R}\right\}$$

이다. 따라서 $\lambda=1$에 대응하는 고유벡터 $v=\begin{pmatrix} x \\ y \end{pmatrix}$는

$$v=\begin{pmatrix} x \\ -x \end{pmatrix}=x\begin{pmatrix} 1 \\ -1 \end{pmatrix},\ \ x\neq 0$$

이고, 고유공간의 기저는 $\left\{\begin{pmatrix} 1 \\ -1 \end{pmatrix}\right\}$이다.

(ii) $\lambda=2$일 때 식 (8.1)은

$$\begin{pmatrix} -1 & -2 \\ 1 & 2 \end{pmatrix}\begin{pmatrix} x \\ y \end{pmatrix}=\begin{pmatrix} 0 \\ 0 \end{pmatrix}$$

이므로, $\lambda=2$에 대응하는 고유공간은 $x+2y=0$을 만족하는 모든 벡터 $\begin{pmatrix} x \\ y \end{pmatrix}$이다. 즉, $\lambda=2$에 대응하는 A의 고유공간은

$$\left\{\begin{pmatrix} x \\ y \end{pmatrix} \mid x=-2y, y\in\mathbb{R}\right\}=\left\{\begin{pmatrix} -2y \\ y \end{pmatrix} \mid y\in\mathbb{R}\right\}=\left\{y\begin{pmatrix} -2 \\ 1 \end{pmatrix} \mid y\in\mathbb{R}\right\}$$

이다. 따라서 $\lambda=2$에 대응하는 고유벡터 $v=\begin{pmatrix} x \\ y \end{pmatrix}$는

$$v=\begin{pmatrix} -2y \\ y \end{pmatrix}=y\begin{pmatrix} -2 \\ 1 \end{pmatrix},\ \ y\neq 0$$

이고, 고유공간의 기저는 $\left\{\begin{pmatrix} -2 \\ 1 \end{pmatrix}\right\}$이다.

(2) [예제 8.1.4 (2)]의 결과로부터 행렬 A의 고유치 λ는 −1과 4이다. $(\lambda I-A)v=0$을 만족하는 벡터 $v=\begin{pmatrix} x \\ y \end{pmatrix}\neq\begin{pmatrix} 0 \\ 0 \end{pmatrix}$은

$$\begin{pmatrix} \lambda-2 & -1 \\ -6 & \lambda-1 \end{pmatrix}\begin{pmatrix} x \\ y \end{pmatrix}=\begin{pmatrix} 0 \\ 0 \end{pmatrix} \tag{8.2}$$

의 해이므로, $\lambda=-1$일 때와 $\lambda=4$일 때로 나누어 구해 보자.

(i) $\lambda=-1$일 때 식 (8.2)는

$$\begin{pmatrix} -3 & -1 \\ -6 & -2 \end{pmatrix}\begin{pmatrix} x \\ y \end{pmatrix}=\begin{pmatrix} 0 \\ 0 \end{pmatrix}$$

이므로, $\lambda=-1$에 대응하는 고유공간은 $3x+y=0$을 만족하는 모든 벡터 $\begin{pmatrix} x \\ y \end{pmatrix}$이다. 즉, $\lambda=-1$에 대응하는 A의 고유공간은

$$\left\{\begin{pmatrix} x \\ y \end{pmatrix} \mid y=-3x, x\in\mathbb{R}\right\}=\left\{\begin{pmatrix} x \\ -3x \end{pmatrix} \mid x\in\mathbb{R}\right\}=\left\{x\begin{pmatrix} 1 \\ -3 \end{pmatrix} \mid x\in\mathbb{R}\right\}$$

이다. 따라서 $\lambda=-1$에 대응하는 고유벡터 $v=\begin{pmatrix} x \\ y \end{pmatrix}$는

$$v=\begin{pmatrix} x \\ -3x \end{pmatrix}=x\begin{pmatrix} 1 \\ -3 \end{pmatrix},\ x\neq 0$$

이고, 고유공간의 기저는 $\left\{\begin{pmatrix} 1 \\ -3 \end{pmatrix}\right\}$이다.

(ii) $\lambda=4$일 때 식 (8.2)는

$$\begin{pmatrix} 2 & -1 \\ -6 & 3 \end{pmatrix}\begin{pmatrix} x \\ y \end{pmatrix}=\begin{pmatrix} 0 \\ 0 \end{pmatrix}$$

이므로, $\lambda=4$에 대응하는 고유공간은 $2x-y=0$을 만족하는 모든 벡터 $\begin{pmatrix} x \\ y \end{pmatrix}$이다. 즉, $\lambda=4$에 대응하는 A의 고유공간은

$$\left\{\begin{pmatrix} x \\ y \end{pmatrix} \mid y=2x, x\in\mathbb{R}\right\}=\left\{\begin{pmatrix} x \\ 2x \end{pmatrix} \mid x\in\mathbb{R}\right\}=\left\{x\begin{pmatrix} 1 \\ 2 \end{pmatrix} \mid x\in\mathbb{R}\right\}$$

이다. 따라서 $\lambda=4$에 대응하는 고유벡터 $v=\begin{pmatrix} x \\ y \end{pmatrix}$는

$$v=\begin{pmatrix} x \\ 2x \end{pmatrix}=x\begin{pmatrix} 1 \\ 2 \end{pmatrix},\ x\neq 0$$

이고, 고유공간의 기저는 $\left\{\begin{pmatrix} 1 \\ 2 \end{pmatrix}\right\}$이다.

(3) $\det(\lambda I-A)=\det(\lambda\begin{pmatrix} 1 & 0 \\ 0 & 1 \end{pmatrix}-\begin{pmatrix} 2 & 1 \\ 1 & 2 \end{pmatrix})=\det\begin{pmatrix} \lambda-2 & -1 \\ -1 & \lambda-2 \end{pmatrix}=(\lambda-1)(\lambda-3)=0$ 이므로 A의 고유치는 1과 3이다.

(i) $\lambda=1$일 때

$$\begin{pmatrix} -1 & -1 \\ -1 & -1 \end{pmatrix}\begin{pmatrix} x \\ y \end{pmatrix}=\begin{pmatrix} 0 \\ 0 \end{pmatrix}$$

이므로, $\lambda=1$에 대응하는 고유공간은 $x+y=0$을 만족하는 모든 벡터 $\begin{pmatrix} x \\ y \end{pmatrix}$이다. 즉, $\lambda=1$에 대응하는 A의 고유공간은

$$\left\{\begin{pmatrix} x \\ y \end{pmatrix} \mid y=-x, x\in\mathbb{R}\right\}=\left\{\begin{pmatrix} x \\ -x \end{pmatrix} \mid x\in\mathbb{R}\right\}=\left\{x\begin{pmatrix} 1 \\ -1 \end{pmatrix} \mid x\in\mathbb{R}\right\}$$

이다. 따라서 $\lambda=1$에 대응하는 고유벡터 $v=\begin{pmatrix}x\\y\end{pmatrix}$는

$$v=\begin{pmatrix}x\\-x\end{pmatrix}=x\begin{pmatrix}1\\-1\end{pmatrix},\ x\neq 0$$

이고, 고유공간의 기저는 $\left\{\begin{pmatrix}1\\-1\end{pmatrix}\right\}$이다.

(ii) $\lambda=3$일 때

$$\begin{pmatrix}1 & -1\\-1 & 1\end{pmatrix}\begin{pmatrix}x\\y\end{pmatrix}=\begin{pmatrix}0\\0\end{pmatrix}$$

이므로, $\lambda=3$에 대응하는 고유공간은 $x-y=0$을 만족하는 모든 벡터 $\begin{pmatrix}x\\y\end{pmatrix}$이다. 즉, $\lambda=3$에 대응하는 A의 고유공간은

$$\left\{\begin{pmatrix}x\\y\end{pmatrix}\middle|\, y=x,\, x\in\mathbb{R}\right\}=\left\{\begin{pmatrix}x\\x\end{pmatrix}\middle|\, x\in\mathbb{R}\right\}=\left\{x\begin{pmatrix}1\\1\end{pmatrix}\middle|\, x\in\mathbb{R}\right\}$$

이다. 따라서 $\lambda=3$에 대응하는 고유벡터 $v=\begin{pmatrix}x\\y\end{pmatrix}$는

$$v=\begin{pmatrix}x\\x\end{pmatrix}=x\begin{pmatrix}1\\1\end{pmatrix},\ x\neq 0$$

이고, 고유공간의 기저는 $\left\{\begin{pmatrix}1\\1\end{pmatrix}\right\}$이다. ■

예제 8.1.7 행렬 $A=\begin{pmatrix}1 & -1 & 4\\3 & 2 & -1\\2 & 1 & -1\end{pmatrix}$의 고유치, 고유벡터, 그리고 고유공간의 기저를 구하여라.

풀이 먼저 $\lambda I-A=\begin{pmatrix}\lambda-1 & 1 & -4\\-3 & \lambda-2 & 1\\-2 & -1 & \lambda+1\end{pmatrix}$이므로 행렬 A의 특성방정식은

$$|\lambda I-A|=(\lambda-3)(\lambda-1)(\lambda+2)$$

이다. 그러므로 A의 고유치는 $1,-2,3$이다. $\mathbb{R}^3$의 열벡터

$$v=\begin{pmatrix}v_1\\v_2\\v_3\end{pmatrix}\neq\begin{pmatrix}0\\0\\0\end{pmatrix}=0$$

이 고유치 λ에 대응하는 A의 고유벡터라는 것은 벡터 v가 $(\lambda I-A)v=0$을 만족시킨다는 것이다. 즉, A의 고유벡터 v는 동차연립방정식

$$\begin{pmatrix} \lambda-1 & 1 & -4 \\ -3 & \lambda-2 & 1 \\ -2 & -1 & \lambda+1 \end{pmatrix}\begin{pmatrix} x_1 \\ x_2 \\ x_3 \end{pmatrix}=\begin{pmatrix} 0 \\ 0 \\ 0 \end{pmatrix} \tag{8.3}$$

의 비자명해이다. 각 고유치에 대응하는 고유벡터와 고유공간의 기저를 구해 보자.

(i) $\lambda=1$일 때 식 (8.3)은

$$\begin{pmatrix} 0 & 1 & -4 \\ -3 & -1 & 1 \\ -2 & -1 & 2 \end{pmatrix}\begin{pmatrix} x_1 \\ x_2 \\ x_3 \end{pmatrix}=\begin{pmatrix} 0 \\ 0 \\ 0 \end{pmatrix}$$

이므로, $\lambda=1$에 대응하는 고유공간은

$$\begin{cases} \phantom{-3x_1-{}} x_2-4x_3=0 \\ -3x_1-x_2+\ \ x_3=0 \\ -2x_1-x_2+2x_3=0 \end{cases}$$

을 만족하는 모든 벡터 $\begin{pmatrix} x_1 \\ x_2 \\ x_3 \end{pmatrix}$이다. 이 연립방정식을 풀기 위하여 확대계수행렬에 기본행연산을 시행하면 다음과 같다.

$$\begin{pmatrix} 0 & 1 & -4 & : & 0 \\ -3 & -1 & 1 & : & 0 \\ -2 & -1 & 2 & : & 0 \end{pmatrix} \xrightarrow{R_1 \leftrightarrow R_3} \begin{pmatrix} -2 & -1 & 2 & : & 0 \\ -3 & -1 & 1 & : & 0 \\ 0 & 1 & -4 & : & 0 \end{pmatrix}$$

$$\xrightarrow{(-\frac{1}{2})R_1} \begin{pmatrix} 1 & \frac{1}{2} & -1 & : & 0 \\ -3 & -1 & 1 & : & 0 \\ 0 & 1 & -4 & : & 0 \end{pmatrix} \xrightarrow{3R_1+R_2} \begin{pmatrix} 1 & \frac{1}{2} & -1 & : & 0 \\ 0 & \frac{1}{2} & -2 & : & 0 \\ 0 & 1 & -4 & : & 0 \end{pmatrix}$$

$$\xrightarrow{2R_2} \begin{pmatrix} 1 & \frac{1}{2} & -1 & : & 0 \\ 0 & 1 & -4 & : & 0 \\ 0 & 1 & -4 & : & 0 \end{pmatrix} \xrightarrow[(-\frac{1}{2})R_2+R_1]{(-1)R_2+R_3} \begin{pmatrix} 1 & 0 & 1 & : & 0 \\ 0 & 1 & -4 & : & 0 \\ 0 & 0 & 0 & : & 0 \end{pmatrix}$$

마지막 행렬에 대응되는 연립1차방정식은

$$\begin{cases} x_1+\qquad x_3=0 \\ \qquad x_2-4x_3=0 \end{cases}$$

이므로, $\lambda=1$에 대응하는 A의 고유공간은

$$\left\{\begin{pmatrix}x_1\\x_2\\x_3\end{pmatrix}\middle| x_1=-x_3,\ x_2=4x_3,\ x_3\in\mathbb{R}\right\}=\left\{\begin{pmatrix}-t\\4t\\t\end{pmatrix}\middle| t\in\mathbb{R}\right\}$$

이다. 따라서 $\lambda=1$에 대응하는 고유벡터는

$$v=\begin{pmatrix}v_1\\v_2\\v_3\end{pmatrix}=t\begin{pmatrix}-1\\4\\1\end{pmatrix},\ t\neq 0$$

이고, 고유공간의 기저는 $\left\{\begin{pmatrix}-1\\4\\1\end{pmatrix}\right\}$이다.

(ii) $\lambda=-2$일 때 식 (8.3)은

$$\begin{pmatrix}-3&1&-4\\-3&-4&1\\-2&-1&-1\end{pmatrix}\begin{pmatrix}x_1\\x_2\\x_3\end{pmatrix}=\begin{pmatrix}0\\0\\0\end{pmatrix}$$

이므로, $\lambda=-2$에 대응하는 고유공간은

$$\begin{cases}-3x_1+\ \ x_2-4x_3=0\\-3x_1-4x_2+\ \ x_3=0\\-2x_1-\ \ x_2-\ \ x_3=0\end{cases}$$

을 만족하는 모든 벡터 $\begin{pmatrix}x_1\\x_2\\x_3\end{pmatrix}$이다. 이 연립방정식을 풀기 위하여 확대계수행렬에 기본행연산을 시행하면 다음과 같다.

$$\begin{pmatrix}-3&1&-4&:&0\\-3&-4&1&:&0\\-2&-1&-1&:&0\end{pmatrix}\xrightarrow[i=1,2,3]{(-1)R_i}\begin{pmatrix}3&-1&4&:&0\\3&4&-1&:&0\\2&1&1&:&0\end{pmatrix}\xrightarrow[R_1+R_3]{4R_1+R_2}\begin{pmatrix}3&-1&4&:&0\\15&0&15&:&0\\5&0&5&:&0\end{pmatrix}$$

$$\xrightarrow{\frac{1}{15}R_2}\begin{pmatrix}3&-1&4&:&0\\1&0&1&:&0\\5&0&5&:&0\end{pmatrix}\xrightarrow[(-5)R_2+R_3]{(-3)R_2+R_1}\begin{pmatrix}0&-1&1&:&0\\1&0&1&:&0\\0&0&0&:&0\end{pmatrix}$$

마지막 행렬에 대응되는 연립1차방정식은

$$\begin{cases}\quad\ \ -x_2+x_3=0\\x_1\qquad\ \ +x_3=0\end{cases}$$

이므로, $\lambda=-2$에 대응하는 A의 고유공간은

$$\left\{\begin{pmatrix}x_1\\x_2\\x_3\end{pmatrix} \middle| x_1 = -x_3,\ x_2 = x_3,\ x_3 \in \mathbb{R}\right\} = \left\{\begin{pmatrix}-t\\t\\t\end{pmatrix} \middle| t \in \mathbb{R}\right\}$$

이다. 따라서 $\lambda = 1$에 대응하는 고유벡터는

$$\boldsymbol{v} = \begin{pmatrix}v_1\\v_2\\v_3\end{pmatrix} = t\begin{pmatrix}-1\\1\\1\end{pmatrix},\ t \neq 0$$

이고, 고유공간의 기저는 $\left\{\begin{pmatrix}-1\\1\\1\end{pmatrix}\right\}$이다.

(iii) $\lambda = 3$일 때 식 (8.3)은

$$\begin{pmatrix}2 & 1 & -4\\-3 & 1 & 1\\-2 & -1 & 4\end{pmatrix}\begin{pmatrix}x_1\\x_2\\x_3\end{pmatrix} = \begin{pmatrix}0\\0\\0\end{pmatrix}$$

이고,

$$\begin{pmatrix}2 & 1 & -4 & : & 0\\-3 & 1 & 1 & : & 0\\-2 & -1 & 4 & : & 0\end{pmatrix} \xrightarrow{R_1 + R_3} \begin{pmatrix}2 & 1 & -4 & : & 0\\-3 & 1 & 1 & : & 0\\0 & 0 & 0 & : & 0\end{pmatrix} \xrightarrow{(-1)R_1 + R_2} \begin{pmatrix}2 & 1 & -4 & : & 0\\-5 & 0 & 5 & : & 0\\0 & 0 & 0 & : & 0\end{pmatrix}$$

$$\xrightarrow{(-\frac{1}{5})R_2} \begin{pmatrix}2 & 1 & -4 & : & 0\\1 & 0 & -1 & : & 0\\0 & 0 & 0 & : & 0\end{pmatrix} \xrightarrow{(-2)R_2 + R_1} \begin{pmatrix}0 & 1 & -2 & : & 0\\1 & 0 & -1 & : & 0\\0 & 0 & 0 & : & 0\end{pmatrix}$$

이므로, $\lambda = 3$에 대응하는 고유공간은

$$\begin{cases}x_2 - 2x_3 = 0\\x_1 - x_3 = 0\end{cases}$$

을 만족하는 모든 벡터 $\begin{pmatrix}x_1\\x_2\\x_3\end{pmatrix}$이다. 즉,

$$\left\{\begin{pmatrix}x_1\\x_2\\x_3\end{pmatrix} \middle| x_1 = x_3,\ x_2 = 2x_3,\ x_3 \in \mathbb{R}\right\} = \left\{\begin{pmatrix}t\\2t\\t\end{pmatrix} \middle| t \in \mathbb{R}\right\}$$

이다. 따라서 $\lambda = 1$에 대응하는 고유벡터는

$$\boldsymbol{v} = \begin{pmatrix}v_1\\v_2\\v_3\end{pmatrix} = t\begin{pmatrix}1\\2\\1\end{pmatrix},\ t \neq 0$$

이고, 고유공간의 기저는 $\left\{\begin{pmatrix}1\\2\\1\end{pmatrix}\right\}$이다.

■

예제 8.1.8 행렬 $A=\begin{pmatrix}1&-3&3\\3&-5&3\\6&-6&4\end{pmatrix}$의 고유치와 고유공간의 기저를 구하여라.

풀이 A의 특성방정식을 풀면

$$\det(\lambda I-A)=\begin{vmatrix}\lambda-1&3&-3\\-3&\lambda+5&3\\-6&6&\lambda-4\end{vmatrix}=(\lambda-4)(\lambda+2)^2=0$$

이므로 $\lambda=-2$ 또는 $\lambda=4$이다. 그러므로 고유치는 -2와 4이다. 각 고유치 λ에 대하여 $(\lambda I-A)v=0$을 만족하는 v를 구해야 하므로 $\lambda I-A$의 기약행사다리꼴을 구하여 고유공간을 구해보자.

(i) $\lambda=-2$일 때

$$\lambda I-A=-2I-A=\begin{pmatrix}-3&3&-3\\-3&3&-3\\-6&6&-6\end{pmatrix}\xrightarrow{\text{기본행연산}}\begin{pmatrix}1&-1&1\\0&0&0\\0&0&0\end{pmatrix}$$

이므로, $\lambda=-2$에 대응하는 고유공간은

$$\left\{\begin{pmatrix}y-z\\y\\z\end{pmatrix}\middle|\, y,z\in\mathbb{R}\right\}$$

이다. 그러므로 고유공간의 기저는 $\left\{\begin{pmatrix}1\\1\\0\end{pmatrix},\begin{pmatrix}-1\\0\\1\end{pmatrix}\right\}$이다.

(ii) $\lambda=4$일 때

$$\lambda I-A=4I-A=\begin{pmatrix}3&3&-3\\-3&9&-3\\-6&6&0\end{pmatrix}\xrightarrow{\text{기본행연산}}\begin{pmatrix}1&-1&0\\0&2&-1\\0&0&0\end{pmatrix}$$

이므로, $\lambda=-2$에 대응하는 고유공간은

$$\left\{\begin{pmatrix}y\\y\\2y\end{pmatrix}\middle|\, y\in\mathbb{R}\right\}$$

이다. 그러므로 고유공간의 기저는 $\left\{\begin{pmatrix}1\\1\\2\end{pmatrix}\right\}$이다. ■

연습문제 8.1

01. 다음 중 참인 명제를 모두 고르시오.

(1) 행렬 A의 고유치는 모두 A의 특성방정식의 근이다.

(2) 대각행렬의 주대각성분은 모두 그 대각행렬의 고유치이다.

(3) 회전변환의 표준행렬은 고유벡터를 갖지 않는다.

(4) 사영변환의 표준행렬은 고유벡터를 갖지 않는다.

(5) 행렬 A의 한 고유공간의 원소 중 영벡터가 아닌 모든 벡터는 A의 고유벡터이다.

(6) 벡터 v가 행렬 A의 고유벡터이면 벡터 $5v$도 행렬 A의 고유벡터이다.

02. 행렬 $A = \begin{pmatrix} 2 & 6 \\ 1 & -3 \end{pmatrix}$의 고유치를 구하시오.

03. 다음 행렬 A의 고유치를 구하여라.

(1) $A = \begin{pmatrix} 5 & 2 \\ 2 & 2 \end{pmatrix}$　　(2) $A = \begin{pmatrix} -2 & -1 \\ 5 & 2 \end{pmatrix}$

04. 벡터 $\begin{pmatrix} 2 \\ -1 \end{pmatrix}$이 2차 정방행렬 A의 고유벡터일 때, 다음 중 A의 고유벡터임이 확실한 벡터를 모두 고르시오.

(1) $\begin{pmatrix} 6 \\ -3 \end{pmatrix}$　(2) $\begin{pmatrix} -2 \\ 1 \end{pmatrix}$　(3) $\begin{pmatrix} 1 \\ -2 \end{pmatrix}$　(4) $\begin{pmatrix} -2 \\ -1 \end{pmatrix}$　(5) $\begin{pmatrix} 2 \\ 1 \end{pmatrix}$

05. 2번에서 구한 행렬 $A = \begin{pmatrix} 2 & 6 \\ 1 & -3 \end{pmatrix}$의 각 고유치에 대응하는 고유벡터를 구하시오.

06. 행렬 $A = \begin{pmatrix} 1 & 1 \\ 1 & 1 \end{pmatrix}$의 고유치와 고유벡터를 구하시오.

07. $A = \begin{pmatrix} 1 & -1 & 0 \\ 0 & -4 & 2 \\ 0 & 0 & -2 \end{pmatrix}$에 대하여 다음을 구하여라.

(1) 고유치　(2) 고유공간　(3) 고유벡터

8.2 행렬의 대각화

일반적으로 행렬의 곱셈은 그 계산이 복잡하고 교환법칙도 성립하지 않는 불편함이 있지만, 다음에서 보듯이 대각행렬끼리는 곱셈 및 거듭제곱이 쉽게 계산되고 교환법칙도 성립함을 알 수 있다. 즉, 다음의 두 대각행렬

$$A=\begin{pmatrix} a_1 & 0 & \cdots & 0 \\ 0 & a_2 & \cdots & 0 \\ \vdots & \vdots & \ddots & \vdots \\ 0 & 0 & \cdots & a_n \end{pmatrix}, \quad B=\begin{pmatrix} b_1 & 0 & \cdots & 0 \\ 0 & b_2 & \cdots & 0 \\ \vdots & \vdots & \ddots & \vdots \\ 0 & 0 & \cdots & b_n \end{pmatrix}$$

은 임의의 정수 k에 대하여

$$AB=\begin{pmatrix} a_1b_1 & 0 & \cdots & 0 \\ 0 & a_2b_2 & \cdots & 0 \\ \vdots & \vdots & \ddots & \vdots \\ 0 & 0 & \cdots & a_nb_n \end{pmatrix}=BA, \quad A^k=\begin{pmatrix} a_1^k & 0 & \cdots & 0 \\ 0 & a_2^k & \cdots & 0 \\ \vdots & \vdots & \ddots & \vdots \\ 0 & 0 & \cdots & a_n^k \end{pmatrix}$$

이다. 또한 n차원 대각행렬 D와 임의의 n차원 벡터 v의 곱이나 행렬의 곱은 그 결과가 간단하게 표현되는 장점이 있다. 예를 들어,

$$D=\begin{pmatrix} 3 & 0 \\ 0 & 5 \end{pmatrix}, \quad \boldsymbol{v}=\begin{pmatrix} v_1 \\ v_2 \end{pmatrix}, \quad A=\begin{pmatrix} v_1 & u_1 & w_1 \\ v_2 & u_2 & w_2 \end{pmatrix}$$

라 하면

$$D\boldsymbol{v}=\begin{pmatrix} 3 & 0 \\ 0 & 5 \end{pmatrix}\begin{pmatrix} v_1 \\ v_2 \end{pmatrix}=\begin{pmatrix} 3v_1 \\ 5v_2 \end{pmatrix}$$

$$DA=\begin{pmatrix} 3 & 0 \\ 0 & 5 \end{pmatrix}\begin{pmatrix} v_1 & u_1 & w_1 \\ v_2 & u_2 & w_2 \end{pmatrix}=\begin{pmatrix} 3v_1 & 3u_1 & 3w_1 \\ 5v_2 & 5u_2 & 5w_2 \end{pmatrix}$$

이다. 특히, 아래에서 보듯이 행렬 D의 거듭제곱을 계산할 때도 편리하다.

$$D^2=\begin{pmatrix} 3 & 0 \\ 0 & 5 \end{pmatrix}\begin{pmatrix} 3 & 0 \\ 0 & 5 \end{pmatrix}=\begin{pmatrix} 3^2 & 0 \\ 0 & 5^2 \end{pmatrix}, \; D^3=\begin{pmatrix} 3^3 & 0 \\ 0 & 5^3 \end{pmatrix}, \; \cdots, \; D^n=\begin{pmatrix} 3^n & 0 \\ 0 & 5^n \end{pmatrix}$$

대각행렬이 아닌 정방행렬의 경우에는 대각행렬로 변형하여 계산을 쉽게 하는 방법이 있다. 이러한 방법을 행렬의 대각화라고 하는데, 이 절에서는 대각화를 정확하게 정의하고, 어떤 행렬이 대각화될 수 있으며, 대각화가 가능하다면 그 방법도 알아본다.

(1) 닮음과 대각화

행렬의 대각화 문제는 앞 절에서 학습한 고유치와 고유벡터와 밀접한 관계가 있다. 먼저 다음 예를 살펴보자.

예제 8.2.1 행렬 $A=\begin{pmatrix}5 & 1\\ 1 & 5\end{pmatrix}$, $P=\begin{pmatrix}-1 & 1\\ 1 & 1\end{pmatrix}$, $D=\begin{pmatrix}4 & 0\\ 0 & 6\end{pmatrix}$일 때, P의 역행렬은 $P^{-1}=\begin{pmatrix}-\frac{1}{2} & \frac{1}{2}\\ \frac{1}{2} & \frac{1}{2}\end{pmatrix}$ 이다. 그리고 $P^{-1}AP$를 구해보면 다음과 같다.

$$P^{-1}AP=\begin{pmatrix}-\frac{1}{2} & \frac{1}{2}\\ \frac{1}{2} & \frac{1}{2}\end{pmatrix}\begin{pmatrix}5 & 1\\ 1 & 5\end{pmatrix}\begin{pmatrix}-1 & 1\\ 1 & 1\end{pmatrix}=\begin{pmatrix}-2 & 2\\ 3 & 3\end{pmatrix}\begin{pmatrix}-1 & 1\\ 1 & 1\end{pmatrix}=\begin{pmatrix}4 & 0\\ 0 & 6\end{pmatrix}=D$$ ■

앞의 [예제 8.2.1]과 같이 특별한 변환 $P^{-1}AP$에 의하여 대각행렬로 바꾸는 과정을 대각화한다고 말한다. 이와 같은 내용을 정확하게하기 위하여 다음을 먼저 정의한다.

정의 8.2 행렬의 닮음

n차 정방행렬 A, B에 대하여 $B=P^{-1}AP$을 만족하는 가역 행렬 P가 존재할 때, 행렬 A와 B는 서로 **닮은꼴**(similar)이라 한다.

$B=P^{-1}AP$의 양변의 왼쪽에 P를 곱하면 $PB=PP^{-1}AP=IAP=AP$를 얻고, 이 식의 오른쪽에 P^{-1}를 곱하면 다음을 얻는다.

$$PBP^{-1}=APP^{-1}=A$$

이로부터 P^{-1}를 Q라 두면

$$A=PBP^{-1}=(P^{-1})^{-1}BP^{-1}=Q^{-1}BQ$$

이다. 행렬 A와 B가 "서로 닮은꼴이다"라고 정의한 이유를 알 수 있다. 일반적으로 두 행렬이 닮은꼴인지 아닌지를 판정하는 것은 쉽지 않지만, 다음 정리는 이것을 판정하는 데 도움을 준다.

정리 8.3 닮음의 판정

정방행렬 A와 B가 서로 닮은꼴이면 A와 B의 특성방정식은 같다.

증명 만약 A와 B가 서로 닮은꼴이면, $B=P^{-1}AP$을 만족하는 가역행렬 P가 존재하고

$$\lambda I=\lambda P^{-1}P=P^{-1}(\lambda I)P$$

이므로,

$$\begin{aligned}|\lambda I-B|&=|\lambda I-P^{-1}AP|=|P^{-1}(\lambda I)P-P^{-1}AP|=|P^{-1}(\lambda I-A)P|\\&=|P^{-1}||\lambda I-A||P|=|P^{-1}||P||\lambda I-A|=|P^{-1}P||\lambda I-A|\\&=|\lambda I-A|\end{aligned}$$

이다. 즉, $|\lambda I-A|=|\lambda I-B|$이므로, A와 B의 특성방정식은 같다.

예제 8.2.2 행렬 $C=\begin{pmatrix}2&0\\0&2\end{pmatrix}$와 행렬 $D=\begin{pmatrix}1&0\\1&1\end{pmatrix}$가 닮은꼴인지 판정하여라.

풀이 C의 특성방정식은

$$|\lambda I-C|=\begin{vmatrix}\lambda-2&0\\0&\lambda-2\end{vmatrix}=(\lambda-2)^2=0$$

이고, D의 특성방정식은

$$|\lambda I-D|=\begin{vmatrix}\lambda-1&0\\-1&\lambda-1\end{vmatrix}=(\lambda-1)^2=0$$

이므로, C와 D의 특성방정식이 같지 않다. 그러므로 [정리 7.3]에 의하여 C와 D는 닮은꼴이 아님을 알 수 있다. ■

주의 [정리 8.3]의 역은 성립하지 않는다. 즉, 두 행렬의 특성방정식이 같다고 해서 서로 닮은꼴이라고 할 수는 없다. 예를 들어, 단위행렬 $\begin{pmatrix}1&0\\0&1\end{pmatrix}$와 행렬 $\begin{pmatrix}1&1\\0&1\end{pmatrix}$의 특성방정식은 둘 다 $(\lambda-1)^2=0$이지만 서로 닮은꼴이 아니다.

어떤 행렬이 '대각화 가능하다'라는 것은, 주어진 정방행렬의 닮은꼴 중에서 대각행렬이 있음을 의미한다. 그렇지만 모든 정방행렬이 대각화 가능한 것은 아니다.

정의 8.3 대각가능행렬

n차 정방행렬 A가 어떤 대각행렬 D와 닮은꼴일 때, 즉

$$D = P^{-1}AP$$

을 만족하는 가역 행렬 P가 존재할 때, 행렬 A는 **대각화 가능하다**(diagonalizable)라고 하고, A를 **대각가능행렬**(diagonalizable matrix)이라고 부른다.

예제 8.2.3 [예제 8.2.1]로부터 행렬 $A=\begin{pmatrix}5 & 1\\ 1 & 5\end{pmatrix}$는 다음과 같이 대각화 가능하다.

$$P^{-1}AP=\begin{pmatrix}-\frac{1}{2} & \frac{1}{2}\\ \frac{1}{2} & \frac{1}{2}\end{pmatrix}\begin{pmatrix}5 & 1\\ 1 & 5\end{pmatrix}\begin{pmatrix}-1 & 1\\ 1 & 1\end{pmatrix}=\begin{pmatrix}4 & 0\\ 0 & 6\end{pmatrix}=D$$

■

위 예제에서 $A=\begin{pmatrix}5 & 1\\ 1 & 5\end{pmatrix}$는 대각행렬 $D=\begin{pmatrix}4 & 0\\ 0 & 6\end{pmatrix}$와 닮은꼴임을 보았다. 그런데 A의 특성방정식이

$$\det(\lambda I-A)=\det(\lambda\begin{pmatrix}1 & 0\\ 0 & 1\end{pmatrix}-\begin{pmatrix}5 & 1\\ 1 & 5\end{pmatrix})=\det\begin{pmatrix}\lambda-5 & -1\\ -1 & \lambda-5\end{pmatrix}$$
$$=(\lambda-5)^2-1=\lambda^2-10\lambda+24=(\lambda-4)(\lambda-6)$$

이므로, D의 주대각성분 4와 6은 행렬 A의 고유치임을 알 수 있다. 이는 대각화 가능한 모든 행렬에서 항상 성립하는 것으로 알려져 있다.

정리 8.4 대각가능행렬의 판정

(1) n차 정방행렬 A가 대각가능행렬이기 위한 필요충분조건은 A가 n개의 일차독립인 고유벡터를 갖는 것이다.

(2) 행렬 A가 대각행렬 D와 닮은꼴일 때, D의 주대각성분은 A의 고유치로 구성되어 있다.

정방행렬 A가 대각가능행렬이면, 대각화하는 순서는 다음과 같다.

(1) 행렬 A에 대하여, 일차독립인 고유벡터들을 모두 구한다.

(2) (1)에서 구한 고유벡터를 열벡터로 갖는 행렬 P를 만든다.

(3) $D=P^{-1}AP$를 계산한다.

예제 8.2.4 행렬 $A=\begin{pmatrix}2 & 1\\ 6 & 1\end{pmatrix}$에 대하여 다음 물음에 답하시오.

(1) 행렬 A를 대각화하는 행렬 P를 구하시오.

(2) 행렬 A를 대각화하시오.

풀이 (1) 행렬 A의 특성방정식

$$|\lambda I-A|=\begin{vmatrix}\lambda-2 & -1\\ -6 & \lambda-1\end{vmatrix}=(\lambda+1)(\lambda-4)=0$$

로부터 고유치 $\lambda=-1, 4$를 얻는다.

① $\lambda=-1$인 경우

$$\lambda I-A=-1I-A=\begin{pmatrix}-3 & -1\\ -6 & -2\end{pmatrix}\xrightarrow{\text{기본행연산}}\begin{pmatrix}3 & 1\\ 0 & 0\end{pmatrix}$$

이므로, $\lambda=-1$에 대응하는 고유벡터는 행렬 $\begin{pmatrix}3 & 1\\ 0 & 0\end{pmatrix}$를 계수행렬로 갖는 동차 연립방정식의 비자명해이다. 그러므로 $\begin{pmatrix}1\\ -3\end{pmatrix}$은 행렬 A의 고유치 -1에 대응하는 고유벡터이다.

② $\lambda=4$인 경우

$$\lambda I-A=4I-A=\begin{pmatrix}2 & -1\\ -6 & 3\end{pmatrix}\xrightarrow{\text{기본행연산}}\begin{pmatrix}2 & -1\\ 0 & 0\end{pmatrix}$$

이므로, $\lambda=4$에 대응하는 고유벡터는 행렬 $\begin{pmatrix}2 & -1\\ 0 & 0\end{pmatrix}$를 계수행렬로 갖는 동차 연립방정식의 비자명해이다. 그러므로 $\begin{pmatrix}1\\ 2\end{pmatrix}$은 행렬 A의 고유치 4에 대응하는 고유벡터이다.

①과 ②로부터 얻은 A의 고유벡터 $\begin{pmatrix}1\\ 3\end{pmatrix}$과 $\begin{pmatrix}1\\ 2\end{pmatrix}$는 일차독립이므로, 이들을 차례로 열벡터로 넣어 만든 행렬 $P=\begin{pmatrix}1 & 1\\ -3 & 2\end{pmatrix}$는 A를 대각화하는 행렬이다.

(2) $P^{-1}=\begin{pmatrix}\frac{2}{5} & -\frac{1}{5}\\ \frac{3}{5} & \frac{1}{5}\end{pmatrix}$로부터 $P^{-1}AP$는 다음과 같이 A의 고유치를 주대각성분으

로 갖는 대각행렬이 나온다.

$$P^{-1}AP=\begin{pmatrix}\frac{2}{5} & -\frac{1}{5} \\ \frac{3}{5} & \frac{1}{5}\end{pmatrix}\begin{pmatrix}2 & 1 \\ 6 & 1\end{pmatrix}\begin{pmatrix}1 & 1 \\ -3 & 2\end{pmatrix}=\begin{pmatrix}-1 & 0 \\ 0 & 4\end{pmatrix}=D$$ ■

대각가능행렬 A를 대각화하는 행렬 P는 A의 고유벡터들이 열벡터로 구성되어 있고, 대각화된 행렬 D의 주대각성분은 A의 고유치로 구성됨을 보았다. 그렇다면 행렬 P를 이루는 열벡터들의 순서를 바꾸면 D는 어떻게 변할까?

[예제 8.2.4]에서 P를 $\begin{pmatrix}1 & 1 \\ -3 & 2\end{pmatrix}$ 대신 $\begin{pmatrix}1 & 1 \\ 2 & -3\end{pmatrix}$이라 두면 $P^{-1}=\begin{pmatrix}\frac{3}{5} & \frac{1}{5} \\ \frac{2}{5} & -\frac{1}{5}\end{pmatrix}$이므로

$$P^{-1}AP=\begin{pmatrix}\frac{3}{5} & \frac{1}{5} \\ \frac{2}{5} & -\frac{1}{5}\end{pmatrix}\begin{pmatrix}2 & 1 \\ 6 & 1\end{pmatrix}\begin{pmatrix}1 & 1 \\ 2 & -3\end{pmatrix}=\begin{pmatrix}4 & 0 \\ 0 & -1\end{pmatrix}=D$$

이다. 따라서 행렬 P의 열의 순서가 바뀌면 $P^{-1}AP=D$의 대각선상의 고유치의 순서도 따라서 바뀌는 것을 알 수 있다.

예제 8.2.5 다음 행렬을 대각화하는 행렬 P를 구하고 대각화됨을 확인하여라.

(1) $A=\begin{pmatrix}1 & -1 & 4 \\ 3 & 2 & -1 \\ 2 & 1 & -1\end{pmatrix}$ (2) $B=\begin{pmatrix}2 & -1 & 4 \\ 0 & 1 & 4 \\ -3 & 3 & -1\end{pmatrix}$

풀이 (1) [예제 8.1.7]에서 행렬 A의 고유치는 $1, -2, 3$이고 대응하는 고유벡터는 차례로

$$\begin{pmatrix}1 \\ -4 \\ -1\end{pmatrix}, \begin{pmatrix}1 \\ -1 \\ -1\end{pmatrix}, \begin{pmatrix}1 \\ 2 \\ 1\end{pmatrix}$$

임을 이미 보았다. 이 벡터들을 열벡터로 갖는 행렬을 $P=\begin{pmatrix}1 & 1 & 1 \\ -4 & -1 & 2 \\ -1 & -1 & 1\end{pmatrix}$라 두면,

$$\det P=\begin{vmatrix}1 & 1 & 1 \\ -4 & -1 & 2 \\ -1 & -1 & 1\end{vmatrix}=6\neq 0$$

이다. 따라서 세 고유벡터가 일차독립이므로[22] 행렬 P에 의해 행렬 A가 대각화가능하다. 확인해 보기 위하여 기본행연산을 이용하여 P^{-1}를 먼저 구해 보자.

$$[P:I] \rightarrow \begin{pmatrix} 1 & 1 & 1 & : & 1 & 0 & 0 \\ -4 & -1 & 2 & : & 0 & 1 & 0 \\ -1 & -1 & 1 & : & 0 & 0 & 1 \end{pmatrix} \xrightarrow[R_1+R_3]{4R_1+R_2} \begin{pmatrix} 1 & 1 & 1 & : & 1 & 0 & 0 \\ 0 & 3 & 6 & : & 4 & 1 & 0 \\ 0 & 0 & 2 & : & 1 & 0 & 1 \end{pmatrix}$$

$$\xrightarrow[\frac{1}{2}R_3]{\frac{1}{3}R_2} \begin{pmatrix} 1 & 1 & 1 & : & 1 & 0 & 0 \\ 0 & 1 & 2 & : & \frac{4}{3} & \frac{1}{3} & 0 \\ 0 & 0 & 1 & : & \frac{1}{2} & 0 & \frac{1}{2} \end{pmatrix} \xrightarrow[(-1)R_3+R_1]{(-2)R_3+R_2} \begin{pmatrix} 1 & 1 & 0 & : & \frac{1}{2} & 0 & -\frac{1}{2} \\ 0 & 1 & 0 & : & \frac{1}{3} & \frac{1}{3} & -1 \\ 0 & 0 & 1 & : & \frac{1}{2} & 0 & \frac{1}{2} \end{pmatrix}$$

$$\xrightarrow[(-1)R_2+R_4]{(-1)R_2+R_3} \begin{pmatrix} 1 & 0 & 0 & : & \frac{1}{6} & -\frac{1}{3} & \frac{1}{2} \\ 0 & 1 & 0 & : & \frac{1}{3} & \frac{1}{3} & -1 \\ 0 & 0 & 1 & : & \frac{1}{2} & 0 & \frac{1}{2} \end{pmatrix}$$

이므로,

$$P^{-1} = \begin{pmatrix} \frac{1}{6} & -\frac{1}{3} & \frac{1}{2} \\ \frac{1}{3} & \frac{1}{3} & -1 \\ \frac{1}{2} & 0 & \frac{1}{2} \end{pmatrix}$$

이다. $P^{-1}AP$를 구하면

$$P^{-1}AP = \begin{pmatrix} \frac{1}{6} & -\frac{1}{3} & \frac{1}{2} \\ \frac{1}{3} & \frac{1}{3} & -1 \\ \frac{1}{2} & 0 & \frac{1}{2} \end{pmatrix} \begin{pmatrix} 1 & 1 & 4 \\ 3 & 2 & -1 \\ 2 & 1 & -1 \end{pmatrix} \begin{pmatrix} 1 & 1 & 1 \\ -4 & -1 & 2 \\ -1 & -1 & 1 \end{pmatrix}$$

$$= \begin{pmatrix} \frac{1}{6} & -\frac{1}{3} & \frac{1}{2} \\ -\frac{2}{3} & -\frac{2}{3} & 2 \\ \frac{3}{2} & 0 & \frac{3}{2} \end{pmatrix} \begin{pmatrix} 1 & 1 & 1 \\ -4 & -1 & 2 \\ -1 & -1 & 1 \end{pmatrix} = \begin{pmatrix} 1 & 0 & 0 \\ 0 & -2 & 0 \\ 0 & 0 & 3 \end{pmatrix}$$

이므로 A는 P에 의해 대각행렬 $D = \begin{pmatrix} 1 & 0 & 0 \\ 0 & -2 & 0 \\ 0 & 0 & 3 \end{pmatrix}$로 대각화된다.

22. 이 책에서는 다루지 않았지만, 서로 다른 고유치를 갖는 고유벡터들의 집합은 항상 일차독립이다.

(2) 먼저 $\lambda I - B = \begin{pmatrix} \lambda-2 & 1 & -4 \\ 0 & \lambda-1 & -4 \\ 3 & -3 & \lambda+1 \end{pmatrix}$이므로 B의 특성방정식은

$$|\lambda I - B| = (\lambda-2)(\lambda-1)(\lambda+1)$$

이다. 그러므로 A의 고유치는 2, 1, -1이다.

(i) 고유치 2에 대응하는 고유벡터

$2I - B = \begin{pmatrix} 0 & 1 & -4 \\ 0 & 1 & -4 \\ 3 & -3 & 3 \end{pmatrix}$이므로 $\begin{pmatrix} 0 & 1 & -4 \\ 0 & 1 & -4 \\ 3 & -3 & 3 \end{pmatrix}\begin{pmatrix} x \\ y \\ z \end{pmatrix} = \begin{pmatrix} 0 \\ 0 \\ 0 \end{pmatrix}$의 자명한 해가 아닌 모든 해는 고유치 2에 대응하는 고유벡터이다. 즉, 고유치 2에 대응하는 고유벡터는

$$\begin{pmatrix} x \\ y \\ z \end{pmatrix} = t\begin{pmatrix} 3 \\ 4 \\ 1 \end{pmatrix},\ t \neq 0$$

이다.

(ii) 고유치 1에 대응하는 고유벡터

$I - B = \begin{pmatrix} -1 & 1 & -4 \\ 0 & 0 & -4 \\ 3 & -3 & 2 \end{pmatrix}$이므로 $\begin{pmatrix} -1 & 1 & -4 \\ 0 & 0 & -4 \\ 3 & -3 & 2 \end{pmatrix}\begin{pmatrix} x \\ y \\ z \end{pmatrix} = \begin{pmatrix} 0 \\ 0 \\ 0 \end{pmatrix}$의 자명한 해가 아닌 모든 해는 고유치 1에 대응하는 고유벡터이다. 즉, 고유치 1에 대응하는 고유벡터는

$$\begin{pmatrix} x \\ y \\ z \end{pmatrix} = t\begin{pmatrix} 1 \\ 1 \\ 0 \end{pmatrix},\ t \neq 0$$

이다.

(iii) 고유치 −1에 대응하는 고유벡터

$-I - B = \begin{pmatrix} -3 & 1 & -4 \\ 0 & -2 & -4 \\ 3 & -3 & 0 \end{pmatrix}$이므로 $\begin{pmatrix} -3 & 1 & -4 \\ 0 & -2 & -4 \\ 3 & -3 & 3 \end{pmatrix}\begin{pmatrix} x \\ y \\ z \end{pmatrix} = \begin{pmatrix} 0 \\ 0 \\ 0 \end{pmatrix}$의 자명한 해가 아닌 모든 해는 고유치 2에 대응하는 고유벡터이다. 즉, 고유치 −1에 대응하는 고유벡터는

$$\begin{pmatrix} x \\ y \\ z \end{pmatrix} = t\begin{pmatrix} -2 \\ -2 \\ 1 \end{pmatrix},\ t \neq 0$$

이다.

(i), (ii), (iii)으로부터

B의 2, 1, −1에 대응하는 고유벡터를 차례로 열벡터로 갖는 행렬을

$P=\begin{pmatrix}3 & 1 & -2\\ 4 & 1 & -2\\ 1 & 0 & 1\end{pmatrix}$라 두면 $\det P=-1\neq 0$이므로, 세 고유벡터는 일차독립이고, 따라서 행렬 P에 의해 행렬 B가 대각화 가능하다. 확인해 보자. $P=\begin{pmatrix}3 & 1 & -2\\ 4 & 1 & -2\\ 1 & 0 & 1\end{pmatrix}$의 역행렬은 $P^{-1}=\begin{pmatrix}-1 & 1 & 0\\ 6 & -5 & 2\\ 1 & -1 & 1\end{pmatrix}$이므로, B와 닮은 대각행렬 D를 다음과 같이 구할 수 있다

$$D=P^{-1}BP=\begin{pmatrix}-1 & 1 & 0\\ 6 & -5 & 2\\ 1 & -1 & 1\end{pmatrix}\begin{pmatrix}2 & -1 & 4\\ 0 & 1 & 4\\ -3 & 3 & -1\end{pmatrix}\begin{pmatrix}3 & 1 & -2\\ 4 & 1 & -2\\ 1 & 0 & 1\end{pmatrix}=\begin{pmatrix}2 & 0 & 0\\ 0 & 1 & 0\\ 0 & 0 & -1\end{pmatrix}$$

D의 주대각성분이 차례로 행렬 B의 대응하는 고유치임을 확인할 수 있다.

■

(2) 대각가능행렬의 거듭제곱

보통 행렬 A의 거듭제곱 A^k을 직접 계산하는 것은 다소 복잡하고 지루하다. 그러나 A의 대각화를 이용하면 쉽게 계산할 수 있다. 즉

$$P^{-1}AP=D$$

로부터, 양변의 왼쪽에 P를 곱하면

$$AP=PP^{-1}AP=PD$$

를 얻고, 이 식의 오른쪽에 P^{-1}를 곱하면 다음을 얻는다.

$$A=PDP^{-1}$$

이로부터

$$\begin{aligned}A^2&=(PDP^{-1})(PDP^{-1})=PD(P^{-1}P)DP^{-1}\\&=PDIDP^{-1}\\&=PD^2P^{-1}\\A^3&=AA^2=(PDP^{-1})(PD^2P^{-1})=PD(P^{-1}P)D^2P^{-1}\\&=PDID^2P^{-1}\\&=PD^3P^{-1}\end{aligned}$$

$$\cdots\cdots$$

$$A^k = PD^kP^{-1}$$

즉, 대각행렬 D의 거듭제곱 D^k은 쉽게 구할 수 있으므로, A^k도 대각화를 이용하여 쉽게 거듭제곱을 구할 수 있다.

정리 8.5 대각가능행렬의 거듭제곱

행렬 A가 P에 의하여 대각행렬 D로 대각화될 때, 즉 $P^{-1}AP = D$이면

$$A^k = PD^kP^{-1}, \quad k = 1, 2, \cdots$$

이다.

예제 8.2.6 다음 각 물음에 답하여라.

(1) $A = \begin{pmatrix} 0 & 4 \\ 1 & 0 \end{pmatrix}$일 때 A^{10}을 구하여라.

(2) $A = \begin{pmatrix} 1 & 1 \\ 1 & 1 \end{pmatrix}$일 때 모든 자연수 r에 대하여 A^r을 구하여라.

풀이 (1) 행렬 A의 특성방정식

$$|\lambda I - A| = \begin{vmatrix} \lambda & -4 \\ -1 & \lambda \end{vmatrix} = (\lambda + 2)(\lambda - 2) = 0$$

로부터 고유치 $\lambda = -2, 2$를 얻는다. 이들 고유치에 대응하는 A의 고유벡터는 동차연립방정식 $(\lambda I - A)v = 0$의 비자명해이므로 각각 구해 보면 다음과 같다:

(i) $\lambda = -2$일 때는 $\begin{pmatrix} -2 & -4 \\ -1 & -2 \end{pmatrix}\begin{pmatrix} x \\ y \end{pmatrix} = \begin{pmatrix} 0 \\ 0 \end{pmatrix}$의 비자명해 중의 하나인 $\begin{pmatrix} 2 \\ -1 \end{pmatrix}$가 대응하는 고유벡터이다.

(ii) $\lambda = 2$일 때는 $\begin{pmatrix} 2 & -4 \\ -1 & 2 \end{pmatrix}\begin{pmatrix} x \\ y \end{pmatrix} = \begin{pmatrix} 0 \\ 0 \end{pmatrix}$의 비자명해 중의 하나인 $\begin{pmatrix} 2 \\ 1 \end{pmatrix}$가 대응하는 고유벡터이다.

$\begin{pmatrix} 2 \\ -1 \end{pmatrix}$과 $\begin{pmatrix} 2 \\ 1 \end{pmatrix}$은 일차독립이므로, A는 이 두 고유벡터를 열벡터로 가지는 행렬 $P = \begin{pmatrix} 2 & 2 \\ -1 & 1 \end{pmatrix}$에 의해 고유치를 주대각성분으로 하는 대각행렬 $D = \begin{pmatrix} -2 & 0 \\ 0 & 2 \end{pmatrix}$로

대각화된다. 즉, $P^{-1}AP=D$이다. 이제 $P^{-1}=\frac{1}{4}\begin{pmatrix}1&-2\\1&2\end{pmatrix}$이므로, [정리 8.5]로부터 다음과 같이 A^{10}을 얻는다.

$$\begin{aligned}A^{10}=PD^{10}P^{-1}&=\begin{pmatrix}2&2\\-1&1\end{pmatrix}\begin{pmatrix}-2&0\\0&2\end{pmatrix}^{10}(\frac{1}{4}\begin{pmatrix}1&-2\\1&2\end{pmatrix})\\&=\frac{1}{4}\begin{pmatrix}2&2\\-1&1\end{pmatrix}\begin{pmatrix}(-2)^{10}&0\\0&2^{10}\end{pmatrix}\begin{pmatrix}1&-2\\1&2\end{pmatrix}\\&=2^8\begin{pmatrix}2&2\\-1&1\end{pmatrix}\begin{pmatrix}1&0\\0&1\end{pmatrix}\begin{pmatrix}1&-2\\1&2\end{pmatrix}\\&=2^8\begin{pmatrix}2&2\\-1&1\end{pmatrix}\begin{pmatrix}1&-2\\1&2\end{pmatrix}\\&=2^8\begin{pmatrix}2^2&0\\0&2^2\end{pmatrix}=2^{10}\begin{pmatrix}1&0\\0&1\end{pmatrix}=2^{10}I\end{aligned}$$

(2) 행렬 A의 특성방정식

$$|\lambda I-A|=\begin{vmatrix}\lambda-1&-1\\-1&\lambda-1\end{vmatrix}=\lambda(\lambda-2)=0$$

로부터 고유치 $\lambda=0,2$를 얻는다. 이들 고유치에 대응하는 A의 고유벡터는 동차연립방정식 $(\lambda I-A)\boldsymbol{v}=0$의 비자명해이므로 각각 구해 보면 다음과 같다:

(i) $\lambda=0$일 때는 $\begin{pmatrix}-1&-1\\-1&-1\end{pmatrix}$의 비자명해 중의 하나인 $\begin{pmatrix}1\\-1\end{pmatrix}$가 대응하는 고유벡터이다.

(ii) $\lambda=2$일 때는 $\begin{pmatrix}1&-1\\-1&1\end{pmatrix}\begin{pmatrix}x\\y\end{pmatrix}=\begin{pmatrix}0\\0\end{pmatrix}$의 비자명해 중의 하나인 $\begin{pmatrix}1\\1\end{pmatrix}$가 대응하는 고유벡터이다.

$\begin{pmatrix}1\\-1\end{pmatrix}$과 $\begin{pmatrix}1\\1\end{pmatrix}$은 일차독립이므로, A는 이 두 고유벡터를 열벡터로 가지는 행렬 $P=\begin{pmatrix}1&1\\-1&1\end{pmatrix}$에 의해 고유치를 주대각성분으로 하는 대각행렬 $D=\begin{pmatrix}0&0\\0&2\end{pmatrix}$로 대각화된다. 즉, $P^{-1}AP=D$이다. 이제 $P^{-1}=\frac{1}{2}\begin{pmatrix}1&-1\\1&1\end{pmatrix}$이므로, [정리 8.5]로부터 다음과 같이 임의의 자연수 r에 대하여 A^r을 얻는다.

$$\begin{aligned}A^r=PD^rP^{-1}&=\begin{pmatrix}1&1\\-1&1\end{pmatrix}\begin{pmatrix}0&0\\0&2\end{pmatrix}^r(\frac{1}{2}\begin{pmatrix}1&-1\\1&1\end{pmatrix})\\&=\frac{1}{2}\begin{pmatrix}1&1\\-1&1\end{pmatrix}\begin{pmatrix}0&0\\0&2^r\end{pmatrix}\begin{pmatrix}1&-1\\1&1\end{pmatrix}\end{aligned}$$

$$= 2^{r-1}\begin{pmatrix} 1 & 1 \\ -1 & 1 \end{pmatrix}\begin{pmatrix} 0 & 0 \\ 0 & 1 \end{pmatrix}\begin{pmatrix} 1 & -1 \\ 1 & 1 \end{pmatrix}$$

$$= 2^{r-1}\begin{pmatrix} 1 & 1 \\ 1 & 1 \end{pmatrix} = 2^{r-1}A$$ ■

예제 8.2.7 행렬 $A = \begin{pmatrix} 1 & 0 & 1 \\ 0 & 2 & 0 \\ 3 & 0 & 3 \end{pmatrix}$에 대하여 A^{10}을 구하여라.

풀이 행렬 A의 특성방정식

$$|\lambda I - A| = \begin{vmatrix} \lambda - 1 & 0 & -1 \\ 0 & \lambda - 2 & 0 \\ -3 & 0 & \lambda - 3 \end{vmatrix} = \lambda(\lambda - 2)(\lambda - 4) = 0$$

로부터 고유치 $\lambda = 0, 2, 4$를 얻는다. 이들 고유치에 대응하는 A의 고유벡터는 동차연립방정식 $(\lambda I - A)v = 0$의 비자명해이므로 각각 구해 보면 다음과 같다:

(i) $\lambda = 0$일 때는 $\begin{pmatrix} -1 & 0 & -1 \\ 0 & -2 & 0 \\ -3 & 0 & -3 \end{pmatrix}\begin{pmatrix} x \\ y \\ z \end{pmatrix} = \begin{pmatrix} 0 \\ 0 \\ 0 \end{pmatrix}$의 비자명해 중의 하나인 $\begin{pmatrix} -1 \\ 0 \\ 1 \end{pmatrix}$가 대응하는 고유벡터이다.

(ii) $\lambda = 2$일 때는 $\begin{pmatrix} 1 & 0 & -1 \\ 0 & 0 & 0 \\ -3 & 0 & -1 \end{pmatrix}\begin{pmatrix} x \\ y \\ z \end{pmatrix} = \begin{pmatrix} 0 \\ 0 \\ 0 \end{pmatrix}$의 비자명해 중의 하나인 $\begin{pmatrix} 0 \\ 1 \\ 0 \end{pmatrix}$가 대응하는 고유벡터이다.

(iii) $\lambda = 4$일 때는 $\begin{pmatrix} 3 & 0 & -1 \\ 0 & 2 & 0 \\ -3 & 0 & 1 \end{pmatrix}\begin{pmatrix} x \\ y \\ z \end{pmatrix} = \begin{pmatrix} 0 \\ 0 \\ 0 \end{pmatrix}$의 비자명해 중의 하나인 $\begin{pmatrix} 1 \\ 0 \\ 3 \end{pmatrix}$가 대응하는 고유벡터이다.

$\begin{pmatrix} -1 \\ 0 \\ 1 \end{pmatrix}, \begin{pmatrix} 0 \\ 1 \\ 0 \end{pmatrix}, \begin{pmatrix} 1 \\ 0 \\ 3 \end{pmatrix}$은 일차독립이므로, A는 이 세 고유벡터를 열벡터로 가지는 행렬 $P = \begin{pmatrix} -1 & 0 & 1 \\ 0 & 1 & 0 \\ 1 & 0 & 3 \end{pmatrix}$에 의해 고유치를 주대각성분으로 하는 대각행렬 $D = \begin{pmatrix} 0 & 0 & 0 \\ 0 & 2 & 0 \\ 0 & 0 & 4 \end{pmatrix}$로 대각화된다. 즉, $P^{-1}AP = D$이다. 이제 $P^{-1} = \frac{1}{4}\begin{pmatrix} -3 & 0 & 1 \\ 0 & 4 & 0 \\ 1 & 0 & 1 \end{pmatrix}$이므로, [정리 8.5]로부터 다음과 같이 A^{10}을 얻는다.

$$A^{10} = PD^{10}P^{-1} = \begin{pmatrix} -1 & 0 & 1 \\ 0 & 1 & 0 \\ 1 & 0 & 3 \end{pmatrix}\begin{pmatrix} 0 & 0 & 0 \\ 0 & 2 & 0 \\ 0 & 0 & 4 \end{pmatrix}^{10}\left(\frac{1}{4}\begin{pmatrix} -3 & 0 & 1 \\ 0 & 4 & 0 \\ 1 & 0 & 1 \end{pmatrix}\right)$$

$$= \frac{1}{4}\begin{pmatrix} -1 & 0 & 1 \\ 0 & 1 & 0 \\ 1 & 0 & 3 \end{pmatrix}\begin{pmatrix} 0 & 0 & 0 \\ 0 & 2^{10} & 0 \\ 0 & 0 & 4^{10} \end{pmatrix}\begin{pmatrix} -3 & 0 & 1 \\ 0 & 4 & 0 \\ 1 & 0 & 1 \end{pmatrix}$$

$$= \frac{1}{4}\begin{pmatrix} -1 & 0 & 1 \\ 0 & 1 & 0 \\ 1 & 0 & 3 \end{pmatrix}\begin{pmatrix} 0 & 0 & 0 \\ 0 & 2^{10} & 0 \\ 4^{10} & 0 & 4^{10} \end{pmatrix}$$

$$= \frac{1}{4}\begin{pmatrix} 4^{10} & 0 & 4^{10} \\ 0 & 2^{10} & 0 \\ 3\times 4^{10} & 0 & 3\times 4^{10} \end{pmatrix} = \begin{pmatrix} 4^{9} & 0 & 4^{9} \\ 0 & 2^{8} & 0 \\ 3\times 4^{9} & 0 & 3\times 4^{9} \end{pmatrix} \qquad ■$$

연습문제 8.2

01. 다음 중 참인 명제를 모두 고르시오.

(1) 특성방정식이 같은 두 행렬은 닮은꼴이다.

(2) 모든 행렬은 대각화 가능하다.

(3) 대각행렬과 닮은꼴인 행렬은 대각화 가능하다.

(4) 대각화 가능한 행렬 A는 주대각성분이 A의 고유치로 되어 있는 대각행렬로 대각화된다.

(5) 대각화 가능한 n차 정방행렬의 고유치는 서로 다른 n개의 0이 아닌 실수이다.

(6) 대각화 가능한 n차 정방행렬은 n개의 일차독립인 고유벡터를 갖고 있다.

02. 두 행렬 $A=\begin{pmatrix} 5 & -3 \\ 4 & -2 \end{pmatrix}$, $B=\begin{pmatrix} 1 & 2 \\ 3 & 4 \end{pmatrix}$가 닮은꼴인지 아닌지 판정하여라.

03. 다음 각 행렬에 대하여 대각화하는 행렬 P를 구하고, 대각화됨을 보여라.

(1) $A=\begin{pmatrix} 4 & -2 \\ 1 & 1 \end{pmatrix}$ (2) $A=\begin{pmatrix} 3 & 2 \\ 1 & 2 \end{pmatrix}$ (3) $A=\begin{pmatrix} 1 & 2 & 2 \\ 1 & 2 & -1 \\ -1 & 1 & 4 \end{pmatrix}$

04. [예제 8.2.4]의 결과를 이용하여, 행렬 $A=\begin{pmatrix} 2 & 1 \\ 6 & 1 \end{pmatrix}$에 대하여 A^{10}을 구하여라.

05. $A=\begin{pmatrix} 2 & -1 & 4 \\ 0 & 1 & 4 \\ -3 & 3 & -1 \end{pmatrix}$에 대하여 다음 물음에 답하시오. ([예제 8.2.5] 참조)

(1) 행렬 A를 대각화하는 행렬 P를 구하고 A와 닮은 대각행렬 $D=P^{-1}AP$를 구하시오.

(2) A^6을 구하여라.

06. 다음 행렬들 중에서 대각화 가능한 것을 모두 고르시오.

(1) $\begin{pmatrix} 2 & -2 \\ 1 & 5 \end{pmatrix}$ (2) $\begin{pmatrix} 1 & 4 \\ 1 & -2 \end{pmatrix}$ (3) $\begin{pmatrix} 1 & 0 \\ -2 & 1 \end{pmatrix}$

(4) $\begin{pmatrix} 0 & 1 & 0 \\ 0 & 1 & 2 \\ 2 & 0 & 3 \end{pmatrix}$ (5) $\begin{pmatrix} 1 & 2 & 3 \\ 0 & -1 & 2 \\ 0 & 0 & 2 \end{pmatrix}$ (6) $\begin{pmatrix} 3 & 1 & 0 \\ 0 & 3 & 1 \\ 0 & 0 & 3 \end{pmatrix}$

07. 다음 행렬들 중에서 대각화가능한 행렬들의 대각화를 구하여라.

(1) $\begin{pmatrix} 2 & 4 \\ 3 & 3 \end{pmatrix}$ (2) $\begin{pmatrix} 2 & 3 \\ 4 & 6 \end{pmatrix}$ (3) $\begin{pmatrix} 1 & 1 \\ 0 & 1 \end{pmatrix}$

(4) $\begin{pmatrix} 1 & 0 & 1 \\ 0 & 1 & 0 \\ 0 & 1 & 2 \end{pmatrix}$ (5) $\begin{pmatrix} 2 & -2 & 3 \\ 0 & 3 & -2 \\ 0 & -1 & 2 \end{pmatrix}$ (6) $\begin{pmatrix} 0 & -2 & 1 \\ 1 & 3 & -1 \\ 0 & 0 & 1 \end{pmatrix}$

연습문제 해답

연습문제 1.1

1. (1) 참 (2) 거짓 (3) 참 (4) 거짓 (5) 거짓

2. (1) $3A=\begin{pmatrix}3&0\\9&6\end{pmatrix}$ (2) $-5B=\begin{pmatrix}-10&5\\-5&0\end{pmatrix}$

   (3) $A+B=\begin{pmatrix}3&-1\\4&2\end{pmatrix}$ (4) $3A-5B=\begin{pmatrix}-7&5\\4&6\end{pmatrix}$

3. (1) (1) (2) $\begin{pmatrix}2\\8\end{pmatrix}$ (3) (1) (4) $\begin{pmatrix}2&1\\6&1\end{pmatrix}$

   (5) (1) (6) $(-2\ 1\ 4)$ (7) $\begin{pmatrix}2&3\\4&5\end{pmatrix}$ (8) $\begin{pmatrix}2&3\\4&5\end{pmatrix}$

4. (1) $AB=\begin{pmatrix}11\\8\end{pmatrix}$ (2) $BC=\begin{pmatrix}-3&3\\-2&2\\-1&1\end{pmatrix}$ (3) $CA=(0\ -4\ \ 5)$

   (4) $(AB)C=\begin{pmatrix}-11&11\\-8&8\end{pmatrix}$ (5) $A(BC)=\begin{pmatrix}-11&11\\-8&8\end{pmatrix}$

   (6) $C(AB)=(-3)$ (7) $(CA)B=(-3)$

5. $AB=\begin{pmatrix}2&4&5\\3&-1&2\\7&9&7\end{pmatrix}$, $BA=\begin{pmatrix}7&3&0\\18&4&1\\7&1&-3\end{pmatrix}$

6. (1) $\begin{pmatrix}1\\-1\\2\\-1\end{pmatrix}$ (2) $\begin{pmatrix}3\\-2\\3\\1\end{pmatrix}$ (3) $\begin{pmatrix}9&4\\12&10\end{pmatrix}$

7. $x=2,\ y=3$

연습문제 1.2

1. (1) 참 (2) 거짓 (3) 참 (4) 참

2. (1) B, D (2) B, E (3) B

3. (1) $A^T=\begin{pmatrix}1&-1&0\\2&0&1\end{pmatrix}$ (2) $B^T=\begin{pmatrix}1&2\\0&3\end{pmatrix}$ (3) $AB=\begin{pmatrix}5&6\\-1&0\\2&3\end{pmatrix}$

   (4) BA는 정의되지 않는다. (5) $(BA)^T$는 정의되지 않는다.

   (6) AB는 정방행렬이 아니므로 $tr(AB)$가 정의되지 않는다.

4. (3), (4)

5. $A^T=\begin{pmatrix} 2 \\ -2 \\ 5 \end{pmatrix}$, $B^T=(2\ 3\ 4)$, $C^T=\begin{pmatrix} 1 & 7 \\ 5 & 6 \end{pmatrix}$, $D^T=\begin{pmatrix} 1 & 2 & 3 \\ 4 & 5 & 6 \end{pmatrix}$

6. $a=1,\ b=-7$

7. $a=-1,\ b=0,\ c=7$

연습문제 1.3

1. $AB=\begin{pmatrix} 2 & 1 \\ 0 & 11 \end{pmatrix}$, $BA=\begin{pmatrix} 5 & 2 \\ 9 & 8 \end{pmatrix}$, $A^2=\begin{pmatrix} 1 & 0 \\ 9 & 4 \end{pmatrix}$, $B^2=\begin{pmatrix} 1 & 6 \\ -18 & 13 \end{pmatrix}$, $(A+B)=\begin{pmatrix} 3 & 1 \\ 0 & 6 \end{pmatrix}$이므로, $(A+B)^2$과 $A^2+AB+BA+B^2$은 각각 다음과 같다.

$$(A+B)^2=\begin{pmatrix} 3 & 1 \\ 0 & 6 \end{pmatrix}\begin{pmatrix} 3 & 1 \\ 0 & 6 \end{pmatrix}=\begin{pmatrix} 9 & 9 \\ 0 & 36 \end{pmatrix}$$

$$A^2+AB+BA+B^2=\begin{pmatrix} 1 & 0 \\ 9 & 4 \end{pmatrix}+\begin{pmatrix} 2 & 1 \\ 0 & 11 \end{pmatrix}+\begin{pmatrix} 5 & 2 \\ 9 & 8 \end{pmatrix}+\begin{pmatrix} 1 & 6 \\ -18 & 13 \end{pmatrix}=\begin{pmatrix} 9 & 9 \\ 0 & 36 \end{pmatrix}$$

그리고 $A^2+2AB+B^2=\begin{pmatrix} 1 & 0 \\ 9 & 4 \end{pmatrix}+2\begin{pmatrix} 2 & 1 \\ 0 & 11 \end{pmatrix}+\begin{pmatrix} 1 & 6 \\ -18 & 13 \end{pmatrix}=\begin{pmatrix} 6 & 8 \\ -9 & 39 \end{pmatrix}$이므로 $(A+B)^2$과 다르다. 이는 $AB\neq BA$이므로 $AB+BA\neq 2AB$이기 때문이다.

2. $AB=\begin{pmatrix} 1 & 2 \\ -3 & 0 \end{pmatrix}\begin{pmatrix} -2 & 0 \\ 1 & -1 \end{pmatrix}=\begin{pmatrix} 0 & -2 \\ 6 & 0 \end{pmatrix}$이므로 $(AB)^2$은 다음과 같다.

$$(AB)^2=\begin{pmatrix} 0 & -2 \\ 6 & 0 \end{pmatrix}\begin{pmatrix} 0 & -2 \\ 6 & 0 \end{pmatrix}=\begin{pmatrix} -12 & 0 \\ 0 & -12 \end{pmatrix}=-12I$$

한편, $A^2=\begin{pmatrix} 1 & 2 \\ -3 & 0 \end{pmatrix}\begin{pmatrix} 1 & 2 \\ -3 & 0 \end{pmatrix}=\begin{pmatrix} -5 & 2 \\ -3 & -6 \end{pmatrix}$이고 $B^2=\begin{pmatrix} -2 & 0 \\ 1 & -1 \end{pmatrix}\begin{pmatrix} -2 & 0 \\ 1 & -1 \end{pmatrix}=\begin{pmatrix} 4 & 0 \\ -3 & 1 \end{pmatrix}$이므로 A^2B^2은 다음과 같다.

$$A^2B^2=\begin{pmatrix} -5 & 2 \\ -3 & -6 \end{pmatrix}\begin{pmatrix} 4 & 0 \\ -3 & 1 \end{pmatrix}=\begin{pmatrix} -26 & 2 \\ 6 & -6 \end{pmatrix}$$

그러므로 $(AB)^2\neq A^2B^2$이다.

3. $A^2=\begin{pmatrix} 1 & 1 \\ 0 & 1 \end{pmatrix}\begin{pmatrix} 1 & 1 \\ 0 & 1 \end{pmatrix}=\begin{pmatrix} 1 & 2 \\ 0 & 1 \end{pmatrix}$, $A^3=\begin{pmatrix} 1 & 1 \\ 0 & 1 \end{pmatrix}\begin{pmatrix} 1 & 2 \\ 0 & 1 \end{pmatrix}=\begin{pmatrix} 1 & 3 \\ 0 & 1 \end{pmatrix}$, $A^4=\begin{pmatrix} 1 & 1 \\ 0 & 1 \end{pmatrix}\begin{pmatrix} 1 & 3 \\ 0 & 1 \end{pmatrix}=\begin{pmatrix} 1 & 4 \\ 0 & 1 \end{pmatrix}$,

$$\cdots\cdots$$

이와 같이 계속하면 $A^{10}=\begin{pmatrix} 1 & 10 \\ 0 & 1 \end{pmatrix}$, $A^{20}=\begin{pmatrix} 1 & 20 \\ 0 & 1 \end{pmatrix}$을 얻는다.

참고 귀납법으로 $A^n=\begin{pmatrix} 1 & n \\ 0 & 1 \end{pmatrix}$임이 쉽게 증명된다. 또 한편 일단 A^{10}을 구하면, A^{20}은 A^{10}으로부터 다음과 같이 계산할 수도 있다.

$$A^{20}=(A^{10})^2=\begin{pmatrix} 1 & 10 \\ 0 & 1 \end{pmatrix}\begin{pmatrix} 1 & 10 \\ 0 & 1 \end{pmatrix}=\begin{pmatrix} 1 & 20 \\ 0 & 1 \end{pmatrix}$$

4. $A^2=\begin{pmatrix}0&0&1\\0&0&0\\0&0&0\end{pmatrix}$, $A^3=\begin{pmatrix}0&0&0\\0&0&0\\0&0&0\end{pmatrix}$

5. 생략

6. $A^2=\begin{pmatrix}2&1\\-3&-1\end{pmatrix}\begin{pmatrix}2&1\\-3&-1\end{pmatrix}=\begin{pmatrix}1&1\\-3&-2\end{pmatrix}$, $A^3=\begin{pmatrix}2&1\\-3&-1\end{pmatrix}\begin{pmatrix}1&1\\-3&-2\end{pmatrix}=\begin{pmatrix}-1&0\\0&-1\end{pmatrix}=-I$으로부터 $A^6=(-I)^2=I$이다. 그러므로

(1) $A^{12}=(A^6)^2=I$ (2) $A^{25}=(A^6)^4A=IA=A$

7. $D^{30}=\begin{pmatrix}1&0\\0&2^{30}\end{pmatrix}$

8. (3)

연습문제 2.1

1. (1), (3), (4)

2. (1) $\begin{pmatrix}1&2&1&0\\2&3&2&1\\1&5&2&0\end{pmatrix}$의 기약사다리꼴 행렬은 $\begin{pmatrix}1&0&0&-1\\0&1&0&-1\\0&0&1&3\end{pmatrix}$이다.

(2) $\begin{pmatrix}1&1&0&0\\2&2&1&0\\-1&-1&2&1\end{pmatrix}$의 기약사다리꼴 행렬은 $\begin{pmatrix}1&1&0&0\\0&0&1&0\\0&0&0&1\end{pmatrix}$이다.

(3) $\begin{pmatrix}1&2&0&0&1\\3&6&-1&1&1\\4&8&5&1&-14\end{pmatrix}$의 기약사다리꼴 행렬은 $\begin{pmatrix}1&2&0&0&1\\0&0&1&0&2\\0&0&0&1&0\end{pmatrix}$이다.

3. (1) 확대계수행렬 $\left(\begin{array}{cc:c}1&2&5\\2&1&4\end{array}\right)$의 기약사다리꼴 행렬은 $\left(\begin{array}{cc:c}1&0&1\\0&1&2\end{array}\right)$이므로 주어진 연립방정식의 해는 $x=1, y=2$이다.

(2) 확대계수행렬 $\left(\begin{array}{ccc:c}1&2&1&1\\2&1&1&3\\3&5&2&2\end{array}\right)$의 기약사다리꼴 행렬은 $\left(\begin{array}{ccc:c}1&0&0&1\\0&1&0&-1\\0&0&1&2\end{array}\right)$이므로 주어진 연립방정식의 해는 $x=1, y=-1, z=2$이다.

(3) 계수행렬 $\begin{pmatrix}1&1&2\\3&2&1\end{pmatrix}$의 기약사다리꼴 행렬은 $\begin{pmatrix}1&0&-3\\0&1&5\end{pmatrix}$이므로 주어진 동차연립방정식은 다음과 같이 무수히 많은 해를 가진다.

$$\begin{pmatrix}x\\y\\z\end{pmatrix}=t\begin{pmatrix}3\\-5\\1\end{pmatrix},\quad t\text{는 임의의 실수}$$

(4) 계수행렬 $\begin{pmatrix}1&1&2\\2&3&8\\5&1&-6\end{pmatrix}$의 기약사다리꼴 행렬은 $\begin{pmatrix}1&0&-2\\0&1&4\\0&0&0\end{pmatrix}$이므로 주어진 동차연립방정식은 다음과 같이 무수히 많은 해를 가진다.

$$\begin{pmatrix} x \\ y \\ z \end{pmatrix} = t\begin{pmatrix} 2 \\ -4 \\ 1 \end{pmatrix}, \quad t\text{는 임의의 실수}$$

4. 계수행렬 $\begin{pmatrix} 1 & 2 & 1 \\ 3 & 5 & 4 \end{pmatrix}$의 기약사다리꼴 행렬은 $\begin{pmatrix} 1 & 0 & -3 \\ 0 & 1 & -1 \end{pmatrix}$이므로 주어진 동차연립방정식은 다음과 같이 무수히 많은 해를 가진다.

$$\begin{pmatrix} x \\ y \\ z \end{pmatrix} = t\begin{pmatrix} -3 \\ 1 \\ 1 \end{pmatrix}, \quad t\text{는 임의의 실수}$$

5. (1) 확대계수행렬 $\begin{pmatrix} 1 & -2 & -7 & \vdots & -4 \\ 2 & 1 & 1 & \vdots & 7 \\ 4 & 3 & 5 & \vdots & 17 \end{pmatrix}$의 기약사다리꼴 행렬은 $\begin{pmatrix} 1 & 0 & -1 & \vdots & 2 \\ 0 & 1 & 3 & \vdots & 3 \\ 0 & 0 & 0 & \vdots & 0 \end{pmatrix}$이므로 주어진 연립방정식은 다음과 같이 무수히 많은 해를 가진다.

$$\begin{pmatrix} x \\ y \\ z \end{pmatrix} = t\begin{pmatrix} 1 \\ -3 \\ 1 \end{pmatrix} + \begin{pmatrix} 2 \\ 3 \\ 0 \end{pmatrix}, \quad t\text{는 임의의 실수}$$

(2) 확대계수행렬 $\begin{pmatrix} 1 & 2 & 0 & 0 & 1 & \vdots & 2 \\ 3 & 6 & -1 & 1 & 1 & \vdots & 9 \\ 4 & 8 & 5 & -1 & 14 & \vdots & -3 \end{pmatrix}$의 기약사다리꼴 행렬은 $\begin{pmatrix} 1 & 2 & 0 & 0 & 1 & \vdots & 2 \\ 0 & 0 & 1 & 0 & 2 & \vdots & -2 \\ 0 & 0 & 0 & 1 & 0 & \vdots & 1 \end{pmatrix}$이므로 주어진 연립방정식은 다음과 같이 무수히 많은 해를 가진다.

$$\begin{pmatrix} x_1 \\ x_2 \\ x_3 \\ x_4 \\ x_5 \end{pmatrix} = \begin{pmatrix} 2 \\ 0 \\ -2 \\ 1 \\ 0 \end{pmatrix} + s\begin{pmatrix} -2 \\ 1 \\ 0 \\ 0 \\ 0 \end{pmatrix} + \begin{pmatrix} -1 \\ 0 \\ -2 \\ 0 \\ 1 \end{pmatrix}, \quad s, t\text{는 임의의 실수}$$

연습문제 2.2

1. (1) 거짓 (2) 거짓 (3) 거짓 (4) 거짓

2. (1) $A^{-1} = \begin{pmatrix} \frac{5}{3} & -\frac{2}{3} \\ 2 & -1 \end{pmatrix}$

(2) 역행렬이 존재하지 않는다.

(3) $C^{-1} = \begin{pmatrix} \frac{1}{3} & 0 \\ 0 & \frac{1}{2} \end{pmatrix}$

(4) $xw - yz \neq 0$인 경우에는 $E^{-1} = \dfrac{1}{xw - yz}\begin{pmatrix} w & -y \\ -z & x \end{pmatrix}$이고, $xw - yz = 0$인 경우에는 E^{-1}가 존재하지 않는다.

3. $x \neq -1, 2$

4. $A^{-1}=\begin{pmatrix} 1 & -2 \\ -2 & 5 \end{pmatrix}$이므로, $X=A^{-1}B=\begin{pmatrix} 1 & -2 \\ -2 & 5 \end{pmatrix}\begin{pmatrix} 2 & 0 \\ 1 & 1 \end{pmatrix}=\begin{pmatrix} 0 & -2 \\ 1 & 5 \end{pmatrix}$이다.

5. (1) $(A\colon I)=\left(\begin{matrix} 2 & 1 \\ 4 & 3 \end{matrix}\,\middle|\,\begin{matrix} 1 & 0 \\ 0 & 1 \end{matrix}\right) \xrightarrow{\text{기본행연산}} \left(\begin{matrix} 1 & 0 \\ 0 & 1 \end{matrix}\,\middle|\,\begin{matrix} \frac{3}{2} & -\frac{1}{2} \\ -2 & 1 \end{matrix}\right)=(I\colon A^{-1})$이므로 $A^{-1}=\begin{pmatrix} \frac{3}{2} & -\frac{1}{2} \\ -2 & 1 \end{pmatrix}$이다.

(2) $(B\colon I)=\left(\begin{matrix} 1 & 2 & 1 \\ 2 & 3 & 1 \\ 1 & 0 & 2 \end{matrix}\,\middle|\,\begin{matrix} 1 & 0 & 0 \\ 0 & 1 & 0 \\ 0 & 0 & 1 \end{matrix}\right) \xrightarrow{\text{기본행연산}} \left(\begin{matrix} 1 & 0 & 0 \\ 0 & 1 & 0 \\ 0 & 0 & 1 \end{matrix}\,\middle|\,\begin{matrix} -2 & \frac{4}{3} & \frac{1}{3} \\ 1 & -\frac{1}{3} & -\frac{1}{3} \\ 1 & -\frac{2}{3} & \frac{1}{3} \end{matrix}\right)=(I\colon B^{-1})$

이므로 $B^{-1}=\begin{pmatrix} -2 & \frac{4}{3} & \frac{1}{3} \\ 1 & -\frac{1}{3} & -\frac{1}{3} \\ 1 & -\frac{2}{3} & \frac{1}{3} \end{pmatrix}$이다.

6. $A=(A^{-1})^{-1}=\begin{pmatrix} 1 & 3 \\ 2 & 8 \end{pmatrix}^{-1}=\begin{pmatrix} 4 & -\frac{3}{2} \\ -1 & \frac{1}{2} \end{pmatrix}$

7. $|A|=x^2+y^2=1\neq 0$이므로 [정리 2.2]에 의하여 A의 역행렬이 존재하고 $A^{-1}=\begin{pmatrix} x & -y \\ y & x \end{pmatrix}$이다.

8. (1) $A^{-1}=\begin{pmatrix} \frac{1}{2} & 0 & 0 \\ 0 & \frac{1}{2} & 0 \\ 0 & 0 & \frac{1}{2} \end{pmatrix}$ (2) $B^{-1}=\begin{pmatrix} 1 & 0 & 0 \\ 0 & -1 & 1 \\ 0 & 0 & 1 \end{pmatrix}$

9. [정리 2.1]에 의하여 다음과 같이 증명된다.

$$(ABC)^{-1}=((AB)C)^{-1}=C^{-1}(AB)^{-1}=C^{-1}(B^{-1}A^{-1})=C^{-1}B^{-1}A^{-1}$$

10. 연립방정식을 행렬로 나타내면

$$\begin{pmatrix} 2 & 1 \\ 4 & 3 \end{pmatrix}\begin{pmatrix} x \\ y \end{pmatrix}=\begin{pmatrix} 0 \\ -2 \end{pmatrix}$$

이고, $\begin{pmatrix} 2 & 1 \\ 4 & 3 \end{pmatrix}^{-1}=\frac{1}{2}\begin{pmatrix} 3 & -1 \\ -4 & 2 \end{pmatrix}$이므로, 연립방정식의 해는 다음과 같다.

$$\begin{pmatrix} x \\ y \end{pmatrix}=\frac{1}{2}\begin{pmatrix} 3 & -1 \\ -4 & 2 \end{pmatrix}\begin{pmatrix} 0 \\ -2 \end{pmatrix}=\begin{pmatrix} 1 \\ -2 \end{pmatrix}$$

11. 연립방정식을 행렬로 나타내면

$$\begin{pmatrix} 1 & 2 & 1 \\ 2 & 3 & 1 \\ 1 & 0 & 2 \end{pmatrix}\begin{pmatrix} x \\ y \\ z \end{pmatrix}=\begin{pmatrix} 1 \\ 1 \\ 3 \end{pmatrix}$$

이고,

$$\begin{pmatrix}1&2&1\\2&3&1\\1&0&2\end{pmatrix}^{-1}=\begin{pmatrix}-2&\frac{4}{3}&\frac{1}{3}\\1&-\frac{1}{3}&-\frac{1}{3}\\1&-\frac{2}{3}&\frac{1}{3}\end{pmatrix}$$

이므로, 연립방정식의 해는 다음과 같다.

$$\begin{pmatrix}x\\y\\z\end{pmatrix}=\begin{pmatrix}1&2&1\\2&3&1\\1&0&2\end{pmatrix}^{-1}\begin{pmatrix}1\\1\\3\end{pmatrix}=\begin{pmatrix}-2&\frac{4}{3}&\frac{1}{3}\\1&-\frac{1}{3}&-\frac{1}{3}\\1&-\frac{2}{3}&\frac{1}{3}\end{pmatrix}\begin{pmatrix}1\\1\\3\end{pmatrix}=\begin{pmatrix}\frac{1}{3}\\-\frac{1}{3}\\\frac{4}{3}\end{pmatrix}$$

12. 확대계수행렬에 기본행연산을 시행하면

$$\left(\begin{array}{ccc:c}1&2&3&1\\1&-1&1&-5\\-2&1&-3&9\end{array}\right)\xrightarrow{\text{기본행연산}}\left(\begin{array}{ccc:c}1&0&0&-4\\0&1&0&\frac{8}{5}\\0&0&1&\frac{3}{5}\end{array}\right)$$

이므로, 연립방정식의 해는 다음과 같다.

$$x=-4,\ y=\frac{8}{5},\ z=\frac{3}{5}$$

13. $AB=2I \Leftrightarrow A(\frac{1}{2}B)=I$이므로 $A^{-1}=\frac{1}{2}B$이다. 또한 $A^2+A=I \Leftrightarrow A(A+I)=I$이므로 $A^{-1}=A+I$이다. 그런데 역행렬은 유일하므로 $A^{-1}=A+I=\frac{1}{2}B$이다. 따라서

$$\begin{aligned}B^2=(2(A+I))^2&=2^2(A+I)(A+I)\\&=4(A^2+AI+IA+I^2)\\&=4(A^2+A+A+I)\\&=4(I+A+I)\\&=4(A+2I)\end{aligned}$$

이다.

연습문제 2.3

1. (1) $\begin{pmatrix}-2&0&0\\0&1&0\\0&0&1\end{pmatrix}$ (2) $\begin{pmatrix}1&0&0\\0&1&0\\0&2&1\end{pmatrix}$ (3) $\begin{pmatrix}0&1&0\\1&0&0\\0&0&1\end{pmatrix}$

2. (1) $A^{-1}=\begin{pmatrix} -1 & 3 & -4 \\ \frac{1}{3} & -1 & \frac{5}{3} \\ \frac{2}{3} & -1 & \frac{4}{3} \end{pmatrix}$ (2) $B^{-1}=\begin{pmatrix} 4 & 1 & -5 \\ 1 & 1 & -3 \\ -1 & 0 & 1 \end{pmatrix}$ (3) $C^{-1}=C$

3. $A^T=A$로부터 $A^{-1}=(A^T)^{-1}=(A^{-1})^T$ 이므로 A^{-1}도 대칭행렬이다.

4. $a\neq 0$일 때 A의 역행렬이 존재하고 그 때의 A^{-1}는 $A^{-1}=\begin{pmatrix} 0 & 1 & 0 \\ 1 & -1 & 0 \\ -\frac{2}{a} & \frac{1}{a} & \frac{1}{a} \end{pmatrix}$이다.

5. $A^3-2A^2+3A-I=0$으로부터 $A(A^2-2A+3I)=I$이므로 양변의 왼쪽에 A^{-1}를 곱하면 $A^2-2A+3I=A^{-1}I=A^{-1}$이다.

6. 주어진 연립방정식의 계수행렬 $\begin{pmatrix} -2 & -1 & -2 \\ 1 & 0 & 1 \\ 1 & 1 & 0 \end{pmatrix}$의 역행렬이 $\begin{pmatrix} 1 & 2 & 1 \\ -1 & -2 & 0 \\ -1 & -1 & -1 \end{pmatrix}$이므로 해는 다음과 같다.

$$\begin{pmatrix} x \\ y \\ z \end{pmatrix}=\begin{pmatrix} -2 & -1 & -2 \\ 1 & 0 & 1 \\ 1 & 1 & 0 \end{pmatrix}^{-1}\begin{pmatrix} 1 \\ 2 \\ 3 \end{pmatrix}=\begin{pmatrix} 1 & 2 & 1 \\ -1 & -2 & 0 \\ -1 & -1 & -1 \end{pmatrix}\begin{pmatrix} 1 \\ 2 \\ 3 \end{pmatrix}=\begin{pmatrix} 8 \\ -5 \\ -6 \end{pmatrix}$$

연습문제 2.4

1. (1) $\begin{pmatrix} 2 & 1 \\ 10 & -2 \end{pmatrix}=\begin{pmatrix} 1 & 0 \\ 5 & 1 \end{pmatrix}\begin{pmatrix} 2 & 1 \\ 0 & -7 \end{pmatrix}$

(2) $\begin{pmatrix} 3 & -6 \\ -2 & 5 \end{pmatrix}=\begin{pmatrix} 3 & 0 \\ -2 & 1 \end{pmatrix}\begin{pmatrix} 1 & -2 \\ 0 & 1 \end{pmatrix}$

(3) $\begin{pmatrix} 2 & 1 \\ 8 & 7 \end{pmatrix}=\begin{pmatrix} 1 & 0 \\ 4 & 1 \end{pmatrix}\begin{pmatrix} 2 & 1 \\ 0 & 3 \end{pmatrix}$

(4) $\begin{pmatrix} 2 & 6 & 2 \\ -3 & -8 & 0 \\ 4 & 9 & 2 \end{pmatrix}=\begin{pmatrix} 2 & 0 & 0 \\ -3 & 1 & 0 \\ 4 & -3 & 7 \end{pmatrix}\begin{pmatrix} 1 & 3 & 1 \\ 0 & 1 & 3 \\ 0 & 0 & 1 \end{pmatrix}$

(5) $\begin{pmatrix} 1 & -1 & 0 \\ -1 & 2 & -1 \\ 0 & -1 & 2 \end{pmatrix}=\begin{pmatrix} 1 & 0 & 0 \\ -1 & 1 & 0 \\ 0 & -1 & 1 \end{pmatrix}\begin{pmatrix} 1 & -1 & 0 \\ 0 & 1 & -1 \\ 0 & 0 & 1 \end{pmatrix}$

(6) $\begin{pmatrix} 6 & -2 & 0 \\ 9 & -1 & 1 \\ 3 & 7 & 5 \end{pmatrix}=\begin{pmatrix} 6 & 0 & 0 \\ 9 & 2 & 0 \\ 3 & 8 & 1 \end{pmatrix}\begin{pmatrix} 1 & -\frac{1}{3} & 0 \\ 0 & 1 & \frac{1}{2} \\ 0 & 0 & 1 \end{pmatrix}$

(7) $\begin{pmatrix} 1 & 2 & -2 & 3 \\ 3 & 5 & -5 & 7 \\ 2 & 1 & 0 & 2 \\ -1 & 3 & 3 & 2 \end{pmatrix}=\begin{pmatrix} 1 & 0 & 0 & 0 \\ 3 & 1 & 0 & 0 \\ 2 & 3 & 1 & 0 \\ -1 & -5 & 6 & 1 \end{pmatrix}\begin{pmatrix} 1 & 2 & -2 & 3 \\ 0 & -1 & 1 & -2 \\ 0 & 0 & 1 & 2 \\ 0 & 0 & 0 & -17 \end{pmatrix}$

2. (1) 계수행렬: $\begin{pmatrix} 2 & 8 \\ -1 & -1 \end{pmatrix} = \begin{pmatrix} 2 & 0 \\ -1 & 1 \end{pmatrix}\begin{pmatrix} 1 & 4 \\ 0 & 3 \end{pmatrix}$, 해: $x=3, y=-1$

(2) 계수행렬: $\begin{pmatrix} -1 & -3 & -4 \\ 3 & 10 & -10 \\ -2 & -4 & 11 \end{pmatrix} = \begin{pmatrix} 1 & 0 & 0 \\ -3 & 1 & 0 \\ 2 & 2 & 1 \end{pmatrix}\begin{pmatrix} -1 & -3 & -4 \\ 0 & 1 & -22 \\ 0 & 0 & 63 \end{pmatrix}$, 해: $x=-1, y=1, z=1$

(3) 계수행렬: $\begin{pmatrix} 1 & 3 & 1 \\ -3 & -8 & 0 \\ 4 & 9 & 2 \end{pmatrix} = \begin{pmatrix} 1 & 0 & 0 \\ -3 & 1 & 0 \\ 4 & -3 & 7 \end{pmatrix}\begin{pmatrix} 1 & 3 & 1 \\ 0 & 1 & 3 \\ 0 & 0 & 1 \end{pmatrix}$, 해: $x=2, y=-1, z=2$

3. (1) $\begin{pmatrix} a & b \\ c & d \end{pmatrix} = \begin{pmatrix} 1 & 0 \\ \frac{c}{a} & 1 \end{pmatrix}\begin{pmatrix} a & 0 \\ 0 & \frac{ad-bc}{a} \end{pmatrix}\begin{pmatrix} 1 & \frac{b}{a} \\ 0 & 1 \end{pmatrix}$

(2) $\begin{pmatrix} 2 & -1 & 0 \\ -1 & 2 & -1 \\ 0 & -1 & 2 \end{pmatrix} = \begin{pmatrix} 1 & 0 & 0 \\ -\frac{1}{2} & 1 & 0 \\ 0 & -\frac{2}{3} & 1 \end{pmatrix}\begin{pmatrix} 2 & 0 & 0 \\ 0 & \frac{3}{2} & 0 \\ 0 & 0 & \frac{4}{3} \end{pmatrix}\begin{pmatrix} 1 & -\frac{1}{2} & 0 \\ 0 & 1 & -\frac{2}{3} \\ 0 & 0 & 1 \end{pmatrix}$

(3) $\begin{pmatrix} 1 & 1 & 1 \\ 1 & 4 & 5 \\ 1 & 4 & 7 \end{pmatrix} = \begin{pmatrix} 1 & 0 & 0 \\ 1 & 1 & 0 \\ 1 & 1 & 1 \end{pmatrix}\begin{pmatrix} 1 & 0 & 0 \\ 0 & 3 & 0 \\ 0 & 0 & 2 \end{pmatrix}\begin{pmatrix} 1 & 1 & 1 \\ 0 & 1 & \frac{4}{3} \\ 0 & 0 & 1 \end{pmatrix}$

(4) $\begin{pmatrix} 1 & 4 & 5 \\ 4 & 18 & 26 \\ 3 & 16 & 30 \end{pmatrix} = \begin{pmatrix} 1 & 0 & 0 \\ 4 & 1 & 0 \\ 3 & 2 & 1 \end{pmatrix}\begin{pmatrix} 1 & 0 & 0 \\ 0 & 2 & 0 \\ 0 & 0 & 3 \end{pmatrix}\begin{pmatrix} 1 & 4 & 5 \\ 0 & 1 & 3 \\ 0 & 0 & 1 \end{pmatrix}$

4. (1) $P=\begin{pmatrix} 1 & 0 & 0 \\ 0 & 0 & 1 \\ 0 & 1 & 0 \end{pmatrix}$를 $A=\begin{pmatrix} 1 & 2 & 3 \\ 2 & 4 & 2 \\ 1 & 1 & 1 \end{pmatrix}$에 곱하면 다음과 같이 LDU분해가 된다.

$$PA=\begin{pmatrix} 1 & 0 & 0 \\ 0 & 0 & 1 \\ 0 & 1 & 0 \end{pmatrix}\begin{pmatrix} 1 & 2 & 3 \\ 2 & 4 & 2 \\ 1 & 1 & 1 \end{pmatrix} = \begin{pmatrix} 1 & 2 & 3 \\ 1 & 1 & 1 \\ 2 & 4 & 2 \end{pmatrix} = \begin{pmatrix} 1 & 0 & 0 \\ 1 & 1 & 0 \\ 2 & 0 & 1 \end{pmatrix}\begin{pmatrix} 1 & 0 & 0 \\ 0 & -1 & 0 \\ 0 & 0 & -4 \end{pmatrix}\begin{pmatrix} 1 & 2 & 3 \\ 0 & 1 & 2 \\ 0 & 0 & 1 \end{pmatrix}$$

(2) $P=\begin{pmatrix} 0 & 0 & 1 \\ 0 & 1 & 0 \\ 1 & 0 & 0 \end{pmatrix}$를 $A=\begin{pmatrix} 0 & 1 & 2 \\ 0 & 1 & 0 \\ 1 & 0 & 0 \end{pmatrix}$에 곱하면 다음과 같이 LDU분해가 된다.

$$PA=\begin{pmatrix} 0 & 0 & 1 \\ 0 & 1 & 0 \\ 1 & 0 & 0 \end{pmatrix}\begin{pmatrix} 0 & 1 & 2 \\ 0 & 1 & 0 \\ 1 & 0 & 0 \end{pmatrix} = \begin{pmatrix} 1 & 0 & 0 \\ 0 & 1 & 0 \\ 0 & 1 & 2 \end{pmatrix} = \begin{pmatrix} 1 & 0 & 0 \\ 0 & 1 & 0 \\ 0 & -1 & 1 \end{pmatrix}\begin{pmatrix} 1 & 0 & 0 \\ 0 & 1 & 0 \\ 0 & 0 & 2 \end{pmatrix}\begin{pmatrix} 1 & 0 & 0 \\ 0 & 1 & 0 \\ 0 & 0 & 1 \end{pmatrix}$$

(3) $P=\begin{pmatrix} 0 & 0 & 1 \\ 0 & 1 & 0 \\ 1 & 0 & 0 \end{pmatrix}$를 $A=\begin{pmatrix} 0 & 1 & 1 \\ -1 & 0 & -3 \\ 2 & -4 & 0 \end{pmatrix}$에 곱하면 다음과 같이 LDU분해가 된다.

$$PA=\begin{pmatrix} 0 & 0 & 1 \\ 0 & 1 & 0 \\ 1 & 0 & 0 \end{pmatrix}\begin{pmatrix} 0 & 1 & 1 \\ -1 & 0 & -3 \\ 2 & -4 & 0 \end{pmatrix} = \begin{pmatrix} 2 & -4 & 0 \\ -1 & 0 & -3 \\ 0 & 1 & 1 \end{pmatrix} = \begin{pmatrix} 1 & 0 & 0 \\ -\frac{1}{2} & 1 & 0 \\ 0 & -\frac{1}{2} & 1 \end{pmatrix}\begin{pmatrix} 2 & 0 & 0 \\ 0 & -2 & 0 \\ 0 & 0 & \frac{1}{2} \end{pmatrix}\begin{pmatrix} 1 & -2 & 0 \\ 0 & 1 & \frac{3}{2} \\ 0 & 0 & 1 \end{pmatrix}$$

연습문제 3.1

1. (1) 8　(2) 11　(3) 10　(4) 2

2. (1) 21　(2) −4　(3) −3　(4) 0

3. $a=\pm 2$

4. (1) $\det A = 1\times 4-(-2)\times 3 = 4+6 = 10$

   (2) $A^{-1}=\frac{1}{10}\begin{pmatrix}4 & -3\\ 2 & 1\end{pmatrix}=\begin{pmatrix}\frac{2}{5} & -\frac{3}{10}\\ \frac{1}{5} & \frac{1}{10}\end{pmatrix}$이므로, $\det(A^{-1})=\frac{1}{10}$이다.

5. (1) $AB=\begin{pmatrix}1 & 2 & 3\\ -1 & 0 & -1\\ 0 & 1 & 1\end{pmatrix}$이므로 $\det(AB)=0$이다.

   (2) $BA=\begin{pmatrix}4 & 4\\ -3 & -2\end{pmatrix}$이므로 $\det(BA)=4$이다.

6. (1) $AB=\begin{pmatrix}2 & 0\\ -1 & 1\end{pmatrix}\begin{pmatrix}1 & 3\\ 2 & 4\end{pmatrix}=\begin{pmatrix}2 & 6\\ 1 & 1\end{pmatrix}$이므로 $|AB|=2-6=-4$이다.

   (2) $BA=\begin{pmatrix}1 & 3\\ 2 & 4\end{pmatrix}\begin{pmatrix}2 & 0\\ -1 & 1\end{pmatrix}=\begin{pmatrix}-1 & 3\\ 0 & 4\end{pmatrix}$이므로 $|BA|=-4-0=-4$이다.

   (3) $|A||B|=2\times(-2)=-4$

7. (1) $\begin{vmatrix}-2 & 5 & 0\\ 3 & 1 & 2\\ 4 & 2 & 0\end{vmatrix}=-2\begin{vmatrix}1 & 2\\ 2 & 0\end{vmatrix}-5\begin{vmatrix}3 & 2\\ 4 & 0\end{vmatrix}=-2(0-4)-5(0-8)=48$

   (2) $\begin{vmatrix}-2 & 5 & 0\\ 3 & 1 & 2\\ 4 & 2 & 0\end{vmatrix}=4\begin{vmatrix}5 & 0\\ 1 & 2\end{vmatrix}-2\begin{vmatrix}-2 & 0\\ 3 & 2\end{vmatrix}=4(10-0)-2(-4-0)=48$

   (3) $\begin{vmatrix}-2 & 5 & 0\\ 3 & 1 & 2\\ 4 & 2 & 0\end{vmatrix}=-2\begin{vmatrix}-2 & 5\\ 4 & 2\end{vmatrix}=-2(-4-20)=48$

8. (1) 1행에 대하여 여인수 전개하면 다음과 같다.

$$\begin{vmatrix}2 & 4 & 0\\ 1 & 0 & 1\\ 1 & 2 & 0\end{vmatrix}=2\begin{vmatrix}0 & 1\\ 2 & 0\end{vmatrix}-4\begin{vmatrix}1 & 1\\ 1 & 0\end{vmatrix}=0$$

   (2) 2열에 대하여 여인수 전개하면 다음과 같다.

$$\begin{vmatrix}1 & 0 & 1\\ 2 & 0 & 1\\ 1 & 2 & 3\end{vmatrix}=-2\begin{vmatrix}1 & 1\\ 2 & 1\end{vmatrix}=2$$

   (3) 2행에 대하여 여인수 전개하면 다음과 같다.

$$\begin{vmatrix}-1 & 3 & 1\\ 0 & 0 & 1\\ 2 & 1 & 0\end{vmatrix}=-\begin{vmatrix}-1 & 3\\ 2 & 1\end{vmatrix}=7$$

   (4) 1행에 대하여 여인수 전개하면 다음과 같다.

$$\begin{vmatrix} 2 & 1 & 3 \\ 4 & 2 & 6 \\ -1 & -2 & 1 \end{vmatrix} = 2\begin{vmatrix} 2 & 6 \\ -2 & 1 \end{vmatrix} - \begin{vmatrix} 4 & 6 \\ -1 & 1 \end{vmatrix} + 3\begin{vmatrix} 4 & 2 \\ -1 & -2 \end{vmatrix} = 28 - 10 - 18 = 0$$

(5) 3열에 대하여 여인수 전개하면 $\begin{vmatrix} -2 & 5 & 1 \\ 2 & 1 & 0 \\ 4 & 1 & 0 \end{vmatrix} = \begin{vmatrix} 2 & 1 \\ 4 & 1 \end{vmatrix} = -2$이다.

(6) 3열에 대하여 여인수 전개하면 $\begin{vmatrix} 3 & 4 & 0 \\ 1 & 2 & 0 \\ 1 & -1 & 0 \end{vmatrix} = 0$이다.

9. (1) −10 (2) 8 (3) 24 (4) 0

연습문제 3.2

1. (1) 참 (2) 거짓 (3) 참 (4) 참 (5) 거짓
2. (1) 참 (2) 참 (3) 거짓 (4) 참 (5) 거짓
3. (1) 2 (2) 4 (3) 8 (4) 14
4. (1) 0 (2) −6 (3) 16 (4) $abcd$
5. (1) $-k$ (2) k (3) 0 (4) $-3k$ (5) $-4k$ (6) $24k$
6. $\begin{vmatrix} 1 & 1 & 1 \\ x & y & z \\ x^3 & y^3 & z^3 \end{vmatrix} = \begin{vmatrix} 1 & 0 & 0 \\ x & y-x & z-x \\ x^3 & y^3-x^3 & z^3-x^3 \end{vmatrix}$ $\left(\xrightarrow[(-1)R_1+R_3]{(-1)R_1+R_2}\right)$

$= \begin{vmatrix} y-x & z-x \\ y^3-x^3 & z^3-x^3 \end{vmatrix}$ (1행에 대한 여인수 전개)

$= \begin{vmatrix} y-x & z-x \\ (y-x)(y^2+yx+x^2) & (z-x)(z^2+zx+x^2) \end{vmatrix}$

$= (y-x)(z-x)\begin{vmatrix} 1 & 1 \\ (y^2+yx+x^2) & (z^2+zx+x^2) \end{vmatrix}$ (행렬식의 성질 2)

$= (y-x)(z-x)((z^2+zx+x^2)-(y^2+yx+x^2))$

$= (y-x)(z-x)(z^2-y^2+zx-yx)$

$= (y-x)(z-x)(z-y)(z+y+x)$

7. −1
8. (1) k가 $\det A = (k-1)(k+2)-4=0$을 만족해야 하고

$$\det A = (k-1)(k+2)-4 = k^2+k-6 = (k-2)(k+3)$$

이므로 $k=2, -3$이다.

(2) k가 $\det A = (k+2)\begin{vmatrix} k-1 & 1 \\ 2 & k \end{vmatrix} = (k+2)k(k-1)-2=0$을 만족해야 하고

$$(k+2)(k(k-1)-2) = (k-2)(k+1)(k+2)$$

이므로 $k=2, -1, -2$이다.

9. 40

연습문제 3.3

1. (1) 수반행렬 : $adj\,A=\begin{pmatrix} 5 & -3 \\ -4 & 2 \end{pmatrix}$

역행렬 : $\det A=-2$이므로 $A^{-1}=\frac{1}{\det A}adj\,A=\begin{pmatrix} -\frac{5}{2} & \frac{3}{2} \\ 2 & -1 \end{pmatrix}$

(2) 수반행렬 : $adj\,B=\begin{pmatrix} -5 & 2 \\ -3 & 1 \end{pmatrix}$

역행렬 : $\det B=1$이므로 $B^{-1}=adj\,B=\begin{pmatrix} -5 & 2 \\ -3 & 1 \end{pmatrix}$

(3) 수반행렬 : $adj\,C=\begin{pmatrix} -11 & 2 & 2 \\ -4 & 0 & 1 \\ 6 & -1 & -1 \end{pmatrix}$

역행렬 : $\det C=1$이므로 $C^{-1}=adj\,C=\begin{pmatrix} -11 & 2 & 2 \\ -4 & 0 & 1 \\ 6 & -1 & -1 \end{pmatrix}$

2. (1) $\det A=1,\ adj\,A=\begin{pmatrix} 1 & 1 & -1 \\ -1 & 0 & 1 \\ 0 & -1 & 1 \end{pmatrix},\ A^{-1}=\frac{1}{\det A}adj\,A=\begin{pmatrix} 1 & 1 & -1 \\ -1 & 0 & 1 \\ 0 & -1 & 1 \end{pmatrix}$

(2) $\det B=6,\ adj\,B=\begin{pmatrix} -12 & 4 & -1 \\ -12 & 6 & 0 \\ 8 & -4 & 1 \end{pmatrix},\quad B^{-1}=\frac{1}{\det B}adj\,B=\frac{1}{6}\begin{pmatrix} -12 & 4 & -1 \\ -12 & 6 & 0 \\ 8 & -4 & 1 \end{pmatrix}$

3. (1) $\det A=-2,\ adj\,A=\begin{pmatrix} 4 & -2 \\ -3 & 1 \end{pmatrix},\ A^{-1}=\begin{pmatrix} -2 & 1 \\ \frac{3}{2} & -\frac{1}{2} \end{pmatrix}$

(2) $\det A=0,\ adj\,A=\begin{pmatrix} -1 & 2 & -1 \\ 2 & -4 & 2 \\ -1 & 2 & -1 \end{pmatrix}$, $\det A=0$이므로 역행렬이 존재하지 않는다.

(3) $\det A=1,\ adj\,A=\begin{pmatrix} 1 & -1 & 0 \\ 0 & 1 & -1 \\ 0 & 0 & 1 \end{pmatrix}=A^{-1}$

(4) $\det A=3,\ adj\,A=\begin{pmatrix} 6 & 0 & -3 \\ 2 & 1 & -1 \\ -3 & 0 & 3 \end{pmatrix},\ A^{-1}=\begin{pmatrix} 2 & 0 & -1 \\ \frac{2}{3} & \frac{1}{3} & -\frac{1}{3} \\ -1 & 0 & 1 \end{pmatrix}$

(5) $\det A=4,\ adj\,A=\begin{pmatrix} 2 & 8 & -2 \\ 0 & 4 & 2 \\ 0 & 0 & 2 \end{pmatrix},\ A^{-1}=\begin{pmatrix} \frac{1}{2} & 2 & -\frac{1}{2} \\ 0 & 1 & \frac{1}{2} \\ 0 & 0 & \frac{1}{2} \end{pmatrix}$

4. $\begin{vmatrix} 1 & 0 & 0 \\ 0 & -1 & 0 \\ 0 & 0 & 0 \end{vmatrix}=0$이므로 [정리 3.12]에 의하여 $\begin{pmatrix} 1 & 0 & 0 \\ 0 & -1 & 0 \\ 0 & 0 & 0 \end{pmatrix}$는 역행렬이 존재하지 않는다.

연습문제 3.4

1. (1) 연립방정식의 계수행렬을 A라 두면 $|A|=\begin{vmatrix}1&2\\3&5\end{vmatrix}=-1$이고,

$$|A_1|=\begin{vmatrix}1&2\\2&5\end{vmatrix}=1,\quad |A_2|=\begin{vmatrix}1&1\\3&2\end{vmatrix}=-1$$

이므로, 주어진 연립방정식의 해는 $x=\dfrac{|A_1|}{|A|}=-1,\quad y=\dfrac{|A_2|}{|A|}=1$이다.

(2) 연립방정식의 계수행렬을 A라 두면 $|A|=\begin{vmatrix}1&-2&-5\\2&1&3\\3&2&-2\end{vmatrix}=-39$이고,

$$|A_1|=\begin{vmatrix}3&-2&-5\\4&1&3\\-2&2&-2\end{vmatrix}=-78,\ |A_2|=\begin{vmatrix}1&3&-5\\2&4&3\\3&-2&-2\end{vmatrix}=107,\ |A_3|=\begin{vmatrix}1&-2&3\\2&1&4\\3&2&-2\end{vmatrix}=-39$$

이므로, 주어진 연립방정식의 해는 $x=\dfrac{|A_1|}{|A|}=2,\quad y=\dfrac{|A_2|}{|A|}=-3,\ z=\dfrac{|A_3|}{|A|}=1$이다.

2. 연립방정식의 계수행렬을 A라 두면, $A=\begin{pmatrix}1&2&1\\2&5&3\\3&4&1\end{pmatrix}$이고,

(1) $\det A=0$이므로 A는 역행렬이 존재하지 않는다. 그러므로 역행렬을 이용하여 해를 구할 수는 없다.

(2) $\det A=0$이므로 크레머 공식으로 해를 구할 수는 없다.

(3) 확대계수행렬에 기본행연산을 시행하여 기약사다리꼴행렬을 구하면

$$\begin{pmatrix}1&2&1&:1\\2&5&3&:3\\3&4&1&:1\end{pmatrix}\xrightarrow{\text{기본행연산}}\begin{pmatrix}1&0&-1&:-1\\0&1&1&:\ 1\\0&0&0&:\ 0\end{pmatrix}$$

이므로 주어진 연립방정식의 해는 $\begin{cases}x-z=-1\\y+z=1\end{cases}$의 해와 같다. 그러므로 주어진 연립방정식의 해는 다음과 같다.

$$\begin{pmatrix}x\\y\\z\end{pmatrix}=\begin{pmatrix}t-1\\-t+1\\t\end{pmatrix}=t\begin{pmatrix}1\\-1\\1\end{pmatrix}+\begin{pmatrix}-1\\1\\0\end{pmatrix}s,\ t\in\mathbb{R}$$

3. (1) $\det A=2$

(2) $adj\,A=\begin{pmatrix}14&8&-4\\6&4&-2\\-2&-1&1\end{pmatrix}$

(3) $A^{-1}=\dfrac{1}{\det A}adj\,A=\dfrac{1}{2}\begin{pmatrix}14&8&-4\\6&4&-2\\-2&-1&1\end{pmatrix}$

(4) $X=A^{-1}B=\dfrac{1}{2}\begin{pmatrix}14&8&-4\\6&4&-2\\-2&-1&1\end{pmatrix}\begin{pmatrix}1\\-3\\-3\end{pmatrix}=\begin{pmatrix}1\\0\\-1\end{pmatrix}$, 즉 주어진 연립방정식의 해는 $x=1, y=0,$ $z=-1$이다.

연습문제 3.5

1. $\det C = \det A \det B = -2 \cdot 3 = -6$

2. $A^2 = \begin{pmatrix} 0 & -1 \\ 1 & 0 \end{pmatrix}\begin{pmatrix} 0 & -1 \\ 1 & 0 \end{pmatrix} = \begin{pmatrix} -1 & 0 \\ 0 & -1 \end{pmatrix}$이므로 $A^3 = A^2 A = \begin{pmatrix} -1 & 0 \\ 0 & -1 \end{pmatrix}\begin{pmatrix} 0 & -1 \\ 1 & 0 \end{pmatrix} = \begin{pmatrix} 0 & 1 \\ -1 & 0 \end{pmatrix}$이다. 그러므로

   $A^3 + A = \begin{pmatrix} 0 & 1 \\ -1 & 0 \end{pmatrix} + \begin{pmatrix} 0 & -1 \\ 1 & 0 \end{pmatrix} = \begin{pmatrix} 0 & 0 \\ 0 & 0 \end{pmatrix}$이다.

3. $B = \begin{pmatrix} A & 0 \\ 0 & 0 \end{pmatrix}$이므로, $B^2 = \begin{pmatrix} A & 0 \\ 0 & 0 \end{pmatrix}\begin{pmatrix} A & 0 \\ 0 & 0 \end{pmatrix} = \begin{pmatrix} A^2 & 0 \\ 0 & 0 \end{pmatrix}$, $B^3 = \begin{pmatrix} A^3 & 0 \\ 0 & 0 \end{pmatrix}$, $\cdots$, $B^n = \begin{pmatrix} A^n & 0 \\ 0 & 0 \end{pmatrix}$이다. 그런데 2번으로부터 $A^3 = -A$이므로, $A^9 = (A^3)^3 = (-A)^3 = -A^3 = A$이다. 그러므로

   $$B^9 = \begin{pmatrix} A^9 & 0 \\ 0 & 0 \end{pmatrix} = \begin{pmatrix} A & 0 \\ 0 & 0 \end{pmatrix} = B\text{이다. 즉, } B^9 - B = 0\text{이다.}$$

연습문제 4.1

1. 꼭짓점의 개수가 1~5인 완전그래프는 차례로

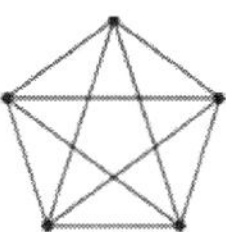

   이고 각각의 인접행렬은 차례로 다음과 같다.

   $$(0) \qquad \begin{pmatrix} 0 & 1 \\ 1 & 0 \end{pmatrix} \qquad \begin{pmatrix} 0 & 1 & 1 \\ 1 & 0 & 1 \\ 1 & 1 & 0 \end{pmatrix} \qquad \begin{pmatrix} 0 & 1 & 1 & 1 \\ 1 & 0 & 1 & 1 \\ 1 & 1 & 0 & 1 \\ 1 & 1 & 1 & 0 \end{pmatrix} \qquad \begin{pmatrix} 0 & 1 & 1 & 1 & 1 \\ 1 & 0 & 1 & 1 & 1 \\ 1 & 1 & 0 & 1 & 1 \\ 1 & 1 & 1 & 0 & 1 \\ 1 & 1 & 1 & 1 & 0 \end{pmatrix}$$

2. 1 2 3 4 5

   $$\begin{pmatrix} 0 & 1 & 0 & 0 & 1 \\ 1 & 0 & 1 & 0 & 0 \\ 0 & 1 & 0 & 1 & 0 \\ 0 & 0 & 1 & 0 & 1 \\ 1 & 0 & 0 & 1 & 0 \end{pmatrix}$$

3. $\begin{pmatrix} 0 & 1 & 0 & 1 \\ 1 & 0 & 1 & 2 \\ 0 & 1 & 0 & 1 \\ 1 & 2 & 1 & 2 \end{pmatrix}$

4. $\begin{pmatrix} 0 & 0 & 1 & 1 & 0 \\ 0 & 0 & 1 & 0 & 1 \\ 1 & 1 & 0 & 1 & 0 \\ 1 & 0 & 1 & 0 & 1 \\ 0 & 1 & 0 & 1 & 0 \end{pmatrix}$

5. $\begin{pmatrix} 0 & 1 & 0 & 1 \\ 1 & 0 & 0 & 1 \\ 0 & 1 & 0 & 0 \\ 0 & 0 & 1 & 0 \end{pmatrix}$

6. $\begin{pmatrix} 0 & 1 & 0 & 0 & 0 & 0 \\ 0 & 0 & 1 & 0 & 0 & 0 \\ 0 & 0 & 0 & 1 & 0 & 1 \\ 0 & 0 & 0 & 0 & 1 & 0 \\ 0 & 0 & 0 & 0 & 0 & 1 \\ 1 & 0 & 1 & 0 & 0 & 0 \end{pmatrix}$

7. 주어진 그래프의 인접행렬은 $A=\begin{pmatrix}1&0&1&0&0\\1&0&1&1&1\\1&1&0&1&1\\0&1&1&0&0\\0&1&1&0&0\end{pmatrix}$이다. A^2과 A^3이

$$A^2=\begin{pmatrix}2&1&1&1&1\\2&3&3&1&1\\2&2&4&1&1\\2&1&1&2&2\\2&1&1&2&2\end{pmatrix},\ A^3=\begin{pmatrix}4&3&5&2&2\\8&5&7&6&6\\8&6&6&6&6\\4&5&7&2&2\\4&5&7&2&2\end{pmatrix}$$

이므로 A^2의 (3,4)성분은 1, A^3의 (3,4)성분은 6이다. 한편 꼭짓점 C에서 꼭짓점 D로 가는 경로를 길이 2인 경우와 길이 3인 경우를 각각 구해보면 다음과 같다.

(i) 길이 2인 경로: $C\to B\to D$

(ii) 길이 3인 경로: $C\to A\to C\to D,\ C\to B\to C\to D,\ C\to D\to C\to D,\ C\to E\to C\to D$
$C\to A\to B\to D,\ C\to E\to B\to D$

그러므로 꼭짓점 C에서 꼭짓점 D로 가는 길이 2인 경로의 개수는 1로 A^2의 (3,4)성분과 같으며, 꼭짓점 C에서 꼭짓점 D로 가는 길이 2인 경로의 개수는 6으로 A^3의 (3,4)성분과 같음을 확인할 수 있다.

연습문제 4.2

1. 각 그래프의 라플라스 행렬 T와 그 여인수 T_{21}는 차례로 다음과 같다.

(1) $T=\begin{pmatrix}2&0&-1&0&-1\\0&2&-1&-1&0\\-1&-1&4&-1&-1\\0&-1&-1&3&-1\\-1&0&-1&-1&3\end{pmatrix},\quad T_{21}=21$

(2) $T=\begin{pmatrix}4&-1&0&-1&-1&-1\\-1&2&-1&0&0&0\\0&-1&3&-1&-1&0\\-1&0&-1&4&-1&-1\\-1&0&-1&-1&3&0\\-1&0&0&-1&0&2\end{pmatrix},\quad T_{21}=61$

(3) $T=\begin{pmatrix}3&-1&0&0&-1&-1\\-1&3&-1&0&-1&0\\0&-1&4&-1&-1&-1\\0&0&-1&2&-1&0\\-1&-1&-1&-1&4&0\\-1&0&-1&0&0&2\end{pmatrix},\quad T_{21}=61$

2. (1) 21 (2) 61 (3) 61

연습문제 5.1

1.

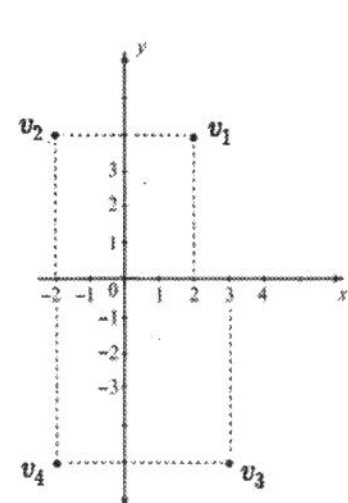

2.

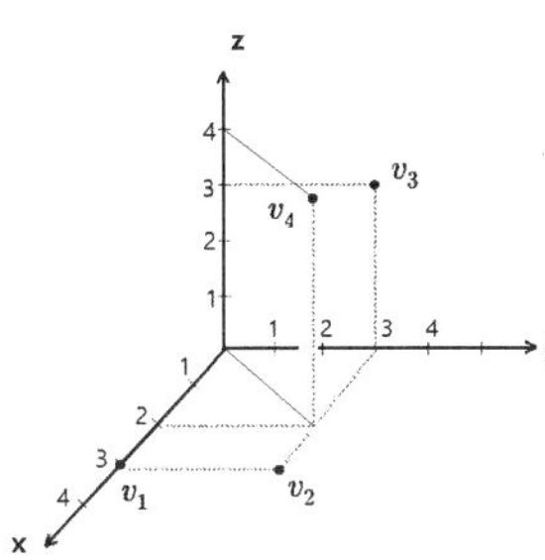

3. (1) $(3,\ 9)$ (2) $v+w=(-2,5)$ (3) $v-2w=(7,-1)$

(4) $\sqrt{10}$ (5) $\sqrt{13}$ (6) $\sqrt{29}$ (7) $u=\frac{1}{\|v\|}v=(\frac{1}{\sqrt{10}},\frac{3}{\sqrt{10}})$

4. $\overrightarrow{AB}=(2,-4)$

5. (1) $\overrightarrow{PQ}=(-3,5,1)$ (2) $\overrightarrow{PQ}=(-2,-5,2)$

6. (1) $\|\overrightarrow{PQ}\|=5$ (2) $\|\overrightarrow{QP}\|=5$

7. 종점: $(3,4)$

8. 종점: $(2,3,3)$

9. 시점: $(-1,-5)$

10. 시점: $(-2,-1,-1)$

11. (1) $u+v=(3,\ 3,\ -1)$

(2) $u+w=(0,\ 4,\ -2)$

(3) $u+v+w=(2,\ 4,\ -1)$

(4) $2u+3v-4w=(12,\ 2,\ -1)$

12. $u=(u_1,u_2)$, $v=(v_1,v_2)$, $w=(w_1,w_2)$라 하면 아래와 같이 증명된다.

$$\begin{aligned} u+(v+w) &= (u_1,u_2)+(v_1+w_1,v_2+w_2) \\ &= (u_1+v_1+w_1,u_2+v_2+w_2) \\ &= ((u_1+v_1)+w_1,(u_2+v_2)+w_2) \\ &= (u+v)+w \end{aligned}$$

연습문제 5.2

1. $\|u\|=\sqrt{(\frac{1}{3})^2+(-\frac{2}{3})^2+(\frac{2}{3})^2}=1$이므로 u는 단위벡터이다.

2. (1) $\overrightarrow{PQ}=(-3,-3,-1)$ (2) $d(P,Q)=\|\overrightarrow{PQ}\|=\sqrt{9+9+1}=\sqrt{19}$

3. (1) $u\cdot v=-2+9=7$ (2) $u\cdot v=2+0+12=14$

4. $u\cdot v=2-k+6=0$이므로 $k=8$이다.

5. 내적 $v\cdot w$은 벡터가 아니라 스칼라이다. 그러므로 $u\cdot(v\cdot w)$는 정의되지 않는다.

6. (1) $u\cdot v=2-2=0$이므로 $\theta=\frac{\pi}{2}$이다.

   (2) $u\cdot v=2-1+2=3$이고 $\|u\|=\sqrt{4+1+1}=\sqrt{6}$, $\|v\|=\sqrt{1+1+4}=\sqrt{6}$이므로

$$\cos\theta=\frac{u\cdot v}{\|u\|\|v\|}=\frac{3}{\sqrt{6}\sqrt{6}}=\frac{1}{2}$$

   이다. 그러므로 $\theta=\frac{\pi}{3}$이다.

7. $u\cdot v=14$, $\|v\|^2=20$이므로

   (1) v 방향으로의 u의 직교사영은 $w_1=\frac{u\cdot v}{\|v\|^2}v=\frac{14}{20}(4,2)=(\frac{14}{5},\frac{7}{5})$

   (2) v에 대한 u의 직교성분은 $w_2=u-w_1=(2,3)-(\frac{14}{5},\frac{7}{5})=(-\frac{4}{5},\frac{8}{5})$

8. (1) $u\cdot v=6$이고 $\|u\|=2\sqrt{6}$, $\|v\|=\sqrt{6}$이므로

$$\cos\theta=\frac{u\cdot v}{\|u\|\|v\|}=\frac{6}{2\sqrt{6}\sqrt{6}}=\frac{1}{2}$$

   이다. 그러므로 $\theta=\frac{\pi}{3}$이다.

   (2) v 방향으로의 u의 직교사영은 $w_1=\frac{u\cdot v}{\|v\|^2}v=v=(1,1,2)$이므로, v에 대한 u의 직교성분은 $w_2=u-w_1=(3,-3,0)$이다.

9. $u\cdot v=1$, $\|u\|^2=1$이므로,

   (1) u 방향으로의 v의 직교사영은 $w_1=\frac{u\cdot v}{\|u\|^2}u=u=(0,0,1)$

   (2) u에 대한 v의 직교성분은 $w_2=v-w_1=(1,1,0)$

연습문제 5.3

1. (1) 거짓 (2) 거짓 (3) 참 (4) 거짓 (5) 참 (6) 거짓

2. (4) $k\times j=-i$

3. (1) 반례: $i\times(i\times j)=i\times k=-j$이지만, $(i\times i)\times j=0\times j=0$이다.

4. (1) $u\times v=-3i-5j-k$ (2) $v\times u=3i+5j+k$

   (3) $u\times v$와 $v\times u$는 크기는 같고 방향이 서로 정반대인 벡터이다.

5. $u=(1,0,-3)$, $v=(1,-1,2)$일 때 $u\times v=-43i+13j+k$ 이므로, $a=13$이다.

6. (1) $u\times u=0$ (2) $u\times v=3i-3j-3k$

(3) $u\cdot(u\times v)=0$ (4) $v\cdot(u\times v)=0$

(5) $u\times v$는 u와 v에 동시에 수직인 벡터이다.

7. $u\times v=3i-7j+5k$이므로 $\|u\times v\|=\sqrt{83}$이다. 그러므로 평행사변형의 면적은 $\sqrt{83}$이다.

8. $\overrightarrow{PQ}\times\overrightarrow{PR}=-5i+j-9k$이고 $\|\overrightarrow{PQ}\times\overrightarrow{PR}\|=\sqrt{107}$이므로, $\triangle PQR$의 면적은

$\frac{1}{2}\|\overrightarrow{PQ}\times\overrightarrow{PR}\|=\frac{1}{2}\sqrt{107}$이다.

9. u, v, w를 각각 한 변으로 하는 평행육면체의 체적은 $V=|u\cdot(v\times w)|$이고

$$u\cdot(v\times w)=\begin{vmatrix}1&2&-2\\2&1&1\\1&0&3\end{vmatrix}=-5$$

이므로, $V=|u\cdot(v\times w)|=|-5|=5$이다.

연습문제 6.1

1. (2), (4)
2. 생략([예제 6.1.2] 참고)
3. V는 스칼라곱에 대하여 닫혀 있지 않으므로 벡터공간이 아니다. 예를 들어, V의 점 $u=(-1,-1)$에 대하여 $(-1)u=(1,1)\not\in V$이다.
4. 같은 꼴이 아닌 두 행렬은 더할 수 없으므로 임의의 행렬들의 집합은 벡터공간이 아니다.

연습문제 6.2

1. (2), (5)
2. W의 벡터 두 벡터 $A=\begin{pmatrix}1&1\\1&2\end{pmatrix}$와 $B=\begin{pmatrix}2&5\\1&3\end{pmatrix}$의 합 $A+B=\begin{pmatrix}3&6\\2&5\end{pmatrix}$은 행렬식이 3이므로 W의 벡터가 아니다. 즉, $A, B\in W$이지만 $A+B\not\in W$이다. 그러므로 W는 $V_{2\times2}$의 부분공간이 아니다,
3. $A, B\in W$에 대해 $A=\begin{pmatrix}0&a\\b&0\end{pmatrix}$, $B=\begin{pmatrix}0&c\\d&0\end{pmatrix}$이라 두면 $A+B=\begin{pmatrix}0&a+c\\b+d&0\end{pmatrix}\in W$이고 모든 실수 α에 대하여 $\alpha A=\begin{pmatrix}0&\alpha a\\\alpha b&0\end{pmatrix}\in W$이므로 W는 $V_{2\times2}$의 부분공간이다.
4. $u,v\in W$에 대하여 $u=\alpha(1,-1,1), v=\beta(1,-1,1)$이라 하면

$$u+v=\alpha(1,-1,1)+\beta(1,-1,1)=(\alpha+\beta)(1,-1,1)\in W$$

$$ku=k\alpha(1,-1,1)\in W$$

이므로 W는 $\mathbb{R}^3$의 부분공간이다.

5. $u,v\in W$에 대하여 $u=(x,2), v=(y,2)$라 하면

$$u+v=(x,2)+(y+2)=(x+y,4)\notin W$$

이다. 그러므로 W는 $\mathbb{R}^2$의 부분공간이 아니다,

6. A, B, E는 부분공간이 아니고, C, D는 부분공간이다.
7. S와 U가 각각 V의 부분공간이므로 [정리 6.2]에 의하여 다음이 성립한다.

   ① $0\in S$이고 $0\in U$이다.

   ② 임의의 $v, w\in S$와 임의의 스칼라 α에 대해서 $\alpha v+w\in S$이다.

   ③ 임의의 $v, w\in U$와 임의의 스칼라 α에 대해서 $\alpha v+w\in U$이다.

   그러므로 $S\cap U$에 대하여 다음이 성립한다.

   (1) ①로부터 $0\in S\cap U$이다.

   (2) 임의의 $v, w\in S\cap U$에 대하여 $v, w\in S$이고 $v, w\in U$이므로, ②와 ③으로부터 임의의 스칼라 α에 대해서 $\alpha v+w\in S$이고 $\alpha v+w\in U$이다. 따라서 $\alpha v+w\in S\cap U$이다.

   $S\cap U$는 [정리 6.2]의 (1), (2)를 모두 만족하므로 V의 부분공간이다.

8. (1) $S\cap U=\{(x,y)\in\mathbb{R}^2 | y=0\}\cap\{(x,y)\in\mathbb{R}^2 | x=0\}=\{(0,0)\}$

   (2) $S\cup U=\{(x,y)\in\mathbb{R}^2 | y=0\}\cup\{(x,y)\in\mathbb{R}^2 | x=0\}=\{(x,y)\in\mathbb{R}^2 | x=0 \text{ 또는 } y=0\}$

   $S\cup U$는 $\mathbb{R}^2$의 부분공간이 아니다. 왜냐하면, $(1,0)$과 (0,1)은 $S\cup U$의 원소이지만 $(1,0)+(0,1)=(1,1)$은 $S\cup U$의 원소가 아니기 때문이다.

9. (1) $S\cap U=\{(x,y,z)\in\mathbb{R}^3 | y=z=0\}$

   (2) $S\cup U=\{(x,y,z)\in\mathbb{R}^3 | z=0 \text{ 또는 } y=z\}$

   $S\cup U$는 $\mathbb{R}^3$의 부분공간이 아니다. 왜냐하면, $(1,1,0)$과 (0,1,1)은 $S\cup U$의 원소이지만 $(1,1,0)+(0,1,1)=(1,2,1)$은 $S\cup U$의 원소가 아니기 때문이다.

연습문제 6.3

1. $v=\alpha_1 v_1+\alpha_2 v_2$로부터 $(5,3)=\alpha_1(1,1)+\alpha_2(3,1)=(\alpha_1+3\alpha_2, \alpha_1+\alpha_2)$이므로,

$$\begin{cases}\alpha_1+3\alpha_2=5\\ \alpha_1+\ \ \alpha_2=3\end{cases}$$

   이다. 따라서 $\alpha_1=2,\ \alpha_2=1$이다.

2. (1) 일차독립 (2) 일차종속
3. (1) $\begin{vmatrix}1 & 5 & 3\\ -2 & 6 & 2\\ 3 & -1 & 1\end{vmatrix}=0$이므로 v_1, v_2, v_3는 일차종속이다.

   (2) $\begin{vmatrix}1 & 0 & 0\\ 1 & 1 & 0\\ 0 & 0 & 1\end{vmatrix}=1\neq 0$이므로 v_1, v_2, v_3는 일차독립이다.

(3) $\begin{vmatrix} 1 & 1 & 2 \\ 3 & 2 & 5 \\ 6 & 3 & 7 \end{vmatrix} = 2 \neq 0$이므로 v_1, v_2, v_3는 일차독립이다.

(4) $\begin{vmatrix} 1 & 2 & 4 \\ 2 & 3 & -1 \\ 4 & 1 & 1 \end{vmatrix} = -48 \neq 0$이므로 v_1, v_2, v_3는 일차독립이다.

4. $-3v_1 + v_2 = 0$이므로 v_1, v_2는 일차종속이며, 기하학적으로는 $v_2 = 3v_1$, 즉 v_2는 v_1과 같은 방향으로 v_1의 3배 크기이다.

5. 벡터방정식 $\alpha_1 v_1 + \alpha_2 v_2 + \alpha_3 v_3 = 0$은

$$\alpha_1(1,2,-1) + \alpha_2(1,3,2) + \alpha_3(3,7,-4) = (0,0,0)$$

이고, 연립1차방정식

$$\begin{cases} \alpha_1 + \alpha_2 + 3\alpha_3 = 0 \\ 2\alpha_1 + 3\alpha_2 + 7\alpha_3 = 0 \\ -\alpha_1 + 2\alpha_2 - 4\alpha_3 = 0 \end{cases}$$

의 해는 자명해 $\alpha_1 = \alpha_2 = \alpha_3 = 0$뿐이다. 따라서 $\alpha_1 v_1 + \alpha_2 v_2 + \alpha_3 v_3 = 0$를 만족시키는 적어도 하나가 0이 아닌 스칼라 $\alpha_1, \alpha_2, \alpha_3$는 존재하지 않는다. (그러므로 v_1, v_2, v_3는 일차독립이다.)

6. (1) $\begin{vmatrix} 1 & 1 & 1 \\ 0 & 1 & 0 \\ 0 & 1 & 2 \end{vmatrix} = 2 \neq 0$이므로 v_1, v_2, v_3는 일차독립이다.

(2) 벡터방정식 $\alpha_1 v_1 + \alpha_2 v_2 + \alpha_3 v_3 = (1,2,3)$은

$$\alpha_1(1,0,0) + \alpha_2(1,1,1) + \alpha_3(1,0,2) = (1,2,3)$$

이고, 연립1차방정식

$$\begin{cases} \alpha_1 + \alpha_2 + 3\alpha_3 = 1 \\ \alpha_2 = 2 \\ \alpha_2 + 2\alpha_3 = 3 \end{cases}$$

의 해는 $\alpha_1 = -\frac{3}{2}$, $\alpha_2 = 2$, $\alpha_3 = \frac{1}{2}$이다. 따라서 $(1,2,3) = -\frac{3}{2}v_1 + 2v_2 + \frac{1}{2}v_3$이다.

7. $\left\{4, \frac{1}{2}\sin^2 x, \frac{1}{2}\cos^2 x\right\}$가 일차종속임을 보이기 위해서는

$$\alpha_1 4 + \alpha_2\left(\frac{1}{2}\sin^2 x\right) + \alpha_3\left(\frac{1}{2}\cos^2 x\right) = 0 \qquad (*)$$

을 만족시키는 적어도 하나가 0이 아닌 스칼라 $\alpha_1, \alpha_2, \alpha_3$가 존재함을 보여야 한다. 그런데 $\alpha_1 = -1$, $\alpha_2 = 8$, $\alpha_3 = 8$은 연립방정식 (*)의 해이다. 즉,

$$-4 + 8\left(\frac{1}{2}\sin^2 x\right) + 8\left(\frac{1}{2}\cos^2 x\right) = 0$$

이므로, 집합 $\left\{4, \frac{1}{2}\sin^2 x, \frac{1}{2}\cos^2 x\right\}$는 일차종속이다.

8. (1)과 (4)는 $u = (1,2,1)$와 $v = (1,-3,1)$의 일차결합으로 표현할 수 없다.

(2) $(2,9,2)=3\boldsymbol{u}-\boldsymbol{v}$

(3) $(0,0,0)=0\boldsymbol{u}+0\boldsymbol{v}$

연습문제 6.4

1. (1), (2), (3), (4), (5)

2. 벡터방정식 $\boldsymbol{v}=\alpha_1\boldsymbol{v}_1+\alpha_2\boldsymbol{v}_2+\alpha_3\boldsymbol{v}_3$을 만족하는 $\alpha_1,\alpha_2,\alpha_3$는 연립방정식

$$\begin{cases}-\alpha_1+\ \alpha_3 &=1\\ -\alpha_2+2\alpha_3 &=7\\ \ \alpha_1+2\alpha_2+3\alpha_3=1\end{cases}$$

의 해 $\alpha_1=1, \alpha_2=-3, \alpha_3=2$이다. 따라서 $\boldsymbol{v}$는 다음과 같이 $\boldsymbol{v}_1,\boldsymbol{v}_2,\boldsymbol{v}_3$의 일차결합으로 나타난다.

$$\boldsymbol{v}=\boldsymbol{v}_1-3\boldsymbol{v}_2+2\boldsymbol{v}_3$$

3. (1) 일차종속 (2) 일차독립

4. (i) $\alpha(1,1,1)+\beta(1,-1,5)=(0,0,0)$을 만족하는 스칼라 α,β는 $\alpha=\beta=0$ 밖에 없으므로 $\boldsymbol{v}_1=(1,1,1)$과 $\boldsymbol{v}_2=(1,-1,5)$는 일차독립이다.

(ii) $V=\{(x,y,z)\in\mathbb{R}^3|3x-2y=z\}$의 임의의 벡터 $\boldsymbol{v}=(x,y,z)$에 대하여, 벡터방정식

$$\alpha(1,1,1)+\beta(1,-1,5)=(x,y,3x-2y)$$

의 해 α,β는 연립방정식 $\begin{cases}\alpha+\ \beta=x\\ \alpha-\ \beta=y\\ \alpha+5\beta=3x-2y\end{cases}$ 의 해

$$\alpha=\frac{1}{2}(x+y),\ \ \beta=\frac{1}{2}(x-y)$$

로 항상 존재한다. 즉 $\boldsymbol{v}$는 $\boldsymbol{v}_1=(1,1,1)$과 $\boldsymbol{v}_2=(1,-1,5)$의 일차결합으로 표현된다. 따라서 $\boldsymbol{v}_1,\boldsymbol{v}_2$는 V를 생성한다.

그러므로 (i)과 (ii)에 의하여 $\boldsymbol{v}_1,\boldsymbol{v}_2$는 V의 기저이다.

5. $\begin{vmatrix}1&1&2\\1&2&-1\\1&3&1\end{vmatrix}$이므로 $\boldsymbol{v}_1,\boldsymbol{v}_2,\boldsymbol{v}_3$는 $\mathbb{R}^3$의 기저가 된다.

6. 주어진 연립방정식의 해는 $\begin{pmatrix}x\\y\end{pmatrix}=t\begin{pmatrix}3\\1\end{pmatrix}, t\in\mathbb{R}$이므로 해공간의 기저는 $\{(3,1)\}$이고 차원은 1이다.

7. [예제 6.4.13] 참조.

8. (1), (3), (4), (6)

9. (1), (4)

10. $\{(1,0,1),(0,1,0)\}$ 또는 $\{(1,0,1),(1,2,1)\}$ 등

11. (1) $B=\{(1,1,1),(-1,-2,-3)\}$

(2) $\{(1,1,1),(-1,-2,-3),(0,1,0)\}$, $\{(1,1,1),(-1,-2,-3),(1,0,0)\}$ 등

연습문제 6.5

1. (1) $(\frac{2}{5},\frac{1}{5})$ (2) $(-\frac{3}{7},-\frac{1}{7})$ (3) $(\frac{1}{4},\frac{9}{4},-\frac{7}{4})$ (4) $(2,-3,0)$

2. (1) $\begin{pmatrix} 2 & -1 \\ -1 & 1 \end{pmatrix}$ (2) $\frac{1}{5}\begin{pmatrix} 1 & 1 \\ -3 & 2 \end{pmatrix}$ (3) $\frac{1}{5}\begin{pmatrix} 2 & 3 \\ -1 & 1 \end{pmatrix}$ (4) $\begin{pmatrix} 1 & -3 \\ 1 & 2 \end{pmatrix}$

   (5) $[v]_B=\begin{pmatrix} -8 \\ 5 \end{pmatrix}$, $[v]_C=\begin{pmatrix} -\frac{1}{5} \\ \frac{13}{5} \end{pmatrix}$

   (6) $[w]_B=\begin{pmatrix} -2 \\ 3 \end{pmatrix}$

연습문제 6.6

1. (1) 행공간의 기저: $\{(1,0,0,0),(0,1,6,0),(0,0,0,1)\}$
   열공간의 기저: $\{(1,0,0,0)^T,(0,1,0,0)^T,(4,9,1,0)^T\}$
   영공간의 기저: $\{(0,-6,1,0)\}$
   (2) 행공간의 기저: $\{(1,0,-23,0),(0,1,-10,0),(0,0,0,1)\}$
   열공간의 기저: $\{(1,-3,2,-3)^T,(-2,7,-5,6)^T,(2,1,3,-6)^T\}$
   영공간의 기저: $\{(23,10,1,0)\}$
   (3) 행공간의 기저: $\{(1,1,0),(0,0,1)\}$
   열공간의 기저: $\{(1,2,1,1)^T,(1,1,0,2)^T\}$
   영공간의 기저: $\{(1,-1,0)\}$
2. 행렬의 계수: (1) 3 (2) 3 (3) 3
   영공간의 차원: (1) 0 (2) 1 (3) 3

연습문제 6.7

1. (1), (4)
2. (2) $v=-\frac{\sqrt{2}}{3}u_1+\frac{5}{3}u_2$, $\|v\|=((-\frac{\sqrt{2}}{3})^2+(\frac{5}{3})^2)^{\frac{1}{2}}=\sqrt{3}$
3. (2) $v=(x\cos\theta+y\sin\theta)v_1+(-x\sin\theta+y\cos\theta)v_2$
4. (1) 15 (2) 3 (3) $5\sqrt{2}$ (4) $\frac{\pi}{4}$

5. (1) $\left\{(\frac{-1}{\sqrt{2}}, \frac{1}{\sqrt{2}})^T, (\frac{1}{\sqrt{2}}, \frac{1}{\sqrt{2}})^T\right\}$

(2) $\left\{(\frac{2}{\sqrt{5}}, \frac{1}{\sqrt{5}})^T, (\frac{-1}{\sqrt{5}}, \frac{2}{\sqrt{5}})^T\right\}$

6. $\left\{\frac{1}{\sqrt{2}}(1,0,0,1), \frac{1}{\sqrt{6}}(-1,0,2,1), \frac{1}{\sqrt{21}}(2,3,2,-2), \frac{1}{\sqrt{7}}(-1,2,-1,1)\right\}$

7. (풀이 1) $v_1=(0,0,1), v_2=(0,1,1), v_3=(1,1,1)$이라 두고 그람-슈미트 직교화를 적용하면 정규직교기저 $\{(0,0,1),(0,1,0),(1,0,0)\}$를 얻는다.

(풀이 2) $v_1=(1,1,1), v_2=(0,1,1), v_3=(0,0,1)$이라 두고 그람-슈미트 직교화를 적용하면 정규직교기저 $\left\{\frac{1}{\sqrt{3}}(1,1,1), \frac{1}{\sqrt{6}}(-2,1,1), \frac{1}{\sqrt{2}}(0,1,-1)\right\}$를 얻는다.

8. $\left\{(\frac{4}{5}, \frac{2}{5}, \frac{2}{5}, \frac{1}{5}), (\frac{1}{5}, \frac{-2}{5}, \frac{-2}{5}, \frac{4}{5}), (0, \frac{1}{\sqrt{2}}, \frac{-1}{\sqrt{2}}, 0)\right\}$

9. $\left\{\frac{1}{\sqrt{3}}(1,0,1,1), \frac{1}{\sqrt{6}}(-1,0,-1,2), \frac{1}{\sqrt{2}}(-1,0,1,0)\right\}$

10. (풀이 1) $\{(0,-1,2,0),(0,3,-4,0)\}$에 의해 생성되는 $\mathbb{R}^4$의 부분공간은

$$V=\{(x,y,z,w)\in\mathbb{R}^4 | x=0, w=0\}$$

이므로, $\{(0,1,0,0),(0,0,1,0)\}$이 정규직교기저임을 바로 알 수 있다.

(풀이 2) $v_1=(0,-1,2,0), v_2=(0,3,-4,0)$이라 두고 그람-슈미트 직교화를 적용하면 정규직교기저 $\left\{\frac{1}{\sqrt{5}}(0,-1,2,0), \frac{1}{\sqrt{610}}(0,13,-21,0)\right\}$를 얻는다.

연습문제 7.1

1. (3), (4), (5), (6)

2. (1) $L(\begin{pmatrix}0\\0\end{pmatrix})=\begin{pmatrix}0\\0\end{pmatrix}$ (2) $L(\begin{pmatrix}1\\2\end{pmatrix})=\begin{pmatrix}0\\5\end{pmatrix}$ (3) $L(\begin{pmatrix}1\\-1\end{pmatrix})=\begin{pmatrix}3\\-4\end{pmatrix}$ (4) $L(\begin{pmatrix}3\\2\end{pmatrix})=\begin{pmatrix}4\\3\end{pmatrix}$

3. (1) 선형변환이다. (2) 선형변환이 아니다.

4. (1) 선형변환이다.

(2) $L(\begin{pmatrix}1\\0\\0\end{pmatrix})=\begin{pmatrix}4\\3\end{pmatrix}$이고 $L(\begin{pmatrix}0\\1\\0\end{pmatrix})=\begin{pmatrix}2\\6\end{pmatrix}$이므로 $L(\begin{pmatrix}1\\0\\0\end{pmatrix})+L(\begin{pmatrix}0\\1\\0\end{pmatrix})=\begin{pmatrix}6\\9\end{pmatrix}$이다. 그런데

$L(\begin{pmatrix}1\\1\\0\end{pmatrix})=\begin{pmatrix}4\\6\end{pmatrix}\neq\begin{pmatrix}6\\9\end{pmatrix}$이므로 L은 선형변환이 아니다.

5. $L(\begin{pmatrix}1\\-1\end{pmatrix})=L(\begin{pmatrix}1\\0\end{pmatrix})-L(\begin{pmatrix}0\\1\end{pmatrix})=\begin{pmatrix}2\\-1\end{pmatrix}-\begin{pmatrix}1\\-2\end{pmatrix}=\begin{pmatrix}1\\1\end{pmatrix}$

6. (풀이 1) 표준행렬 이용

$$L\left(\begin{pmatrix}1\\1\\1\end{pmatrix}\right)=\begin{pmatrix}2&2&0\\0&1&-1\end{pmatrix}\begin{pmatrix}1\\1\\1\end{pmatrix}=\begin{pmatrix}4\\0\end{pmatrix}$$

(풀이 2) 선형변환의 성질 이용

$$L\left(\begin{pmatrix}1\\1\\1\end{pmatrix}\right)=L\left(\begin{pmatrix}1\\0\\0\end{pmatrix}+\begin{pmatrix}0\\1\\0\end{pmatrix}+\begin{pmatrix}0\\0\\1\end{pmatrix}\right)=L\left(\begin{pmatrix}1\\0\\0\end{pmatrix}\right)+L\left(\begin{pmatrix}0\\1\\0\end{pmatrix}\right)+L\left(\begin{pmatrix}0\\0\\1\end{pmatrix}\right)=\begin{pmatrix}2\\0\end{pmatrix}+\begin{pmatrix}2\\1\end{pmatrix}+\begin{pmatrix}0\\-1\end{pmatrix}=\begin{pmatrix}4\\0\end{pmatrix}$$

7. (1) $\begin{pmatrix}-3\\-5\end{pmatrix}$ (2) $\begin{pmatrix}0\\2\end{pmatrix}$ (3) $\begin{pmatrix}1\\3\\1\end{pmatrix}$ (4) $\begin{pmatrix}4\\1\\4\end{pmatrix}$

8. (1) x축에 대한 대칭변환이다.
   (2) y축에 대한 대칭변환이다.
   (3) 원점에 대한 대칭변환이다.

연습문제 7.2

1. $v'=(3,0)$

2. $\begin{pmatrix}1&0\\0&-1\end{pmatrix}$

3. $\begin{pmatrix}\cos\frac{7}{6}\pi & -\sin\frac{7}{6}\pi\\ \sin\frac{7}{6}\pi & \cos\frac{7}{6}\pi\end{pmatrix}=\begin{pmatrix}-\frac{\sqrt{3}}{2} & \frac{1}{2}\\ -\frac{1}{2} & -\frac{\sqrt{3}}{2}\end{pmatrix}$

4. 원점을 중심으로 하여 반시계 방향으로 $\frac{\pi}{3}$만큼 회전하는 변환 L의 표준행렬은

$$\begin{pmatrix}\cos\frac{\pi}{3} & -\sin\frac{\pi}{3}\\ \sin\frac{\pi}{3} & \cos\frac{\pi}{3}\end{pmatrix}=\frac{1}{2}\begin{pmatrix}1 & -\sqrt{3}\\ \sqrt{3} & 1\end{pmatrix}$$

이므로

$$L\left(\begin{pmatrix}3\\1\end{pmatrix}\right)=\frac{1}{2}\begin{pmatrix}1 & -\sqrt{3}\\ \sqrt{3} & 1\end{pmatrix}\begin{pmatrix}3\\1\end{pmatrix}=\frac{1}{2}\begin{pmatrix}3-\sqrt{3}\\ 3\sqrt{3}+1\end{pmatrix}$$

이다. 그러므로 $v'=\left(\frac{3-\sqrt{3}}{2},\frac{3\sqrt{3}+1}{2}\right)$이다.

5. $\frac{\pi}{4}$

연습문제 7.3

1. $A=\begin{pmatrix}2&0\\0&7\end{pmatrix}$

2. (1)

3. $(0,-1), (4,-2), (2,-5)$

4. $(1,-2), (3,-1), (2,1)$

5. 원점을 중심으로 하여 반시계 방향으로 $\frac{\pi}{6}$ 만큼 회전하는 변환의 표준행렬은 $\begin{pmatrix} \cos\frac{\pi}{6} & -\sin\frac{\pi}{6} \\ \sin\frac{\pi}{6} & \cos\frac{\pi}{6} \end{pmatrix} = \frac{1}{2}\begin{pmatrix} \sqrt{3} & -1 \\ 1 & \sqrt{3} \end{pmatrix}$ 이고 $\frac{1}{2}\begin{pmatrix} \sqrt{3} & -1 \\ 1 & \sqrt{3} \end{pmatrix}\begin{pmatrix} 1 \\ 1 \end{pmatrix} = \frac{1}{2}\begin{pmatrix} \sqrt{3}-1 \\ \sqrt{3}+1 \end{pmatrix}$ 이다. 그러므로 벡터 $v=(1,1)$의 이미지 벡터는 $v'=(\frac{\sqrt{3}-1}{2}, \frac{\sqrt{3}+1}{2})$ 이다.

6. 원점을 중심으로 하여 반시계 방향으로 $-\frac{\pi}{3}$ 만큼 회전하는 변환의 표준행렬은

$$\begin{pmatrix} \cos(-\frac{\pi}{3}) & -\sin(-\frac{\pi}{3}) \\ \sin(-\frac{\pi}{3}) & \cos(-\frac{\pi}{3}) \end{pmatrix} = \frac{1}{2}\begin{pmatrix} 1 & \sqrt{3} \\ -\sqrt{3} & 1 \end{pmatrix}$$

이고

$$\frac{1}{2}\begin{pmatrix} 1 & \sqrt{3} \\ -\sqrt{3} & 1 \end{pmatrix}\begin{pmatrix} 0 & 1 & 4 \\ 0 & 0 & 3 \end{pmatrix} = \frac{1}{2}\begin{pmatrix} 0 & 1 & 4+3\sqrt{3} \\ 0 & -\sqrt{3} & 3-4\sqrt{3} \end{pmatrix}$$

이므로 T'의 꼭짓점 좌표는 $(0,0), (1,-\sqrt{3}), (\frac{4+3\sqrt{3}}{2}, \frac{3-4\sqrt{3}}{2})$ 이다.

7. (1)

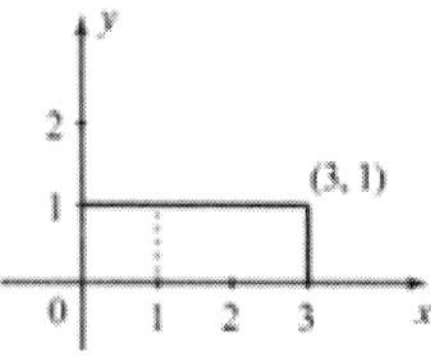

(2)

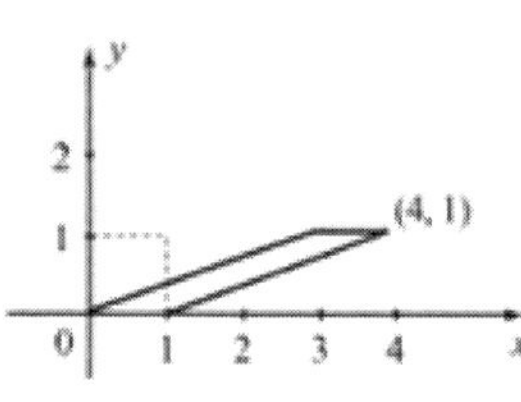

(3)

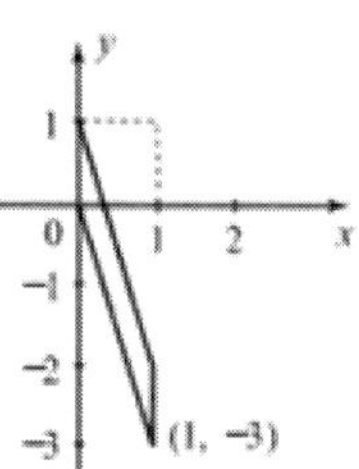

8. 다음과 같은 평행사변형을 그리면 된다.

(1) $\begin{pmatrix} \frac{2}{3} & 0 \\ 0 & 1 \end{pmatrix}\begin{pmatrix} 0 & 0 & 3 & 3 \\ 0 & 3 & 3 & 0 \end{pmatrix} = \begin{pmatrix} 0 & 0 & 2 & 2 \\ 0 & 3 & 3 & 0 \end{pmatrix}$ 이므로 주어진 정사각형의 이미지는 꼭짓점의 좌표가 $(0,0), (0,3), (2,3), (2,0)$ 인 평행사변형이다.

(2) $\begin{pmatrix} 1 & 0 \\ 0 & \frac{2}{3} \end{pmatrix}\begin{pmatrix} 0 & 0 & 3 & 3 \\ 0 & 3 & 3 & 0 \end{pmatrix} = \begin{pmatrix} 0 & 0 & 3 & 3 \\ 0 & 2 & 2 & 0 \end{pmatrix}$ 이므로 주어진 정사각형의 이미지는 꼭짓점의 좌표가 $(0,0), (0,2), (3,2), (3,0)$ 인 평행사변형이다.

(3) $\begin{pmatrix} \frac{2}{3} & 0 \\ 0 & \frac{2}{3} \end{pmatrix}\begin{pmatrix} 0 & 0 & 3 & 3 \\ 0 & 3 & 3 & 0 \end{pmatrix} = \begin{pmatrix} 0 & 0 & 2 & 2 \\ 0 & 2 & 2 & 0 \end{pmatrix}$ 이므로 주어진 정사각형의 이미지는 꼭짓점의 좌표가

$(0,0), (0,2), (2,2), (2,0)$ 인 정사각형이다.

(4) $\begin{pmatrix} 1 & \frac{1}{3} \\ 0 & 1 \end{pmatrix}\begin{pmatrix} 0 & 0 & 3 & 3 \\ 0 & 3 & 3 & 0 \end{pmatrix}=\begin{pmatrix} 0 & 1 & 4 & 3 \\ 0 & 3 & 3 & 0 \end{pmatrix}$이므로 주어진 정사각형의 이미지는 꼭짓점의 좌표가 $(0,0), (1,3), (4,3), (3,0)$ 인 평행사변형이다.

(5) $\begin{pmatrix} 1 & 0 \\ -\frac{2}{3} & 1 \end{pmatrix}\begin{pmatrix} 0 & 0 & 3 & 3 \\ 0 & 3 & 3 & 0 \end{pmatrix}=\begin{pmatrix} 0 & 0 & 3 & 3 \\ 0 & 3 & 1 & -2 \end{pmatrix}$이므로 주어진 정사각형의 이미지는 꼭짓점의 좌표가 $(0,0), (0,3), (3,1), (3,-2)$ 인 평행사변형이다.

9. (1) 2 (2) 7 (3) 6

연습문제 7.4

1. (2), (3), (4), (6)

2. (1) AB (2) BA

3. (1) $f \circ g$의 표준행렬: $AB=\begin{pmatrix} 1 & 3 \\ 1 & 4 \end{pmatrix}\begin{pmatrix} 2 & -1 \\ 3 & 1 \end{pmatrix}=\begin{pmatrix} 11 & 2 \\ 14 & 3 \end{pmatrix}$

   $g \circ f$의 표준행렬: $BA=\begin{pmatrix} 2 & -1 \\ 3 & 1 \end{pmatrix}\begin{pmatrix} 1 & 3 \\ 1 & 4 \end{pmatrix}=\begin{pmatrix} 1 & 2 \\ 4 & 13 \end{pmatrix}$

   (2) $\begin{pmatrix} 11 & 2 \\ 14 & 3 \end{pmatrix}\begin{pmatrix} 1 \\ 1 \end{pmatrix}=\begin{pmatrix} 13 \\ 17 \end{pmatrix}$이고 $\begin{pmatrix} 1 & 2 \\ 4 & 13 \end{pmatrix}\begin{pmatrix} 1 \\ 1 \end{pmatrix}=\begin{pmatrix} 3 \\ 17 \end{pmatrix}$이므로 점 (1,1)은 $f \circ g$와 $g \circ f$에 의하여 각각 (13,17)과 (3,17)로 옮겨진다.

4. 원점을 중심으로 $\frac{\pi}{2}$만큼 회전시키는 변환과 직선 $y=x$에 관하여 대칭이동하는 변환의 표준행렬이 각각 $A=\begin{pmatrix} 0 & -1 \\ 1 & 0 \end{pmatrix}$, $B=\begin{pmatrix} 0 & 1 \\ 1 & 0 \end{pmatrix}$이고

$$BA=\begin{pmatrix} 0 & 1 \\ 1 & 0 \end{pmatrix}\begin{pmatrix} 0 & -1 \\ 1 & 0 \end{pmatrix}=\begin{pmatrix} 1 & 0 \\ 0 & -1 \end{pmatrix}$$

$$BA\begin{pmatrix} 3 \\ 1 \end{pmatrix}=\begin{pmatrix} 1 & 0 \\ 0 & -1 \end{pmatrix}\begin{pmatrix} 3 \\ 1 \end{pmatrix}=\begin{pmatrix} 3 \\ -1 \end{pmatrix}$$

   이므로, 점 $P(3,1)$는 $P'=(3,-1)$으로 옮겨진다.

5. (1) $\det\begin{pmatrix} 2 & 1 \\ 5 & 3 \end{pmatrix}=1 \neq 0$이므로 역변환이 존재한다. 역변환의 표준행렬은 $\begin{pmatrix} 2 & 1 \\ 5 & 3 \end{pmatrix}^{-1}=\begin{pmatrix} 3 & -1 \\ -5 & 2 \end{pmatrix}$이고 $\begin{pmatrix} 3 & -1 \\ -5 & 2 \end{pmatrix}\begin{pmatrix} 1 \\ 2 \end{pmatrix}=\begin{pmatrix} 1 \\ -1 \end{pmatrix}$이므로 점 $P(1,2)$는 점 (1,−1)로부터 옮겨진 점이다.

   (2) $\det\begin{pmatrix} 1 & 2 \\ 2 & 4 \end{pmatrix}=0$이므로 역변환이 존재하지 않는다.

연습문제 8.1

1. (1), (2), (5), (6)
2. -4, 3
3. (1) $1,\ 6$

   (2) 실수 중에는 $A=\begin{pmatrix}-2 & -1\\ 5 & 2\end{pmatrix}$의 고유치가 존재하지 않는다.
4. (1), (2)
5. 고유치 -4에 대응하는 고유벡터는 $t\begin{pmatrix}1\\ -1\end{pmatrix},\ t\neq 0$이다.

   고유치 3에 대응하는 고유벡터는 $t\begin{pmatrix}6\\ 1\end{pmatrix},\ t\neq 0$이다.
6. (i) 고유치는 0과 2이다.

   (ii) 고유치 0에 대응하는 고유벡터는 $t\begin{pmatrix}1\\ -1\end{pmatrix},\ t\neq 0$이다.

   고유치 2에 대응하는 고유벡터는 $t\begin{pmatrix}1\\ 1\end{pmatrix},\ t\neq 0$이다.
7. (1) 행렬 A의 고유치는 $-4,\ -2,\ 1$이다.

   (2) 고유치 -4에 대응하는 고유공간은 $\left\{t\begin{pmatrix}1\\ 5\\ 0\end{pmatrix} \mid t\in\mathbb{R}\right\}$이다.

   고유치 -2에 대응하는 고유공간은 $\left\{t\begin{pmatrix}1\\ 3\\ 3\end{pmatrix} \mid t\in\mathbb{R}\right\}$이다.

   고유치 1에 대응하는 고유공간은 $\left\{t\begin{pmatrix}1\\ 0\\ 0\end{pmatrix} \mid t\in\mathbb{R}\right\}$이다.

   (3) 고유치 -4에 대응하는 고유벡터는 $t\begin{pmatrix}1\\ 5\\ 0\end{pmatrix},\ t\neq 0$이다.

   고유치 -2에 대응하는 고유벡터는 $t\begin{pmatrix}1\\ 3\\ 3\end{pmatrix},\ t\neq 0$이다.

   고유치 1에 대응하는 고유벡터는 $t\begin{pmatrix}1\\ 0\\ 0\end{pmatrix},\ t\neq 0$이다.

연습문제 8.2

1. (3), (4), (6)
2. A의 특성방정식은 $\lambda^2-3\lambda+2=0$이고, B의 특성방정식은 $\lambda^2-5\lambda-2=0$이다. 두 방정식이 같지 않으므로 [정리 8.3]에 의하여 A와 B는 닮은꼴이 아니다.

3. (1) 고유치가 2와 3이고, $\begin{pmatrix}1\\1\end{pmatrix}$과 $\begin{pmatrix}2\\1\end{pmatrix}$이 각각 대응하는 고유벡터이므로, $P=\begin{pmatrix}1&2\\1&1\end{pmatrix}$로 둘 수 있으며, 이 때 $P^{-1}AP=\begin{pmatrix}2&0\\0&3\end{pmatrix}$이다.

(2) 고유치가 1와 4이고, $\begin{pmatrix}1\\-1\end{pmatrix}$과 $\begin{pmatrix}2\\1\end{pmatrix}$이 각각 대응하는 고유벡터이므로, $P=\begin{pmatrix}1&2\\-1&1\end{pmatrix}$로 둘 수 있으며, 이 때 $P^{-1}AP=\begin{pmatrix}1&0\\0&4\end{pmatrix}$이다.

(3) 고유치가 1와 3이고, $\begin{pmatrix}-2\\1\\-1\end{pmatrix}$이 고유치 1에 대응하는 고유벡터이고, $\begin{pmatrix}1\\1\\0\end{pmatrix}$과 $\begin{pmatrix}1\\0\\1\end{pmatrix}$은 고유치 3에 대응하는 고유벡터이므로, $P=\begin{pmatrix}-2&1&1\\1&1&0\\-1&0&1\end{pmatrix}$로 둘 수 있다. 이 때 $P^{-1}AP=\begin{pmatrix}1&0&0\\0&3&0\\0&0&3\end{pmatrix}$이다.

4. [예제 8.2.4]로부터 $P=\begin{pmatrix}1&1\\-3&2\end{pmatrix}$에 대하여 $P^{-1}AP=\begin{pmatrix}-1&0\\0&4\end{pmatrix}=D$임을 보았다.

$P^{-1}=\begin{pmatrix}\frac{2}{5}&-\frac{1}{5}\\\frac{3}{5}&\frac{1}{5}\end{pmatrix}=\frac{1}{5}\begin{pmatrix}2&-1\\3&1\end{pmatrix}$이므로 A^{10}은 다음과 같다.

$$A^{10}=PD^{10}P^{-1}=\begin{pmatrix}1&1\\-3&2\end{pmatrix}\begin{pmatrix}-1&0\\0&4\end{pmatrix}^{10}\left(\frac{1}{5}\begin{pmatrix}2&-1\\3&1\end{pmatrix}\right)=\frac{1}{5}\begin{pmatrix}1&1\\-3&2\end{pmatrix}\begin{pmatrix}1&0\\0&4^{10}\end{pmatrix}\begin{pmatrix}2&-1\\3&1\end{pmatrix}$$
$$=\frac{1}{5}\begin{pmatrix}2+3\times4^{10}&-1+4^{10}\\-6+6\times4^{10}&3+2\times4^{10}\end{pmatrix}$$

5. (1) [예제 8.2.5]로부터 $P=\begin{pmatrix}3&1&-2\\4&1&-2\\1&0&1\end{pmatrix}$라 두면 A와 닮은 대각행렬 D를 다음과 같이 구할 수 있다

$$D=P^{-1}AP=\begin{pmatrix}-1&1&0\\6&-5&2\\1&-1&1\end{pmatrix}\begin{pmatrix}2&-1&4\\0&1&4\\-3&3&-1\end{pmatrix}\begin{pmatrix}3&1&-2\\4&1&-2\\1&0&1\end{pmatrix}=\begin{pmatrix}2&0&0\\0&1&0\\0&0&-1\end{pmatrix}$$

(2) $D=P^{-1}AP$로부터 $A=PDP^{-1}$이므로 A^7은 다음과 같다.

$$A^6=(PDP^{-1})^6=PD^6P^{-1}=\begin{pmatrix}3&1&-2\\4&1&-2\\1&0&1\end{pmatrix}\begin{pmatrix}2^6&0&0\\0&1^6&0\\0&0&(-1)^6\end{pmatrix}\begin{pmatrix}-1&1&0\\6&-5&2\\1&-1&1\end{pmatrix}$$
$$=\begin{pmatrix}3&1&-2\\4&1&-2\\1&0&1\end{pmatrix}\begin{pmatrix}64&0&0\\0&1&0\\0&0&1\end{pmatrix}\begin{pmatrix}-1&1&0\\6&-5&2\\1&-1&1\end{pmatrix}$$
$$=\begin{pmatrix}-188&189&0\\-252&253&0\\-63&63&1\end{pmatrix}$$

6. (1), (2), (4), (5)

7. 각 문제에서 주어진 행렬을 A라 하고, 대각화 가능한 경우에는 대각화하는 행렬을 P라

하면, 대각화는 다음과 같다.

(1) $P=\begin{pmatrix} -4 & 1 \\ 3 & 1 \end{pmatrix}$, $P^{-1}AP=\begin{pmatrix} -1 & 0 \\ 0 & 6 \end{pmatrix}$

(2) $P=\begin{pmatrix} -3 & 1 \\ 2 & 2 \end{pmatrix}$, $P^{-1}AP=\begin{pmatrix} 0 & 0 \\ 0 & 8 \end{pmatrix}$

(3), (4) : 대각화 불가능

(5) $P=\begin{pmatrix} -1 & 1 & 7 \\ 1 & 0 & -4 \\ 1 & 0 & 2 \end{pmatrix}$, $P^{-1}AP=\begin{pmatrix} 1 & 0 & 0 \\ 0 & 2 & 0 \\ 0 & 0 & 4 \end{pmatrix}$

(6) $P=\begin{pmatrix} -2 & 1 & -1 \\ 1 & 0 & 1 \\ 0 & 1 & 0 \end{pmatrix}$, $P^{-1}AP=\begin{pmatrix} 1 & 0 & 0 \\ 0 & 1 & 0 \\ 0 & 0 & 2 \end{pmatrix}$

찾아보기

ㄹ

ㅁ

ㅂ

ㅅ

ㅇ

선형대수학

초판 인쇄 | 2021년 8월 20일
초판 발행 | 2021년 8월 25일

지은이 | 조 경 희
펴낸이 | 조 승 식
펴낸곳 | 도서출판 **북스힐**

등 록 | 제 22-457 호
주 소 | (01043) 서울시 강북구 한천로 153길 17
전 화 | (02) 994-0071(代)
팩 스 | (02) 994-0073

홈페이지 | www.bookshill.com
전자우편 | bookshill@bookshill.com

값 20,000원

ISBN 979-11-5971-362-0

* Published by BOOKSHILL, Inc. Printed in Korea